workbooks

Al lettore

La realizzazione di un libro comporta costi variabili (carta, stampa e legatura) e costi fissi, cioè indipendenti dal numero di copie stampate (traduzione, preparazione degli originali, redazione, composizione, impaginazione). I fotocopiatori possono contenere il prezzo perché, oltre a non pagare i diritti d'autore, non hanno costi fissi. Ogni fotocopia, d'altra parte, riducendo il numero di copie vendute dall'editore, aumenta l'incidenza dei costi fissi a copia e costringe l'editore ad aumentare il prezzo; questo naturalmente fornisce un ulteriore incentivo a fotocopiare. Se questo circolo vizioso non verrà spezzato, arriveremo al punto in cui gli editori non avranno più convenienza economica a realizzare libri di testo per l'università.

In quel momento non ci saranno più neppure fotocopie.

L'editore

Stefano M. Iacus
Guido Masarotto

Laboratorio di statistica con R

Seconda edizione

McGraw-Hill Education (Italy), S.r.l.
Corso Vercelli, 40 - 20145 Milano (MI)
Tel. 02535718.1 - www.mheducation.it

ISBN: 9788838674167

Stampato in Italia

Indice

Prefazione

L'idea di questo libro è nata dall'esigenza di sopperire alla mancanza di una guida di riferimento in lingua italiana all'uso del pacchetto statistico R e si è sviluppata in seguito come un vero e proprio corso di Statistica attraverso l'uso di questo applicativo. L'interesse della comunità statistica nei confronti di R cresce quotidianamente per diverse ragioni: si tratta di un prodotto disponibile gratuitamente, completo e in costante sviluppo curato da statistici ed esperti di computer graphics, molti dei quali di fama internazionale. A questo si aggiunge la caratteristica di essere un vero e proprio linguaggio di programmazione che è possibile interfacciare con routines, scritte in proprio, in differenti linguaggi (C, C++, Fortran). Un ulteriore punto di forza è la sua natura *cross-platform*, ovvero quella di un prodotto che gira sulle più svariate macchine, sia in termini di architettura (Intel, PPC) che di sistemi operativi (da Unix a Linux, da MS-Windows 95 a Windows-XP, da MacOS a MacOSX) tra i quali è possibile scambiare procedure e dati senza incorrere in noiose pratiche di conversione da un sistema all'altro.

Il libro affronta i principali argomenti trattati nei corsi istituzionali di Statistica (descrittiva e inferenziale) e del calcolo delle probabilità con cenni alla simulazione delle principali famiglie di processi stocastici. Lo svolgimento dei temi è trattato in modo elementare (e quindi non esaustivo sul piano teorico) limitando le nozioni a quanto necessario per rendere il lettore in grado di sperimentare subito, attraverso R, i concetti appena introdotti. Ovviamente si tratta solo di una goccia nell'oceano di possibilità offerte da un ambiente statistico quale è R ma è pur sempre, crediamo, un buon punto di partenza. Al contrario di testi simili, in cui l'utente deve sempre districarsi tra il set di funzioni offerte dal pacchetto statistico (che non sempre corrispondono ai concetti e alle tecniche presentate in aula) qui si è sempre cercato di mettere R a servizio della didattica. Durante lo svolgimento del corso verranno quindi costruite delle funzioni in codice R che renderanno il passaggio dalla teoria alla pratica del tutto naturale e, allo stesso tempo, renderanno l'utente sempre più autonomo rispetto al linguaggio di programmazione in questione.

Il volume si apre con un breve excursus sui *fondamentali* di R ovvero: quali sono i tipi di dati e come possono essere trattati, come iniziare e terminare una sessione di lavoro, cosa sono e come si costruiscono delle funzioni e, infine, pochi elementi di algebra. Lo scopo è quello di rendere semplificata la trattazione del resto del materiale presentato. Il secondo e terzo capitolo trattano diversi argomenti di statistica descrittiva. In particolare, nel primo si affrontano tematiche di statistica descrittiva unidimensionale mentre nel terzo ci si occupa dell'analisi congiunta dei fenomeni statistici. Un intero capitolo, il quarto, è dedicato al calcolo delle probabilità e alla simulazione. Dagli elementi di calcolo combinatorio si passa alle più importanti famiglie di variabili casuali discrete e continue. Si tratta poi l'argomento della generazione dei numeri (pseudo) casuali. Benché R disponga di ottimi generatori di numeri casuali, in Statistica è spesso necessario simulare variabili casuali *ad hoc*. Inoltre, si affronta il problema della simulazione di alcuni dei processi stocastici più rilevanti in ambito statistico: dalla passeggiata aleatoria alle catene di Markov, dal processo di Poisson ai modelli autoregressivi per finire con cenni sui processi di diffusione. Il capitolo quinto affronta i temi classici della statistica inferenziale ovvero gli intervalli di confidenza e la verifica di ipotesi. Inoltre si considera il problema della verifica di ipotesi per campioni appaiati e si conclude con la presentazione di alcune tecniche per la verifica di ipotesi di adattamento.

Vi sono inoltre due appendici che abbiamo ritenuto utile inserire e che crediamo siano di un qualche interesse anche per gli utenti smaliziati magari abituati a lavorare con altri pacchetti statistici. Nel passare da un ambiente di lavoro all'altro spesso si incorre nella necessità di far digerire all'ambiente di arrivo dati generati con un altro sistema. Nell'Appendice A trattiamo dunque della possibilità e delle modalità con cui si possono importare ed esportare i dati verso gli ambienti più noti: SAS, SPSS, Stata, MS-Excel, Minitab ecc. e come sia possibile interfacciarsi con i database relazionali. La stessa appendice contiene inoltre una risposta, il più possibile esauriente a diverse altre questioni: come si esportano tabelle e grafici in modo che sia possibile inserirli in una relazione? Come si installa un nuovo pacchetto? Inoltre, per chi si occupa di statistica computazionale, abbiamo inserito una breve rassegna sulle procedure di ottimizzazione incluse in R. L'Appendice B invece contiene una breve rassegna della manualistica ufficiale e del materiale bibliografico specifico per R nonché un elenco di risorse di rete dove è possibile trovare dataset e pacchetti utili per la pratica statistica. Questa sezione contiene anche un breve manuale d'uso di tutte le funzioni definite nel testo.

Al libro è anche collegato il pacchetto `labstatR` che contenente i dataset e le funzioni utilizzate durante il corso. Tale pacchetto, aggiornato all'ultima versione di R, è reperibile su `http://CRAN.R-project.org`

I comandi R che verranno impiegati nel corso della trattazione vengono trascritti nel seguente modo: `comando` omettendo la coppia di parentesi "`()`". Le definizioni dei concetti statistici verranno evidenziate in **grassetto** mentre in *corsivo* sono riportati termini ritenuti importanti e che eventualmente saranno definiti in quanto segue. Le nuove funzioni R create durante il corso vengono denominate Codice e sono evidenziate nel testo con delle finestre analoghe al Codice 1.

```
KandR <- function(){
 print("Hello World!\n")
}
```

Codice 1 Citazione dal Kernighan and Ritchie [23].

In tutto il testo si assume che l'utente interagisca continuamente con R. Questo in realtà è solo una possibile modalità di utilizzo dell'ambiente R e non è necessariamente la più comoda. A titolo d'esempio si può notare che l'inserimento dei dati avverrà quasi sempre in modalità interattiva. Al contrario, molto spesso i dati sono disponibili su file esterni. I consigli e le modalità di gestione dei file esterni sono riportati nella prima Appendice. Si noti infine che tutti gli esempi di codice R riportato nel testo iniziano con > ed eventualmente, se troppo lunghi, continuano sulla linea successiva con un +. Il lettore non dovrà inserire tali simboli poiché sarà R stesso ad inserirli come spiegato all'inizio del Capitolo 1. Tali simboli sono invece riportati nel testo per rendere con più efficacia l'aspetto di una sessione di lavoro con R.

Ringraziamenti

Non ci resta che ringraziare quanti hanno letto le bozze del libro fornendo utili consigli. Tra questi, in particolar modo, un sentito ringraziamento va a Martin Mächler, Dipartimento di Matematica, Swiss Federal Institute of Technology, Zurigo (ETHZ). Ovviamente non si può non citare l'intero R-Core Team per averci avvicinato, in momenti diversi, allo sviluppo di questo software e per aver creato un così importante strumento di lavoro e ricerca.

Ludovico non se ne avrà a male se il papà gli dedica questo libro non di poesie o intense passioni ma di numeri e calcolatori. In fondo, un computer si sceglie, i genitori "capitano".

Nota alla seconda edizione

Le parti maggiormente modificate in questa edizione riguardano i capitoli iniziali e le appendici. Infatti in questa seconda edizione si è reso necessario allineare il codice usato nel testo alla versione corrente di R e si è anche voluto rispondere alle richieste di approfondimento rispetto alla descrizione degli oggetti R (capitoli 1 e 2) e della gestione dei pacchetti del software (Appendici). Una differenza evidente tra la precedente edizione e questa attuale è che R è ormai disponibile anche in lingua italiana, quindi quasi tutto l'output prodotto da R e incluso in questa nuova edizione risulta differente rispetto alla prima edizione del libro. La traduzione riguarda solo i messaggi di R e non anche i comandi stessi.

Ringraziamenti

Questa seconda edizione è il frutto dei consigli e richieste di lettori, colleghi e amici raccolte negli ultimi tre anni. Tra questi citiamo, in ordine rigorosamente causale, Sergio Polini, Luciano Matrone, Massimo Borelli, Sergio Invernizzi, Fabio Frascati.

Nel frattempo anche a Lucia sono "capitati" gli stessi genitori.

Nota alla ristampa della seconda edizione

In occasione della ristampa di questa seconda edizione si è deciso di eliminare il supporto in formato CD-ROM per rendere pi agile il volume e svincolarlo da una particolare versione di R. Una volta installato il software R dal sito `http://CRAN.R-project.org`, per utilizzare le funzioni e il codice relativi a questo libro sarà necessario installare anche il pacchetto `labstatR`. Entrambe le procedure sono spiegate in dettaglio nell'appendice B del libro.

Invitiamo i lettori e gli utenti di R ad aggiornare periodicamente pacchetti e software R all'ultima versione disponibile, ricordando che R viene aggiornato con frequenza semestrale.

Ricordiamo inoltre le pagine web dedicate al libro

`www.ateneonline.it/iacusmasarotto`

dove si può trovare tutto l'eventuale materiale aggiuntivo dedicato al libro.

Gli autori

1

Conoscere R

1.1 Cosa è R e perché proprio R ?

Dagli anni settanta (del secolo scorso) e fino ai nostri giorni sono state sviluppate tecniche statistiche che sempre più necessitano di supporto informatico sia per la mole di calcoli richiesti, che per l'ampiezza dei dataset e, non ultima, per la necessità di visualizzare informazioni. La statistica applicata si snoda lungo due grandi filoni: da un lato quello della stima, ovvero il problema di ricostruire attraverso i dati i parametri caratterizzanti un modello, dall'altro quello di riconoscere e possibilmente interpretare, strutture intrinseche ai dati, ovvero si cerca di far parlare i dati senza avere per le mani un modello già disponibile. Le tecniche di statistica computazionale e soprattutto l'analisi grafica suggeriscono spesso delle risposte importanti a questi problemi. Ecco quindi che alla fine del secolo scorso i Bell Laboratories (prima AT&T oggi Lucent Technologies) hanno deciso di sviluppare un nuovo *ambiente* per l'analisi statistica che permettesse, oltre a quanto già citato, anche di sperimentare nuovi modelli e idee statistiche. Nasce quindi il linguaggio **S** che venne poi concesso in esclusiva alla Insightful Corporation che ne ha fatto un software di successo noto con il nome di **S-PLUS**.

Solo di recente, grazie anche all'avvento della Rete, è nato il progetto Open Source di R . I due pacchetti **S-PLUS** ed R non sono cloni ma più propriamente cugini in quanto affondano le proprie radici nel progetto originale di **S** di cui sono entrambi *dialetti*. Dire che sono cugini vuol dire che nella stragrande maggioranza dei casi, l'utente medio non scorge evidenti differenze nell'uso delle funzioni e del relativo output, mentre ve ne sono ad un livello meno superficiale.

Nato quindi per offrire, a costo zero, un ambiente statistico di prima qualità R [1] è stato sempre sviluppato in modo tale da mantenere la massima compatibilità con **S-PLUS**. I due software non si contrappongono da antagonisti ma anzi si supportano in modo naturale l'un l'altro. Dove le risorse economiche lo consentono **S-PLUS** è ancora il software d'utilizzo primario ma sempre più spesso i

[1] Mentre è quasi certo che il nome attribuito al linguaggio **S** derivi in qualche modo dal più noto linguaggio C ('see' in inglese) è ormai assodato che il nome R derivi dalle iniziali del nome dei due sviluppatori originari Robert Gentleman e Ross Ihaka. I due, benché più volte interpellati sull'argomento forniscono immancabilmente risposte evasive alla domanda.

laboratori delle università preferiscono installare licenze gratuite di R per poter svolgere attività (non solo) didattica di alta qualità mettendo, al contempo, gli studenti in grado di lavorare da casa propria con una copia personale, non di frodo, del software. Quindi da un lato R veicola utenti professionali verso l'utilizzo di **S-PLUS** e al contempo il secondo stimola lo sviluppo del primo e avvicina molti statistici alle più moderne tecniche di analisi dei dati a costo zero. A questo si aggiunga, che uno dei massimi sforzi dell' R *Development Core Team*, cioè il gruppo di sviluppatori di R, è quello di far sì che R funzioni sul maggior numero di sistemi operativi e architetture hardware mantenendo la massima compatibilità tra le varie piattaforme.

Questo volume quindi, contrariamente a molti altri testi di riferimento che descrivono il linguaggio **S** (più precisamente parlano di **S-PLUS**) citando R come possibile estensione dell'audience, è interamente basato su R poiché è rivolto in primo luogo agli studenti delle classi di laboratorio di Statistica. È ovvio, per quanto detto sopra, che può essere utilizzato anche da utenti **S-PLUS**, ma non è questo l'obiettivo principale del volume.

1.1.1 Le caratteristiche peculiari di R

R è un ambiente integrato che permette di elaborare dati, eseguire calcoli ed effettuare rappresentazioni grafiche. Le sue caratteristiche principali possono essere elencate di seguito

- si compone di un insieme di strumenti per l'analisi statistica dei dati;
- si tratta di un linguaggio pensato per descrivere modelli statistici anche estremamente complessi;
- permette la rappresentazione grafica (a video ma anche su supporti tipici dell'editoria come file Postscript, PDF ecc.) di dati;
- è un linguaggio *object-oriented* (come C++ o Java[2]) che può essere facilmente esteso dall'utente finale (e questo avviene sempre più frequentemente);
- (non ultimo) è interamente gratuito (sotto la licenza GNU General Public Licence della Free Software Foundation) e *Open Source*, ovvero ciascuno può avere accesso al codice interno di R ed eventualmente proporne modifiche.

Si parla quindi di *ambiente* e non di software perché tutto è costruito attorno al linguaggio di programmazione R a partire dagli *oggetti*. Come vedremo più avanti, ogni oggetto (vettore, dataset, tabella, grafico, un modello lineare ecc.) viene trattato dalle funzioni di R con uno specifico *metodo* e nuovi metodi possono essere implementati per ampliare, quasi senza limiti, le possibilità delle stesse funzioni. Tradizionalmente invece i software sono costruiti attorno a routines molto strutturate e spesso troppo specializzate che possono risultare in alcuni contesti non sufficientemente flessibili.

[2] R, come il Common Lisp o il Dylan, è un linguaggio F-OOP, cioè "function oriented" e non C-OOP, cioè "class oriented", come C++ o Java. Quindi è sempre bene tenere presente questa distinzione quando si pensa ad R come linguaggio ad oggetti.

1.1.2 Come interagire con R

R può essere utilizzato tramite linea di comando e tipicamente questo avviene in ambiente UNIX, o attraverso un'interfaccia grafica. Quest'ultima differisce sensibilmente da un'implementazione all'altra (MS-Windows, MacOS X, X11) ed in genere è solo di supporto ad operazioni ricorrenti come leggere o scrivere un file e cose del genere. Il motivo principale per cui non vi è uno standard, se non alcune linee guida essenziali, è che R prevede un utilizzo interamente via terminale. Non ci sono quindi prefissati schemi (ovvero finestre[3] piene di bottoni e gadgets vari) per interloquire con le funzioni di R ma si deve ricorrere sempre alla linea di comando. Tutto quanto diremo si applica a qualsiasi implementazione di R poiché ci concentreremo interamente su quella che viene chiamata "R Console", ovvero la finestra (o la shell nel caso di sistemi UNIX-like) in cui l'utente interagisce con R. Supporremo da qui in avanti che R sia stato correttamente installato come spiegato nell'appendice B del libro.

All'avvio di R, nella Console appare qualcosa di simile a quanto segue, con l'unica differenza relativa alla versione e alla data di rilascio del software.

```
R version 2.10.1 (2009-12-14)
Copyright (C) 2009 The R Foundation for Statistical Computing
ISBN 3-900051-07-0

R  un software libero ed  rilasciato SENZA ALCUNA GARANZIA.
Siamo ben lieti se potrai redistribuirlo, ma sotto certe condizioni.
Scrivi 'license()' o 'licence()' per dettagli su come distribuirlo.

R  un progetto di collaborazione con molti contributi esterni.
Scrivi 'contributors()' per maggiori informazioni e 'citation()'
per sapere come citare R o i pacchetti di R nelle pubblicazioni.

Scrivi 'demo()' per una dimostrazione, 'help()' per la guida in linea, o
'help.start()' per l'help navigabile con browser HTML.
Scrivi 'q()' per uscire da R.

>
```

Tutti i comandi devono essere inseriti dopo il prompt ">". All'avvio R ci ricorda come fare ad uscire: il comando "`q`". In genere esiste anche l'analogo comando attraverso i menu dell'interfaccia grafica. Quando lo utilizzeremo R ci chiederà se vogliamo salvare un'immagine del **workspace**. Il workspace contiene tutti i risultati delle elaborazioni, i dati, le variabili e molte altre informazioni che potrebbero venirci utili la prossima volta che intendiamo utilizzare R. Se salviamo il workspace questo verrà caricato in modo automatico la prossima volta che utilizziamo R e si potrà proseguire dal punto in cui ci eravamo fermati con le analisi. Si tenga presente che, se non diversamente specificato, R usa la directory di lavoro corrente per salvare i dati in modo automatico. Ogni utente può invece scegliere di spostarsi da una directory all'altra tramite il comando `setwd`, salvare il proprio

[3] L'interfaccia grafica delle funzioni viene, da alcuni, considerata al contrario il punto di forza di **S-PLUS**.

workspace nella directory prescelta e ricaricarlo nella sessione successiva. Mostreremo a breve, quando avremo materiale per farlo, un esempio di quanto qui accennato.

Un comando con cui è bene familiarizzare è `help(comando)` o, equivalentemente, `?comando`. Per esempio, i comandi `?q` e `help(q)` forniscono lo stesso risultato, cioè chiedono ad R di aprire una nuova finestra contente una guida sul comando di cui si stanno richiedendo informazioni. Questa finestra contiene una descrizione completa del comando e, più importante, in fondo vengono riportati, quando questo ha senso, una serie di esempi. È chiaro che inizialmente non sappiamo di cosa chiedere l'help ma già il comando `help` ci aiuta ad andare avanti. Per alcuni elementi del linguaggio base di R ottenere l'help è leggermente più complicato. Per esempio, se si vuole ottenere l'help dell'istruzione `for`, la funzione che, vederemo, si occupa di iterare un ciclo, è necessario aggiungere le virgolette, ovvero scrivere

```
> ?"for"
```

se avessimo scritto semplicemente `?for` avremmo ottenuto quanto segue

```
> ?for
+
```

R non riesce ad interpretare il comando, ed infatti ci risponde con un "+". Il simbolo + viene usato da R per segnalare che l'input inserito non è completo e questo può accadere se la struttura dei nostri comandi è molto lunga e ci siamo dimenticati di chiudere una parentesi o delle virgolette. Quando per errore ci si trova in questa situazione si può uscire dall'*empasse* digitando "`.`" o "`)`" o premendo il tasto "Esc" o la sequenza di tasti "CTRL" e "C" della tastiera.

Gli esempi che si trovano alla fine di una finestra di help possono essere eseguiti tramite il comando `example`. Infatti

```
> example(plot)
```

mostra gli esempi del comando `plot` nel *device* grafico di default per R che verrà aperto per l'occasione[4]. Si tenga presente che quando, come nel precedente esempio, il codice produce più grafici in sequenza si può preventivamente usare il comando

```
> par(ask=TRUE)
```

attraverso il quale si comunica ad R di chiederci conferma prima di disegnare un nuovo grafico. Il comando

```
> par(ask=FALSE)
```

[4] In un sistema UNIX senza interfaccia grafica il device corrente è `postscript` e quindi verrà creato un file dal nome `Rplots.ps` nella directory di lavoro. Sotto i sistemi Windows e MacOS il device grafico di default è una finestra.

ristabilisce invece il comportamento normale di R. Un comando che è bene esplorare subito è `demo`. Questo comando si occupa di mostrare alcune caratteristiche delle principali funzioni di R. Scrivendo nella Console

```
> demo()
```

in realtà non viene mostrato nulla se non una finestra in cui compare un elenco di possibili opzioni. Per esempio, `demo(graphics)` mostra una rassegna delle capacità grafiche di R. Vi consigliamo di provare!

1.2 I fondamentali di R

1.2.1 Vettori e variabili

R lavora in generale con dati strutturati. La più semplice struttura disponibile sono gli scalari e i vettori. Il primo passo consiste nell'assegnare (comando `<-`) ad una variabile un certo valore. Il comando

```
> x <- 4
```

assegna alla variabile x il valore 4. Per sapere cosa contiene `x` basterà scrivere

```
> x
[1] 4
```

R ci risponderà fornendo il valore assunto da x premettendo all'output `[1]`. Ciò vuol dire due cose: R interpreta gli scalari come vettori di lunghezza 1 e `[1]` indica che il valore alla sua destra rappresenta il contenuto del primo valore del vettore. Quindi, nel precedente output, `4` risulta essere il primo elemento del vettore `x`. Se vogliamo creare un vettore[5] y contente i numeri 2, 7, 4 e 1 il comando da dare ad R è il seguente

```
> y <- c(2,7,4,1)
```

Se chiediamo ad R chi è y

```
> y
```

R risponderà stampando i valori

```
[1] 2 4 7 1
```

[5]**Attenzione!** con il termine "vettore" in R non ci riferiamo alla nozione di vettore usuale dell'algebra lineare ma, semplicemente, ad un insieme indicizzato di oggetti (numeri, stringhe, funzioni) anche se R rappresenta questi oggetti per riga nella sua Console.

Si noti che ancora una volta R precede l'output con [1], semplicemente per indicare a cosa corrisponde il primo elemento del vettore y. È chiaro quindi che 4, 7 e 1 sono, rispettivamente, il secondo, il terzo e il quarto elemento di y.

Il comando "c" serve per concatenare gli elementi che vengono forniti come argomento. Questa è la procedura che abbiamo utilizzato per creare un vettore di elementi 2, 4, 7 ed 1. Successivamente lo abbiamo assegnato alla variabile y. Notare che l'assegnazione avviene tramite una freccia e non, come usualmente si fa con altri linguaggi di programmazione, attraverso il simbolo "=". Benché il simbolo "=" sia consentito in R questo è oggi fortemente sconsigliato. Tale freccia è necessaria perché specifica quale quantità viene assegnata ad un'altra. Infatti i comandi

```
> y <- c(2,7,4,1)
```

e

```
> c(2,7,4,1) -> y
```

sono del tutto equivalenti. Un altro comando che useremo spesso è ls che fornisce l'elenco di tutti gli oggetti presenti nel workspace di R.

```
> ls()
[1] "x" "y"
```

Si possono eseguire assegnazioni anche tramite il comando

```
> assign("y",c(2,7,4,1))
```

ma l'operazione risulta solo più macchinosa ed ha senso solo quando gli oggetti coinvolti sono per loro natura complessi o, meglio, quando i nomi delle variabili sono essi stessi delle variabili. Il codice che segue crea nove nuove variabili con i nomi "V1", "V2", ..., "V9".

```
> for(i in 1:9)  assign( paste("V",i,sep="") , i)
> ls()
 [1] "V1" "V2" "V3" "V4" "V5" "V6" "V7"
 [8] "V8" "V9" "i"  "x"  "y"
```

Non ci soffermiamo sul ciclo for di cui parleremo a breve mentre notiamo che nella linea di codice R appena vista, è stata impiegata la funzione paste. Questa funzione di occupa di concatenare due (o più) stringhe in una sola. Se gli oggetti non sono stringhe, come nel nostro caso, R procede prima a trasformarli in stringhe. L'opzione sep serve a specificare che tipo di separatore si vuole inserire tra gli oggetti. Le linee di codice che seguono dovrebbero chiarire quanto detto.

```
> paste("A","B",2,"c",sep="*")
[1] "A*B*2*c"
> paste("A","B",2,"c",sep="")
[1] "AB2c"
> paste("A","B",2,"c",sep=" * ")
[1] "A * B * 2 * c"
```

1.2.2 Matrici e operazioni algebriche

R esegue operazioni sia vettoriali che scalari. Siano x ed y come nella precedente sezione. Se diamo il comando

```
> x*y
```

il risultato sarà

```
[1] 8 28 16 4
```

il che non stupisce affatto coincidendo con la usuale nozione di prodotto di uno scalare per un vettore. Se invece scriviamo

```
> y*y
```

come risultato otteniamo

```
[1] 4 49 16 1
```

cioè il prodotto termine a termine degli elementi di `y` con se stessi, ovvero il quadrato degli elementi di `y`. Infatti,

```
> y^2
[1] 4 49 16  1
```

Se vogliamo utilizzare l'aritmetica dell'algebra lineare si devono utilizzare gli operatori opportuni. In tal caso R interpreta i *suoi* vettori come vettori colonna. Per esempio, i prodotti del tipo $y' \times y$, con y vettore colonna, si scrivono:

```
> t(y) %*% y
```

e il risultato è

```
     [,1]
[1,]   70
```

mentre se vogliamo ottenere $y \times y'$ si dovrà scrivere il comando

```
> z <- y %*% t(y)
```

e la matrice risultante sarà

```
> z
     [,1] [,2] [,3] [,4]
[1,]    4   14    8    2
[2,]   14   49   28    7
[3,]    8   28   16    4
[4,]    2    7    4    1
```

Per convenzione l'operazione

```
> y %*% y
```

è equivalente a

```
> t(y) %*% y
```

dove comando "t" effettua la trasposizione di un vettore/matrice. Per essere più precisi, i vettori di R sono sempre gestiti come vettori colonna perché vengono pensati come contenti i valori di una certa variabile statistica di un insieme di individui. Se infatti pensiamo ad un insieme di dati, è prassi in Statistica associare alle righe gli individui e alle colonne le variabili[6], in cui in ogni riga ci sono i valori di tutte le variabili rilevate per una certa unità statistica e per colonna i valori di una particolare variabile relative a tutte le unità statistiche. I vettori di R possono quindi contenere qualsiasi tipo di dato, ad esempio delle etichette, dei numeri, ma anche delle funzioni, purché in ciascun vettore i dati siano tutti della stessa natura. Quando utilizziamo un operatore dell'algebra lineare come `%*%` R cerca di trasformare il vettore in un vettore colonna proprio dell'algebra lineare e ovviamente potrà farlo solo se il vettore originario contiene dei numeri.
Per creare una matrice ex-novo si utilizza il comando `matrix`

```
> a <- matrix(1:30, 5,6)
```

che crea una matrice di dimensione 5×6 riempiendola dei numeri da 1 a 30. Il comando `matrix` permette di creare una matrice in cui il primo argomento sono l'insieme di valori che costituiranno la matrice e il secondo e terzo parametro sono il numero di righe e colonne rispettivamente. Nell'esempio precedente `-1:30` costituisce un vettore rappresentato dalla sequenza di numeri interi da -1 a 30. Infatti, se scriviamo

```
> -1:30
 [1] -1  0  1  2  3  4  5  6  7  8  9 10
[13] 11 12 13 14 15 16 17 18 19 20 21 22
[25] 23 24 25 26 27 28 29 30
```

è più evidente il modo in cui R ci presenta il contenuto del vettore. Infatti, nella posizione `[13]` c'è il numero `11` e nella `[25]` il numero `23`. Si tenga presente che la convenzione in R è quella di far partire gli indici dei vettori con 1[7].

Tornando al comando `matrix`, si deve tener presente che R riempie le matrici per colonna. Se si vuole forzare il riempimento per riga si deve specificare l'opzione `byrow = TRUE`. Vediamo due esempi a riguardo di quanto detto

```
> # Riempimento per colonna
> a <- matrix(1:30, 5,6)
> a
     [,1] [,2] [,3] [,4] [,5] [,6]
[1,]    1    6   11   16   21   26
```

[6]Un caso molto particolare sono i dati di espressione genica (microarray) in cui i geni (le variabili) sono riportati sulle righe e le unità statistiche (i tessuti) sono associati alle colonne.

[7]Questo può creare confusione a chi è abituato a lavorare in C dove la convenzione è quella di far partire gli indici da 0. Si noti però che la convenzione di R è coerente con la notazione usuale dell'algebra ma anche con l'idea di immaginare gli oggetti come associati alle unità statistiche, posso avere la "prima" unità statistica ma non la 0-*esima*.

```
[2,]    2    7   12   17   22   27
[3,]    3    8   13   18   23   28
[4,]    4    9   14   19   24   29
[5,]    5   10   15   20   25   30
> # Riempimento per riga
> matrix(1:30, 5,6,byrow=TRUE)
     [,1] [,2] [,3] [,4] [,5] [,6]
[1,]    1    2    3    4    5    6
[2,]    7    8    9   10   11   12
[3,]   13   14   15   16   17   18
[4,]   19   20   21   22   23   24
[5,]   25   26   27   28   29   30
```

Nelle linee di codice precedente abbiamo impiegato il simbolo # che in R rappresenta un indicatore di commento. Si possono inserire questi commenti per spiegare al lettore delle nostre linee di codice (l'equivalente in BASIC è `REM`, in FORTRAN `c` ecc.). Quando R incontra il simbolo # ignora tutto quello che segue.

Se il numero la lunghezza dell'oggetto passato ad R non è sufficiente a riempire la matrice, allora R ricicla i valori dell'oggetto ripartendo dall'inizio come nel seguente esempio

```
> matrix(c(1,2,3,4), 2, 4)
     [,1] [,2] [,3] [,4]
[1,]    1    3    1    3
[2,]    2    4    2    4
> matrix(c(1,2,3), 2, 4)
     [,1] [,2] [,3] [,4]
[1,]    1    3    2    1
[2,]    2    1    3    2
Warning message:
la lunghezza [3] dei dati non  un sottomultiplo o un
multiplo del numero di di righe [2] in matrix
```

Il comando `t` può essere applicato anche alle matrici ovviamente

```
> t(a)
     [,1] [,2] [,3] [,4] [,5]
[1,]    1    2    3    4    5
[2,]    6    7    8    9   10
[3,]   11   12   13   14   15
[4,]   16   17   18   19   20
[5,]   21   22   23   24   25
[6,]   26   27   28   29   30
```

Se si vuole costruire una matrice piena di zeri o di uno si può egualmente utilizzare il comando `matrix(0,2,3)` o `matrix(1,2,3)` rispettivamente. Se si vuole creare una matrice senza assegnare valori precisi agli elementi si può scrivere `matrix(,2,3)`

```
> matrix(,2,3)
```

```
     [,1] [,2] [,3]
[1,]   NA   NA   NA
[2,]   NA   NA   NA
```

Come si vede abbiamo introdotto una novità: omettendo il primo argomento R ha riempito la matrice di valori `NA`. Il simbolo `NA` è utilizzato da R per definire i valori mancanti (*missing*) spesso presenti in molti dataset. Dove `NA` è l'acronimo di *Not Available*. Per inciso si noti che la gran parte delle funzioni di R prevede la possibilità di trattare separatamente o in modo automatico i dati mancanti.

Torniamo all'algebra lineare. Sembra poco intuitivo dover utilizzare l'operatore `%*%` al posto del semplice prodotto `*` per calcolare il prodotto vettoriale. In realtà tale convenzione è pensata per velocizzare alcuni tipi di calcoli e per rendere uniforme la notazione. In altri linguaggi, ad esempio Matlab, il comando

```
a^2
```

esegue la potenza seconda della matrice `a`, mentre `log(a)` esegue il calcolo del logartimo termine a termine sugli elementi di `a`. In R sia la potenza che il logaritmo appartengono alla stessa classe di funzioni e vengono applicate in modo coerente termine a termine alle matrici o ai vettori. Si pensi al seguente esempio di natura statistica: se scriviamo

$$Y \sim X_1$$

intendiamo dire che Y è funzione di X (ad esempio, Y si distribuisce come X o Y è linearmente dipendente da X ecc.) e se pensiamo ad Y e X come due variabili statistiche, quando passiamo ad un insieme di dati scriveremo

$$(Y_1, X_{11}), (Y_2, X_{12}), \ldots, (Y_n, X_{1n})$$

intendendo che per il primo individuo abbiamo rilevato il valore Y_1 per la variabile Y e X_{11} per la variabile X_1, per il secondo individuo il valore Y_2 e X_{12}, ecc. Allo stesso modo, se scriviamo

$$Y \sim \log(X_1)$$

intendiamo dire che Y è funzione del logaritmo di X_1 e quindi, sempre pensando ai dati, con la scrittura $\log(X_1)$ intendiamo dire che ciascun elemento del vettore X_1 subisce una trasformazione del tipo $X_{1i} \mapsto \log(X_{1i})$, quindi i nostri dati sono del tipo

$$(Y_1, \log(X_{11})), (Y_2, \log(X_{12})), \ldots, (Y_n, \log(X_{1n}))$$

cioè esattamente il modo in cui R applica le funzioni ai vettori. R è stato infatti sviluppato dal punto di vista dello statistico e non del semplice programmatore e la notazione scelta a questo scopo è quella propria dei modelli statistici come vedremo in dettaglio nei capitoli successivi. Comunque, se si vuole lavorare correttamente con l'algebra lineare si devono creare i vettori come se fossero delle matrici in cui una delle due dimensioni è pari ad 1. Ad esempio i comandi

```
> x <- matrix(c(1,2,3,4),1,4)
> x
     [,1] [,2] [,3] [,4]
[1,]    1    2    3    4
```

e

```
> y <- matrix(c(1,2,3,4),4,1)
> y
     [,1]
[1,]    1
[2,]    2
[3,]    3
[4,]    4
```

creano un vettore riga x ed un vettore colonna y rispettivamente di dimensione 1×4 e 4×1. Il prodotto

```
> x*y
```

darà come risultato

```
Errore in x * y : array incompatibili
```

in quanto ora gli *array*, cioè i vettori, sono quelli dell'algebra lineare e non è possibile usare gli operatori che eseguono operazioni termine a termine, mentre

```
> x %*% y
```

e

```
> y %*% x
```

forniranno i risultati corretti, rispettivamente uno scalare e una matrice. Si ricordi che i simboli `+ - / *` agiscono elemento per elemento sui vettori intesi come stringhe. Supponiamo di disporre dei vettori $x = (1, 2, 3, 4)$ e $y = (2, 4, 6, 8)$ e di voler generare quattro nuovi vettori v_1, v_2, v_3 e v_4 i cui elementi sono rispettivamente la somma, la differenza, il prodotto ed il rapporto degli elementi dei due vettori x ed y. Si può procedere come segue:

```
> x <- c(1,2,3,4)
> y <- c(2,4,6,8)
> v1 <- x+y
> v2 <- x-y
> v3 <- x*y
> v4 <- x/y
> v1
[1]  3  6  9 12
> v2
[1] -1 -2 -3 -4
> v3
[1]  2  8 18 32
> v4
[1] 0.5 0.5 0.5 0.5
```

Esistono inoltre altri operatori che permettono di calcolare le potenze, eseguire divisioni che restituiscono solo interi e il calcolo del modulo (da non confondere con il valore assoluto). Per i dettagli ed esempi si utilizzi

```
> ?"+"
> example("+")
```

1.2.3 Accedere agli elementi dei vettori

Poiché serviranno diffusamente nel seguito vediamo come è possibile costruire vettori di indici. Lo scopo di creare un vettore i cui elementi sono degli indici, sarà quello di estrarre o manipolare gli elementi di un secondo vettore. Supponiamo di voler creare un vettore x che contenga i primi $n = 4$ numeri naturali. L'istruzione da dare a R è la seguente

```
> x <- 1:4
> x
[1] 1 2 3 4
```

analogamente `x <- -3:8` produrrà

```
[1] -3 -2 -1  0  1  2  3  4  5  6  7  8
```

Il comando `1:8` è equivalente al comando `seq(1,8)` solo che questa seconda versione offre in più la possibilità di specificare il *passo* della successione (si noti che *seq* è l'abbreviazione di *sequence* = successione). Il passo può anche essere un numero non intero

```
> seq(-3,6,2)
[1] -3 -1 1  3  5
> seq(-3,-1,.33)
[1] -3.00 -2.67 -2.34 -2.01 -1.68 -1.35 -1.02
```

oppure si può decidere di specificare la *lunghezza* della successione, cioè di quanti elementi deve essere composta includendo l'inizio e la fina della stessa. In tal caso, se la lunghezza è n verranno creati n numeri equidistanti tra loro

```
> seq(-3, 1, length=10)
 [1] -3.0000000 -2.5555556 -2.1111111 -1.6666667 -1.2222222
 [6] -0.7777778 -0.3333333  0.1111111  0.5555556  1.0000000
```

Creiamo dunque un vettore `sequenza` e costruiamone una matrice

```
> sequenza <- -3:8
> sequenza
 [1] -3 -2 -1  0  1  2  3  4  5  6  7  8
> A <- matrix(sequenza,2,6)
> A
     [,1] [,2] [,3] [,4] [,5] [,6]
[1,]   -3   -1    1    3    5    7
[2,]   -2    0    2    4    6    8
```

Se si vuole accedere al terzo elemento della `sequenza` basterà scrivere

```
> sequenza[3]
[1] -1
```

Se invece vogliamo il termine $a_{2,3}$ della matrice A basterà scrivere

```
> A[2,3]
[1] 2
```

Se si vuole ricavare un'intera riga o colonna della matrice A basterà scrivere

```
> # seconda riga della matrice A
> A[2,]
[1] -2  0  2  4  6  8
> # sesta colonna della matrice A
> A[,6]
[1] 7 8
```

Un altro comando che può tornare utile per cercare elementi all'interno di un vettore è `which`. Per esempio, se vogliamo sapere quali sono gli indici corrispondenti agli elementi del vettore x

```
> x <- -3:8
> x
[1] -3 -2 -1  0  1  2  3  4  5  6  7  8
```

minori di 2, si utilizza il comando `which` nel seguente modo

```
> which(x<2)
[1] 1 2 3 4 5
```

oppure i quali sono quelli compresi tra -1 incluso e 5 escluso useremo `which` come segue

```
> which((x >= -1) & (x < 5))
[1] 3 4 5 6 7 8
```

dove "&" è l'operatore logico *and*. Si può utilizzare anche l'operatore "|" (*or* logico) per ottenere, ad esempio, gli indici degli elementi di x più grandi di 1 o più piccoli di -2

```
> which((x < -2) | (x > 1)) -> z
> z
[1]  1  6  7  8  9 10 11 12
```

e per ottenere gli elementi di x che interessano basta scrivere quanto segue

```
> x[z]
[1] -3  2  3  4  5  6  7  8
```

Per capire come opera si deve pensare che la funzione `which` non fa altro se non restituire gli indici di un vettore i cui elementi contengono l'oggetto `TRUE`, "vero". Il simbolo `TRUE` assieme a `FALSE` sono gli unici due risultati di una condizione logica come `x<2`. Si noti quanto segue

```
> x < 3.2
 [1]  TRUE  TRUE  TRUE  TRUE  TRUE  TRUE  TRUE FALSE FALSE
[10] FALSE FALSE FALSE
```

restituisce un vettore di "vero"/"falso" che passato alla funzione `which` restituisce quanto segue

```
> which(x < 3.2)
[1] 1 2 3 4 5 6 7
```

1.2.4 Il workspace

Arrivati a questo punto dovremmo aver creato diversi oggetti. Utilizzando il comando `ls` dovremmo vederli tutti nel workspace.

```
> ls()
> ls()
 [1] "A"        "V1"       "V2"
 [4] "V3"       "V4"       "V5"
 [7] "V6"       "V7"       "V8"
[10] "V9"       "a"        "i"
[13] "sequenza" "v1"       "v2"
[16] "v3"       "v4"       "x"
[19] "y"        "z"
```

Si noti che compaiono sia `a` che `A`. Questo avviene perché R è un linguaggio in cui le lettere minuscole e maiuscole sono considerate come differenti. Ciò è comune ad altri linguaggi di programmazione come C, Java ecc. mentre non lo è in molti altri software statistici. Infatti se scriviamo

```
> Y
Errore: oggetto "Y" non trovato
```

perché l'oggetto `Y` maiuscolo non esiste, mentre

```
> y
[1] 2 4 6 8
```

Possiamo salvare il contenuto del workspace con il comando `save.image`. Questo comando permette di memorizzare su file l'intero contenuto del workspace. Il nome del file è per convenzione `.RData` e viene memorizzato nella directory corrente di lavoro. I comandi `getwd` e `setwd` permettono, rispettivamente, di conoscere la directory di lavoro corrente e di cambiarla. Il modo in cui si specificano i percorsi delle directory dipende dalla versione del sistema operativo su cui gira R, si consiglia quindi di leggere il file di help delle due funzioni. Si può decidere di salvare (anziché tutto) solo qualcuno degli elementi. Per far questo si può utilizzare il comando `save` specificando la lista degli oggetti da salvare e il file in cui preferiamo salvarli. Per esempio,

```
> save(x, A, file="prova.rda")
```

memorizza nel file `prova.rda` gli elementi `x` e `A` del workspace. Gli elementi del workspace possono essere cancellati con il comando `rm`

```
> rm(v1,v2,v3,v4)
> ls()
 [1] "A"        "V1"       "V2"
 [4] "V3"       "V4"       "V5"
 [7] "V6"       "V7"       "V8"
[10] "V9"       "a"        "i"
[13] "sequenza" "x"        "y"
[16] "z"
```

oppure tutti in blocco

```
> rm(list=ls())
> ls()
character(0)
```

Ora che il workspace è vuoto possiamo ricaricare quanto abbiamo salvato all'interno del file `prova.rda`. Il comando da utilizzare è `load`

```
> load("prova.rda")
> ls()
[1] "A" "x"
> A
     [,1] [,2] [,3] [,4] [,5] [,6]
[1,]   -3   -1    1    3    5    7
[2,]   -2    0    2    4    6    8
> x
[1] 1 2 3 4
```

1.2.5 Gli oggetti e le tipologie di dati

R dispone di una varietà di tipi di dati sufficientemente diversificati da risultare adeguati nel maggior numero delle analisi. Esistono poi delle tipologie di dati, derivate dall'insieme di base, che possono essere create *ad hoc* dagli utenti. Non ci occuperemo di questi in quanto sono specifici di alcuni pacchetti non trattati nel seguito. La prima cosa da tenere a mente è che ogni cosa in R è un oggetto ed ogni oggetto appartiene ad una classe. Nello specificare i nomi degli oggetti si deve tener presente che ogni nome può essere una sequenza di lettere e numeri purché non inizi con un numero. Per esempio `x0` è un nome ammissibile mentre non lo è `0x`. Inoltre, alcuni nomi sono riservati e sono

```
FALSE TRUE Inf NA NaN NULL
break else for function if in next repeat while
```

Inoltre, i nomi delle funzioni non possono contenere caratteri particolari come '_' (underscore) mentre possono contenere, come abbiamo già visto, il simbolo '.' (il punto). Ci sono poi alcuni nomi che sarebbe meglio evitare di usare. Per esempio definire `q` o `c` un oggetto è un'azione sconveniente anche se ammessa. Passiamo ora in rassegna vari tipi di oggetti che R può maneggiare:

- `character` : si tratta delle stringhe o sequenze di caratteri;
- `numeric` : sono i numeri reali. Si noti che in R tutti gli oggetti numerici sono in doppia precisione;
- `integer` : numeri interi eventualmente con segno;
- `logical` : sono elementi che assumono solo i valori `TRUE` (vero) o `FALSE` (falso);

- `complex` : i numeri complessi

Tutti questi oggetti possono essere scalari o matrici a due o più vie inoltre per ognuno di questi è definito il simbolo il corrispondente simbolo `NA` (not available) per indicare il dato mancante. Questi oggetti possono essere creati per "riempimento" o per "inizializzazione". Ad esempio

```
> x <- 1:3
> x
[1] 1 2 3
> x <- numeric(3)
> x
[1] 0 0 0
```

Nel primo caso, abbiamo "riempito" il vettore `x` con il vettore `c(1,2,3)`, nel secondo caso abbiamo "inizializzazione" con il comando `numeric`, ovvero allocando un vettore di lunghezza fissata, 3 nel nostro caso, che possiamo riempire a posteriori come desideriamo

```
> x[2] <- 5
> x
[1] 0 5 0
```

Il comando `numeric` è equivalente al più generale `vector` se usato nel seguente modo

```
> vector(3, mode="numeric")
[1] 0 0 0
> numeric(3)
[1] 0 0 0
```

ovvero specificando la modalità (`mode`) "`numeric`". Esistono tutte le modalità relative alle classi di oggetti sopra riportati (`character`, `logical`, `integer`, ecc.) mentre non è possibile inizializzare un vettore senza specificarne la classe

```
> vector(3)
Errore in vector(3) : vector: non posso creare un vettore
in modalita' "3".
```

Esiste poi il concetto di *lista* che può essere visto come un *contenitore* di oggetti dei più disparati. Per essere più precisi

- `list` : è un vettore R in modalità "`list`" i cui elementi possono essere oggetti di tipo anche diverso tra loro.

Costruiamo una lista contenente oggetti differenti: un vettore di numeri complessi, un vettore di stringhe, un vettore logico e una matrice.

```
> cmp <- complex(real=1:10,imaginary=-1:9)
> cmp
 [1]  1-1i  2+0i  3+1i  4+2i  5+3i  6+4i
 [7]  7+5i  8+6i  9+7i 10+8i  1+9i
```

Si noti che il vettore delle parti reali `1:10` è più corto del vettore delle parti immaginarie `-1:9`. Il vettore dei numeri complessi risultante è di 11 elementi, in cui l'ultimo elemento è stato ottenuto riciclando il primo elemento del vettore della parte reale, ovvero `1+9i`, così come abbiamo già notato per il riempimento delle matrici.

```
> str <- c("tizio", "caio", "sempronio")
> str
[1] "tizio"     "caio"      "sempronio"
> log <- c(TRUE, TRUE, FALSE, FALSE, FALSE)
> log
[1]  TRUE  TRUE FALSE FALSE FALSE
> A <- matrix(1, 4, 2)
> A
     [,1] [,2]
[1,]    1    1
[2,]    1    1
[3,]    1    1
[4,]    1    1
```

e ora assembliamo tutto in una lista

```
> LISTA <- list(CPLX = cmp, NOMI = str, BOOL = log,
+              matrice = A)
```

e andiamo a scoprire quale mostro abbiamo creato!

```
> LISTA
$CPLX
 [1]  1-1i  2+0i  3+1i  4+2i  5+3i  6+4i
 [7]  7+5i  8+6i  9+7i 10+8i  1+9i

$NOMI
[1] "tizio"     "caio"      "sempronio"

$BOOL
[1]  TRUE  TRUE FALSE FALSE FALSE

$matrice
     [,1] [,2]
[1,]    1    1
[2,]    1    1
[3,]    1    1
[4,]    1    1
```

Come si nota, nella costruzione di una lista, si possono specificare i nomi degli oggetti. Ora la lista `LISTA` contiene 4 elementi chiamati rispettivamente `CPLX`, `NOMI`, `BOOL` e `matrice`. Non è obbligatorio specificare tali nomi ma è spesso utile farlo. Se vogliamo accedere al vettore di elementi logici `BOOL` possiamo farlo in due modi: o richiamando l'elemento per nome e, in tal caso, si deve utilizzare il simbolo `$` per accedere agli elementi di `LISTA`

```
> LISTA$BOOL
[1]  TRUE  TRUE FALSE FALSE FALSE
```

oppure, sapendo che si tratta del terzo elemento della lista, possiamo scrivere

```
> LISTA[[3]]
[1]  TRUE  TRUE FALSE FALSE FALSE
```

si noti l'utilizzo del doppio `[[` per accedere agli elementi della lista. Questo può anche essere usato richiamando per nome gli elementi della lista come segue

```
> LISTA[["matrice"]]
     [,1] [,2]
[1,]    1    1
[2,]    1    1
[3,]    1    1
[4,]    1    1
```

Se invece vogliamo accedere agli elementi di un oggetto della lista, ovvero, se ad esempio, vogliamo ottenere il quarto numero del vettore di numeri complessi `CPLX` possiamo procedere come segue

```
> LISTA$CPLX[4]
[1] 4+2i
> LISTA[[1]][4]
[1] 4+2i
```

e si osservi come è molto più convoluta la seconda scrittura rispetto alla prima. Dicevamo che ad ogni oggetto appartiene ad una particolare classe. Per ricavare informazioni sulla classe di un oggetto si può utilizzare il comando `str`. Vediamo che tipo di informazioni restituisce il comando `str`

```
> str(cmp)
 cplx [1:11] 1-1i 2+0i 3+1i ...
> str(log)
 logi [1:5]  TRUE  TRUE FALSE FALSE FALSE
> str(str)
 chr [1:3] "tizio" "caio" "sempronio"
> str(A)
 num [1:4, 1:2] 1 1 1 1 1 1 1 1
> str(LISTA)
List of 4
 $ CPLX    : cplx [1:11] 1-1i 2+0i 3+1i ...
 $ NOMI    : chr [1:3] "tizio" "caio" "sempronio"
 $ BOOL    : logi [1:5]  TRUE  TRUE FALSE FALSE FALSE
 $ matrice: num [1:4, 1:2] 1 1 1 1 1 1 1 1
```

Questo comando restituisce informazioni sulla struttura di un oggetto: sia la natura che le dimensioni. In particolare si noti come le matrici sono definite di classe `num`, cioè `numeric`, se avessimo costruito una matrice di numeri complessi avremmo ottenuto `cplx` per `A`. In quanto fatto sopra abbiamo introdotto un'anomalia: abbiamo definito come `log` un vettore quando invece `log` è la funzione logaritmo di R e analogamente per `str`. È meglio evitare di definire degli oggetti con nomi di funzioni che sono già definite in R per evitare di incorrere in problemi di questo tipo

```
> log <- 2
> log
[1] 2
> log(2)
[1] 0.6931472
> log <- function(x) x
> log(2)
[1] 2
> log(3)
[1] 3
```

Nell'esempio sopra riportato abbiamo prima definito `log` come uno scalare, poi abbiamo chiamato la funzione `log` (logaritmo) di R e infine abbiamo ridefinito quest'ultima come la funzione identità (si legga il paragrafo successivo per i dettagli). Da questo momento in poi, qualsiasi altra funzione o pacchetto di R che utilizzi la funzione logaritmo nei suo calcoli fornirà, chiaramente, risultati inconsistenti[8].

1.2.6 Le funzioni

Abbiamo più volte utilizzato delle funzioni di R senza mai averci guardato realmente dentro. Ogni comando non elementare di R è definito come una funzione costruita a partire proprio dai comandi elementari[9]. Costruire una funzione è molto semplice. Costruiamo la funzione `somma` che si occupa di sommare due numeri `a` e `b`. Il codice R è il seguente

```
> somma <- function(a,b) a+b
> somma(2,3)
[1] 5
```

Analizziamo le linee di codice appena scritte: il nome della funzione è `somma` che è stata definita come un oggetto di classe `function`. Questo comando `function` è uno di quelli elementari (si ricordi che è anche uno dei nomi riservati per particolari oggetti di R). Con `function` si specificano gli argomenti racchiusi tra parentesi tonde. Alla fine si definisce il corpo della funzione la quale, nel nostro caso, si occupa semplicemente di sommare i valori di input. Se il corpo della funzione necessita di più di un comando si deve racchiudere il corpo tra le due

[8]Nelle recenti versioni di R è stata introdotta la nozione di NAMESPACE che permette di ovviare a questo problema permettendo a più funzioni con lo stesso nome di risiedere in ambienti separati (normalmente i pacchetti). L'utente può decidere di utilizzare la funzione appropriata senza dover necessariamente sovrascrivere quelle pre-esistenti.

[9]In realtà anche tutti i comandi elementari sono essi stessi delle funzioni (`<-`, `+` ecc.). Ad esempio quando scriviamo `a+b` in realtà R interpreta questo come `+(a,b)` dove `+(,)` è una funzione di due argomenti.

parentesi graffe "{" e "}". Così come è scritta la funzione non è in grado di verificare se gli argomenti che vengono messi in input siano conformi alla sua natura. Per esempio,

```
> somma("ciro","piro")
Errore in a + b : argomento non numerico in operatore binario
```

è quanto ci si deve logicamente aspettare come comportamento da parte di R. Le funzioni di R in generale sono molto più complesse e al loro interno prevedono il controllo degli argomenti. In particolar modo risulta molto importante per R, o meglio per le sue funzioni, sapere di che classe sono gli oggetti passati in input in modo da potersi comportare di conseguenza, cioè applicare un *metodo*. Per scoprire quali siano gli argomenti di una funzione si può ricorrere all'help della funzione stessa, quando previsto, oppure utilizzare il comando `args` o `str`.

```
> args(somma)
function (a, b)
NULL
> str(somma)
function (a, b)
 - attr(*, "source")= chr "function(a,b) a+b"
> args(q)
function (save = "default", status = 0, runLast = TRUE)
NULL
```

Se invece vogliamo capire come è costituito il corpo di una funzione si può utilizzare il comando `body`

```
> body(somma)
a + b
```

Infine, se vogliamo modificare il codice di una funzione già scritta possiamo utilizzare il comando `fix` applicato alla funzione stessa. Si provi ad eseguire `fix(somma)`[10].

1.2.7 I cicli e i test

R permette di utilizzare due strumenti fondamentali per un linguaggio di programmazione: i *cicli* e i *test*, dove con test non si intendono ovviamente quelli di tipo statistico ma quelli tipici degli algoritmi. Cominciamo da questi secondi: la verifica di alcune condizioni nel flusso degli algoritmi è quasi sempre presente quando l'algoritmo è qualche cosa di più complicato della nostra funzione `somma`. Modifichiamo la nostra funzione `somma` in modo che sommi solo numeri positivi e che altrimenti restituisca il valore `-1`.

[10] L'implementazione del comando `fix` dipende strettamente dall'interfaccia grafica della piattaforma su cui stiamo utilizzando R. Nei sistemi Unix-like gli utenti che lavorano con R attraverso Emacs non utilizzano mai la funzione `fix`.

```
> somma <- function(a,b){
+  if((a>0) & (b>0))
+   a+b
+  else
+   -1
+ }
> somma(2,3)
[1] 5
> somma(2,-4)
[1] -1
```

Il test viene eseguito dal comando `if` il quale controlla **se** entrambi i valori contenuti in `a` e `b` (si usa il simbolo "`&`" allo scopo) sono positivi, **altrimenti** `else` restituisce il valore `-1`. Possiamo anche modificare la funzione in modo che sommi i due numeri solo se uno è positivo, cioè **o** `a` **o** `b`, in tal caso useremo "`|`".

```
> somma <- function(a,b){
+  if((a>0) | (b>0))
+   a+b
+  else
+   -1
+ }
> somma(2,2)
[1] 4
> somma(2,-4)
[1] -2
> somma(-2,-4)
[1] -1
```

Per riassumere, l'utilizzo di una funzione di test è il seguente

`if(`**condizione**`)` **parte.vera** `else` **parte.falsa**

dove si deve tenere a mente che se la condizione risulta vera R esegue quanto scritto dopo `if`, in caso risulti falsa esegue il codice che segue `else`. La parte relativa ad `else` non è sempre necessaria e quindi, nel caso, può essere omessa. Anche per la parte di codice da eseguire dopo `if` e `else` si può usare la coppia di parentesi graffe per racchiudere più linee di comandi R. Esistono diversi altri operatori logici tra cui segnaliamo "`&&`" e "`||`". La differenza tra questi operatori e i precedenti ("`&`" e "`|`") è che, ad esempio, "`&`" esegue un controllo logico termine a termine tra gli elementi di due vettori, mentre "`&&`" esegue il controllo in sequenza da sinistra a destra e si arresta fornendo il primo risultato valido. Per esempio

```
> c(TRUE, FALSE, TRUE) & c(FALSE, TRUE, TRUE)
[1] FALSE FALSE  TRUE
> c(TRUE, FALSE, TRUE) && c(FALSE, TRUE)
[1] FALSE
```

Si tenga presente che "`NA & TRUE`" ha come risultato `NA` ma "`NA & FALSE`" restituisce `FALSE`. I cicli sono invece il più possibile da evitare in R. La loro struttura è molto semplice così come è molto semplice scrivere un ciclo. Per esempio,

```
> for(i in 1:9) print(1:i)
[1] 1
[1] 1 2
[1] 1 2 3
[1] 1 2 3 4
[1] 1 2 3 4 5
[1] 1 2 3 4 5 6
[1] 1 2 3 4 5 6 7
[1] 1 2 3 4 5 6 7 8
[1] 1 2 3 4 5 6 7 8 9
```

è un ciclo che si occupa di scrivere sullo schermo, con il comando `print` i numeri da `1` ad `i`, con `i` che varia nell'insieme `1:9`. L'istruzione utilizzata è `for` il cui utilizzo generale è il seguente

`for(`**variabile a valori** `in` **un insieme**`)` **esegui i comandi**

Esistono poi due versioni analoghe che si utilizzano quando non è possibile determinare a priori il numero di iterazioni di un ciclo. Questi comandi sono `while` e `repeat` che però non discutiamo qui ma che useremo nel Capitolo 4. Sottolineiamo invece il fatto che i cicli in R sono purtroppo molto dispendiosi in termini di tempo macchina. Supponiamo di voler sommare i primi 10 000 numeri naturali. Possiamo farlo attraverso un ciclo oppure applicando la funzione `sum` di R al vettore `1:10000`. Si provi a verificare la velocità delle seguenti linee di codice per rendersi conto di quale sia la differenza in efficienza.

```
> a <- 0
> for(i in 1:10000) a <- a+i
> a
[1] 50005000
> sum(1:10000)
[1] 50005000
```

Il motivo per cui i cicli risultano essere lenti è dovuto al modo in cui R passa i parametri alle funzioni. Mentre altri linguaggi passano solo un riferimento (un puntatore si direbbe in `C` o `Pascal`) agli oggetti, R passa un'intera copia dell'oggetto. Quindi, l'apparentemente innocua assegnazione `a <- a + i` genera la seguente successione di operazioni: una copia di `a` e `i` vengono passati alla funzione somma `+`, il risultato viene copiato ed inviato alla funzione di assegnazione `<-`, quest'ultima restituisce una copia dell'oggetto creato e lo va ad inserire nell'oggetto `a`. I cicli sono lenti non in quanto tali ma in quanto ripetono queste sequenze di copie e assegnazioni un numero esorbitante, e inutile, di volte. Come si vede dall'esempio precedente, non tutti i cicli sono per loro natura delle procedure realmente iterative, nella stragrande maggioranza dei casi possono essere evitati tenendo conto che la maggior parte delle funzioni di R lavorano vettorialmente (come `sum`) e che esiste una famiglia di funzioni chiamate `*apply` dove l'asterisco sta ad indicare la classe di oggetti cui si applicano (`l` per le liste, ecc.). Queste funzioni verranno introdotte al momento opportuno nel testo.

1.2.8 Classi, conversioni e modifiche degli oggetti R

Benché non si possa scendere in dettaglio sull'argomento è necessario almeno intuire che ogni cosa in R è un oggetto e ogni oggetto possiede una classe esplicita o implicita (chiamata modalità). Ad esempio, in R esistono i numeri interi o reali le cui classi esplicite sono rispettivamente `integer` e `numeric` mentre per entrambi la classe implicita è `numeric`.

```
> class(integer(1))
[1] "integer"
> class(numeric(1))
[1] "numeric"
> mode(integer(1))
[1] "numeric"
> mode(numeric(1))
[1] "numeric"
```

La classe implicita è quella che R tenta di usare quando manca uno specifico metodo per un certo oggetto. Ad esempio, se calcoliamo la media di numeri `integer` il risultato sarà probabilmente di classe `numeric`, quindi R promuove a `numeric` i dati `integer` prima di calcolare la media aritmetica, non potendo ovviamente esistere una media per soli dati `integer`. Anche per le matrici vale lo stesso discorso, un oggetto matrice è di default un oggetto di classe `matrix` ma la sua classe implicita è `numeric`

```
> class(matrix(1,1,1))
[1] "matrix"
> mode(matrix(1,1,1))
[1] "numeric"
```

ovviamente se al posto dei numeri mettiamo dei caratteri negli elementi della matrice si ha un matrice di caratteri e quindi la classe implicita cambierà

```
> class(matrix("A",1,1))
[1] "matrix"
> mode(matrix("A",1,1))
[1] "character"
```

Queste classi esplicite e implicite non hanno nulla a che vedere con il modo in cui questi oggetti sono trattati a livello di sistema, ad esempio i gli interi sono allocati come tale in memoria mentre i numeri reali sono tutti allocati in doppia precisione

```
> typeof(integer(1))
[1] "integer"
> typeof(numeric(1))
[1] "double"
```

Alcuni oggetti inoltre possiedono diversi attributi che possono essere specifici di una particolare classe o comunque appropriati per quell'oggetto. Il comando `attributes` ce li mostra

```
> attributes(numeric(1))
NULL
> attributes(matrix(1,3,2))
$dim
[1] 3 2
```

infatti le matrici non sono altro che vettori di numeri organizzati secondo le due dimensioni di riga e colonna, l'attributo `dim`. Sono inoltre previsti diversi metodi automatici per la trasformazione e conversione di oggetti da una classe ad un'altra. Tutte le funzioni `as.*` sono dette metodi di coercizione e si occupano appunto di effettuare delle conversioni

```
> class(integer(1))
[1] "integer"
> class(as.numeric(integer(1)))
[1] "numeric"
```

In alcuni casi invece la conversione è automatica: se ad esempio inseriamo un elemento `numeric` in un oggetto di classe `integer` tutto l'oggetto viene convertito in uno di classe `numeric`

```
> x <- as.integer(1:3)
> x
[1] 1 2 3
> class(x)
[1] "integer"
> x[2] <- 2.3
> x
[1] 1.0 2.3 3.0
> class(x)
[1] "numeric"
```

allo stesso modo, se inseriamo un `character` in un oggetto che non lo è otteniamo un nuovo oggetto di quella classe

```
> x[3] <- "TRE"
> x
[1] "1"   "2.3" "TRE"
> class(x)
[1] "character"
```

In quello che segue approfondiremo gli aspetti relativi alla classe e agli attributi dei singoli oggetti, per ora questo è più che sufficiente per iniziare a capire come R lavora sugli oggetti. Concludiamo brevemente che i vettori possono essere aumentati per concatenazione o metodi equivalente mentre per le matrici esistono funzioni specifiche adatte all'uopo. Ad esempio

```
> x <- 1:3
> x
[1] 1 2 3
> x <- c(x, 5)
> x
```

```
[1] 1 2 3 5
> x[7] <- 10
> x
[1]  1  2  3  5 NA NA 10
```

mentre

```
> x <- matrix(,2,3)
> x[2,4] <- 3
Errore: indice fuori limite
```

operazione non ammissibile in quanto R non saprebbe in quale dimensione estendere l'oggetto, mentre si possono accostare nuove righe o colonne ad una matrice tramite i comandi `rbind` e `cbind` come mostrato nel seguente esempio

```
> x <- matrix(1:6,2,3)
> x
     [,1] [,2] [,3]
[1,]    1    3    5
[2,]    2    4    6
> rbind(x, c(-1, -2, -3))
     [,1] [,2] [,3]
[1,]    1    3    5
[2,]    2    4    6
[3,]   -1   -2   -3
> cbind(x, c(-1, -2))
     [,1] [,2] [,3] [,4]
[1,]    1    3    5   -1
[2,]    2    4    6   -2
```

1.2.9 Gli script o programmi

Molto spesso capiterà di dover scrivere procedure, funzioni e insiemi di comandi che occorre impiegare più volte in diverse sessioni di R. È possibile far eseguire ad R in modo automatico queste procedure. Sarà sufficiente salvare su di un file di testo ASCII standard l'insieme dei comandi. Una volta in R sarà sufficiente utilizzare il comando `source`. Supponiamo di creare un file di testo `prova.R` in cui sono contenuti alcune delle funzioni da noi definite, ad esempio la funzione somma. Quindi il file conterrà le seguenti linee di testo

```
# La nostra strana funzione somma
somma <- function(a,b){
 if(a>0 | b>0)
  a+b
 else
  -1
}
```

Supponiamo ora di aprire una nuova sessione di R e di voler ricaricare in memoria la funzione `somma` contenuta nel file `prova.R`. Sarà sufficiente scrivere

```
> source("prova.R")
> ls()
[1] "somma"
> somma(2,3)
[1] 5
```

Se invece vogliamo far girare una procedura in una sessione interamente non interattiva si può scrivere, dalla linea di comando (la shell di Unix o il prompt dell'MS-DOS di MS-Windows) un comando del tipo

```
R CMD BATCH mio_script.R
```

o

```
Rcmd BATCH mio_script.R
```

sotto il prompt MS-DOS. Per maggiori informazioni si veda `help(BATCH)` dall'interno di R o `Rcmd BATCH --help` dal prompt di MS-DOS.

1.2.10 Salvare l'output di R

A volte, anche in relazione all'utilizzo di script esterni, si rende necessario poter memorizzare l'output di una sessione di lavoro con R . Le versioni dotate di interfaccia grafica prevedono questa opzione tramite menu oppure con semplice copia e incolla della finestra R Console. Se però si vuole automatizzare anche questa funzionalità si può utilizzare il comando `sink`. Per esempio, la sequenza di comandi

```
> sink("output.txt")
> cat("\n Hello World!\n")
> sink()
```

apre un file "`output.txt`" nella directory corrente di lavoro e vi scrive il testo `Hello World!` Si noti che l'ultimo comando `sink`, senza argomenti, serve a chiudere il file di output. Inoltre è possibile utilizzare la coppia di comandi `save.history` e `load.history` rispettivamente per salvare su file e carica da file, l'intero elenco dei comandi utilizzati in una sessione. I comandi caricati con `load.history` non saranno eseguiti ma sarà possibile richiamarli con i tasti freccia dalle Console di R che supportano questa possibilità. L'output di `save.history` è invece un file di testo che può essere utilizzato come base di partenza per creare un nostro script.

1.2.11 La directory di lavoro

A seconda delle implementazioni di R utilizzate, la directory può essere differente da quella in cui si trova l'eseguibile di R (questo avviene quasi sempre sotto sistemi Unix). È possibile spostarsi da una directory all'altra attraverso il comando `setwd`, verificare la directory corrente di lavoro attraverso il comando `getwd` e visionarne il contenuto attraverso il comando `dir`. Spesso è conveniente tenere distinte le sessioni di lavoro lavorando su directory differenti e quindi salvare e caricare il contenuto del workspace in queste directory di lavoro.

2

Sintesi dei dati

In questo capitolo tratteremo di quella parte della statistica che si occupa di sintetizzare l'informazione contenuta nei dati grezzi: la statistica descrittiva. In questo contesto lo scopo principale è dare una lettura dei dati in nostro possesso che sia il più immediata possibile senza tentare di estendere i risultati ottenuti ad altre unità statistiche o popolazioni. Di questo genere di estensioni se ne occupa l'inferenza statistica e sarà oggetto dei capitoli successivi. Quindi, indipendentemente dal fatto che si tratti di rilevazioni complete o dati campionari, la nostra analisi si fermerà alla descrizione di questo insieme di dati. Gli strumenti fondamentali che incontreremo sono le distribuzioni di frequenza, le (loro) rappresentazioni grafiche e i principali indici di sintesi che le descrivono.

2.1 Tipologie di dati

In statistica esistono varie tipologie di dati che non corrispondono necessariamente alla natura dei fenomeni statistici cui fanno riferimento. I dati si dividono quindi in due gruppi principali: quelli qualitativi e quelli quantitativi. I **qualitativi** sono così chiamati perché i fenomeni statistici da cui derivano possono essere descritti attraverso attributi (per esempio il 'sesso' può essere registrato attraverso i due attributi 'maschio' e 'femmina') eventualmente posti tra loro in qualche relazione d'ordine (per esempio l''età': 'giovane', 'adulto', 'anziano'). Si parla quindi di fenomeni qualitativi rilevati su **scala nominale** e **ordinale** rispettivamente. In R i dati di questo tipo sono rappresentati come `factor` ed eventualmente, se è presente un ordinamento, si deve specificare anche l'attributo `ordered`.

Supponiamo di avere un gruppo di sette persone, tre uomini e quattro donne, rispettivamente di 15, 16, 45, 55, 75, 15 e 70 anni. Costruiamo i due vettori in R ricodificando le età utilizzando la scala 'giovane', 'adulto', 'anziano' e il genere in 'U' = uomo e 'D' = donna.

```
> sesso <- c("U","U","U","D","D","D","D")
> eta <- c("giovane","giovane","adulto","adulto",
           "anziano", "giovane","anziano")
> str(sesso)
 chr [1:7] "U" "U" "U" "D" "D" "D" "D"
```

```
> str(eta)
 chr [1:7] "giovane" "giovane" "adulto"  "adulto"
 "anziano" "giovane" ...
```

Se non è necessario specificare un ordinamento tra le modalità di un carattere per R è più che sufficiente questo modo di memorizzare i dati come `chr` (character) poiché provvederà R stesso a trasformarli in `factor` nel momento del bisogno. Si noti che abbiamo utilizzato le virgolette '`"`' per introdurre i valori delle variabili età e sesso come attributi. Un modo più elegante e corretto per dire ad R che i dati sono di tipo qualitativo è utilizzare il comando `factor`. Per esempio

```
> sesso2 <- factor(sesso)
> str(sesso2)
 Factor w/ 2 levels "D","U": 2 2 2 1 1 1 1
> sesso2
[1] U U U D D D D
Levels:  D U
```

Come si vede R ci informa che `sesso2` è un vettore che rappresenta una variabile di tipo qualitativo (`factor`) i cui diversi valori assunti dal carattere, le modalità, sono `U` e `D`. Questi valori sono denotati con `levels`. Come si nota gli indici in R partono dal valore `1`. R pur non tenendo conto dell'ordine ha attribuito il valore numerico 1 a `D` e 2 a `U`, questo avviene perché in mancanza di altre indicazioni R utilizza l'ordinamento alfabetico. Se effettuiamo la stessa operazione con `eta` otteniamo quanto segue:

```
> eta2 <- factor(eta)
> str(eta2)
 Factor w/ 3 levels "adulto","anziano",..: 3 3 1 1 2 3 2
> eta2
[1] giovane giovane adulto  adulto  anziano giovane  anziano
Levels:  adulto anziano giovane
```

Come si nota, i livelli sono stati ordinati in ordine alfabetico: 'adulto' $\prec$ 'anziano' $\prec$ 'giovane'[1]. Se vogliamo imporre un particolare ordinamento si può usare il comando `ordered` specificando l'ordinamento nel modo seguente

```
> ordered(eta2,levels=c("giovane","adulto","anziano"))
[1] giovane giovane adulto  adulto  anziano giovane anziano
Levels:  giovane < adulto < anziano
```

oppure direttamente nel comando `factor`

```
> eta2 <- factor(eta,levels=c("giovane","adulto","anziano"),
 ordered=TRUE)
> eta2
[1] giovane giovane adulto  adulto  anziano giovane anziano
Levels:  giovane < adulto < anziano
```

[1]Il simbolo "$\prec$" indica l'ordine di precedenza. Per esempio, "$a \prec b$" vuol dire "a precede b".

o più semplicemente

```
> eta2 <- ordered(eta,levels=c("giovane", "adulto",
  "anziano"))
> eta2
[1] giovane giovane adulto  adulto  anziano giovane anziano
Levels: giovane < adulto < anziano
```

Quando viene specificato l'attributo `ordered` R ci ricorda che i livelli delle variabili sono appunto su scala ordinale. In particolar modo, il comando `ordered` è molto utile qualora si vogliano ricodificare o riordinare le modalità di fenomeni qualitativi. Infatti, molto spesso anziché memorizzare gli attributi si preferisce registrare solo il codice relativo ad una certa modalità, ovvero: 1 = uomo, 2 = donna. Nell'esempio che segue la variabile `sesso3` contiene una sequenza di 1 e 2. Trasformiamo prima questa variabile in `sesso4` che risulta essere di tipo `factor` e poi rinominiamo i livelli `1` e `2` in `U` e `D` rispettivamente.

```
> sesso3 <- c(1,1,1,2,2,2,2)
> sesso3
[1] 1 1 1 2 2 2 2
> sesso4 <- factor(sesso3)
> sesso4
[1] 1 1 1 2 2 2 2
Levels: 1 2
> levels(sesso4) <- c("U", "D")
> sesso4
[1] U U U D D D D
Levels: U D
```

Abbiamo utilizzato la funzione `levels` che non fa altro che restituire le etichette assegnate a ciascun codice. Se invece delle etichette vogliamo risalire ai codici dobbiamo utilizzare `as.numeric` o `unclass`.

```
> eta2
[1] giovane giovane adulto  adulto  anziano giovane anziano
Levels: giovane < adulto < anziano
> as.numeric(eta2)
[1] 1 1 2 2 3 1 3
> unclass(eta2)
[1] 1 1 2 2 3 1 3
attr(,"levels")
[1] "giovane" "adulto"  "anziano"
```

Per i fenomeni quantitativi non c'è distinzione per sotto-tipologie. Benché in ambito statistico si distingue tra fenomeni quantitativi discreti e continui, dal punto di vista dei dati grezzi, in R come in qualsiasi altro software, non vi è distinzione. In genere si parla di fenomeni *quantitativi discreti* quando ci si riferisce a caratteristiche osservate attraverso operazioni di conteggio (numero di figli per coppia, numero di automobili ecc.). Viceversa si attribuisce natura *continua* a quei dati che sono originati da operazioni di misura (lunghezza, peso ecc.). Si intuisce bene che nella pratica, pur avendo strumenti di misurazione molto precisi, esiste un limite fisico oltre il quale lo strumento, o chi registra i dati, è costretto a compiere una discretizzazione e quindi l'insieme dei dati non sarà altro che un insieme di numeri (magari con molte cifre decimali) che comunque non ha la potenza del continuo. Tornando all'esempio delle 7 persone viste all'inizio del paragrafo, possiamo memorizzare direttamente le loro età in anni anziché utilizzare la ricodifica vista sopra

```
> eta <- c(15, 16, 45, 55, 75, 15, 70)
> eta
[1] 15 16 45 55 75 15 70
> str(eta)
 num [1:7] 15 16 45 55 75 15 70
```

Si noti che R ci segnala che i dati sono di tipo numerico.

2.2 La matrice dei dati

Nel Paragrafo 2.3 introdurremo le distribuzioni di frequenza. Queste sono un ottimo strumento di sintesi e sono anche molto semplici da ottenere attraverso R. Vedremo che spesso è utile presentare i dati anche in forma grafica (cfr. Paragrafo 2.4). Attraverso un esempio guida, mostreremo quali tipologie di grafici ed analisi è più opportuno utilizzare a seconda del tipo di dati a disposizione. Prima però di entrare nei dettagli di tipo statistico è bene introdurre un oggetto molto importante per R: la matrice dei dati o il **dataframe**. Come esempio guida utilizzeremo i dati della Tabella 2.1 relativi a diversi tipi di fenomeni statistici. Questa tabella riporta lo stato civile (X), il livello di scolarità (Y), il numero di figli a carico (Z) e il peso in kg (W) di 20 individui. Le variabili X e Y sono state ricodificate come segue

$$X = \begin{cases} \text{N} & = \textit{Nubile/celibe} \\ \text{C} & = \textit{Coniugata/o} \\ \text{V} & = \textit{Vedova/o} \\ \text{S} & = \textit{Separata/o e/o divorziata/o} \end{cases}$$

e

$$Y = \begin{cases} \text{A} & = \textit{Analfabeta e alfabeta} \\ \text{O} & = \textit{Scuola dell'obbligo} \\ \text{S} & = \textit{Diploma di scuola superiore} \\ \text{L} & = \textit{Laurea e superiore} \end{cases}$$

Dobbiamo introdurre in R i dati. Ci sono vari modi per farlo: possiamo preparare un file di testo da far leggere successivamente a R, possiamo usare la funzione `dataentry`[2] o più semplicemente creare i quattro vettori X, Y, W e

[2]Non disponibile nella implementazione MacOS di R.

u unità statistica	X stato civile	Y grado di scolarità	Z numero di figli	W peso in kg
1	N	L	0	72.50
2	S	O	1	54.28
3	V	A	3	50.02
4	V	O	4	88.88
5	C	L	1	62.30
6	N	S	1	45.21
7	C	S	0	57.50
8	C	O	2	78.40
9	V	L	3	75.13
10	N	O	0	58.00
11	N	S	1	53.70
12	N	A	0	91.29
13	S	S	1	74.70
14	C	S	4	41.22
15	N	S	3	65.20
16	C	L	0	63.58
17	V	O	2	48.27
18	S	O	2	52.52
19	C	S	4	69.50
20	C	S	4	85.98

Tabella 2.1 Dati relativi a 4 caratteristiche rilevate congiuntamente su 20 individui.

Z ed assemblarli in una matrice di dati che in R trova un'utile rappresentazione come `data.frame`. Visto che si tratta dell'oggetto più utilizzato nelle analisi statistiche, cerchiamo di apprendere le modalità di costruzione e gestione di un `data.frame`. Iniziamo con l'inserire il nostro insieme di dati vettore per vettore. Ricordiamo che è possibile utilizzare la funzione `scan`[3]. Tale funzione non fa altro che memorizzare l'input di quanto scriviamo nella console di R , in un vettore. L'unico problema è che la funzione `scan` accetta in input solo valori numerici. Se ricodifichiamo i livelli di X con i numeri da 1 a 4, possiamo velocemente inserire i dati in R come segue

```
> x <- scan()
1: 1 4 3 3 2 1 2 2 3 1 1 1 4 2 1 2 3 4 2 2
21:
Read 20 items
```

ricordando di terminare l'input con un 'invio' a vuoto. Basterà ora trasformare `x` in `factor` e ricodificarne i livelli come segue

[3]Presentiamo la funzione `scan` solo a fini didattici. In realtà nella quasi totalità dei casi si usa leggere i dati che sono stati preventivamente archiviati su file. In tal caso è d'uso comune utilizzare la funzione `read.table` o suoi derivati. Per i dettagli si veda il Paragrafo A.2 dell'Appendice A.

```
> x <- factor(x)
> levels(x) <- c("N","C","V","S")
> x
 [1] N S V V C N C C V N N N S C N C V S C C
Levels:  N C V S
```

Procediamo in modo analogo per Y.

```
> y <- scan()
1: 4 2 1 2 4 3 3 2 4 2 3 1 3 3 3 4 2 2 3 3
21:
Read 20 items
> y <- factor(y)
> levels(y) <- c("A","O","S","L")
> y
 [1] L O A O L S S O L O S A S S S L O O S S
Levels:  A O S L
> y <- ordered(y)
> y
 [1] L O A O L S S O L O S A S S S L O O S S
Levels:  A < O < S < L
```

A differenza di X che è un fenomeno qualitativo rilevato su scala nominale, per le modalità (i livelli) di Y esiste un ordine naturale rappresentato dal grado di istruzione e quindi abbiamo costruito Y di conseguenza. Per Z e W si procede in modo elementare come segue:

```
> z <- scan()
1: 0 1 3 4 1 1 0 2 3 0 1 0 1 4 3 0 2 2 4 4
21:
Read 20 items
> z
 [1] 0 1 3 4 1 1 0 2 3 0 1 0 1 4 3 0 2 2 4 4
> w <- scan()
1: 72.5 54.28 50.02 88.88 62.3 45.21 57.5 78.4
9: 75.13 58 53.7 91.29 74.7 41.22 65.2 63.58
17: 48.27 52.52 69.5 85.98
21:
Read 20 items
> w
 [1] 72.50 54.28 50.02 88.88 62.30 45.21 57.50
 [8] 78.40 75.13 58.00 53.70 91.29 74.70 41.22
[15] 65.20 63.58 48.27 52.52 69.50 85.98
```

Ora possiamo assemblare il tutto in un `data.frame` come segue e in modo immediato

```
> dati <- data.frame(X=x, Y=y, Z=z, W=w)
> dati
   X Y Z     W
1  N L 0 72.50
```

```
2  S O 1 54.28
3  V A 3 50.02
4  V O 4 88.88
5  C L 1 62.30
6  N S 1 45.21
7  C S 0 57.50
8  C O 2 78.40
9  V L 3 75.13
10 N O 0 58.00
11 N S 1 53.70
12 N A 0 91.29
13 S S 1 74.70
14 C S 4 41.22
15 N S 3 65.20
16 C L 0 63.58
17 V O 2 48.27
18 S O 2 52.52
19 C S 4 69.50
20 C S 4 85.98
```

Il nuovo oggetto `dati` contiene ora l'intera matrice dei dati e possiamo anche rimuovere dal workspace i singoli vettori `x`, `y`, `z` e `w` con il comando `rm(x, y, z, w)`. Abbiamo scelto di utilizzare le lettere maiuscole `X`, `Y`, `Z` e `W` solo perché lo sono nella Tabella 2.1 ma non c'è nessun'altra ragione. Si tenga presente che l'oggetto `data.frame` che chiamiamo matrice dei dati non è affatto un oggetto di tipo `matrix` ma piuttosto un oggetto di tipo `list` con il vincolo che gli elementi che lo compongono sono vettori, di natura qualsiasi ma tutti di uguale lunghezza. Una matrice è invece un oggetto in cui *tutti* i suoi elementi sono dello stesso tipo. Il comando `class` mette in luce quanto detto

```
> class(dati)
[1] "data.frame"
> str(dati, strict.width="cut")
'data.frame':   20 obs. of  4 variables:
 $ X: Factor w/ 4 levels "N","C","V","S": 1 4 3 3 2 1 2 2 ..
 $ Y: Ord.factor w/ 4 levels "A"<"O"<"S"<"L": 4 2 1 2 4 3 ..
 $ Z: num  0 1 3 4 1 1 0 2 3 0 ...
 $ W: num  72.5 54.3 50.0 88.9 62.3 ...
```

mentre

```
> class(matrix(2,2,3))
[1] "matrix"
> str(matrix(2,2,3))
 num [1:2, 1:3] 2 2 2 2 2 2
```

Inoltre, come si vede, il comando `str` ci fornisce una visione d'insieme dei nostri dati succinta ma esaustiva sulla struttura del dataframe. Comunque, visto che abbiamo fatto la fatica di imputare i dati, salviamoli in un file esterno da poter richiamare in seguito, attraverso il comando `save`.

```
> save(file="dati1.rda", dati)
```

A questo punto, per allenarci con l'utilizzo dei dataset che seguirà, possiamo anche cancellare il contenuto del workspace e ricaricare i nostri dati

```
> rm(list=ls())
> ls()
character(0)
> load("dati1.rda")
> ls()
[1] "dati"
```

Per accedere ai dati contenuti nei singoli vettori si procede come segue. Supponiamo di voler lavorare sul vettore `X` di `dati`. Per accedervi basterà richiamarlo con il nome `dati$X`:

```
> dati$X
 [1] N S V V C N C C V N N N S C N C V S C C
Levels:  N C V S
```

Questo modo di procedere può risultare scomodo quando si devono compiere operazioni articolate, converrebbe quindi sempre lavorare direttamente con le colonne del dataframe, cioè con i nomi delle variabili. Per fare questo si utilizza la coppia di comandi `attach` e `detach`. Il primo fa in modo che i vettori di un dataframe siano accessibili direttamente pur senza essere presenti nel workspace, il secondo ripristina il comportamento usuale di R. Quindi si procederà come segue

```
> attach(dati)
> ls()
[1] "dati"
> X
 [1] N S V V C N C C V N N N S C N C V S C C
Levels:  N C V S
> Y
 [1] L O A O L S S O L O S A S S S L O O S S
Levels:  A < O < S < L
> detach(dati)
> X
Error: Object "X" not found
> dati$X
 [1] N S V V C N C C V N N N S C N C V S C C
Levels:  N C V S
```

Come si vede, dopo l'utilizzo di `attach(dati)` le singole colonne di `dati` sono accessibili direttamente (pur non comparendo nel workspace) e non appena utilizziamo il comando `detach(dati)` R non riesce più a trovare i vettori a meno di utilizzare `dati$X`. Si tenga presente che qualsiasi modifica apportata ad un dataframe a seguito di un comando attach non modifica il dataframe originale mentre genera una copia, questa volta modificata, dello stesso dataframe. Questo può essere fonte di errori e può rendere complicato scovare gli errori stessi all'interno di un codice R. La funzione `attach` può essere utilizzata anche a partire di dati residenti su un file. Per esempio, la sequenza di comandi qui sotto permette di rendere disponibile un dataframe registrato su file (con il comando `save`) pur senza caricarlo in memoria

```
> rm(list=ls())
> attach("dati1.rda")
> ls()
character(0)
> dati$X
 [1] N S V V C N C C V N N N S C N C V S C C
Levels: N C V S
> X
Error: Object "X" not found
> detach()
> ls()
character(0)
```

Si noti la differenza di comportamento rispetto a quanto visto in precedenza: dopo il comando `attach` il workspace, preventivamente cancellato, risulta vuoto. Al contrario il dataframe `dati` risulta ugualmente accessibile mentre non lo è più il semplice vettore `X`.

2.2.1 Indicizzazione di un dataframe

Ricordiamo che il dataframe è sostanzialmente una lista i cui elementi non sono necessariamente di tipo numerico. Ad esempio possiamo scrivere `dati[1]` per ottenere il primo elemento del dataframe cioè, pensando al dataframe come ad una lista, il vettore rappresentante la prima colonna/variabile della matrice dei dati. Si provi a digitare `dati[1]` e `dati[[1]]`: mentre il primo comando restituisce un dataframe vero e proprio, il secondo restituisce solo un vettore. Potremmo anche scrivere `dati[c(1,3)]` per ottenere la variabile 1 e 3 o elencarle per nome: `dati$X` corrisponde a `dati[''X'']` e quindi `dati[c(''X'',''W'')]` restituirà un dataframe con le sole variabili X e W.

```
> str(dati[c("X","W")])
`data.frame':   20 obs. of  2 variables:
 $ X: Factor w/ 4 levels "N","C","V","S": 1 4 3 3 2 1 2 2 ..
 $ W: num  72.5 54.3 50.0 88.9 62.3 ...
```

Inoltre, poiché nella testa dello statistico il dataframe è associato alla matrice dei dati, è permessa anche l'indicizzazione del dataframe al pari degli oggetti di classe `matrix`, ovvero `dati[,1]` estrae la prima colonna del dataframe `dati` ecc.

2.3 Distribuzioni di frequenza

Consideriamo il fenomeno X e indichiamo con x_i i valori distinti assunti nel campione. Se contiamo quante volte ciascun valore x_i compare nell'insieme dei dati (cioè con quale *frequenza* compare) ed indichiamo con n_i tale numero, l'insieme dei valori $\{(x_i, n_i), i = 1, 2, \dots, k\}$ si chiama **distribuzione di frequenza**. Nel caso in esame lo stato civile X si presenta con $k = 4$ distinti valori

$$x_1 = \mathrm{N} \quad x_2 = \mathrm{C} \quad x_3 = \mathrm{V} \quad x_4 = \mathrm{S}$$

x_i	n_i	f_i	$f_i \cdot 100\%$
N	6	0.30	30
C	7	0.35	35
V	4	0.20	20
S	3	0.15	15
	$n = 20$	1.00	100

Tabella 2.2 Distribuzione di frequenza del fenomeno X.

rispettivamente con frequenza $n_1 = 6$, $n_2 = 7$, $n_3 = 4$ e $n_4 = 3$. A meno di non avere dati mancanti, la somma delle frequenze è sempre pari alla numerosità campionaria (20 nel nostro caso)

$$n = \sum_{i=1}^{k} n_i .$$

Possiamo costruire anche la distribuzione di frequenza *relativa* calcolando le **frequenze relative** $f_i = n_i/n$ o le **frequenze percentuali** $p_i = f_i \cdot 100\%$. Per X otteniamo i dati come in Tabella 2.2. Il comando R per ottenere le distribuzioni di frequenza è `table`.

```
> table(X)
X
N C V S
6 7 4 3
> table(X)/length(X)
X
   N    C    V    S
0.30 0.35 0.20 0.15
> table(X)/length(X)*100
X
 N  C  V  S
30 35 20 15
```

Abbiamo utilizzato il comando `length` (che calcola semplicemente la lunghezza di un vettore) per ottenere la numerosità e tale informazione è stata utilizzata per ottenere le frequenze relative e percentuali.

Se abbiamo un fenomeno per il quale ha senso considerare un ordinamento, allora è utile considerare le **frequenze cumulate**. È il caso del fenomeno Y e, evidentemente, di Z e W.

x_i	n_i	f_i	$f_i \cdot 100\%$	N_i	F_i
A	2	0.1	10	2	0.1
O	6	0.3	30	8	0.4
S	8	0.4	40	16	0.8
L	4	0.2	20	20	1.0
	20	1.0	100	—	—

Tabella 2.3 Distribuzione di frequenza del grado di scolarità Y.

Le frequenze cumulate sono definite come segue

$$N_i = \sum_{j=1}^{i} n_j = n_1 + n_2 + \cdots + n_i : \text{cumulate assolute}$$

$$F_i = \sum_{j=1}^{i} f_j = f_1 + f_2 + \cdots + f_i : \text{cumulate relative}$$

$$P_i = \sum_{j=1}^{i} p_j = p_1 + p_2 + \cdots + p_i : \text{cumulate percentuali}$$

Nel caso di X non ha alcun senso effettuare il calcolo (ma questo R non può saperlo!). Vediamo di effettuare il calcolo per Y come riportato in Tabella 2.3 anche attraverso R.

```
> table(Y)
Y
A O S L
2 6 8 4
> table(Y)/length(Y)
Y
  A   O   S   L
0.1 0.3 0.4 0.2
> table(Y)/length(Y)*100
Y
 A  O  S  L
10 30 40 20
```

e per le frequenze cumulate si deve utilizzare la funzione `cumsum` che si occupa di fare le somme cumulate degli elementi di un vettore. Per esempio, il comando `cumsum(c(1,2,3))` restituisce il vettore `(1,3,6)`. Basterà quindi applicare la funzione all'output del comando `table`.

```
> cumsum(table(Y))
[1]  2  8 16 20
```

x_i	n_i	f_i	$f_i \cdot 100\%$	N_i	F_i
0	5	0.25	25	5	0.25
1	5	0.25	25	10	0.50
2	3	0.15	15	13	0.65
3	3	0.15	15	16	0.80
4	4	0.20	20	20	1.00
	20	1.00	100		

Tabella 2.4 Distribuzione di frequenza per la variabile numero di figli Z.

```
> cumsum(table(Y)/length(Y))
[1] 0.1 0.4 0.8 1.0
> cumsum(table(Y)/length(Y)*100)
[1]  10  40  80 100
```

Come si vede, in tutti gli esempi precedenti si è persa l'intestazione della tabella che ci fornisce invece in comando `table`. Osservando le frequenze cumulate si possono ricavare informazioni del tipo "il 40% degli individui possiede un grado di istruzione al più pari a quello della scuola dell'obbligo".

Per i quantitativi discreti si procede in modo analogo a quanto visto sopra. Quindi per Z otteniamo

```
> table(Z)
Z
0 1 2 3 4
5 5 3 3 4
> table(Z)/length(Z) # frequenze relative
Z
   0    1    2    3    4
0.25 0.25 0.15 0.15 0.20
```

e analogamente a quanto già visto ricaviamo tutte le quantità necessarie alla costruzione della Tabella 2.4.

Potremmo procedere in modo analogo anche per la variabile peso ma otterremo una distribuzione senza senso poiché ogni valore comparirebbe con frequenza unitaria. Infatti,

```
> table(W)
W
41.22 45.21 48.27 50.02 52.52  53.7 54.28  57.5    58  62.3
    1     1     1     1     1     1     1     1     1     1
63.58  65.2  69.5  72.5  74.7 75.13  78.4 85.98 88.88 91.29
    1     1     1     1     1     1     1     1     1     1
```

è chiaro quindi che in questo modo non si guadagna in sintesi. Per questo genere di dati si preferisce quindi raccogliere le informazioni in **classi** del tipo $x_i \dashv x_{i+1}$ (o $x_i \vdash x_{i+1}$ se vogliamo includere nella classe l'estremo inferiore anziché il superiore). Un modo per ottenere la Tabella 2.5 potrebbe essere il seguente:

$x_i \dashv x_{i+1}$	n_i	f_i	N_i	a_i	d_i
$40 \dashv 50$	3	0.15	3	10	0.30
$50 \dashv 58$	6	0.30	9	8	0.75
$58 \dashv 70$	4	0.20	13	12	$0.3\bar{3}$
$70 \dashv 95$	7	0.35	20	25	0.28
	20	1.00			

Tabella 2.5 Distribuzione di frequenza per dati raccolti in classi per la variabile peso W. Con a_i abbiamo indicato l'ampiezza della classe e con d_i il rapporto tra n_i e a_i.

```
> table( cut(W, breaks=c(40,50,58,70,95)) )

(40,50] (50,58] (58,70] (70,95]
      3       6       4       7
```

Per farlo abbiamo utilizzato la funzione `cut` che si occupa di raggruppare i dati relativi ad un vettore in intervalli (`breaks`, che in realtà sono gli estremi degli intervalli). Degli intervalli abbiamo specificato solo gli estremi. Se vogliamo le classi del tipo $x_i \vdash x_{i+1}$ anziché $x_i \dashv x_{i+1}$ si deve specificare l'opzione `right = FALSE` che normalmente è impostata come `TRUE`. Di seguito riportiamo l'output delle classi calcolate includendo l'estremo inferiore.

```
> table( cut(W, c(40,50,58,70,95), right = FALSE) )

[40,50) [50,58) [58,70) [70,95)
      3       5       5       7
```

si noti che abbiamo omesso di scrivere esplicitamente `breaks` nel comando `cut`. È sempre possibile in R omettere i nomi dei parametri delle funzioni purché si rispetti l'ordine degli argomenti all'interno delle stesse. Il comando `cut` crea un dato di tipo `factor`. Esiste però un metodo molto più efficiente (in termini di memoria e contenuto delle informazioni) per ottenere una distribuzione di frequenza come quella in Tabella 2.5 ed è attraverso la funzione `hist`. Si procede nel seguente modo:

```
> hist( W, c(40,50,58,70,95), plot = FALSE )
$breaks
[1] 39.99999 50.00001 58.00001 70.00001 95.00001

$counts
[1] 3 6 4 7

$intensities
[1] 0.01499997 0.03750000 0.01666667 0.01400000

$density
```

```
[1] 0.01499997 0.03750000 0.01666667 0.01400000

$mids
[1] 45.00000 54.00001 64.00001 82.50001

$xname
[1] "W"

$equidist
[1] FALSE

attr(,"class")
[1] "histogram"
```

Cerchiamo ora di interpretare l'output del comando `hist` benché sia tutto sommato intuitivo. I `breaks` sono gli estremi degli intervalli, `counts` sono le frequenze assolute, `mids` sono i punti centrali degli intervalli, `xname` è il nome della variabile e `equidist` è una variabile logica che vale `TRUE` solo nel caso in cui gli intervalli hanno tutti la stessa ampiezza. Al contrario, come nel nostro caso, le quantità rilevanti alla base di ogni ragionamento statistico sono le `intensities` (o `density`) di cui parleremo tra breve. Notiamo che il risultato della funzione `hist` è un oggetto di classe `histogram`. Questo vuol dire che per gli istogrammi esitono dei 'metodi' specifici che vengono utilizzati da R, per esempio, per tracciarne il grafico.

Le densità di frequenza (che R chiama `density`, per la compatibilità con S-PLUS, o `intensities`) rappresentano la frequenza associata a ciascun punto dell'intervallo corrispondente. L'idea alla base della densità di frequenza è quella di "spalmare" la frequenza assoluta lungo tutto l'intervallo $x_i \vdash x_{i+1}$. Questa quantità ci dice quanto sono addensate le nostre osservazioni all'interno di ciascun intervallo. Si immagini di avere gli intervalli $1 \vdash 10$ e $10 \vdash 15$ entrambi con frequenza assoluta associate pari a 5. È evidente che il primo intervallo è lungo il doppio del secondo ma contiene lo stesso numero di osservazioni. Se consideriamo solo le frequenze assolute n_i questo fatto non viene evidenziato ma, se rapportiamo le frequenze alle lunghezze a_i degli intervalli, otteniamo le **densità di frequenza** $d_i = n_i/a_i$ che per i due intervalli valgono rispettivamente 5/10 = 0.5 e 5/5 = 1. Questa è l'informazione corretta su come si distribuiscono le unità all'interno degli intervalli. Per come abbiamo costruito le densità di frequenza si ottiene che

$$\sum_{i=1}^{k} a_i \cdot d_i = \sum_{i=1}^{k} a_i \cdot \frac{n_i}{a_i} = \sum_{i=1}^{k} n_i = n$$

R invece fa in modo che quella sommatoria restituisca 1, quindi R di fatto divide le d_i per n nel calcolo delle densità di frequenza ovvero calcola le quantità $d_i' = f_i/a_i$.

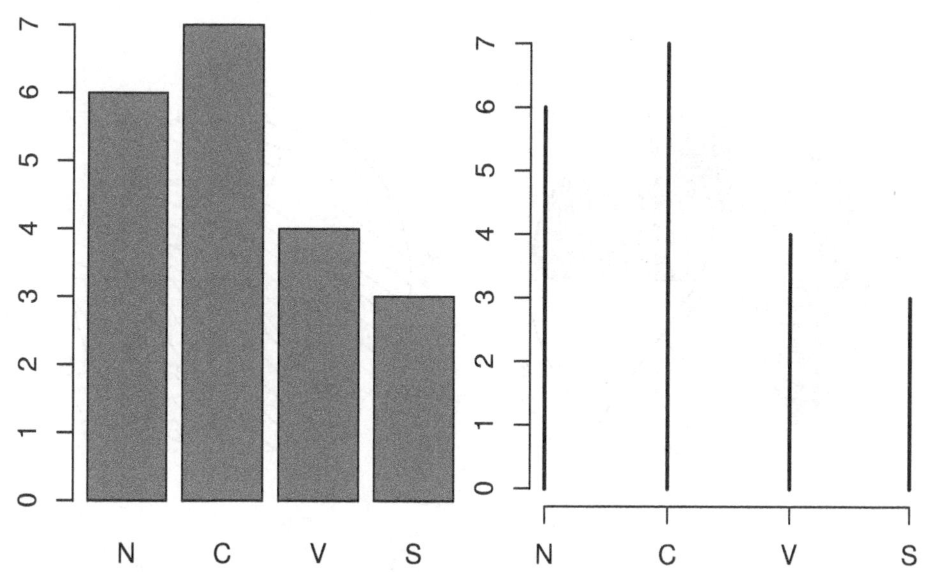

Figura 2.1 Rappresentazione del fenomeno X = "stato civile" tramite rettangoli (a sinistra) e tramite bastoncini (a destra). I rettangoli (e i bastoncini) sono equispaziati ed hanno tutti la stessa base. L'altezza è proporzionale alle frequenze.

2.4 Rappresentazioni grafiche

Benché le distribuzioni di frequenza siano strumenti esaurienti dal punto di vista dell'informazione che contengono, spesso è molto meglio darne anche una rappresentazione grafica. Vediamo quindi come rappresentare in modo opportuno i diversi tipi di dati con R.

2.4.1 Grafico a barre e diagrammi a torta

Iniziamo dai fenomeni qualitativi. Sempre a partire dai dati della Tabella 2.1 consideriamo la variabile X. Si tratta di un fenomeno qualitativo le cui modalità non sono su una scala ordinale. In questo caso si costruisce un **grafico a barre** nel seguente modo. Si dispongono lungo una linea orizzontale ed in modo equispaziato i valori di X. Si costruisce un asse verticale su cui riportiamo le frequenze. Si tracciano dei rettangoli centrati sui valori x_i tutti della stessa base e di altezza pari alle frequenze (assolute o relative che si voglia). In R si ottiene questo in modo veloce utilizzando il comando `plot(X)`. L'output è riportato in Figura 2.1 assieme a quello del **diagramma a bastonicini** che si ottiene con il comando `plot(table(X))`. Se si vuole un diagramma a bastoncini che riporti le frequenze relative anziché le frequenze assolute si può utilizzare `plot(table(X)/sum(table(X)))`. Un altro tipo di rappresentazione è quella tramite **diagrammi a torta** che consiste nell'attribuire ciascuna modalità della variabile in esame ad un settore circolare di un cerchio, la cui ampiezza è propor-

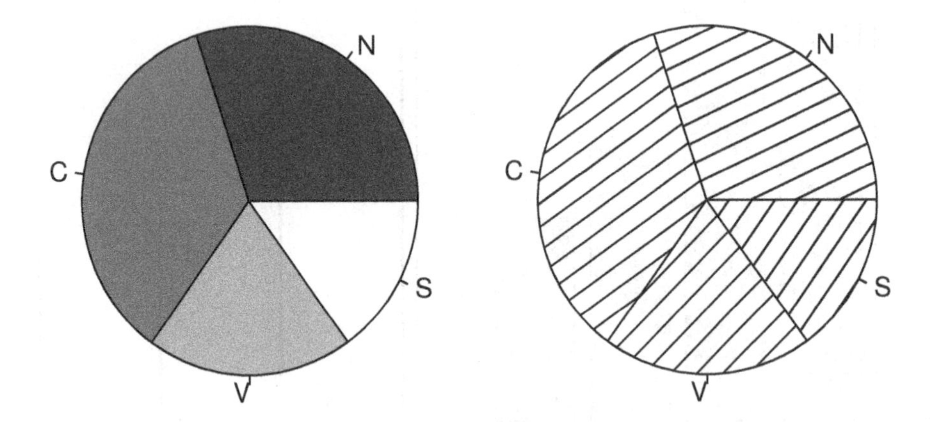

Figura 2.2 Rappresentazione del fenomeno X = "stato civile" tramite diagrammi a torta. I settori circolari hanno un'ampiezza proporzionale alle frequenze. L'ordine con cui si susseguono i settori circolari è irrilevante. Nel diagramma di sinistra è R a scegliere il tipo di torta, in quello di destra abbiamo scelto un tratteggio particolare (si confronti il testo).

zionale alla frequenza. In R questo si ottiene attraverso il comando `pie` come segue

```
> pie(table(X))
> pie(table(X), density = 10, angle = 15 + 10 * (1:4))
```

i cui risultati riportiamo in Figura 2.2. Se il carattere è qualitativo rilevato su scala ordinale si utilizzano le stesse rappresentazioni avendo cura di rispettare l'ordinamento delle modalità del carattere. Se la variabile è stata introdotta correttamente in R, cioè se abbiamo ordinato i livelli della variabile `factor` in esame, allora la visualizzazione corrispondente sarà corretta.

2.4.2 Diagramma a bastoncini

Se il fenomeno è quantitativo discreto come Z allora il semplice comando `plot` porta a risultati non desiderati. R sa che Z è di tipo numerico e quanto si ottiene con il comando `plot(Z)` non è altro che un grafico in cui l'ordinata sono i valori di Z e in ascissa il numero progressivo dell'unità statistica (Figura 2.4 a sinistra). Per rappresentare correttamente la distribuzione di Z si deve utilizzare il comando `plot(table(Z))`. La Figura 2.4 (destra) mostra il grafico a bastoncini corretto. Se il fenomeno è quantitativo discreto questo vuol dire che Z assume esattamente i valori z_i e non altri. Ciò implica che l'asse orizzontale sia un vero asse delle

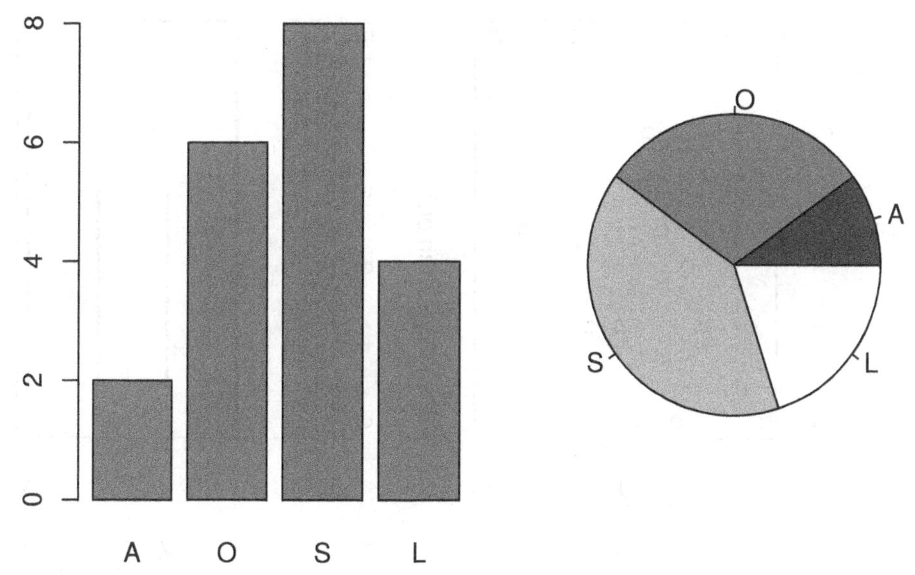

Figura 2.3 Rappresentazione del fenomeno Y = "grado di scolarità" tramite rettangoli. I rettangoli hanno tutti la stessa base e vengono rappresentati seguendo l'ordine naturale del fenomeno Y: $A \prec O \prec S \prec L$. L'altezza è proporzionale alle frequenze. Output dei comandi `plot(Y)` e `pie(table(Y))`.

ascisse con la propria unità di misura contrariamente a quanto avviene per i fenomeni qualitativi. Anche una rappresentazione tramite diagrammi a torta sarebbe corretta (comando `pie(table(Z))`) ma si perderebbe l'informazione relativa al fatto che si tratta di un fenomeno quantitativo.

2.4.3 Istogrammi

Rimane da considerare il caso dei fenomeni quantitativi continui con dati raccolti in classi. In questo caso si usa una particolare rappresentazione a rettangoli chiamata **istogramma**. Negli istogrammi risulta fondamentale costruire in modo adeguato i rettangoli. L'asse delle ascisse è ancora una volta dotato di unità di misura e le basi dei rettangoli corrispondono agli estremi degli intervalli. Per le altezze degli intervalli si deve fare in modo che l'area del rettangolo risultante sia pari alla frequenza (relativa o assoluta) della classe stessa: cioè

$$\textit{base} \cdot \textit{altezza} = \textit{frequenza}.$$

L'altezza dovrà quindi essere pari a $d_i = n_i/a_i$. Ecco il motivo per cui sono state introdotte le densità di frequenza. R disegna in modo automatico l'istogramma utilizzando le `intensities` (Figura 2.5 sinistra) però si può chiedere di forzare il grafico e produrre un istogramma errato le cui altezze dei rettangoli siano proporzionali alle frequenze (Figura 2.5 destra). Come si vede dalla Figura 2.5 nel grafico di sinistra l'ultima classe è sovrarappresentata e questo comporta una distorsione dell'informazione.

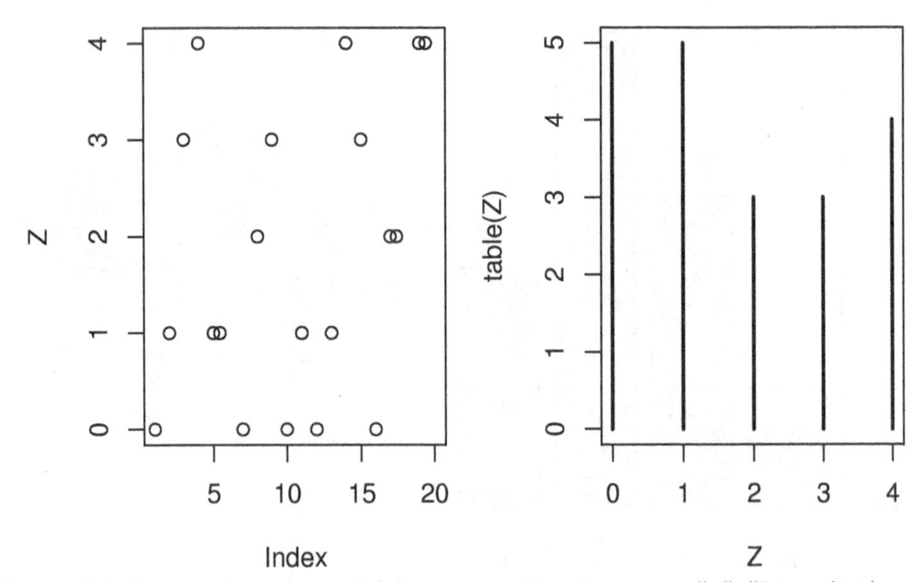

Figura 2.4 Rappresentazione del fenomeno Z = "numero di figli" tramite bastoncini. Il grafico di sinistra è errato ed è stato ottenuto con il comando `plot(Z)`. Quello di destra è invece corretto ed è stato ottenuto con il comando `plot(table(Z))`. Le aste hanno tutte ampiezza 1 punto e vengono posizionate sull'asse delle ascisse rispettando l'unità di misura. L'altezza è proporzionale alle frequenze. **Attenzione**: sarebbe errato dare uno spessore alle barre verticali; si deve utilizzare solo e sempre una linea!

```
> hist( W, c(40,50,58,70,95), freq=TRUE ) # Errato
Warning message:
Warning message:
le AREE nel grafico sono sbagliate -- usare piuttosto
freq=FALSE in: plot.histogram(r, freq = freq, col = col,
border = border, angle = angle,
> hist( W, c(40,50,58,70,95) ) # Corretto
```

il tentativo di utilizzare le frequenze anziché le densità di frequenza non sfugge ad R che segnala con un messaggio il problema. Se le classi sono tutte della stessa ampiezza i due istogrammi sono equivalenti e la base degli intervalli agisce solo come fattore di scala nella rappresentazione degli istogrammi. Nel caso specifico degli istogrammi si può anche lasciar scegliere ad R il numero di classi da utilizzare o fissare il numero di classi a priori ma senza specificare gli estremi degli intervalli. In entrambi i casi gli istogrammi avranno tutti la stessa base. È bene sottolineare che la scelta del numero delle classi può influenzare in modo determinante l'interpretazione dell'istogramma: troppe classi portano ad un istogramma simile ad un grafico a bastoncini e troppe poche classi rendono l'istogramma troppo 'piatto'. Esistono varie regole empiriche per determinare il numero di intervalli che vanno sotto il nome degli autori che le hanno proposte. R implementa la regola di *Sturges*, di *Scott* (si veda [38]) e di *Freedman-Diaconis* (cfr. [18]). La Tabella

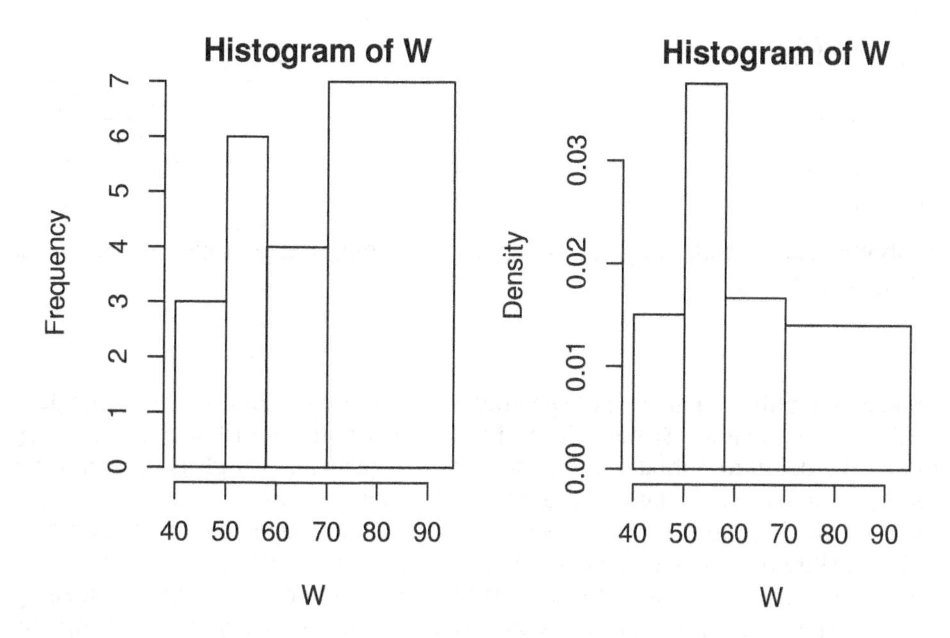

Figura 2.5 Rappresentazione del fenomeno W = "peso" tramite istogramma. Gli istogrammi hanno la base corrispondente agli estremi delle classi e le altezze dei rettangoli sono proporzionali alla densità di frequenza e non alle frequenze assolute o relative! Il grafico di sinistra è sbagliato poiché sono state utilizzate le frequenze (assolute).

2.6 riporta tali regole dove $x_{(n)} - x_{(1)}$ è il campo di variazione dei dati (massimo-minimo), $\bar{s}_n^2$ è la varianza campionaria e $Q3 - Q1$ è il range interquartile, tutte misure di variabilità di cui si discuterà nel Paragrafo 2.6 e seguenti. Quello che si può segnalare è che la regola di Sturges risente di eventuali valori estremi o *outlier* mentre gli altri due metodi, soprattutto l'ultimo, sono meno sensibili a tali valori. I comandi che seguono generano la sequenza di istogrammi riportata in Figura 2.6 con il metodo Sturges, Scott, Freedman-Diaconis e infine utilizzando un numero eccessivo di classi (11).

```
> hist(W, main = "Sturges")
> hist(W, breaks = "Scott", main = "Scott")
> hist(W, breaks = "FD", main = "Freedman-Diaconis")
> hist(W, breaks = 11, main = "11 classi")
```

Dalle linee di codice appena viste notiamo che il parametro `breaks` è stato utilizzato in tre differenti modi sinora:

- per fornire il vettore degli estremi delle classi;
- per indicare il metodo empirico di scelta delle classi;
- per stabilire il numero delle classi.

Quando si fissa il numero delle classi R non lo interpreta come un ordine perentorio bensì come suggerimento. Per completezza segnaliamo che l'opzione `breaks`

Metodo	h
Sturges	$\frac{x_{(n)} - x_{(1)}}{\log_2 n + 1}$
Scott	$3.5\sqrt{\bar{s}_n^2}n^{-1/3}$
Freedman-Diaconis	$2(Q3 - Q1)n^{-1/3}$

Tabella 2.6 Metodi empirici di scelta dell'ampiezza h delle classi in un istogramma.

può essere utilizzata anche per specificare una funzione definita dall'utente per il calcolo delle classi. Si noti che la Figura 2.6 riporta in ordinata `frequency`. Questo è del tutto normale in quanto in tutti e quattro i casi gli istogrammi presentano ampiezza di classe costante. Inoltre abbiamo usato il parametro `main` per definire il titolo del grafico. Nell'Appendice A.5 spiegheremo in dettaglio come abbellire o, semplicemente, rendere più leggibili, i grafici e mostreremo come esportare i grafici in diversi formati utili per essere importati all'interno degli applicativi più comuni. Per ora ci accontenteremo di illustrare i comandi e le opzioni all'occorrenza specifica.

2.4.4 La funzione di ripartizione

Per i fenomeni quantitativi può risultare utile disegnare la funzione di ripartizione. Questa funzione nel caso discreto è definita a partire dalle frequenze cumulate. La funzione di ripartizione si indica con $F(x)$ ed è definita per ogni valore di x reale. Se indichiamo con $x_{(1)}, x_{(2)}, \ldots, x_{(n)}$ i valori distinti e ordinati di un carattere X, allora $F(x) = 0$ se $x < x_{(1)}$, $F(x) = 1$ se $x \geq x_{(n)}$ e invece vale F_i se $x_{(i)} \leq x < x_{(i+1)}$. Si tratta quindi di una funzione a gradini.
La dotazione standard di R prevede la disponibilità della classe `stepfun` che implementa una serie di metodi per trattare funzioni a gradini. In particolare la funzione `ecdf` (da empirical cumulative distribution function o **funzione di ripartizione empirica**) può essere impiegata per tracciare il grafico della funzione di ripartizione per i fenomeni quantitativi discreti come segue:

```
> plot(ecdf(Z), main="Funzione di ripartizione")
```

Il risultato del grafico è riportato nella Figura 2.7. È bene notare, visto che ne parleremo diffusamente in seguito, che `ecdf` è definita in R propriamente come una funzione. Si osservi quanto segue

```
> str(ecdf) # cosa e' ecdf?
function (x)
> str(ecdf(Z)) # e cosa e' ecdf(Z)?
function (v)
 - attr(*, "class")= chr [1:2] "ecdf" "stepfun"
 - attr(*, "call")= language ecdf(Z)
```

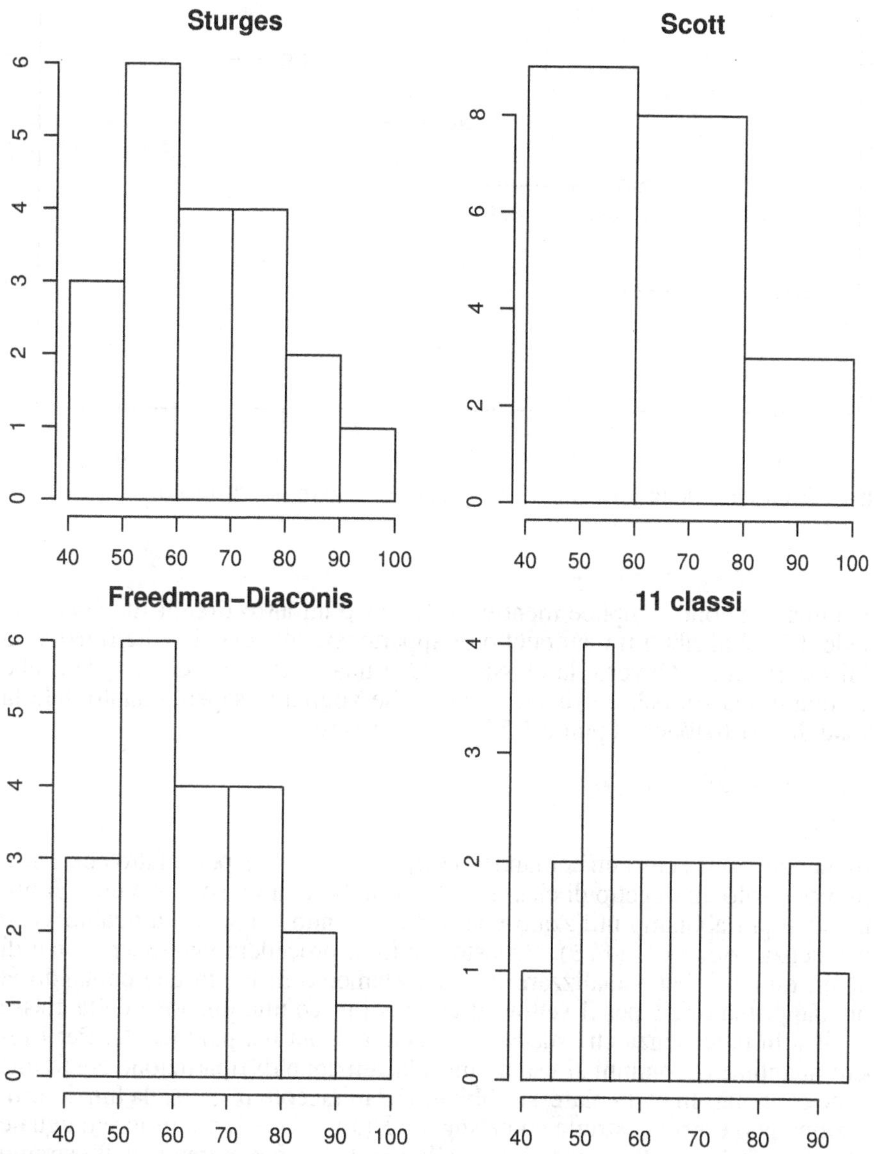

Figura 2.6 Vari metodi per la scelta del numero di rettangoli. Da sinistra a destra e dall'alto in basso: metodo Sturges, Scott e Freedman-Diaconis. In basso a destra abbiamo scelto 11 classi. Si noti la differente informazione fornita dai diversi istogrammi al variare del numero di classi per uno stesso fenomeno statistico W.

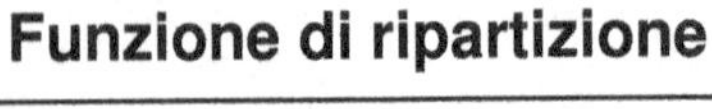

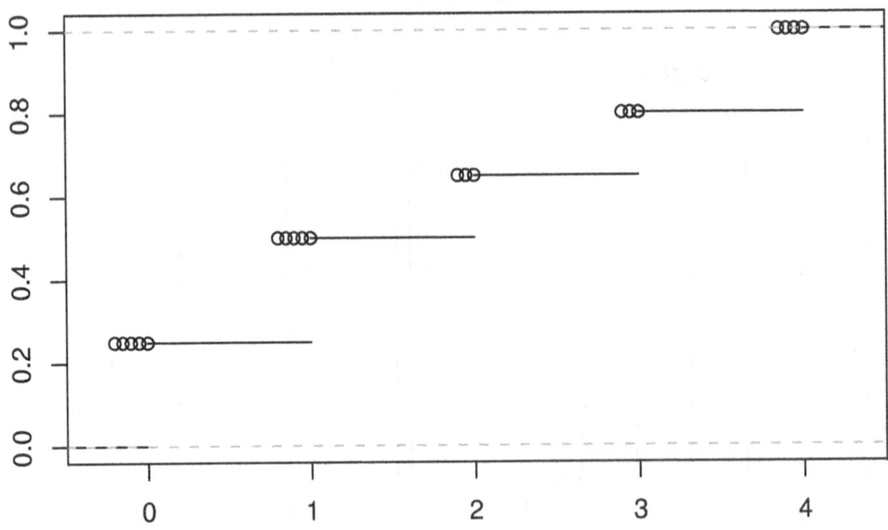

Figura 2.7 Grafico della funzione di ripartizione di Z (caso discreto).

`ecdf` è una funzione semplice mentre `ecdf(Z)` è un altro tipo di funzione che possiede diversi attributi tra cui quello di appartenere alla classe delle funzioni a gradini (`stepfun`). Ovvero, la classe `ecdf` è una sottoclasse di `stepfun` che a sua volta è una sottoclasse di `function`. Se vogliamo sapere quanto vale la funzione di ripartizione nel punto 1.5 basterà scrivere

```
> ecdf(Z)(1.5)
[1] 0.5
```

mentre non avrebbe senso un comando del tipo `ecdf(1.5)` per il fatto che `ecdf` costruirebbe solo un oggetto di classe `ecdf` sulla base di un solo numero. Si noti che più sopra abbiamo utilizzato una notazione nuova rispetto a quanto visto in precedenza: `ecdf(Z)(1.5)`. Questo modo di procedere può essere fonte di problemi, quindi è bene analizzare il comportamento di R. In tale comando R calcola dapprima `ecdf` per il vettore `Z` che restituisce una funzione della classe `ecdf` vista in precedenza che successivamente calcola nel punto `1.5`. Per i fenomeni quantitativi continui si usa definire la funzione di ripartizione come una funzione continua. In particolare, se abbiamo i dati raccolti in classi, la funzione di ripartizione può essere costruita come segue: $F(x) = 0$ se x è inferiore o uguale all'estremo inferiore della prima classe, $F(x) = 1$ se x è più grande dell'estremo superiore dell'ultima classe e, nei punti $x = x_{i+1}$, $F(x) = F_i$. Tra x_i e x_{i+1} la funzione di ripartizione coincide con il segmento passante per i punti (x_i, F_{i-1}) e (x_{i+1}, F_i). Sembra molto complicato, ma in realtà possiamo costruire noi stessi la funzione.

```
> classi <- c(30, 40, 50, 58, 70, 95, 100)
> Fi <- cumsum( table( cut(W,classi) ) ) / length(W)
```

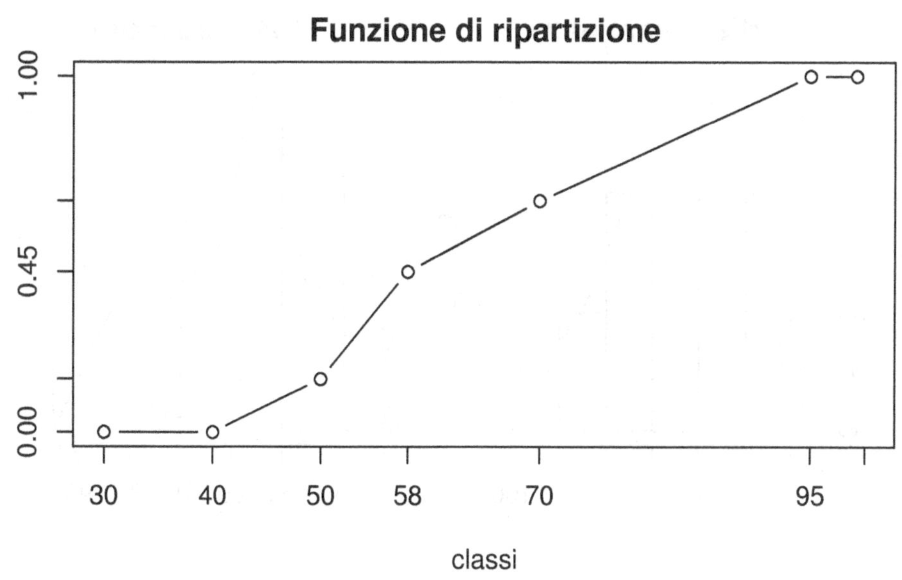

Figura 2.8 Grafico della funzione di ripartizione di W (caso continuo).

```
> Fi <- c(0, Fi)
> plot(classi, Fi, type = "b", axes = FALSE,
  main = "Funzione di ripartizione")
> axis(2, Fi)
> axis(1, classi)
> box()
```

Analizziamo il codice R. Per comodità abbiamo memorizzato gli estremi delle classi nel vettore `classi` includendo volutamente valori più piccoli di 40 e più grandi di 95. Nel vettore `Fi` abbiamo inserito i valori delle frequenze cumulate. Prima utilizzando il trucco visto in precedenza e poi aggiungendo uno `0` iniziale al vettore in quanto la funzione di ripartizione inizialmente vale proprio 0. Il comando `plot` è stato usato per rappresentare le coppie di punti (x_i, F_{i-1}) contenute nei due vettori ordinati `classi` e `Fi`. Come opzioni in plot abbiamo specificato il titolo del grafico (argomento `main`) e abbiamo chiesto di non tracciare gli assi (`axes = FALSE`) che abbiamo aggiunto in seguito con i due comandi `axis(2, Fi)` e `axis(1, classi)` rispettivamente per l'asse delle ordinate (`2`) e quello delle ascisse (`1`). Infine abbiamo fatto tracciare il `box` attorno all'area del grafico per ottenere grafici uniformi a quanto visto in precedenza. Nel comando `plot` abbiamo utilizzato anche l'opzione (`type = "b"`). Quando tracciamo coppie ordinate di punti possiamo chiedere ad R di congiungerle con una linea continua (`type = "l"`), evidenziando i punti con dei cerchietti (nessuna opzione) oppure tracciando delle linee tra i cerchietti (`type = "b"`, in questo caso `b` sta per "both"). Un ulteriore grafico che si usa disegnare nel caso di fenomeni raccolti in classi è il **poligono di frequenza**. Questo grafico si disegna generalmente sovrapposto all'istogramma e consiste nel tracciare una linea spezzata in corrispondenza

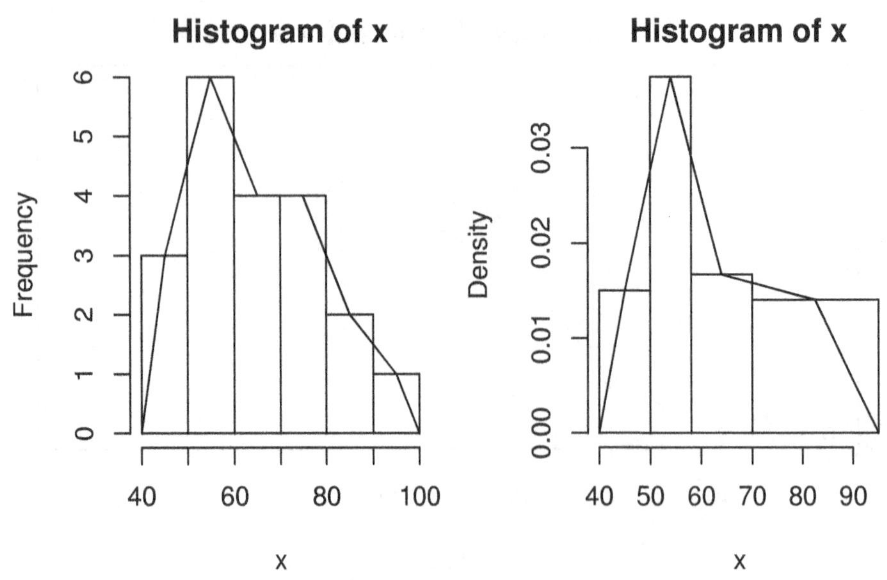

Figura 2.9 Istogramma di W con sovrapposto il poligono di frequenza ottenuto tramite la funzione `hist.pf` definita nel Codice 2.10.

dei punti che hanno come coordinate i punti centrali delle classi e le altezze degli istogrammi. Il poligono di frequenza può essere interpretato come un "lisciamento" dell'istogramma. R non costruisce in automatico questo genere di grafici per cui creiamo noi stessi una funzione, che chiameremo `hist.pf`, che si occuperà di tracciare il grafico. Il Codice 2.10 riporta la definizione di `hist.pf`. La funzione accetta in input un vettore di dati e gli estremi degli intervalli (i `breaks`) esattamente come nel caso di `hist`. Se il parametro `br` viene omesso (`missing`) si lascia scegliere ad R il numero di classi. Il controllo tramite il comando `missing` è in realtà potrebbe essere superfluo, infatti definendo `hist.pf` nel seguente modo

```
hist.pf <- function(x, br="Sturges"){
 ist <- hist(x, breaks=br)
 ...
}
```

il parametro `br` viene assunto pari a `Sturges` in caso non sia specificato, quindi il comportamento di `hist.pf` non ne risente. Proseguendo nell'analisi del Codice 2.10 notiamo che all'interno la funzione segue due strade: se le classi sono della stessa ampiezza (`if(ist$equidist)`) le altezze corrispondono alle frequenze, altrimenti si scelgono le densità di frequenza. In Figura 2.9 abbiamo riportato l'output della funzione `hist.pf` costruita come in Tabella 2.10:

```
> classi <- c(40, 50, 58, 70, 95)
> hist.pf(W)
> hist.pf(W, classi)
```

```
hist.pf <- function(x, br){

 if(missing(br))  ist <- hist(x)
 else  ist <- hist(x, breaks=br)

 if(ist$equidist)
  lines( c(min(ist$breaks),ist$mids,max(ist$breaks)),
   c(0,ist$counts,0))
 else
  lines( c(min(ist$breaks),ist$mids,max(ist$breaks)),
   c(0,ist$intensities,0))
}
```

Codice 2.10 Algoritmo per il disegno del poligono di frequenza sovrapposto all'istogramma.

Si noti che per il parametro `br` valgono le stesse regole di `hist`, cioè potremmo scrivere `hist.pf(W, "Sturges")` o anche `hist.pf(W, 9)`.

Porsi le domande giuste per il grafico giusto

- il fenomeno è qualitativo?
  - è su scala nominale?
    - diagrammi a torta: `pie(table(x))`, a rettangoli: `plot(x)` ed eventualmente bastoncini: `plot(table(x))`;
  - è su scala ordinale?
    - stesse possibilità del caso nominale, ma questa volta si devono ordinare i dati secondo l'ordine naturale del fenomeno statistico, quindi si usa preventivamente `ordered` per fissare un ordinamento tra i livelli (`levels`) della variabile qualitativa (`factor`);
- il fenomeno è quantitativo?
  - è di natura discreta?
    - usare solo grafici a bastoncini: `plot(table(x))`, non ha senso utilizzare gli istogrammi. In alcuni casi si possono impiegare anche i grafici a torta: `pie(table(x))`;
  - è di natura continua?
    - usare solo istogrammi (`hist(x)`) ricordando che le altezze degli istogrammi corrispondono a f_i/a_i. Attraverso l'opzione `breaks` si possono definire gli estremi delle classi, il numero delle classi o il metodo empirico da utilizzare per determinarle;

2.5 Indici di posizione

Osservando il grafico di una particolare distribuzione (o confrontandolo con quello di un'altra distribuzione di dati) viene naturale descriverne alcune caratteristiche (o farne confronti) attraverso degli indici di sintesi. Quello che può interessare è capire se esistono un valore o dei valori attorno ai quali si aggregano i dati e, quando questo avviene, quanto i dati siano sparpagliati attorno a tali valori. Abbiamo visto come è possibile estrarre dai dati informazioni sempre più fini quando si passa da fenomeni qualitativi a fenomeni quantitativi. La stessa analogia si ritrova nel calcolo degli indici.

2.5.1 La moda

Il primo indice che può essere calcolato per qualsiasi tipo di distribuzione è la **moda**. La moda è definito come quel valore x_i di un fenomeno statistico che presenta frequenza (n_i o f_i) più elevata. Guardando un istogramma (correttamente disegnato), un diagramma a barre o un diagramma a torta è facile intuire quale sia la moda: o è in corrispondenza della barra più elevata o del settore circolare più ampio.

Esistono delle eccezioni di cui bisogna tener conto: 1) se il fenomeno è raggruppato in classi (è il caso dell'istogramma) si devono considerare le densità di frequenza d_i anziché le frequenze n_i (o f_i): in questo caso la moda è definita come punto medio dell'intervallo con densità di frequenza più elevata. 2) se ci sono più valori con frequenza *più* elevata, allora tutti vengono considerati mode e la distribuzione è detta **plurimodale**.

Non esiste in R un metodo per estrarre il valore modale da una distribuzione di dati in quanto la definizione stessa di moda è sufficiente per capire di cosa si tratti ma ovviamente si può costruire una, per quanto inutile, funzione `moda` a partire dal comando `table`. Per le variabili X, Y, Z e W considerate sinora un semplice sguardo ai grafici nelle Figure 2.1, 2.3, 2.4 e 2.5 ci dice che la moda di X è C (coniugato/a), quella di Y è S (diploma di scuola superiore), quella di Z è in corrispondenza dei valori 0 ed 1. In tal caso possiamo considerare entrambi i valori come mode. Guardando alla Figura 2.5, se ci si riferisce all'istogramma corretto di destra si vede che la moda è il punto centrale dell'intervallo $50 \dashv 58$, ovvero 54. Al contrario, se guardiamo all'istogramma sbagliato, quello di sinistra, l'intervallo con frequenza più elevata è quello di estremi $70 \dashv 95$ il cui punto centrale è 82.5!

2.5.2 La mediana, i quartili e i quantili

Si pensi ora al seguente esempio proveniente dal campo medico. In medicina spesso accade che per alcune patologie con esito fatale sia necessario avere un'indicazione di massima sul tempo di vita residuo dei pazienti. Abbiamo scelto il caso del trapianto[4] di un organo vitale. L'istogramma della Figura 2.11 riporta in ascissa il tempo di vita (t) post-operatorio, in anni, di pazienti sottoposti ad un particolare trapianto di organo. In ordinata abbiamo le densità di frequenza. Per semplicità abbiamo tracciato una curva continua ed è sulla quella che andremo a ragionare. Tale curva può essere interpretata come un poligono di frequenza ottenuto a partire da un numero consistente di classi. Dall'istogramma si intuisce che il tempo di vita t non supera i 20 anni. Quindi l'intervallo di vita dei pazienti si riduce a 0-20 anni. Per un paziente sottoposto ad intervento è molto importante riuscire a capire dove collocarsi sotto tale curva. Se ci atteniamo all'intervallo 0-20, viene spontaneo dire che "mediamente" ogni paziente vive 10 anni, ma se osserviamo il grafico ci si rende subito conto che gran parte dei pazienti operati ha un tempo di vita inferiore o uguale a 5 anni con una moda, il valore più frequente, centrata attorno al valore 2. Quindi l'indicazione "mediamente il tempo di vita è 10 anni" è non solo poco informativa, ma addirittura fuorviante. L'informazione che si può correttamente dare è che "il 50% dei pazienti decede entro 4-5 anni". Benché la notizia sia negativa si tratta comunque di un'informazione corretta che ora andremo a circonstanziare con indice chiamato *mediana*.

La **mediana** è definita come quel valore (centrale) che, una volta *ordinati* i dati del campione, lascia alla sua sinistra e alla sua destra idealmente la metà del campione, cioè che divide a metà la distribuzione dei dati.

Mentre la moda è un concetto naturale qualsiasi sia la natura dei dati a disposizione, la mediana necessita del concetto di ordinamento. Quindi per la variabile X della Tabella 2.1 non avrebbe alcun senso calcolare una mediana.

Vediamo un esempio di calcolo di mediana. Indichiamo con $x_{(i)}$ il dato del campione che, una volta ordinati i dati x_i, occupa la posizione di posto i nella sequenza ordinata, cioè, se i dati x_i sono

$$x_1 = 4, \quad x_2 = 3, \quad x_3 = 4, \quad x_4 = 1, \quad x_5 = 7$$

i dati ordinati corrispondenti sono

$$x_{(1)} = 1, \quad x_{(2)} = 3, \quad x_{(3)} = 4, \quad x_{(4)} = 4, \quad x_{(5)} = 7$$

quindi il valore centrale dei 5 valori della sequenza ordinata è il terzo ($(n+1)/2 = 6/2 = 3$), $x_{(3)} = 4$, cioè la mediana è $Me = 4$. Se la sequenza ha un numero pari di termini, cioè n è pari come nel seguente esempio

$$x_1 = 4, \quad x_2 = 3, \quad x_3 = 1, \quad x_4 = 7$$

con la rispettiva sequenza ordinata

$$x_{(1)} = 1, \quad x_{(2)} = 3, \quad x_{(3)} = 4, \quad x_{(4)} = 7$$

[4]Si tratta di dati fittizi creati al solo scopo di chiarire il significato degli indici che stiamo per introdurre.

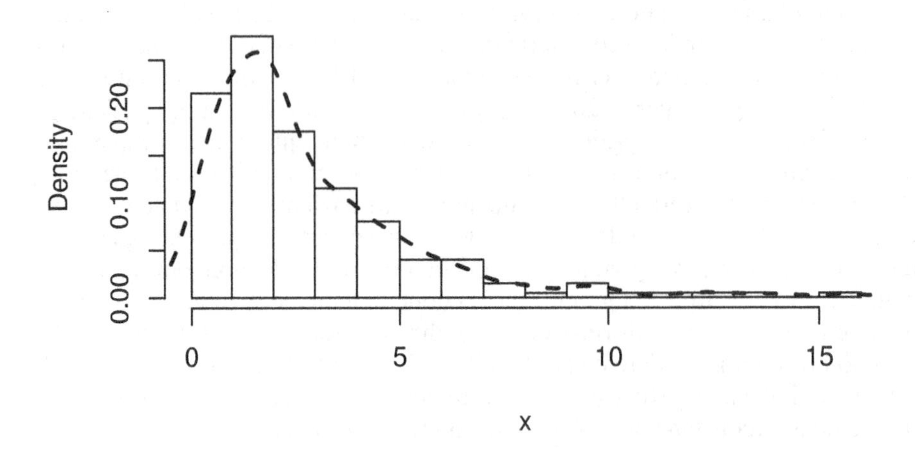

Figura 2.11 Distribuzione del tempo di vita dei pazienti che hanno subito un trapianto di organo vitale. In ordinata sono riportate le densità di frequenza d_i e in ascissa i tempi di vita t.

il valore centrale è quello che si trova tra $x_{(2)} = 3$ (posizione $n/2 = 4/2 = 2$) e $x_{(3)} = 4$ (posizione $n/2 + 1 = 4/2 + 1 = 3$). La mediana è allora definita come il valor medio tra i due numeri, quindi $Me = (3 + 4)/2 = 3.5$. Ovviamente tutto questo in R si fa con il semplice comando `median`:

```
> median(c(4,3,4,1,7))
[1] 4
> median(c(4,3,1,7))
[1] 3.5
```

Se abbiamo a che fare con un fenomeno qualitativo rilevato su scala ordinale come Y è sempre possibile calcolare la mediana (anche attraverso R) ma con una piccola accortezza. Nella Tabella 2.7 sono riportate due differenti distribuzioni di dati per uno stesso fenomeno. Ordiniamo i dati della distribuzione di sinistra della Tabella 2.7

$$AAOOOOOO\,|S|\,|S|\,SSSSSLLLL$$

come si vede in posizione $n/2 = 10$ e posizione $n/2 + 1$ si trova la modalità S. Mentre, per la distribuzione di destra abbiamo

$$AAAAOOOOO\,|O|\,|S|\,SSSSSSLL$$

quindi in posizione $n/2 = 10$ troviamo O ma in posizione $n/2 + 1$ c'è S. Poiché $O \neq S$ concludiamo che la mediana risulta *indeterminata*. Se i dati sono in numero n dispari, la mediana è sempre determinabile.

x_i	n_i	N_i	F_i	x_i	n_i	N_i	F_i
A	2	2	0.1	A	4	4	0.2
O	6	8	0.4	O	6	10	0.5
S	8	16	0.8	S	8	18	0.9
L	4	20	1.0	L	2	20	1.0
	20				20		

Tabella 2.7 Nella distribuzione di sinistra la mediana è definita ma non lo è in quella di destra poiché le modalità di posto $n/2 = 10$ e $n/2+1 = 11$ nella prima tabella coincidono (sono entrambe S) ma non nella seconda tabella ($x_{(10)} = O$ e $x_{(11)} = S$).

Proviamo a calcolare la mediana per la variabile Y attraverso R. Il comando `median(Y)` fallirà miseramente perché R si aspetta come argomento di `median` un vettore di numeri. Infatti,

```
> median(Y)
Errore in median(Y) : necessari dati numerici
```

ma si può comunque ottenere il risultato voluto passando ai codici numerici associati ai livelli di Y. Basterà scrivere

```
> me <- median(as.numeric(Y))
> me
[1] 3
> levels(Y)[me]
[1] "S"
```

Il comando `levels(Y)[me]` non fa altro che prendere il livello di Y di posizione `me`. Se il numero `me` risulta non essere intero, vuol dire che siamo in una situazione in cui la mediana è indeterminata. Prediamo un esempio analogo a quello della distribuzione di destra della Tabella 2.7.

```
> Y2 <- c("L", "O", "A", "O", "L", "S", "S", "O")
> Y2 <- ordered(Y2, levels=c("A","O","S","L"))
> sort(Y2)
[1] A O O O S S L L
Levels:  A O S L
> me <- median(as.numeric(Y2))
> me
[1] 2.5
> levels(Y2)[me] # R approssima 2.5 a 2
[1] "O"          # risultato errato!
```

come si vede $n = 8$ e $x_{(n/2)} = O$ mentre $x_{(n/2+1)} = S$, il valore di `me` è pari a 2.5 e quindi la mediana risulterebbe indeterminata. **Attenzione** : l'istruzione `levels(Y2)[me]` ci restituisce un valore non corretto per il fatto che R trasforma in numeri interi gli argomenti che corrispondono ad indici di vettori. Nella sequenza di comandi qui sopra abbiamo utilizzato il comando `sort` che si occupa semplicemente di ordinare i valori di un vettore. La mediana può essere calcolata anche a partire da dati raccolti in classi come ad esempio, l'output di un comando `hist`. Per dati raccolti in classi la mediana può essere calcolata come segue

$$Me = x_{i^*} + \frac{\frac{N}{2} - N_{i^*-1}}{d_i} \tag{2.1}$$

dove N è l'ampiezza campionaria e i^* è la prima classe tale per cui $F(x_{i^*}) \geq 0.5$. Dunque, se x è un oggetto di classe `histogram` potremmo utilizzare il seguente codice per il calcolo della mediana

```
> N <- sum(x$counts)
> cl <- min(which(cumsum(x$counts) >= N/2))
> x$breaks[cl]+  (N/2 - sum(x$counts[1:(cl-1)]))/
+   (x$density[cl]*N)
```

Possiamo a questo punto costruirci una funzione di R per il calcolo della mediana che lavori a partire da qualsiasi tipo di dati come viene riportato nel Codice 2.12.

```
Me <- function(x){
 if( is.factor(x) ){
  if( !is.ordered(x) ){
   warning("La mediana non si puo' calcolare!!!")
   return(NA)
  }
  me <- median(codes(x))
  if( me - floor(me) != 0 ){
   warning("Mediana indeterminata")
   return(NA)
  }
  else{
   levels(x)[me]
  }
 }
 else if(class(x)=="histogram"){
      N <- sum(x$counts)
      cl <- min(which(cumsum(x$counts) >= N/2))
      return(x$breaks[cl]+
        (N/2 - sum(x$counts[1:(cl-1)]))/(x$density[cl]*N)
  } else median(x)
}
```

Codice 2.12 Algoritmo per il calcolo della mediana anche per variabili qualitative e oggetti di tipo istogramma.

La funzione `Me` così creata è ora in grado di districarsi tra le diverse possibilità. Il flusso dell'algoritmo (cfr. Codice 2.12) è il seguente: si verifica se il vettore in input è una variabile qualitativa o meno attraverso il comando `is.factor(x)`. Se è qualitativa si controlla se è anche ordinale, se non lo è `Me` ci avverte che non si può calcolare la mediana altrimenti si tenta il calcolo della mediana come visto sopra. Ottenuto il valore `me` si verifica se si tratta di un numero con decimali o meno (non si può utilizzare la funzione `is.integer` perché il risultato di `median` è sempre un numero reale). Se è un numero intero la funzione restituisce il valore della mediana altrimenti ci avverte che si tratta di un caso in cui la mediana risulta indeterminata. Se la verifica attraverso `is.factor(x)` fallisce vuol dire che si tratta di un vettore di numeri o di un oggetto di classe `histogram` e quindi si lascia ad R il calcolo della mediana tramite l'istruzione `median` oppure utilizza la formula (2.1). dove l'oggetto `cl` prende il post di i^* nella formula e ricordando che $d_i = n_i/a_i = f_i/a_i \cdot N = d_i' \cdot N$. Ecco come si comporta `Me` con i dati a nostra disposizione

```
> Me(X)
[1] NA
Warning message:
La mediana non si puo' calcolare!!! in: Me(X)
> Me(Y)
[1] "S"
> Me(Y2)
[1] NA
Warning message:
Mediana indeterminata in: Me(Y2)
> Me(Z)
[1] 1.5
> Me(W)
[1] 62.94
> Me(hist(W))
[1] 62.5
> Me(hist(W,br=classi))
[1] 61
```

Si noti l'effetto della scelta delle classi sul calcolo della mediana. La mediana è legata al concetto di funzione di ripartizione. In particolare la mediana è quel valore tale per cui $F(Me) = 0.5$, cioè cumulando i valori del campione sino a Me si arriva a considerare il primo 50% di tutte le osservazioni. Con questo criterio si definiscono anche i *quartili* e in generale i *quantili*. Si chiama **primo quartile** quel valore $Q1$ tale per cui $F(Q1) = 0.25$, cioè il valore tale per cui alla sua sinistra troviamo il 25% dei dati e il restante 75% è a destra. Analogamente **il terzo quartile** è definito come il valore $Q3$ tale per cui $F(Q3) = 0.75$. Ovviamente il secondo quartile è la mediana, $Q2 = Me$. In generale un **quantile** di una distribuzione di dati è quel valore x_p tale per cui $F(x_p) = p$ con $p \in (0, 1)$. È evidente che $Q1 = x_{0.25}$, $Me = Q2 = x_{0.5}$ e $Q3 = x_{0.75}$, cioè tutto può essere ricondotto al calcolo dei quantili. La funzione di R che si occupa di tale calcolo è `quantile`. Prima di introdurre la funzione di R atta allo scopo notiamo che tra $Q1$ e $Q3$ vi si trova il 50% dei dati ma, a differenza di quanto avviene per la mediana, questo 50% è il 50% *centrale* dell'intera distribuzione dei dati. Passiamo ora ad un esempio di calcolo dei quantili:

```
> quantile(W)
```

```
     0%       25%       50%       75%      100%
41.2200 53.4050 62.9400 74.8075 91.2900
> quantile(W,probs=c(.3,.72))
   30%    72%
54.106 73.996
```

La funzione `quantile` applicata ad un vettore numerico restituisce il minimo, il massimo e i 3 quartili principali ma è anche possibile far calcolare ad R i quantili che per qualche motivo ci interessano, come per esempio il quantile $x_{0.3}$ e $x_{0.72}$. Per quanto riguarda il peso W si può dire che il 75% degli individui del campione ha un peso inferiore o uguale a 74.8 kg o che solo il 25% degli individui ha un peso inferiore a 53.4 kg.

Torniamo ora all'esempio dei dati della Figura 2.11. La mediana di tali dati risulta essere pari a 2.3, quindi possiamo concludere che il 50% dei pazienti operati sopravvive all'intervento 2.3 anni cioè 2 anni e poco più di 3 mesi (0.3 parti di un anno). Per questi stessi dati si ottengono valori pari a $Q1 = 1.21$ e $Q3 = 4.12$. Quindi, come si vede, il 75% dei pazienti sopravvive al più 4 anni (circa) e solo un 25% di fortunati può sperare in tempi vita più lunghi. Si osservi in proposito la Figura 2.13.

2.5.3 Il boxplot

Nella Figura 2.13 abbiamo anche riportato un grafico schematico dei quartili chiamato **boxplot**. Il boxplot non è altro che il disegno di una scatola, i cui estremi sono $Q1$ e $Q3$, tagliata da una linea orizzontale in corrispondenza di $Q2$, cioè della mediana. Come si nota in Figura 2.13, sia dalla distribuzione che dal boxplot, è evidente uno sbilanciamento verso il basso del tempo di vita (il 25% tra $Q1$ e $Q2$ è più concentrato del 25% che va da $Q2$ a $Q3$). In basso ed in alto ci sono altre due linee orizzontali. Le righe orizzontali (i "baffi") vengono poste ad una distanza da $Q1$ e da $Q3$, pari a 1.5 volte la distanza che c'è tra $Q3$ e $Q1$. Se oltre quella distanza non ci sono dati campionari o se tutti i dati rientrano negli intervalli così costruiti, il baffo viene posto in corrispondenza del valore più piccolo (quello inferiore) o più grande (quello superiore) del campione. Nel nostro caso, $Q3 - Q1 = 4.12 - 1.21 = 2.91$. Se calcoliamo $1.21 - 1.5 \cdot 2.91 = -3.15$. Poiché il tempo di vita non può essere inferiore a 0, la barra orizzontale è stata posta in 0. Per la barra superiore invece: $4.12 + 1.5 \cdot 2.91 = 8.48$. Il resto dei dati campionari che non rientrano nell'intervallo

$$Q1 - 1.5 \cdot (Q3 - Q1)\,;\, Q3 + 1.5 \cdot (Q3 - Q1)$$

vengono segnati individualmente con dei puntini e rispettando l'unità di misura sull'asse verticale. Tali punti vengono chiamati *valori anomali* o **outlier**. In presenza di outlier, i baffi vengono accorciati all'ultima osservazione campionaria interna all'intervallo sopra definito.

La Figura 2.14 riporta il disegno del boxplot per la variabile W ottenuta con il comando `boxplot(W)`. È evidente che il boxplot può essere disegnato solo per fenomeni continui, infatti, benché i quartili possano essere calcolati anche per i

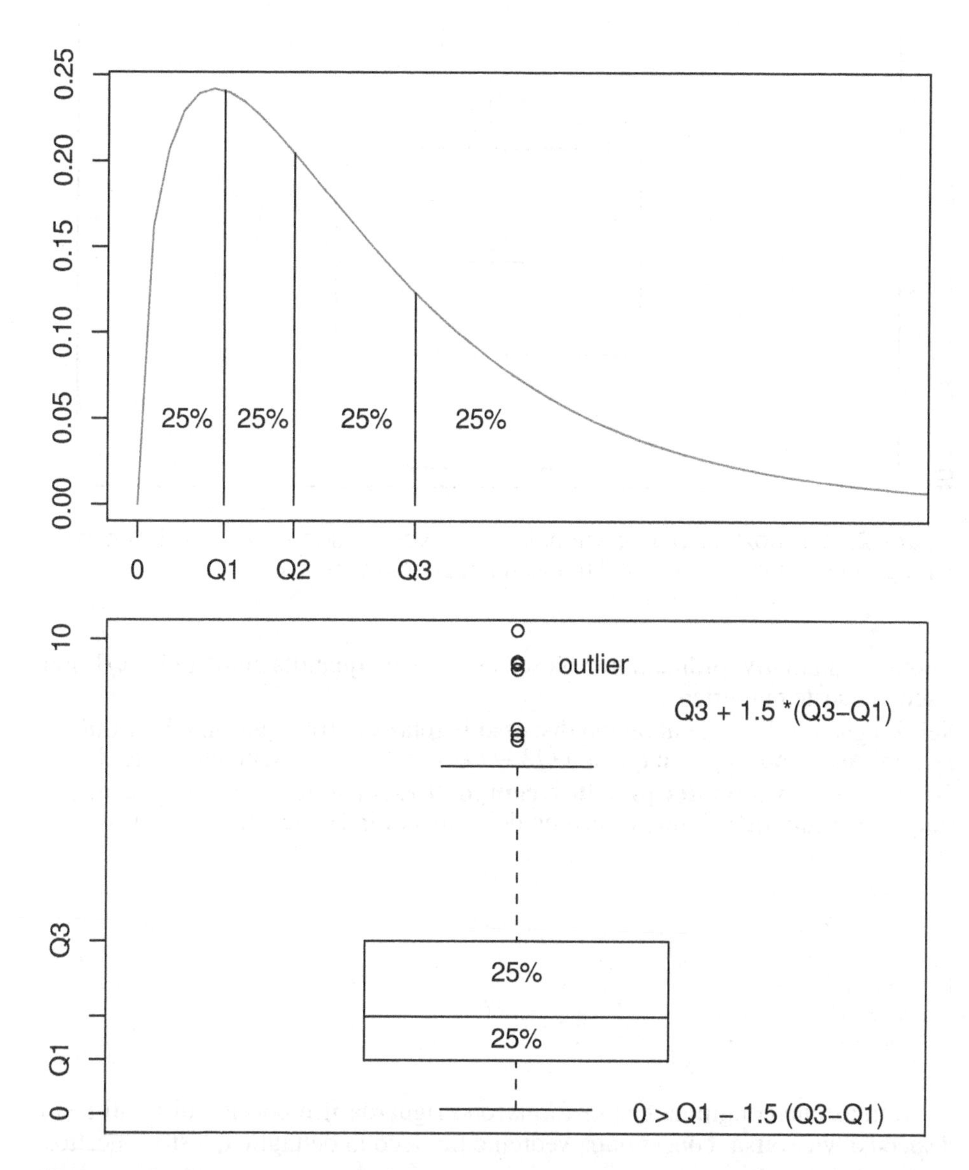

Figura 2.13 Dati come in Figura 2.11 dove per necessità tipografiche, abbiamo rappresentato solo l'intervallo di tempo 0-10 anni. Tra 0 e $Q1$ si trova il 25% dei dati, così come tra $Q1$ e la mediana $Q2$, tra $Q2$ e $Q3$ e da $Q3$ in poi. Sotto abbiamo riportato anche il boxplot. Il baffo superiore del boxplot è $Q3 + 1.5 \cdot (Q3 - Q1)$ mentre quello inferiore è pari 0, in quanto $Q1 - 1.5 \cdot (Q3 - Q1) < 0$ e i nostri dati sono tutti positivi. I punti fuori dal baffo superiore sono detti *outlier*.

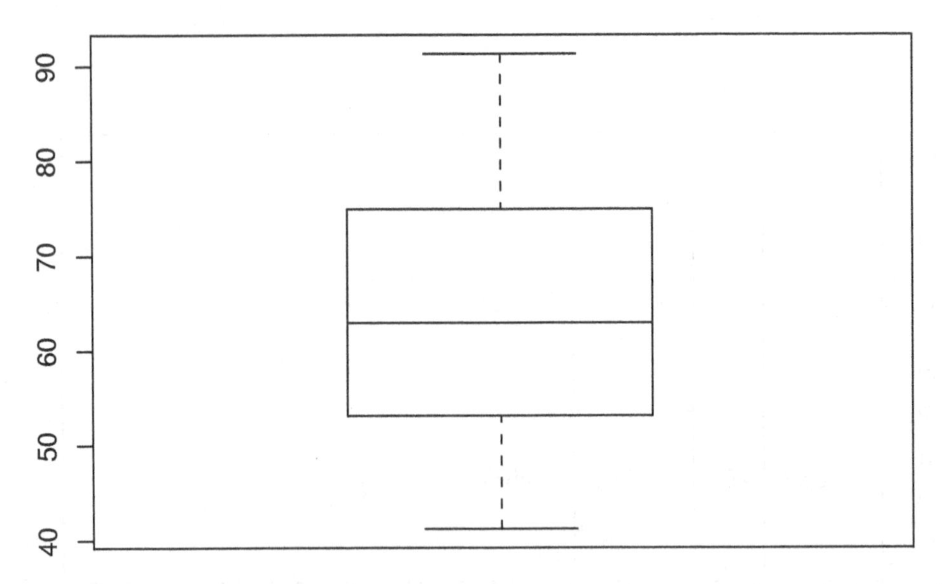

Figura 2.14 Il boxplot per la variabile W. Non ci sono outlier e i due baffi corrispondono con il minimo e il massimo del campione.

fenomeni qualitativi ordinali, non ha senso calcolare quantità come $Q3 - Q1$ non essendo queste numeriche.
Nel disegnare il boxplot abbiamo discusso le relazioni tra i quartili ed il **minimo** $x_{(1)}$ e il **massimo** $x_{(n)}$. Le quantià $Q3 - Q1$ e $x_{(n)} - x_{(1)}$ sono chiamate rispettivamente **intervallo interquartile** e **campo di variazione** (o più semplicemente **range**). Per tutti questi indici esistono dei comandi in R, eccoli in sequenza

```
> min(W)
[1] 41.22
> max(W)
[1] 91.29
> range(W)
[1] 41.22 91.29
```

L'informazione congiunta che ci forniscono riguarda il modo in cui i dati sono *dispersi* o, viceversa, *concentrati*. Vedremo tra poco in dettaglio questo concetto.

2.5.4 La media aritmetica

Ogni studente sa calcolare la media dei propri voti senza necessariamente aver frequentato un corso di statistica o aver installato R sul proprio computer. La **media artimetica** o semplicemente la **media** è uno degli indici maggiormente impiegati dagli statistici. La definizione è molto semplice: si fa la somma di tutte le osservazioni x_i e poi si divide il risultato per il numero di addendi, cioè

$$\bar{x}_n = \frac{1}{n} \sum_{i=1}^{n} x_i = \frac{1}{n} (x_1 + x_2 + \cdots + x_n).$$

È evidente che non si può calcolare la media per un fenomeno qualitativo ma solo per dati numerici, cioè per i fenomeni quantitativi. Se prendiamo quindi i fenomeni Z, numero di figli, e W, il peso, siamo in grado di calcolarne subito il valore. Sarà vero? Prediamo Z, la sua media si calcola come segue

$$\begin{aligned}\bar{z}_n &= \frac{0+0+0+0+0+1+1+1+1+1+2+2+2+3+3+3+4+4+4+4}{20} \\ &= \frac{5+6+9+16}{20} = \frac{36}{20} = 1.8\end{aligned}$$

in conclusione, quell'insieme di 20 persone ha *mediamente* 1.8 figli! Si può discutere se arrotondare 1.8 a 2 dicendo "quegli individui hanno circa 2 figli in media" oppure lasciare il numero con i suoi decimali a seconda del tipo di informazione che si vuole trasmettere[5].

Quel tasso (2.1 per l'Italia) è più o meno lo stesso per tutti i paesi, quindi è chiaro che, comunicare un dato come "1.8 figli per donna" significa voler comunicare che se quello fosse il tasso di riproduzione della popolazione, a lungo andare sarebbe una popolazione di persone sempre più anziane per poi estinguersi in assenza di flussi migratori. Attualmente alcuni paesi europei hanno un numero di figli per coppia inferiore a 2. In R il comando da usare è `mean`. Per Z e W otteniamo

```
> mean(Z)
[1] 1.8
> mean(W)
[1] 64.409
```

Abbiamo ottenuto $\bar{w}_n = 64.409$ a fronte di un valore della mediana (calcolato in precedenza) di $Me = 62.94$, cioè la media è più spostata verso destra. Per analizzare le relazioni che intercorrono tra media e mediana analizziamo il seguente esempio. Supponiamo di avere 3 valori

$$10 \quad 20 \quad 30$$

se calcoliamo la media otteniamo (10+20+30)/3 = 20 e per la mediana otteniamo ancora 20. Cambiamo ora un solo valore

$$10 \quad 20 \quad \underline{300}$$

[5] Circa venti anni fa, in un paese del nord Europa, venne calcolato che per mantenere stabile l'ammontare della popolazione totale, ogni donna doveva generare 2.2 figli. La cosa, chiaramente impossibile da attuare venne regolata dai servizi sociali nel seguente modo: ogni donna riceveva in età fertile 22 bollini. Ogni volta che generava un figlio o una figlia, cedeva allo stato 10 bollini. Dopo aver generato 2 figli le rimanevano "in tasca" 2 bollini. Poteva decidere se cederli ad un'altra donna o recuperarne 8 da altre donne e quindi generare lei stessa un terzo figlio!

la media diventa (10+20+300)/3 = 110, mentre la mediana resta sempre pari a 20. Lo stesso accade se cambiamo il valore di sinistra come segue

$$\underline{0} \quad 20 \quad 30$$

la media diventa (0+20+30)/3 = $16.6\bar{6}$ mentre la mediana continua a restare costante. Morale: quando variamo i valori *estremi* di un distribuzione, la media artimetica ne risente mentre la mediana no. Si dice allora che la mediana è un indice del centro di una distribuzione più *robusto* della media aritmetica. Per ovviare a questo inconveniente è possibile utilizzare la media troncata (*trimmed*) che è una media aritmetica calcolata non su tutti i dati ma sui dati depurati dai valori estremi. Il comando da utilizzare in R è sempre `mean` ma questa volta si deve specificare l'opzione `trim`. Il valore di `trim` è un numero compreso tra 0 e 0.5 e consiste nella proporzione di osservazioni che R scarta da ciascuna coda della distribuzione prima di effettuare il calcolo della media.

Nell'esempio dei pesi W della Tabella 2.1, si può notare che la **coda** destra (cioè la parte di estrema destra della distribuzione) è molto allungata, quindi ci saranno dei valori piuttosto elevati che tenderanno a trascinare la media verso destra. Quando le code di una distribuzione sono sbilanciate si parla di *asimmetria*. In assenza di asimmetria, la moda e la mediana sono in genere valori molto vicini tra loro (quando non coincidono addirittura). Si guardi per esempio cosa accade alla media troncata per W

```
> mean(W)
[1] 64.409
> mean(W, trim = 0.1)
[1] 63.84875
> mean(W, trim = 0.3)
[1] 62.8575
> mean(W, trim = 0.5)
[1] 62.94
```

Come per la mediana è possibile immaginare di costruire una funzione per il calcolo della media a partire da dati raccolti in classi come segue

```
> h <- hist(W)
> sum(h$mids*h$counts)/sum(h$counts)
```

Ma possiamo anche sfruttare in modo efficace il sistema di classi e oggetti di R. Il comando `methods` applicato al nome di una funzione ci permette di capire quali metodi sono disponibili per una certa funzione, ovvero su quali oggetti lavora una funzione

```
> methods(mean)
[1] mean.Date       mean.POSIXct    mean.POSIXlt
[4] mean.data.frame mean.default    mean.difftime
```

Come si intuisce, `mean.data.frame` lavorerà su oggetti di tipo dataframe, menter `mean.date` su oggetti di tipo data, ecc. Possiamo quindi costruire una funzione `mean.histogram` che R chiamerà per noi ogni volta che passiamo alla funzione `mean` un oggetto di classe `histogram`

```
> mean.histogram <-function(x){
+   if(class(x)=="histogram")
+        return( sum(x$mids*x$counts)/sum(x$counts) )
+   else
+    NA
+ }
> methods(mean)
[1] mean.Date         mean.POSIXct     mean.POSIXlt
[4] mean.data.frame mean.default     mean.difftime
[7] mean.histogram
```

Come si nota la nostra funzione è stata aggiunta ai metodi esistenti della funzione `mean`. Possiamo ora scrivere direttamente

```
> mean(hist(W))
[1] 64.5
> mean(W)
[1] 64.409
```

In R esiste un comando molto versatile che agisce sui differenti oggetti fornendo le statistiche principali per quegli oggetti. La funzione in questione si chiama `summary` e il suo output fornisce la maggior parte delle informazioni che abbiamo sin qui visto. Eccone un esempio d'utilizzo per i due fenomeni Z e W il cui output non non merita particolari commenti.

```
> summary(Z)
   Min. 1st Qu.  Median    Mean 3rd Qu.    Max.
   0.00    0.75    1.50    1.80    3.00    4.00
> summary(W)
   Min. 1st Qu.  Median    Mean 3rd Qu.    Max.
  41.22   53.41   62.94   64.41   74.81   91.29
```

Esiste un'ulteriore possibilità in R per analizzare complessivamente un dataframe. Questo modo di procedere è molto utile quando si entra in possesso di un dataset di cui non conosciamo completamente la natura. Si tratta della coppia di comandi `summary` e `str`.

```
> str(dati)
`data.frame':       20 obs. of  4 variables:
 $ X: Factor w/ 4 levels "N","C","V","S": 1 4 3 3 2 1  ...
 $ Y: Factor w/ 4 levels "A","O","S","L": 4 2 1 2 4 3  ...
 $ Z: num  0 1 3 4 1 1 0 2 3 0 ...
 $ W: num  72.5 54.3 50.0 88.9 62.3 ...
> summary(dati)
 X     Y           Z               W
 N:6   A:2   Min.   :0.00   Min.   :41.22
 C:7   O:6   1st Qu.:0.75   1st Qu.:53.41
 V:4   S:8   Median :1.50   Median :62.94
 S:3   L:4   Mean   :1.80   Mean   :64.41
             3rd Qu.:3.00   3rd Qu.:74.81
             Max.   :4.00   Max.   :91.29
```

Mentre `str` ci informa sulla natura della matrice dei dati (4 variabili rilevate su 20 osservazioni) il comando `summary` ci elenca le statistiche di interesse principale.

Che strumenti si possono usare?

Indice	Carattere qualitativo nominale	Carattere qualitativo ordinale	Carattere quantitativo
moda	SI	SI	SI
mediana	NO	SI	SI
quartili	NO	SI	SI
boxplot	NO	NO	SI
media	NO	NO	SI
range	NO	NO	SI

2.5.5 Altre medie

Accanto alla media aritmetica vi sono anche altri due tipi di medie che portano il nome di media *armonica* e *geometrica*. In genere i pacchetti statistici non hanno funzioni predefinite per calcolare tali medie ed R è tra questi, quindi ne scriveremo noi il codice. L'impiego di queste medie è spesso circoscritto ad ambiti molto particolari per cui ne forniamo solo la formula e il relativo codice senza fornire specifici esempi con il solo scopo di presentare nuove funzioni di R . Per la **media armonica** la formula assume il seguente aspetto

$$x_a = \frac{n}{\sum_{i=1}^{n} \frac{1}{x_i}}$$

ed è chiaro che i valori campionari x_i non ha senso che siano nulli, in tal caso x_a varrebbe 0. Per **media geometrica** si ha invece

$$x_g = \left(\prod_{i=1}^{n} x_i \right)^{\frac{1}{n}}$$

anche in questo caso valori di x_i nulli rendono poco significativo il calcolo della media geometrica. Nel Codice 2.15 abbiamo usato la funzione `prod` che si occupa di effettuare la produttoria degli elementi del vettore di input. Inoltre, nel caso della media armonica, il codice non verifica se le x_i siano 0 o meno. Questo con R si può fare perché 1/0 è definito come `Inf` che è un oggetto di R ben definito con cui R si comporta in modo approriato: se c'è almeno un valore $x_i = 0$ nel vettore di input il termine `sum(1/x)` assume il valore `Inf`, quindi nell'eseguire `length(x)/Inf` R restituirà il valore 0 essendo `length(x)` finito e diverso da 0. Si osservi il seguente comportamento di R in presenza infiniti:

```
# R gestisce correttamente gli infiniti
> 3/Inf
[1] 0
> -2/Inf
[1] 0
> 4/Inf
[1] 0
> -5/Inf
[1] 0
> Inf/0
[1] Inf
> Inf/Inf
[1] NaN
```

Ecco ora un esempio di utilizzo delle due medie appena introdotte:

```
> mean.a(W)
[1] 61.2759
> mean.g(W)
[1] 62.82501
> mean(W)
[1] 64.409
> mean.a(Z)
[1] 0
> mean.g(Z)
[1] 0
> mean(Z)
[1] 1.8
```

Come curiosità possiamo segnalare che le tre medie in questione rispettano sempre la disuguaglianza

$$x_a \leq x_g \leq \bar{x}$$

come anche nel nostro esempio.

```
# media armonica
mean.a <- function(x){
 length(x)/sum(1/x)
}

# media geometrica
mean.g <- function(x){
 prod(x)^(1/length(x))
}
```

Codice 2.15 Comandi per il calcolo della media armonica `mean.a` e geometrica `mean.g`.

2.6 Indici di dispersione

Si supponga di aver rilevato i seguenti dati:

$$30 \quad 40 \quad 50 \quad 60 \quad 70 \quad 80 \quad 90$$

otteniamo i seguenti valori degli indici: $Q1 = 40$, $Me = 60$, $Q3 = 80$, $\bar{x}_n = 60$, range: 90-30 = 60, e $Q3 - Q1 = 80 - 40 = 40$. Ancora una volta effettuiamo spostamenti di un solo valore estremo

$$30 \quad 40 \quad 50 \quad 60 \quad 70 \quad 80 \quad \underline{900}$$

otteniamo i seguenti valori degli indici: $Q1 = 40$, $Me = 60$, $Q3 = 80$, $\bar{x}_n = 175.7$, range: 900-30 = 870, e $Q3 - Q1 = 80 - 40 = 40$ e ancora

$$\underline{0} \quad 40 \quad 50 \quad 60 \quad 70 \quad 80 \quad 90$$

otteniamo i seguenti valori degli indici: $Q1 = 40$, $Me = 60$, $Q3 = 80$, $\bar{x}_n = 55.7$, range: 90-0 = 90, e $Q3 - Q1 = 80 - 40 = 40$. Quello che è accaduto è che sia il range che la media hanno fortemente risentito dello spostamento di un solo dato o, con un linguaggio più appropriato, hanno risentito della presenza di *outlier* nella distribuzione, mentre lo scarto interquartile e la mediana sono rimasti invariati.

Questo vuol dire che piccole variazioni nei dati possono comportare notevoli variazioni nei valori degli indici che, abbiamo detto, sono tra i più usati in statistica. Poiché lo sperimentatore si troverà di volta in volta a trattare con dati di natura differente oppure della stessa natura ma raccolti in momenti o su popolazioni differenti, nasce l'esigenza di costruire un indicatore che valuti la *variabilità* all'interno dei dati. Sia il range che lo scarto interquartile sono indicatori, anche se grossolani, della variabilità dei nostri dati.

2.6.1 La varianza

Consideriamo le due distribuzioni di dati della Tabella 2.8. Calcoliamo media, moda e mediana delle due distribuzioni e tracciamone i grafici.

```
> x <- c(rep(1,5), rep(2,10), rep(3,20), rep(4,30),
+        rep(5,20), rep(6,10), rep(7,5))
>
> y <- c(rep(1,15), rep(2,20), rep(3,15),
+        rep(5,15), rep(6,20), rep(7,15))
> summary(x)
   Min. 1st Qu.  Median    Mean 3rd Qu.    Max.
      1       3       4       4       5       7
> summary(y)
   Min. 1st Qu.  Median    Mean 3rd Qu.    Max.
      1       2       4       4       6       7
> plot(table(x), ylab="freq", lwd=10)
> plot(table(y), ylab="freq", lwd=10)
```

x_i	n_i	y_i	n_i
1	5	1	15
2	10	2	20
3	20	3	15
4	30	4	–
5	20	5	15
6	10	6	20
7	5	7	15
	100		100

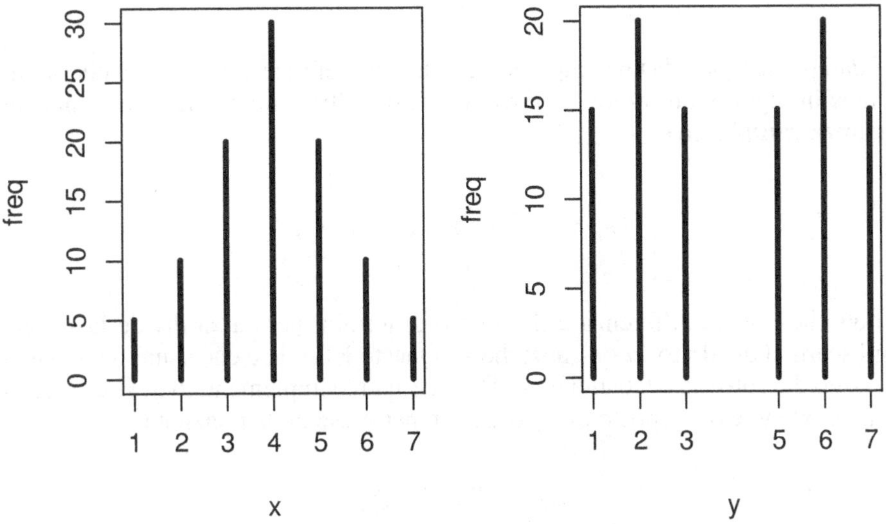

Tabella 2.8 Due distribuzioni di dati con la stessa media (4) e mediana (4) ma con variabilità differente.

Nella distribuzione a) la moda è 4, così come la media e la mediana. La distribuzione b) ha due mode in corrispondenza di 2 e 6. La media e la mediana sono uguali al caso a). Inoltre, dai grafici delle due distribuzioni è evidente che i dati in un caso si concentrano attorno al valore 4 (caso a)) nell'altro tendono invece a allontanarsi da tale valore (caso b)). Guarda caso il valore 4 è proprio la media (e la mediana) delle due distribuzioni. L'idea è quindi quella di costruire un indice che tenga conto di come i valori si distribuiscono attorno alla propria media per misurare in modo oggettivo quello che ci appare graficamente.

L'indice che presentiamo è costruito per tener conto della *distanza* delle x_i dalla propria media $\bar{x}_n$. Come distanza potremmo pensare di usare gli *scarti dalla media* cioè: $x_i - \bar{x}_n$. Proviamo quindi a definire un indice basato sugli scarti dalla media.

$$\sum_{i=1}^{n}(x_i - \bar{x}_n) = \sum_{i=1}^{n} x_i - \sum_{i=1}^{n} \bar{x}_n = n \cdot \bar{x}_n - n \cdot \bar{x}_n = 0$$

quindi un tale indice non funzionerebbe perché qualsiasi siano i dati *la somma degli scarti dei valori x_i dalla propria media $\bar{x}_n$ è sempre nulla.* Si può allora pensare di utilizzare un indice basato sulla somma degli scarti al quadrato. Tale indice, che chiameremo **varianza**, è dato dalla formula

$$\sigma^2 = \frac{1}{n}\sum_{i=1}^{n}(x_i - \bar{x}_n)^2 .$$

Se i dati provengono da un campione casuale[6], si preferisce, per ragioni che saranno note in seguito, utilizzare un altro indice, per altro simile, che viene chiamato **varianza campionaria**

$$\bar{s}_n^2 = \frac{1}{n-1}\sum_{i=1}^{n}(x_i - \bar{x}_n)^2 .$$

Si noti che l'unica differenza è il numero di termini per cui si divide la somma degli scarti al quadrato: $n-1$ anziché n. Questo è l'indice che usualmente viene calcolato dai software statistici quali R . Il comando implementato in R è `var`. Se si vuole ottenere σ^2 al posto di $\bar{s}_n^2$ si deve tener presente la relazione

$$\sigma^2 = \frac{n-1}{n} \cdot \bar{s}_n^2.$$

Nel Codice 2.16 abbiamo riportato due formule equivalenti per il calcolo della varianza. Se n è grande i due indici σ^2 e $\bar{s}_n^2$ coincidono, quindi converrà utilizzare direttamente il comando `var`. Calcoliamo ora le varianze delle due distribuzioni della Tabella 2.8:

```
> sigma2(x)
[1] 2.1
> sigma2(y)
[1] 4.6
```

e come si vede la variabilità della distribuzione b), misurata in questo modo, risulta essere doppia rispetto a quella della distribuzione a). Concludiamo che c'è meno variabilità nella distribuzione a).

[6]La nozione di campione casuale verrà spiegata nel seguito, per ora si può pensare ad un insieme di dati estratti da una popolazione di riferimento con un criterio di scelta casuale.

```
# prima versione
sigma2 <- function(x){
 mean((x-mean(x))^2)
}

# seconda versione
sigma2 <- function(x){
 var(x)*(length(x)-1)/length(x)
}

# coefficiente di variazione
cv <- function(x){
 sqrt(sigma2(x))/abs(mean(x))
}
```

Codice 2.16 Due metodi alternativi per il calcolo della varianza e un esempio di calcolo del coefficiente di variazione. I due metodi non sono ottimizzati in funzione dell'ampiezza campionaria n. Ma al crescere di n i valori σ^2 e $\bar{s}_n^2$ diventano indistinguibili e quindi converrà utilizzare la funzione `var` di R.

2.6.2 Scarto quadratico medio e coefficiente di variazione

Se torniamo all'esempio dei pesi, cioè al fenomeno W del paragrafo sulla classificazione dei fenomeni, mentre W è espresso in kg, se calcoliamo la varianza di W questa sarà espressa in kg^2! Cosa voglia dire kg^2 è assai oscuro. Per rendere più facilmente leggibile la variabilità di un fenomeno, si ricorre allo **scarto quadratico medio** σ

$$\sigma = \sqrt{\sigma^2}$$

come si vede σ è espresso nella stessa unità di misura dei dati originari. Esiste un risultato generale della statistica che afferma che la maggior parte dei dati di una distribuzione, qualsiasi essa sia, deve trovarsi in un intervallo del tipo $[\bar{x}_n - 3 \cdot \sigma; \bar{x}_n + 3 \cdot \sigma]$. Questa è nota come regola dei 3-*sigma* e per *maggior parte dei dati* si intende l'89% dei essi. A cosa serve questa informazione? Beh, se nel nostro campione troviamo dei dati fuori da tale intervallo concludiamo di essere in presenza di dati anomali, cioè i dati esterni a tale intervallo sono presumibilmente degli **outlier**. Si provi a verificare la validità della regola dei 3-*sigma* per le due distribuzioni della Tabella 2.8.

Un altro problema legato all'unità di misura riguarda i confronti di variabilità tra distribuzioni di fenomeni diversi o rilevati con differenti unità di misura. Supponiano che X sia l'altezza di un gruppo di individui misurata in cm ed Y l'altezza degli stessi individui misurata in metri. Se guardiamo al grafico delle distribuzioni di X ed Y esse ci appariranno del tutto simili a parte il cambiamento di scala ma, se calcoliamo le varianza otteniamo un valore misurato in termini di cm^2 (per esempio 100 cm^2) per X e di m^2 per Y (1 m^2). Anche passando agli scarti quadratici medi otteniamo $\sigma_x = 10$ e $\sigma_y = 0.1$. Quindi sembrerebbe esserci una notevole differenza tra la variabilità dello stesso fenomeno semplicemente perché considerato su scale diverse. Per ovviare a questo problema si costruisce un indice di variabilità indipendente dall'unità di misura ottenuto dividendo lo scarto quadratico medio σ per il valore assoluto della media $\bar{x}_n$, cioè

$$CV = \frac{\sigma}{|\bar{x}_n|}$$

che viene detto **coefficiente di variazione**. Se lo calcoliamo per X ed Y dell'esempio e supponendo che le medie siano rispettivamente 170 cm e 1.7 m otteniamo

$$CV_x = \frac{10 \text{ cm}}{170 \text{ cm}} = \frac{10}{170} = 0.0589 \quad \text{e} \quad CV_y = \frac{0.1 \text{ m}}{1.7 \text{ m}} = \frac{0.1}{1.7} = 0.0589$$

Come si vede i conti ora tornano!

In generale il coefficiente di variazione non si usa in questo modo bensì per confrontare la variabilità di fenomeni realmente diversi come, per esempio, il peso e l'altezza. Il coefficiente di variazione è un *numero puro* poiché non dipende dalle unità di misura e tiene anche conto dell'eventuale effetto dovuto alla eventuale differente ampiezza campionaria. Nel Codice 2.16 è riportato un esempio di algoritmo per il calcolo del coefficiente di variazione.

2.7 La forma delle distribuzioni

Abbiamo visto che gli indici come media, moda e mediana possono fornire indicazioni utili sulla forma delle distribuzioni: forti scarti tra i valori dei tre indici possono indicare uno sbilanciamento eccessivo della distribuzione verso destra o verso sinistra. Abbiamo anche visto però che a parità di media e mediana la variabilità delle distribuzioni può essere sostanzialmente differente implicando una notevole differenza nella forma delle distribuzioni. Infine, quando abbiamo introdotto il boxplot, ci siamo soffermati brevemente sulle relazioni tra i quartili e la forma della distribuzione. Lo studio della forma di una distribuzioni di dati può essere in alcuni casi molto informativo (si pensi al caso dei dati di trapianto di organo). Esistono quindi differenti indicatori che si occupano di misurare in modo oggettivo quando una distribuzione di dati sia "appiattita" o viceversa "appuntita" (si parla in questo caso di **curtosi**) oppure se questa presenta evidenti sbilanciamenti verso destra o sinistra (ovvero presenta **asimmetria**). Con γ_1 si indica l'indice di asimmetria di Pearson che ha la seguente espressione

$$\gamma_1 = \frac{1}{n}\sum_{i=1}^{n}\left(\frac{x_i - \bar{x}_n}{\sigma}\right)^3 .$$

Se la distribuzione è simmetrica γ_1 assume valore 0, altrimenti $\gamma_1 > 0$ (asimmetria positiva) se la distribuzione ha la coda di destra molto allungata e in caso contrario $\gamma_1 < 0$ (asimmetria negativa). L'indice γ_1 è stato costruito tenendo presente che

$$\sum_{i=1}^{n}(x_i - \bar{x}_n)^k$$

sono nulle quando k è un numero dispari (in particolare per $k = 3$) e la distribuzione è simmetrica. Il denominatore σ serve solo ad eliminare l'influenza dell'unità di misura (ragionando in modo analogo al caso del coefficiente di variazione). La Figura 2.18 riporta i boxplot appaiati dei due insiemi di dati. Il boxplot della distribuzione di Y denota uno sbilanciamento della coda di sinistra mentre quello della distribuzione di X un leggero sbilanciamento della coda di destra. Ci aspettiamo un valore di γ_1 negativo per Y e di poco positivo per X. Lo script che segue definisce i vettori X ed Y della Figura 2.18 ed esegue il calcolo dell'indice γ_1 attraverso la funzione `skew` (dal termine anglosassone *skewness*) definita nel Codice 2.17.

```
> x <- c(0.75, 2.27, 5.19, 4.8, 1.6, 3.5,
+        11.19, 3.42, 4.38, 6.64, 5.41,
+        3.12, 9.45, 4.38, 4.77, 4.98,
+        3.74, 2.81, 2.04, 8.34)
> y <- c(13.79, 12.11, 8.85, 14.01, 9.71,
+        11.08, 12.34, 12.16, 7.52, 14.02, 9.75,
+        14.15, 12.84, 14.73, 12.88, 10.40,
+        12.78, 13.19, 9.59, 12.16)
> boxplot(x,y, names=c("x","y"))
> skew(x)
[1] 0.9566583
> skew(y)
[1] -0.5713037
```

```
skew <- function(x){
 n <- length(x)
 s3 <- sqrt(var(x)*(n-1)/n)^3
 mx <- mean(x)
 sk <- sum((x - mx)^3)/s3
 sk/n
}
```

Codice 2.17 Algoritmo per il calcolo dell'indice di asimmetria γ_1.

Una quantità atta a misurare la densità dei dati attorno alla propria media è l'indice di curtosi β_2.

$$\beta_2 = \frac{1}{n}\sum_{i=1}^{n}\left(\frac{x_i - \bar{x}_n}{\sigma}\right)^4$$

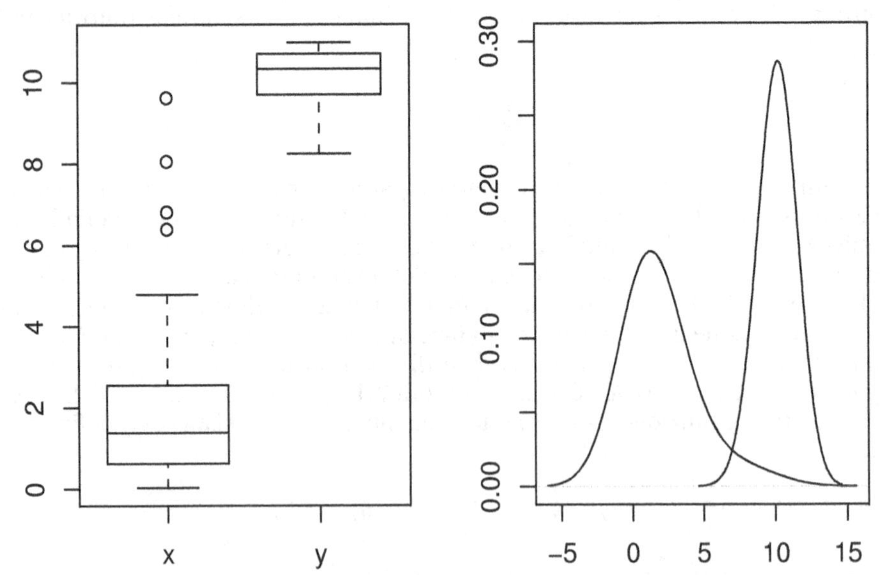

Figura 2.18 A sinistra: boxplot appaiati di due distribuzioni asimmetriche. Quella di X presenta leggera asimmetria positiva mentre quella di Y presenta asimmetria negativa. A destra: istogrammi lisciati delle due distribuzioni di dati.

Questo indice è costruito per confrontare la distribuzione dei dati con una distribuzione di riferimento, la Gaussiana, la cui forma è rienuta la "normalità". Per questa particolare distribuzione, che trova la sua principale collocazione nell'ambito del calcolo delle probabilità, l'indice di curtosi assume il valore 3. Se la distribuzione è molto appiattita o *platicurtica* l'indice vale un valore minore di 3, in caso contrario (*leptocurtismo*) l'indice β_2 assume valori maggiori di 3. La Figura 2.19 mostra due grafici (che possiamo interpretare come istogrammi lisciati) di due distribuzioni, quella di sinistra platicurtica e l'altra leptocurtica. La linea tratteggiata e quella della distribuzione di riferimento. La distribuzione leptocurtica presenta un'addensamento dei valori attorno al valore centrale e code più esili. La distribuzione platicurtica è meno alta attorno al valore centrale ma presenta code più *pesanti*.

Osservando il grafico di destra della Figura 2.18 si nota come la distribuzione di Y sia più schiacciata attorno al valore centrale mentra quella di X risulta più cicciottella. Se effettuiamo il calcolo dell'indice di curtosi otteniamo una valutazione oggettiva di quanto osservato. Infatti

```
> kurt(x)
[1] 3.493081
> kurt(y)
[1] 2.334998
```

X presenta valore di curtosi maggiore di 3 e Y inferiore. Abbiamo utilizzato la funzione `kurt` da noi definita come nel Codice 2.20.

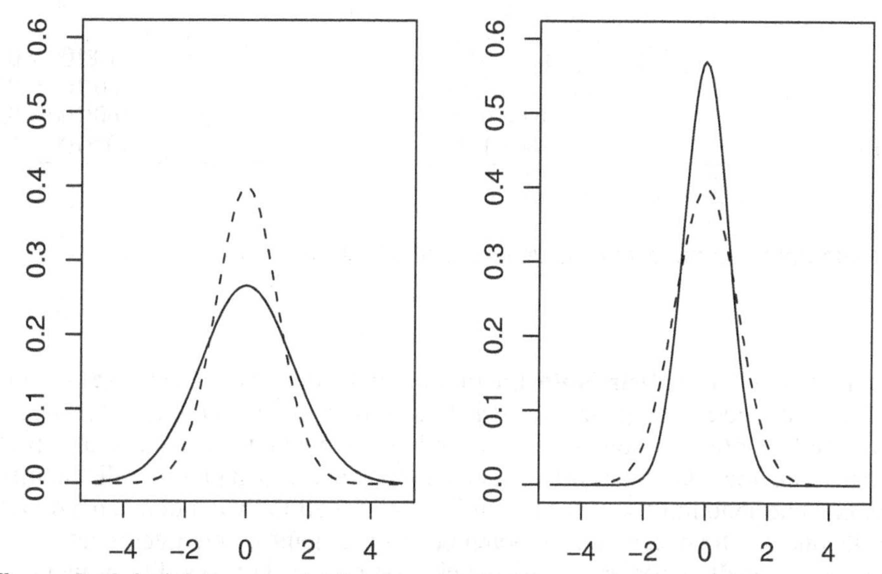

Figura 2.19 A sinistra una distribuzione platicurtica, a destra una leptocurtica. La linea tratteggiata è la distribuzione di riferimento.

```
kurt <- function(x){
 n <- length(x)
 s4 <- sqrt(var(x)*(n-1)/n)^4
 mx <- mean(x)
 kt <- sum((x - mx)^4)/s4
 kt/n
}
```

Codice 2.20 Comandi per il calcolo dell'indice di curtosi β_2.

Si noti che sia γ_1 che β_2 sono indici molto sensibili ai valori anomali. Spesso sono preferibili indici più robusti costruiti a partire dai quantili. Per un approfondimento sugli strumenti di statistica robusta si veda per esempio [19].

2.8 La concentrazione

In alcune particolari situazioni può non essere sufficiente basarsi sul calcolo di indici di variabilità per discriminare due popolazioni. In particolare questo è vero quando le unità statistiche sono identificate con gli individui e la caratteristica oggetto di studio è un bene condivisibile come, per esempio, la ricchezza. In queste circostanze può aver senso chiedersi se la ricchezza sia equamente distribuita tra gli individui oppure se essa è concentrata nelle mani di alcuni. Si dice allora che

x_i	P_i	Q_i
10	1/4 = 0.25	10/100 = 0.1
20	2/4 = 0.50	30/100 = 0.3
30	3/4 = 0.75	60/100 = 0.6
40	4/4 = 1.00	100/100 = 1.0
100		

Tabella 2.9 Esempio di calcolo delle coordinate della curva di Lorenz.

un carattere X è **equidistribuito** tra gli n individui della popolazione se ciascuno di essi ne possiede una quota pari $1/n$. In caso opposto, in cui tutte, o la maggior parte, delle quote di X sono nelle "mani" di uno o pochi degli n individui si parla **concentrazione**. Ha senso parlare di concentrazione solo in presenza di fenomeni continui che sono intrinsecamente condivisibili tra gli individui di una popolazione. Il concetto di concentrazione potrebbe erroneamente essere interpretato come l'inverso di quello della variabilità ma ciò non è vero: la variabilità si manifesta nel modo in cui i valori di un dato carattere si disperdono attorno ad un centro comune (la media, la mediana ecc.) mentre la concentrazione si realizza quando il fenomeno si manifesta con maggiore intensità solo su un numero ridotto di osservazioni. Chiameremo *precisione* il concetto inverso a quello di variabilità e *omogeneità* quello inverso alla concentrazione.

Uno strumento molto utile per studiare la concetrazione è la curva di Lorenz. Per andare sul concreto, immaginiamo che X sia la ricchezza misurata come reddito. Supponiamo di aver ordinato gli n individui rispetto all'ammontare di reddito e indichiamo con Q_i la somma cumulata relativa dei redditi posseduta dai primi i individui meno ricchi, quindi $Q_i \in [0, 1]$. Indichiamo con P_i la proporzione dei primi i redditieri più poveri. Se fosse $Q_i = 0.20$ e $P_i = 0.60$ vorrebbe dire che il primo 60% dei redditieri possiede solo il 20% della ricchezza. Se fosse $P_i = Q_i$ per ogni $i = 1, \ldots, n$ saremmo in presenza di equidistribuzione del reddito. Se fosse invece $Q_i = 0$ per $i = 1, \ldots, n-1$ e $Q_n = 1$ allora ci troveremmo in presenza di massima concentrazione, infatti i primi $n-1$ redditieri posseggono lo 0% del reddito totale perché tutto è nelle mani dell'ultimo (e unico) redditiero. Per semplificare le formule porremo $P_0 = Q_0 = 0$. Si noti che vale sempre $P_n = Q_n = 1$.

La curva di Lorenz è una spezzata ottenuta disegnando le coppie di punti (P_i, Q_i). Nella Figura 2.21 sono rappresentate alcune curve di Lorenz. A sinistra: la linea continua (bisettrice) corrisponde al caso di equidistribuzione mentre la linea tratteggiata corrisponde alla massima concentrazione. Nel grafico di destra abbiamo riportato una curva Lorenz relativa ai dati della Tabella 2.9 evidenziando con un tratteggio quella che si chiama **area di concentrazione** che corrisponde all'area del poligono definito dalla curva di equidistribuzione e la spezzata di Lorenz dei nostri dati.

Dalla Figura 2.21 è evidente che tanto più c'è concentrazione, tanto più la curva

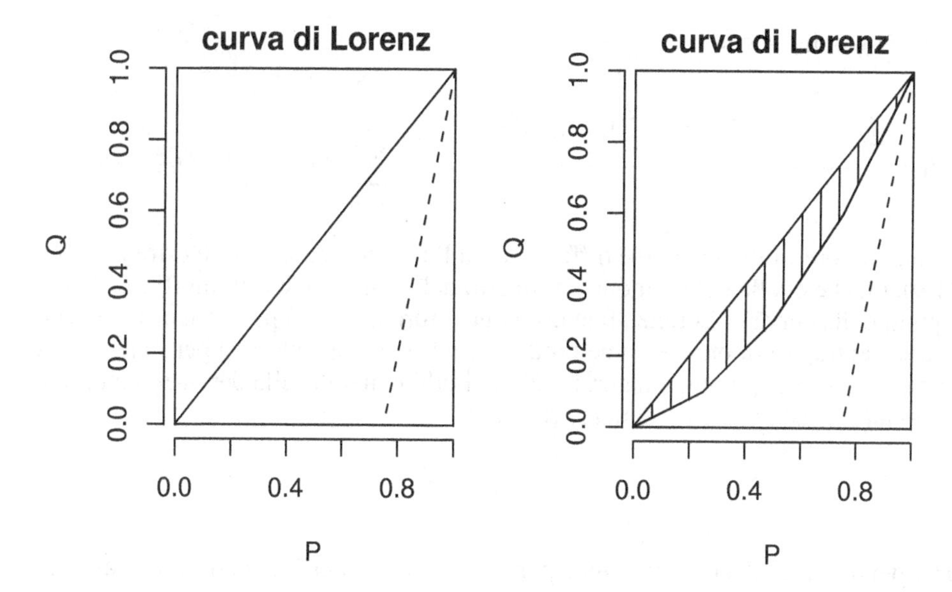

Figura 2.21 A sinistra curve di Lorenz di equidistribuzione (bisettrice) e di massima concentrazione (tratteggio). A destra: area di concentrazione per i dati della Tabella 2.9.

di Lorenz tende a schiacciarsi verso la curva di massima concentrazione. Inoltre, senza dilungarsi in dimostrazioni, è sempre vero che $Q_i \leq P_i$, cosa che peraltro fornisce la concavità della curva di Lorenz. Queste osservazioni conducono all'introduzione di un indice basato sulle distanza di Q_i da P_i. Tali distanze sono pari a zero nel caso di equidistribuzione e sono massime nel caso di concentrazione. Quindi, l'indice proposto da Gini è il seguente

$$\sum_{i=1}^{n}(P_i - Q_i).$$

Il minimo di questa quantità è quindi 0 e il suo massimo è pari a $\sum_{i=1}^{n} P_i - 1 = (n-1)/2$. Come indice relativo di concentrazione si utilizza dunque

$$G = \frac{2}{n-1}\sum_{i=1}^{n}(P_i - Q_i)\,.$$

Un altro indice equivalente si basa sulla misura dell'area di concentrazione. Tale area vale 0 in caso di equidistribuzione ed è pari all'area del triangolo di massima concentrazione, cioè il triangolo formato dalla bisettrice e dai segmenti di coordinate $(0,0)$ – $(0,(n-1)/n)$ e $(0,(n-1)/n)$ – $(1,1)$. Tale area è pari a $\frac{1}{2}\frac{n-1}{n}$. Il secondo indice misura quindi l'area di concentrazione e la rapporta al valore 1/2 e non al suo valore massimo. Il rapporto di concentrazione di Gini, così è chiamato, è definito come segue

$$R = \frac{\frac{1}{2} - \frac{1}{2}\sum_{i=0}^{n-1}(P_{i+1} - P_i)(Q_{i+1} + Q_i)}{\frac{1}{2}} = 1 - \sum_{i=0}^{n-1}(P_{i+1} - P_i)(Q_{i+1} + Q_i).$$

Il numeratore è ottenuto come differenza tra l'area del rettangolo di estremi (0,0), (1,0), (1,1) e quella del poligono delimitato dal segmento di estremi (0,0), (1,0) e i punti della curva di Lorenz. Tale poligono è formato da trapezi. Ricordando che l'area dei trapezi di ottiene come prodotto tra la somma della basi per l'altezza, la formula discende in modo naturale. Non ci dilunghiamo sulla derivazione di tale formula in quanto vale la seguente relazione

$$R = \frac{n-1}{n}G.$$

Dividendo l'area di concentrazione per $\frac{1}{2}\frac{n-1}{n}$ anziché per 1/2 si otterrebbe direttamente il risultato di uguaglianza tra i due indici. Sul sito del CRAN[7] è disponbile il pacchetto `ineq` scritto da Achim Zeileis che si occupa del calcolo di diverse misure di concentrazione e diseguaglianza. Ai nostri fini l'indice di Gini è più che sufficiente e quindi scriviamo noi stessi il codice per il calcolo di G (ed R) che contestualmente si occupi di tracciare la curva di Lorenz. Il Codice 2.22 riporta l'algoritmo che commentiamo brevemente. Abbiamo definito una sola funzione `gini` che ritorna una lista (`list`) di 4 oggetti: gli indici di Gini G ed R nelle rispettive variabili e i vettori `P` e `Q` delle coordinate (P_i, Q_i) della curva di Lorenz. Se non viene specificata l'opzione `plot=FALSE` la funzione traccia anche il grafico della curva di Lorenz. Il colore utilizzato è il nero (opzione `color="black"`). Abbiamo inserito un'opzione `add` per aggiungere, ad un grafico della curva di Lorenz già tracciato, il grafico di una nuova curva di Lorenz. Questo è utile nel caso si desideri confrontare due distribuzioni di dati. La seguente sequenza di comandi traccia due curve di Lorenz sullo stesso grafico (cfr. Figura 2.23) in due colori differenti.

```
> x <- c(1, 1, 1, 4, 4, 5, 7, 10)
> y <- c(1, 1, 1, 1, 1, 4, 4, 4, 5,
+        9, 100, 100, 200)
> gini(x,col="blue")
$G
[1] 0.4545455

$R
[1] 0.3977273

$P
```

[7] Si tratta dell'archivio contente tutto il materiale inerente R. Si consulti l'Appendice B per i dettagli.

```
[1] 0.000 0.125 0.250 0.375 0.500 0.625 0.750
[8] 0.875 1.000

$Q
[1] 0.00000000 0.03030303 0.06060606 0.09090909
[5] 0.21212121 0.33333333 0.48484848 0.69696970
[9] 1.00000000

> gini(y,add=TRUE,col="red")
$G
[1] 0.8186388

$R
[1] 0.7556666

$P
 [1] 0.00000000 0.07692308 0.15384615
 [4] 0.23076923 0.30769231 0.38461538
 [7] 0.46153846 0.53846154 0.61538462
[10] 0.69230769 0.76923077 0.84615385
[13] 0.92307692 1.00000000

$Q
 [1] 0.000000000 0.002320186 0.004640371
 [4] 0.006960557 0.009280742 0.011600928
 [7] 0.020881671 0.030162413 0.039443155
[10] 0.051044084 0.071925754 0.303944316
[13] 0.535962877 1.000000000
```

2.9 L'eterogeneità

Se abbiamo un fenomeno qualitativo è possibile ricorrere alla nozione di **eterogeneità** anziché a quella di variabilità. In questo caso l'eterogeneità è intesa come un'equa ripartizione delle frequenze all'interno di una distribuzione di frequenza. Cioè si dice che un carattere X si distribuisce in modo eterogeneo se ogni valore di X si presenta con la stessa frequenza. Questa è solo una delle possibili definizioni di variabilità in ambito qualitativo che cerca di compensare l'impossibilità di far riferimento ad un valore numerico (la media, la mediana ecc.) da cui calcolare delle distanze. Per semplicità di trattazione presentiamo l'indice dovuto, ancora una volta, a Gini. Tale indice si basa semplicemente sulla somma dei quadrati delle frequenze relative f_i. Se il fenomeno è eterogeneo allora ogni f_i è pari a $1/k$ se k sono i valori distinti con cui si manifesta X. Quindi

$$1 - \sum_{i=1}^{k} f_i^2 = 1 - k/k^2 = (k-1)/k\,.$$

```
# Indice di Gini e curva di Lorenz

gini <- function(x, plot=TRUE, add=FALSE, col="black"){
 n <- length(x)
 x <- sort(x)
 P <-  (0:n)/n
 Q <- c(0,cumsum(x)/sum(x))
 G <- 2*sum(P-Q)/(n-1)

 IG <- list(G,(n-1)*G/n,P,Q)
 names(IG) <- c("G","R","P","Q")

 if(plot){
  angle=45
  if(!add){
   plot(P,Q,type="l", axes = FALSE, asp=1,
    main ="curva di Lorenz")
   axis(1);  axis(2);   rect(0,0,1,1)
   lines(c(1,(n-1)/n),c(1,0),lty=2)
   angle=90
  }
  polygon(P,Q, density=10,angle=angle,col=col)
 }

 IG
}
```

Codice 2.22 Comandi per il calcolo e disegno della spezzata di Lorenz e degli indici di Gini di concentrazione.

Al contrario se X si manifesta con una sola modalità (massima omogeneità) allora

$$1 - \sum_{i=1}^{k} f_i^2 = 0\,.$$

Quindi il campo di variazione di tale indice è $[0, (k-1)/k]$. L'indice relativo di eterogeneità proposto da Gini assume dunque la seguente forma

$$E = \frac{k}{k-1}\left(1 - \sum_{i=1}^{k} f_i^2\right).$$

Nulla esclude di utilizzare tale indice anche per i fenomeni quantitativi ma è chiaro che l'informazione che ne deriva è molto povera. Nel Codice 2.24 abbiamo riportato i comandi per il calcolo dell'indice E. Si parte con il calcolo della distribuzione di frequenza relativa. Se `k`, il numero delle modalità di X è pari ad 1

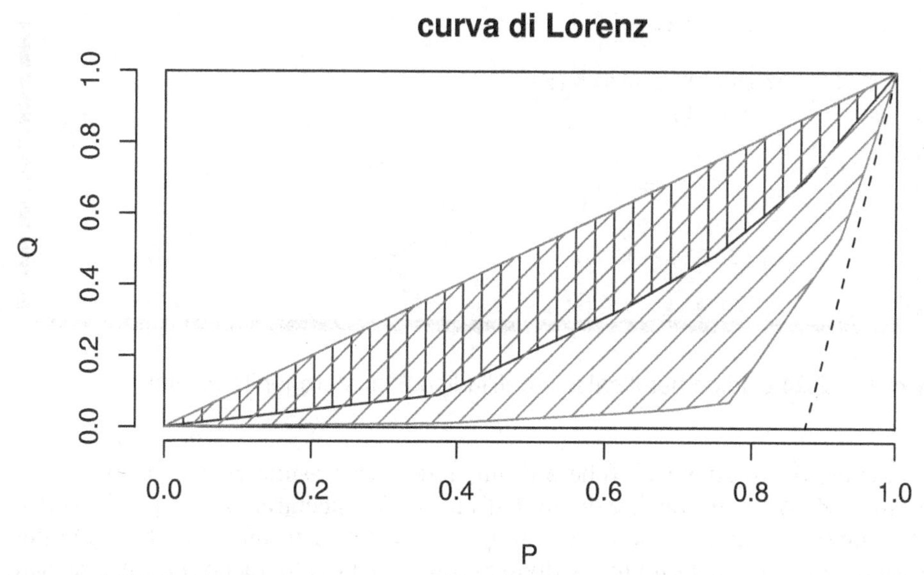

Figura 2.23 Confronto tra le curve di Lorenz per due distribuzioni di dati. La curva con tratteggio diagonale è quella di una distribuzione di dati più concentrata dell'altra.

siamo in presenza di minima eterogeneità e la funzione restituisce 0. Senza questo controllo, la funzione restituirebbe il valore `NaN` poiché eseguirebbe una divisione del tipo 0/0. L'esempio che segue calcola l'indice E per le variabili X, Y, Z e W dei dati della Tabella 2.1. Come si nota, nel caso di W l'indice restituisce il valore 1.

```
> attach(dati)
> E(X)
[1] 0.9666667
> E(Y)
[1] 0.9333333
> E(Z)
[1] 0.9875
> E(W)
[1] 1
```

A mero titolo di esempio possiamo calcolare il rapporto di concentrazione di Gini R per i fenomeni Z e W. Omettendo la parte irrilevante dell'output otteniamo

```
> gini(W)
$R
[1] 0.1271732
> gini(Z)
$R
[1] 0.4583333
```

```
E <- function(x){

  f <- table(x)/length(x)
  k <- length(f)

  if(k==1)
   return(0)

  k*(1-sum(f^2))/(k-1)
}
```

Codice 2.24 Codice per il calcolo dell'indice E di eterogenità di Gini.

Come era da aspettarsi W (che è il più eterogeneo) risulta essere meno concentrato di Z. **Attenzione:** il calcolo dell'indice di concentrazione R per W e Z è, dal punto di vista statistico, fuori luogo in quanto se in un'epoca new age può essere verosimile pensare di condividere i figli (Z) risulta meno intuitivo pensare di condividere il peso (W).

2.10 Dall'istogramma alla stima della densità

Benché tale argomento esuli un po' dal livello tecnico di questo volume, in ambito di analisi dei dati è molto utile, se il fenomeno oggetto di studio è di tipo quantitativo, ricorrere ad uno strumento più informativo del semplice istogramma. Il metodo più comune per ricostruire una curva che approssimi il più possibile la vera distribuzione di frequenza (continua) di tali fenomeni è il metodo dei nuclei. Tale metodo consiste nel sovrapporre a ciascun punto x_i dei nostri dati osservati anziché un rettangolo di una certa altezza, una curva di che risulti essere più smussata. L'altezza di tale curva è proporzionale alla frequenza dei punti e la sua ampiezza dipende da un parametro chiamato **banda**. Queste curve K sono appunto detti *nuclei* o **kernel** e rispettano alcune proprietà elementari. Per esempio, $K(x) \geq 0$, $\int x^2 K(x) \mathrm{d}x = 1$ e cose del genere. Non possiamo addentrarci nei dettagli, ma la sostanza è che il risultato grafico è una sorta di lisciamento dell'istogramma. A tale fine agisce la banda: se questa è troppo larga, il grafico risultante diviene una curva molto appiattita in cui non emergono più informazioni (l'analogo è un istrogamma con pochissime classi). Al contrario, se la banda è troppo stretta, il grafico tende ad assomigliare ad un grafico a bastoncini. Esiste un valore ottimale della larghezza della banda che viene calcolato automaticamente da R. La funzione che viene utilizzata per rappresentare il grafico con il metodo kernel è sempre di questo tipo

$$f(x) = \frac{1}{nb} \sum_{i=1}^{n} K\left(\frac{x - x_i}{b}\right)$$

dove K è il kernel e b è la banda. Per maggiori dettagli si veda per esempio [39]. Vediamo un esempio di tale grafico applicato ai dati dei pesi W della Tabella 2.1. Il comando R per ottenere una stima di densità è `density`. Nelle linee di codice che seguono facciamo disegnare ad R l'istogramma classico, il poligono di frequenza e la stima di densità lasciando scegliere ad R la banda ottimale. Il risultato si può osservare in Figura 2.25

```
> load("dati1.rda")
> hist.pf(dati$W,br=c(40,50,58,70,95))
> lines(density(dati$W),lty=3)
```

Come si nota la stima della densità risulta essere un lisciamento del poligono di frequenza e, di conseguenza, dell'istrogamma. Vediamo cosa accade variando la banda tramite l'opzione `bw`. Per prima cosa vediamo cosa si ottiene tramite il comando `density`

```
> density(dati$W)

Data: dati$W (20 obs.);        Bandwidth 'bw' = 7.281

       x                 y
 Min.   : 19.38   Min.   :3.752e-05
 1st Qu.: 42.82   1st Qu.:1.888e-03
 Median : 66.25   Median :1.046e-02
 Mean   : 66.25   Mean   :1.065e-02
 3rd Qu.: 89.69   3rd Qu.:1.873e-02
 Max.   :113.13   Max.   :2.345e-02
```

L'informazione rilevante è il valore della banda `Bandwidth 'bw' = 7.28`. I quantili non corrispondono ai veri quantili campionari ma sono calcolati sulla base della suddivisione dell'intervallo di variazione di W operata da R. Proviamo ad aumentare e diminuire la banda e osserviamo cosa accade al grafico di `density(dati$W)`. Nella Figura 2.26 abbiamo ristretto la banda da 7.28, valore ottimale, a 3. Nel Grafico in Figura 2.27 lo abbiamo aumentato fino a 20. Risulta chiaro quindi che la stima di densità, così come ci siamo limitati ad introdurla, è uno strumento di analisi esplorativa che può essere di ausilio nel cercare eventuali ricorrenze all'interno dei dati soprattutto variando in modo opportuno sia il kernel utilizzato (vedere l'help della funzione `density`) che la banda `bw`. La Figura 2.26 è stata ottenuta con il codice seguente

```
> plot(density(dati$W), main = "stima della densita'",
+      xlab="W", ylim = c(0,0.03))
> lines(density(dati$W,bw=3),lty=3)
> legend(80,0.025,c("bw = ottimale","bw = 3"),lty=c(1,3))
```

mentre la Figura 2.27 con le tre linee di codice

```
> plot(density(dati$W), main = "stima della densita'",
+      xlab="W", ylim = c(0,0.03))
> lines(density(dati$W,bw=20),lty=3)
> legend(80,0.025,c("bw = ottimale","bw = 20"),lty=c(1,3))
```

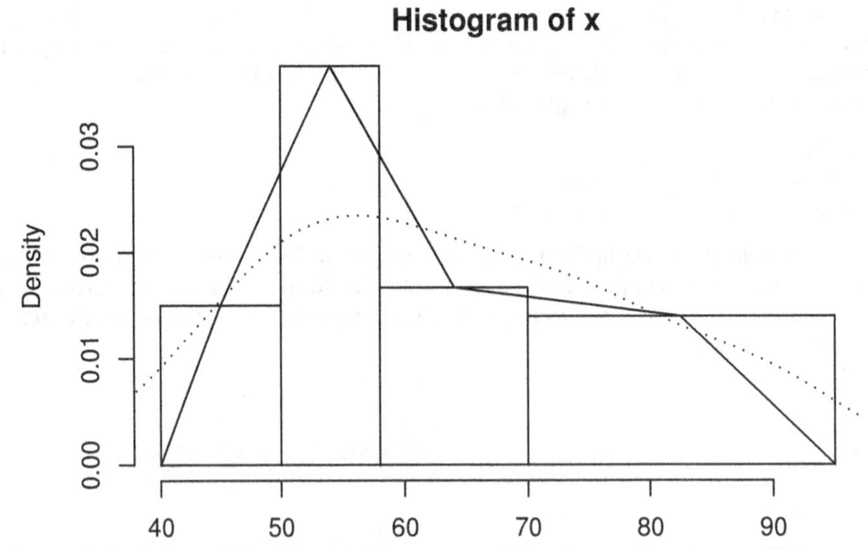

Figura 2.25 Stima della densità (linea tratteggiata) a confronto con l'istogramma e il poligono di frequenza.

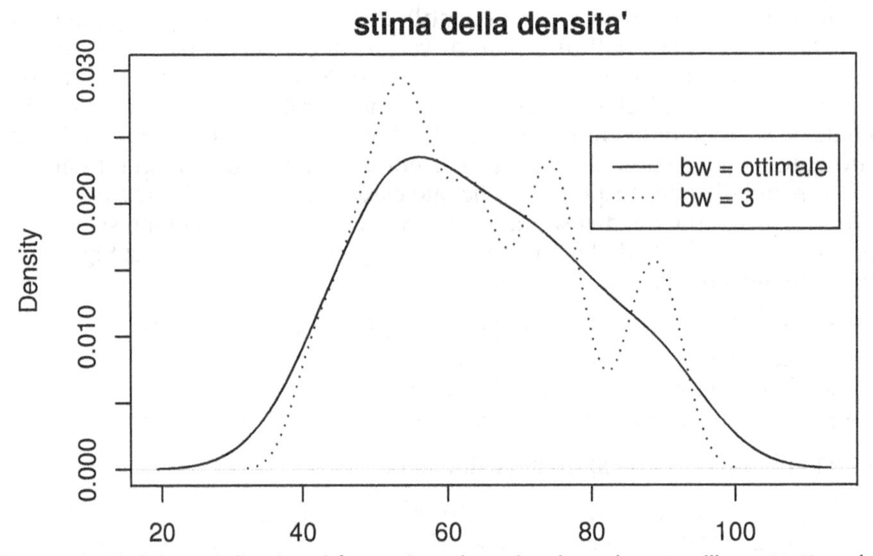

Figura 2.26 Stima della densità con banda ottimale e ristretta (linea tratteggiata) a confronto.

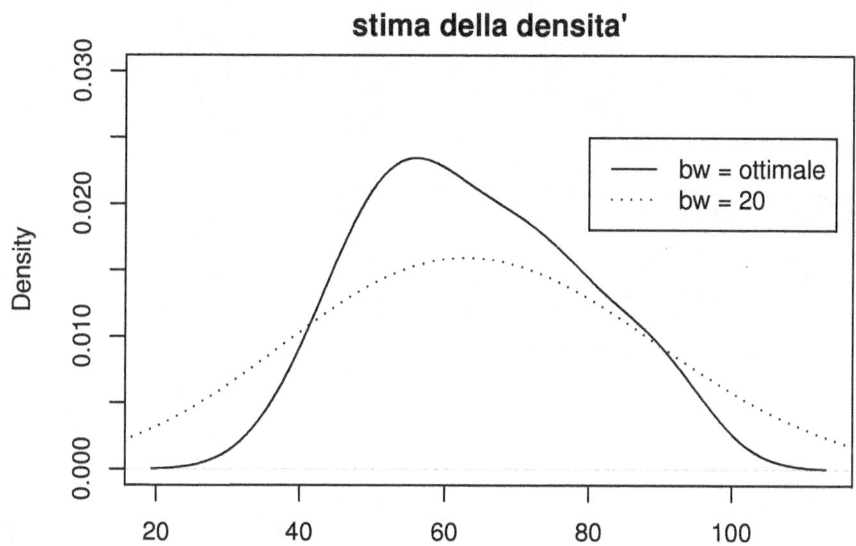

Figura 2.27 Stima della densità con banda ottimale e allargata (linea tratteggiata) a confronto.

3

Relazioni tra variabili e insiemi di dati

3.1 Analisi di dipendenza: la connessione

Sinora ci siamo occupati dello studio di distribuzioni per singoli fenomeni statistici. Ne abbiamo studiato alcuni valori caratteristici e le possibili rappresentazioni grafiche. Abbiamo anche visto come in alcuni casi sia stato possibile, nonché utile, effettuare confronti tra distribuzioni relative allo stesso carattere su diverse popolazioni di individui o di diversi caratteri rilevati sulle stesse unità.

Il passo successivo e naturale è quello di vedere se esistono *legami* tra due (o più) fenomeni rilevati congiuntamente sugli stessi individui. Per esempio, il peso degli individui dipende dalle loro abitudini alimentari? Oppure, l'incidenza di tumori al polmone è prevalente negli individui fumatori? Ancora, due fenomeni si manifestano in un particolare modo sugli individui, per effetto del caso oppure perché esiste una regolarità (di tipo statistico) non direttamente rilevabile?

Introduciamo delle notazioni che ci serviranno per leggere correttamente i dati relativi a più variabili e a costruire un indice statistico per misurare il grado di legame tra due fenomeni. La Tabella 3.1 è una rappresentazione simbolica di una tabella a doppia entrata o **tabella di contingenza** per due generici fenomeni X ed Y. Vedremo subito un esempio di come si costruisce una tale tabella, ma la lettura dovrebbe essere chiara a tutti. L'idea di una tabella di questo tipo è quella di contare quante volte una particolare coppia di valori (x_i, y_j) si presenta sugli individui. Questo numero è la **frequenza congiunta** e viene indicata con il simbolo n_{ij}.

La prima riga della tabella $(y_1, y_2, \ldots, y_k)$ e l'ultima riga $(n_{.1}, n_{.2}, \ldots, n_{.k})$ di una tabella di contingenza costituiscono la **distribuzione di frequenza marginale** di Y, che altro non è se non la distribuzione di frequenza di Y. Analogamente, la prima colonna della tabella $(x_1, x_2, \cdots, x_h)$ e l'ultima colonna $(n_{1.}, n_{2.}, \cdots, n_{h.})$ formano la **distribuzione di frequenza marginale** di X che, anche in questo caso, è semplicemente la distribuzione di frequenza di X. Si noti che le frequenze marginali di X sono state indicate con $n_{i.}$. Il "." viene usato come notazione per indicare che si è eseguita la sommatoria dei valori rispetto al secondo indice j,

Y / X	y_1	y_2	$\dots$	y_j	$\dots$	y_k	
x_1	n_{11}	n_{12}	$\dots$	n_{1j}	$\dots$	n_{1k}	$n_{1.}$
x_2	n_{21}	n_{22}	$\dots$	n_{2j}	$\dots$	n_{2k}	$n_{2.}$
$\vdots$							$\vdots$
x_i	n_{i1}	n_{i2}	$\dots$	n_{ij}	$\dots$	n_{ik}	$n_{i.}$
$\vdots$							$\vdots$
x_h	n_{h1}	n_{h2}	$\dots$	n_{hj}	$\dots$	n_{hk}	$n_{h.}$
	$n_{.1}$	$n_{.2}$	$\dots$	$n_{.j}$	$\dots$	$n_{.k}$	n

Tabella 3.1 Distribuzione di frequenza doppia o tabella di contingenza (a doppia entrata).

cioè

$$n_{i.} = n_{i1} + n_{i2} + \cdots + n_{ik} = \sum_{j=1}^{k} n_{ij}$$

e analogamente per il fenomeno Y

$$n_{.j} = n_{1j} + n_{2j} + \cdots + n_{hj} = \sum_{i=1}^{h} n_{ij}$$

Abbiamo quindi indentificato due distribuzioni marginali ed una **distribuzione di frequenza congiunta**, quella composta dalle coppie di valori (x_i, y_j) con frequenze n_{ij}.

Prendiamo il seguente esempio: su un gruppo di 15 individui è stato effettuato un test per rilevare l'*attitudine musicale* (X) e quella *pittorica* (Y) secondo la seguente scala di modalità: sufficiente (S), buona (B) e ottima (O). I risultati sono riportati di seguito:

X	O	O	S	B	S	O	B	B	S	B	O	B	B	O	S
Y	O	B	B	B	S	S	O	O	B	B	O	S	B	S	B

Il primo passo da fare è costruire la tabella a doppia entrata. Per prima cosa dobbiamo identificare quali sono le modalità di X e quali sono quelle di Y. Nel caso specifico si tratta, per entrambi i fenomeni, di $x_1 = y_1 = S$, $x_2 = y_2 = B$ e $x_3 = y_3 = O$. La tabella avrà quindi tre righe per X e tre colonne per Y. Per costruire la tabella cominciamo a contare quante volte compaiono le coppie di valori. Partiamo dalla coppia $(X = S, Y = S)$: solo il 5° individuo presenta la coppia

X \ Y	*S*	*B*	*O*	
S	1	3	0	4
B	1	3	2	6
O	2	1	2	5
	4	7	4	15

Tabella 3.2 Distribuzione congiunta dei due fenomeni statistici X = "attitudine musicale" e Y = "attitudine pittorica".

(S,S). Inseriamo il valore 1 all'incrocio della prima riga e prima colonna, cioè $n_{11} = 1$. Facciamo ancora un conteggio: scegliamo la coppia $(X = S, Y = B)$. Gli individui che presentano la coppia di valori sono il terzo, il nono e l'ultimo. Quindi $n_{12} = 3$. E così via. La tabella definitiva è la 3.2. Nella tabella a doppia entrata è sempre vero che il totale generale risulta pari al totale delle osservazioni, cioè n, che nel nostro caso è 15.

Possiamo costruire velocemente tabelle di contingenza attraverso R attraverso il comando `table` che abbiamo già utilizzato per costruire le distribuzioni di frequenza.

```
> x <- c("O","O","S","B","S","O","B","B","S",
+        "B","O","B","B","O","S")
> y <- c("O","B","B","B","S","S","O","O","B",
+        "B","O","S","B","S","B")
> x <- ordered(x, levels=c("S","B","O"))
> y <- ordered(y, levels=c("S","B","O"))
> table(x,y)
   y
x   S B O
  S 1 3 0
  B 1 3 2
  O 2 1 2
```

Quanto appena visto ci permette di costruire tabelle a doppia entrata a partire da due vettori di osservazioni (x_i, y_i) ma, se conosciamo già la distribuzione di frequenza congiunta possiamo generare in R direttamente una tabella a doppia entrata utilizzando il comando `matrix`. Infatti, scriveremo

```
> tab <- matrix(c(1,1,2,3,3,1,0,2,2),3,3)
> tab
     [,1] [,2] [,3]
[1,]    1    3    0
[2,]    1    3    2
[3,]    2    1    2
```

e in seguito aggiungiamo le intestazioni di riga e colonna con i due comandi `rownames` e `colnames`

```
> rownames(tab)
NULL
> rownames(tab) <- c("S","B","O")
> tab
  [,1] [,2] [,3]
S    1    3    0
B    1    3    2
O    2    1    2
> colnames(tab) <- c("S","B","O")
> tab
  S B O
S 1 3 0
B 1 3 2
O 2 1 2
```

Ciascuna delle righe e colonne interne alla tabella sono le frequenze che competono a quelle che sono chiamate **distribuzioni condizionate**. Consideriamo la prima riga interna della Tabella 3.2:

Y	S	B	O	
X = S	1	3	0	4

Quella che abbiamo scritto qui sopra è la distribuzione di Y limitatamente (cioè, *condizionatamente* o *subordinatamente*) al sottogruppo di individui che presentano il valore $X = S$. Cioè abbiamo evidenziato la distribuzione condizionata di Y ad $X = S$ che si può indicare come $Y|X = S$. Costruiamo le seguenti due distribuzioni $Y|X = O$ e $X|Y = S$. La frequenze della distribuzione di Y condizionata ad $X = O$ si trovano nella terza riga della tabella mentre quelle di X condizionata ad $Y = S$ sono nella prima colonna. Quindi

Y|**X** = O	S	B	O	
$n_{j\|i=3}$	2	1	2	5

X|**Y** = S	$n_{i\|j=1}$
S	1
B	1
O	2
	4

In R è molto semplice estrarre le distribuzioni condizionate da una tabella di contingenza. Infatti, operando direttamente sulle righe e colonne della tabella come se si trattasse di una matrice possiamo ricavarle come segue

```
> table(x,y) -> tabella
> tabella
   y
x   S B O
  S 1 3 0
  B 1 3 2
  O 2 1 2
> # condizionate di Y ad X
> tabella[1,]  # Y | X=S
S B O
1 3 0
> tabella[2,]  # Y | X=B
S B O
1 3 2
> tabella[3,]  # Y | X=O
S B O
2 1 2
> # condizionate di X ad Y
> tabella[,1]  # X | Y=S
S B O
1 1 2
> tabella[,2]  # X | Y=B
S B O
3 3 1
> tabella[,3]  # X | Y=O
S B O
0 2 2
```

Ma esistono anche altre due funzioni di R che ci permettono di estrarre alcune utili distribuzioni. Per esempio, il comando `margin.table` restituisce la distribuzione marginale di X o di Y semplicemente specificando `1` o `2` come secondo argomento. Ovvero

```
> tabella
  S B O
S 1 3 0
B 1 3 2
O 2 1 2
> margin.table(tabella,1)
S B O
4 6 5
> margin.table(tabella,2)
S B O
4 7 4
```

Dove con `1` si specifica la marginale del primo carattere (quello che si trova in colonna) e con `2` l'altro.

Le distribuzioni condizionate di Y ad X possono essere pensate come le distribuzioni del fenomeno Y rilevate su i sottogruppi di individui *stratificati* secondo i valori assunti dalla variabile X. Quindi, come nella sezione precedente, può avere senso studiare se esistono differenze nel fenomeno Y all'interno dei sottogruppi. Per poter fare dei confronti conviene quindi riscrivere le distribuzioni in termini di frequenze relative. Indichiamo con $f_{ij} = n_{ij}/n$ le frequenze congiunte relative e con $f_{.j} = n_{.j}/n$ e $f_{i.} = n_{i.}/n$ rispettivamente le frequenze relative marginali di Y e di X. Le frequenze condizionate relative si ottengono dividendo ogni frequenza condizionata per il totale (di riga o colonna). Nel caso delle due distribuzioni viste sopra otteniamo

Y|**X** = O	S	B	O	
$f_{j\|i=3} = \frac{n_{j\|i=3}}{n_{3.}}$	2/5	1/5	2/5	1

e in R

```
> tabella[3,]/sum(tabella[3,])
  S   B   O
0.4 0.2 0.4
```

mentre la condizionata di X al sottogruppo $Y = S$ è

X|**Y** = S	$f_{i\|j=1} = \frac{n_{i\|j=1}}{n_{.1}}$
S	1/4
B	1/4
O	2/4
	1

```
> tabella[,1]/sum(tabella[,1])
   S    B    O
0.25 0.25 0.50
```

La Tabella 3.3 riporta le distribuzioni condizionate di X e di Y che possono essere ottenute con R nel seguente modo

Y	S	B	O	
X = S	1/4	3/4	0	1
X = B	1/6	3/6	2/6	1
X = O	2/5	1/5	2/5	1

X	**Y** = S	**Y** = B	**Y** = O
S	1/4	3/7	0
B	1/4	3/7	2/4
O	2/4	1/7	2/4
	1	1	1

Tabella 3.3 Tabella delle distribuzioni condizionate di Y ad X (sopra) e di X ad Y (sotto).

```
> tab2 <- tabella
> tab2[1,] <- tab2[1,]/sum(tab2[1,])
> tab2[2,] <- tab2[2,]/sum(tab2[2,])
> tab2[3,] <- tab2[3,]/sum(tab2[3,])
> print(tab2,digits=2)
   y
x   S    B    O
  S 0.25 0.75 0.00
  B 0.17 0.50 0.33
  O 0.40 0.20 0.40
attr(,"class")
[1] "table"
> tab3 <- tabella
> tab3[,1] <- tab3[,1]/sum(tab3[,1])
> tab3[,2] <- tab3[,2]/sum(tab3[,2])
> tab3[,3] <- tab3[,3]/sum(tab3[,3])
> print(tab3,digits=2)
   y
x    S    B   O
  S 0.25 0.43 0.0
  B 0.25 0.43 0.5
  O 0.50 0.14 0.5
attr(,"class")
[1] "table"
```

Analogamente a quanto già visto sopra, si possono utilizzare dei comandi di R specifici come `prop.table` il quale calcola le distribuzioni condizionate e la distribuzione congiunta relative per una tabella.

```
> # distribuzione doppia relativa
```

```
> prop.table(tabella)
           S          B         O
S 0.06666667 0.20000000 0.0000000
B 0.06666667 0.20000000 0.1333333
O 0.13333333 0.06666667 0.1333333
> # marginali relative di Y condizionate ad X
> prop.table(tabella,1)
          S    B         O
S 0.2500000 0.75 0.0000000
B 0.1666667 0.50 0.3333333
O 0.4000000 0.20 0.4000000
> # marginali relative di X condizionate ad Y
> prop.table(tabella,2)
     S         B   O
S 0.25 0.4285714 0.0
B 0.25 0.4285714 0.5
O 0.50 0.1428571 0.5
```

Osserviamo le distribuzioni condizionate di Y ad X (Tabella 3.3). Si nota che le tre distribuzioni sono tutte diverse. Se, viceversa, fossero tutte uguali vorrebbe dire che la distribuzione di Y non varia all'interno dei sottogruppi formati dagli individui ripartiti secondo X, cioè, per i dati dell'esempio, il risultato della prova Y non dipende da quanto ottenuto nella prova X. Al contrario, nel nostro caso, una certa forma di dipendenza sembra esistere. Si noti, per esempio, che prendere S nella prova X implica che nella prova Y non si possa ottenere un punteggio O. Possiamo quindi ora introdurre il concetto di **indipendenza**. L'idea è la seguente: se tutte le distribuzioni condizionate sono uguali (per riga e conseguentemente per colonna) allora il presentarsi di una particolare modalità di un fenomeno, non è influenzata dal presentarsi dell'altro. Se tutte le distribuzioni condizionate di X sono uguali, allora sono necessariamente uguali alla distribuzione marginale di X. Viceversa, se tutte le distribuzioni condizionate di Y sono uguali tra loro, allora esse sono necessariamente uguali alla distribuzione marginale di Y. In simboli ciò vuol dire che, per le distribuzioni condizionate di X si ha

$$\left(\text{freq. rel. cond. di } X \text{ ad } Y = y_j\right) \quad \frac{n_{ij}}{n_{\cdot j}} = \frac{n_{i\cdot}}{n} \quad \left(\text{freq. marg. di } X\right)$$

ovvero

$$n_{ij} = \frac{n_{i\cdot} \cdot n_{\cdot j}}{n}$$

e per le distribuzioni condizionate di Y si ha

$$\left(\text{freq. rel. cond. di } Y \text{ ad } X = x_i\right) \quad \frac{n_{ij}}{n_{i\cdot}} = \frac{n_{\cdot j}}{n} \quad \left(\text{freq. marg. di } Y\right)$$

ovvero, ancora una volta,

$$n_{ij} = \frac{n_{i\cdot} \cdot n_{\cdot j}}{n}.$$

In sintesi, se i fenomeni X ed Y sono indipendenti tra loro, la frequenza congiunta n_{ij} deve essere pari al prodotto delle frequenze marginali $(n_{i.} \cdot n_{.j})$ fratto il totale delle osservazioni n. Quindi se X ed Y sono indipendenti, si deve verificare che

$$n^*_{ij} = \frac{n_{i.} \cdot n_{.j}}{n} \qquad \text{per ogni} \quad i = 1, \ldots, h \quad j = 1, \ldots, k\,.$$

A questo punto viene naturale costruire un indice per misurare quanto le frequenze congiunte di una tabella di contigenza n_{ij} siano *vicine* (o lontane) a quelle (che ora chiameremo teoriche) di indipendenza n^*_{ij}. Si chiamano **contingenze** le distanze $c_{ij} = n_{ij} - n^*_{ij}$. L'indice che viene poposto in letteratura si chiama del Chi-quadrato (χ^2) ed è costruito come segue

$$\chi^2 = \sum_{i=1}^{h}\sum_{j=1}^{k} \frac{\left(n_{ij} - n^*_{ij}\right)^2}{n^*_{ij}} = n \cdot \left(\sum_{i=1}^{h}\sum_{j=1}^{k} \frac{n^2_{ij}}{n_{i.} \cdot n_{.j}} - 1 \right)$$

come si vede l'indice è costruito per valere 0 quando le frequenze osservate n_{ij} e quelle teoriche n^*_{ij} coincidono, cioè X ed Y sono indipendenti. Viceversa sarà un numero positivo. Per risolvere il problema di capire quando un valore positivo sia realmente dovuto ad un'effettiva forma di dipendenza tra X ed Y si divide l'indice per il suo massimo che è legato al numero di righe e di colonne della tabella. Infatti, si può dimostrare che

$$\chi^2_{\max} = \max \chi^2 = n \cdot \min(h-1, k-1)$$

L'indice da impiegare sarà quindi dato dalla formula

$$0 \leq \tilde{\chi}^2 = \frac{\chi^2}{\chi^2_{\max}} \leq 1$$

In R si può ottenere il calcolo dell'indice χ^2 in modo immediato: è sufficiente applicare il comando `summary` all'output del comando `table`. Infatti,

```
> summary(tabella)
Number of cases in table: 15
Number of factors: 2
Test for independence of all factors:
        Chisq = 3.527, df = 4, p-value = 0.4738
        Chi-squared approximation may be incorrect
```

Il valore che ci interessa è `Chisq = 3.527` che ci basterà dividere per n moltiplicato il minimo tra il numero di righe della tabella meno 1 e il numero di colonne della tabella meno 1, nel nostro caso il valore di normalizzazione è 30, quindi $\tilde{\chi}^2 = 3.527/30 = 0.117$. Tale numero è sufficientemente vicino a 0 per ritenere che l'entità della dipendenza tra i due fenomeni X ed Y sia irrilevante. Nella parte relativa alla verifica di ipotesi vedremo che questa considerazione di tipo qualitativo può essere supportata da uno strumento più preciso per decidere se, a fronte di un valore pari a 0.117, siamo in presenza di indipendenza oppure no. Possiamo costruire una funzione per il calcolo di $\tilde{\chi}^2$ che chiameremo `chi2`. Quello che ci interessa dell'output di `summary(tabella)` è solo di valore di χ^2. Per capire come si fa ad estrarlo usiamo il comando `str`

```
> str(summary(tabella))
List of 7
 $ n.vars   : int 2
 $ n.cases  : int 15
 $ statistic: num 3.53
 $ parameter: num 4
 $ approx.ok: logi FALSE
 $ p.value  : num 0.474
 $ call     : NULL
 - attr(*, "class")= chr "summary.table"
```

come si vede, il valore che ci interessa è contenuto in `$statistic`. Quindi costriamo la funzione `chi2` come riportato nel Codice 3.1. La funzione `dim` restituisce un vettore con le dimensioni di riga e colonna della tabella, mentre il valore n corrisponde all'elemento `$n.cases` dell'output di `summary(tabella)`. Quindi otteniamo

```
> chi2(x,y)
[1] 0.1175595
```

```
chi2 <- function(x,y){
 tab <- table(x,y)
 out <- summary(tab)
 out$statistic / ( out$n.cases * min(dim(tab)-1) )
}
```

Codice 3.1 Algoritmo per il calcolo dell'indice di connessione relativo $\tilde{\chi}^2$.

3.1.1 Rappresentazioni grafiche di tabelle

Le tabelle di contingenza possono essere rappresentate in vari modi. Per esempio, il semplice comando `plot` applicato all'output del comando `table` fornisce una rappresentazione che può essere molto intuitiva da interpretare quando le dimensioni della tabella sono ridotte. Nell'esempio visto precedentemente con il comando `plot(table(x,y))` si ottiene quanto appare in Figura 3.2 (sinistra). In Figura 3.2 sono rappresentati una serie di rettangoli. L'idea è che l'area totale dei rettangoli sia proporzionale all'ammontare dei casi n. Ogni rettangolo rappresenta un incrocio della tabella di contingenza e la sua area rappresenta il peso relativo della coppia dei valori di X ed Y all'interno della distribuzione congiunta. Scorrendo il grafico per riga o per colonna si riconoscono le distribuzioni

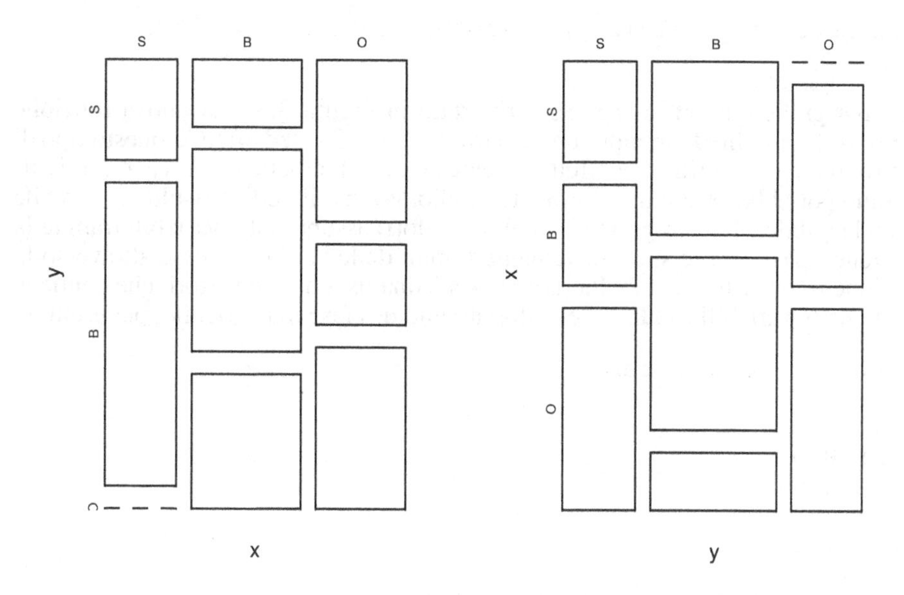

Figura 3.2 Rappresentazione grafica di una tabella di contigenza ottenuta tramite il comando `plot(table(x,y))` a sinistra e `plot(table(y,x))` a destra.

condizionate. Nella Figura 3.2 abbiamo riportato due rappresentazioni della stessa distribuzione doppia. La differenza sostanziale è che sull'asse orizzontale è possibile identificare la distribuzione marginale di X nel grafico di sinistra e quella di Y in quella di destra.

Un altro tipo di rappresentazione grafica della tabelle di contigenza è il grafico a bolle o **bubbleplot**. Si tratta di un grafico in cui sono presenti due assi che rappresentano le due variabili della tabella di contigenza. Sul grafico si riportano equispaziate in ascissa e ordinata le modalità delle variabili. All'incrocio delle modalità di $X = x_i$ ed $Y = y_j$ si disegna un cerchio di area proporzionale alla frequenza relativa n_{ij}/n. R non permette di eseguire direttamente questo tipo di grafici quindi ne proponiamo due versioni che chiameremo `bubbleplot` i cui algoritmi sono riportati nel Codice 3.3.

```
> x <- c("O","O","S","B","S","O","B","B","S",
+        "B","O","B","B","O","S")
> y <- c("O","B","B","B","S","S","O","O","B",
+        "B","O","S","B","S","B")
> x <- ordered(x, levels=c("S","B","O"))
> y <- ordered(y, levels=c("S","B","O"))
> table(x,y)
   y
x   S B O
  S 1 3 0
  B 1 3 2
  O 2 1 2
```

```
> bubbleplot(table(x,y),main="Musica versus Pittura")
```

L'output grafico di `bubbleplot` è riportato in Figura 3.4. La nuova funzione `bubbleplot` richiede in input un oggetto di tipo `table` ed effettua questo tipo di controllo ma non verifica se effettivamente si tratti di tabelle a due vie o no. L'algoritmo potrebbe essere ulteriormente migliorato, ma il codice risultante sarebbe meno leggibile. Si estraggono i nomi (o i valori) assunti dalle variabili tramite la funzione `dimnames` e successivamente i nomi delle variabili stesse attraverso la funzione `names`. In una tabella `dimnames` è una lista di due vettori, che contiene i nomi delle variabili e la lista dei valori assunti da ciascuna variabile, per esempio

```
> table(x,y) -> mytab
> mytab
   y
x    S B O
  S 1 3 0
  B 1 3 2
  O 2 1 2
> str(mytab)
 int [1:3, 1:3] 1 1 2 3 3 1 0 2 2
 - attr(*, "dimnames")=List of 2
  ..$ x: chr [1:3] "S" "B" "O"
  ..$ y: chr [1:3] "S" "B" "O"
 - attr(*, "class")= chr "table"
> dimnames(mytab)
$x
[1] "S" "B" "O"
$y
[1] "S" "B" "O"
> names(dimnames(mytab))
[1] "x" "y"
```

L'altra funzione introdotta è `points` la quale si occupa di disegnare dei simboli in corrispondenza delle coordinate x ed y specificate in input. Il tipo di simbolo è indicato con `pch`. Il grafico in Figura 3.5 riporta alcuni dei simboli più frequentemente utilizzati e disponibili in R, il codice che lo ha generato è tratto dall'esempio della funzione `points` (`example(points)`). L'altro parametro di `points` è `cex` che si occupa di riscalare il simbolo scelto di una quantità prefissata ed è stato da noi utilizzato per ottenere i cerchi di ampiezza differente. Se si specifica `filled=FALSE` nel comando `bubbleplot` i cerchi non vengono riempiti. Un ulteriore parametro della funzione `bubbleplot` è `magnify` inizialmente posto pari a 1. Questo parametro può essere utile per riscalare le dimensioni dei cerchi. Infine è stata aggiunta l'opzione `joint` che se posta pari a `FALSE` riscala i cerchi in modo da rappresentare le distribuzioni condizionate anziché quelle congiunte. Si noti la differenza tra i grafici della Figura 3.6 ottenuti (da sinistra a destra) con i comandi

```
> load("dati1.rda")
> bubbleplot(table(dati$Z,dati$X), joint=FALSE,
+            main="Z dato X")
```

```
bubbleplot <- function(tab, joint = TRUE, magnify=1,
    filled=TRUE, main="bubble plot"){

  if(! is.table(tab)){
   warning("L'input non e' una tabella")
   return
  }

  if(joint)
    z <- prop.table(tab)
  else
    z <- prop.table(tab,1)

  h <- dim(z)[[1]]
  k <- dim(z)[[2]]

  area <- h*k
  raggio <- pi*magnify*area*sqrt(as.vector(z)/pi)
# raggio <- magnify*sqrt(as.vector(z)/pi)
  raggio[which(raggio==0)] <- NA

  colori <- numeric(h*k)
  if(filled)
   colori <- rep(rainbow(h),k)

  asse.y <- rep(1:h,k)
  asse.x <- numeric(0)
  for(i in 1:k)
   asse.x <- c(asse.x,rep(i,h))

  var <- names(dimnames(z))

  plot(0:(k+1),c(0,h+1,rep(0,k)),type="n",
    axes=FALSE,ylab=var[1],xlab=var[2],main=main)
  axis(1,0:(k+1),c("",dimnames(z)[[2]],""))
  axis(2,0:(h+1),c("",dimnames(z)[[1]],""))

  points(asse.x,asse.y, pch=21, cex = raggio,
         bg = colori)

#  symbols(asse.x,asse.y,raggio,inches=FALSE,
#         add=TRUE, bg = colori)
}
```

Codice 3.3 Comandi per il disegno di grafici a bolle.

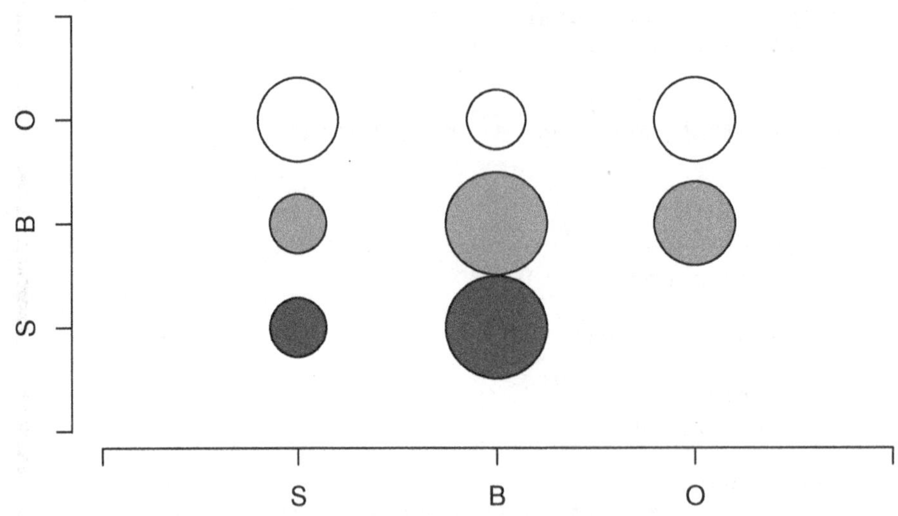

Figura 3.4 Grafico a bolle relativo ai dati della Tabella 3.2.

```
> bubbleplot(table(dati$X,dati$Z), joint=FALSE,
+            main="X dato Z")
> bubbleplot(table(dati$Z,dati$X), main = "Z versus X")
```

con i dati proveniente dalla Tabella 2.1. Se si eliminano i commenti "#" dal Codice 3.3 il comando `bubbleplot` utilizza la funzione `symbols` al posto di `points`. Questa funzione accetta in input le coordinate cartesiane (ascissa e ordinata) di n coppie di punti e poi disegna un simbolo specificato tra `circles`, `squares`, `rectangles`, `stars`, `thermometers` e `boxplots`. A seconda del simbolo scelto è possibile specificarne alcune caratteristiche. Nel caso dei cerchi (`circles`) abbiamo specificato il raggio in modo tale che il cerchio risultante sia di area proporzionale alla frequenza relativa (eventualmente condizionata). L'utilizzo della funzione `symbols` consente un maggior controllo sulla dimensione dei cerchi. Si consiglia di utilizzare quindi questa seconda versione del comando `bubbleplot`.

3.1.2 Il caso del Titanic

Cominciamo dalla fine, cioè con il rapporto ufficiale di Lord Mersey, il parlamentare incaricato dell'inchiesta sul disastro del transatlantico. Inchiesta dalla quale sono tratte le tabelle e i dati ufficiali riportati qui e in altri testi. Dal testo che segue si capisce quale sia la materia del contendere:

Rapporto di Lord Mersey: Note del Parlamento Britannico, Incidenti della Navigazione (Perdita della Nave a vapore Titanic), 1912, cmd. 6352, Rapporto dell'Indagine Ufficiale sulle circostanze dell'affondamento del 15 Aprile 1912, della

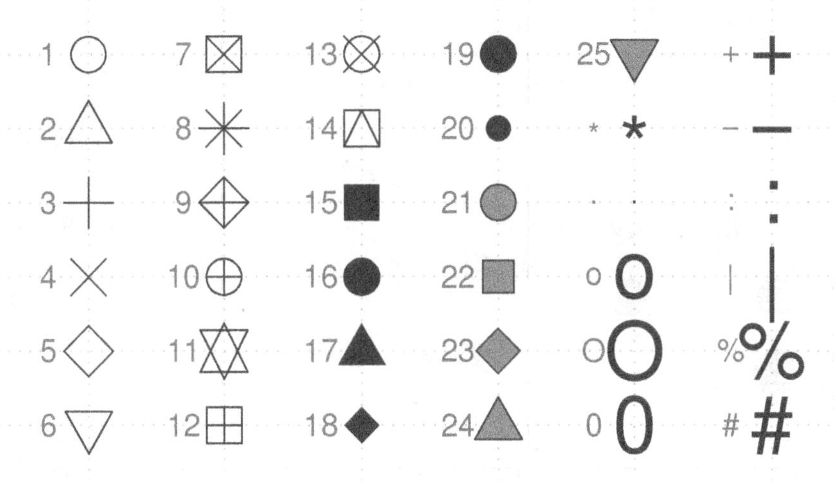

Figura 3.5 Alcuni simboli grafici disponibili in R, grafico generato con `example(points)`.

Nave a Vapore Titanic, di Liverpool, a seguito della collisione con ghiaccio nei pressi di Latitudine 41° 46’ N, Longitudine 50° 14’ O, Oceano Atlantico del Nord, in cui si ebbero perdite di vite umane (Londra: Ufficio del Registro di Sua Maestà, 1912) (...) “Si era sospettato prima dell’inizio dell’indagine stessa che i passeggeri di terza classe fossero stati trattati in modo discriminatorio; che fosse stato loro impedito l’accesso ai ponti superiori; e che, quando infine raggiunsero i ponti, fu data precedenza di accesso, ai mezzi di salvataggio, ai passeggeri di prima e seconda classe. Non è apparsa alcuna evidenza a riguardo di queste illazioni. Non vi sono dubbi che la proporzione di passeggeri di terza classe salvati sia stata ben inferiore a quella dei passeggeri di prima e seconda, ma questa sembra essere dovuto alla reclutanza dei passeggeri di terza classe nell’abbandono della nave, a causa della loro ostinazione nel voler portare con loro i bagagli, e da altri simili accadimenti. Gli interessi dei parenti di alcuni dei passeggeri di terza classe che sono morti sono stati curati da Mr. Harbinson, che ha seguito l’inchiesta per loro conto. Egli afferma alla fine del suo discorso alla corte quanto segue: ‘Vorrei affermare in modo netto che non è emersa alcuna evidenza, nell’ambito di questa inchiesta, a sostegno dell’ipotesi che non si sia fatto abbastanza per salvare i passeggeri di terza classe... Desidero inoltre dire che non c’è alcun elemento a suffragio del fatto che, non appena giunti ai ponti, ci siano state discriminazioni da parte degli ufficiali o dei marinai nei loro confronti per ciò che concerne l’accesso ai mezzi di salvataggio’. Mi ritengo soddisfatto della spiegazione che l’elevata proporzione di perdite non deve essere ricercata nella discriminazione dei passeggeri di terza classe. Essi non sono stati discriminati”.

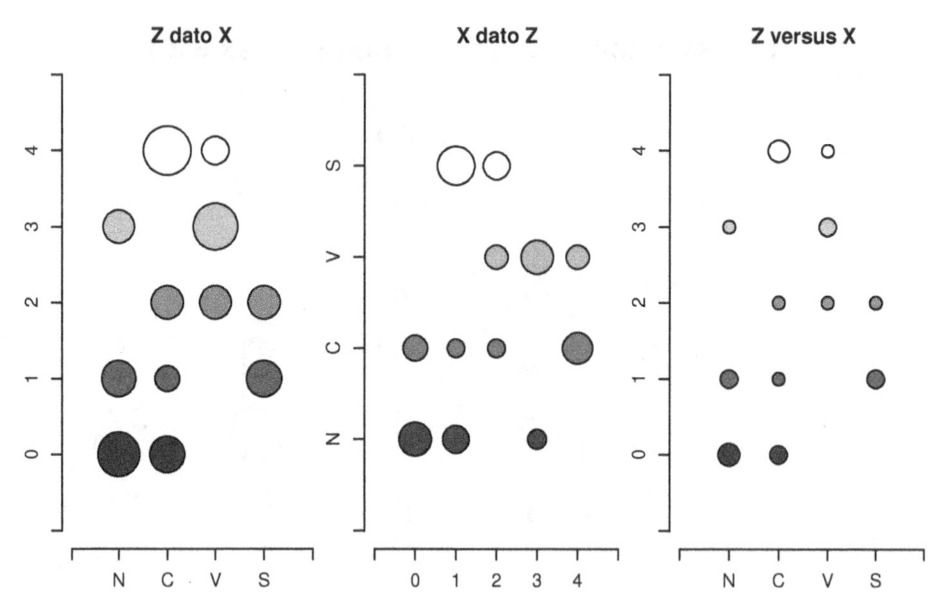

Figura 3.6 Rappresentazione grafica delle distribuzioni congiunte e condizionate dei fenomeni X e Z della Tabella 2.1. Da sinistra a destra: la distribuzione di $Z|X = x$, $X|Z = z$ e la congiunta (X, Y).

Cerchiamo ora di interpretare attraverso i dati reali cosa è accaduto e vediamo se ci possiamo ritenere soddisfatti delle conclusioni cui sono arrivate le indagini. La Tabella 3.4 non è esattamente quello che siamo abituati a vedere, si tratta infatti di una tabella a 4 vie, cioè una tabella in cui sono stati rilevati 4 caratteri: la classe del passeggero, il sesso, l'età e lo status (morto/sopravvissuto). La tabella è comunque di facile lettura: per esempio, in prima e seconda classe non ci sono state vittime tra i bambini, mentre in terza ve ne sono stati 35. Questo dataset è tristemente famoso ed incluso nella maggior parte dei sofware statistici. R lo include tra la miriade di dataset di cui dispone. Per richiamare il dataset si deve utilizzare il comando `data`. Se si scrive `data()` R ci mostrerà l'intera lista dei dataset disponibili nella versione base e nei pacchetti eventualmente installati, se invece si vuole richiamare un dataset specifico si deve specificare come argomento il nome del dataset. Nel nostro caso si tratta di `Titanic`. Lo carichiamo e poi ne esaminiamo la struttura

```
> data(Titanic)
> str(Titanic)
 table [1:4, 1:2, 1:2, 1:2] 0 0 35 0 0 0 17 0 118 154 ...
 - attr(*, "dimnames")=List of 4
  ..$ Class    : chr [1:4] "1st" "2nd" "3rd" "Crew"
  ..$ Sex      : chr [1:2] "Male" "Female"
  ..$ Age      : chr [1:2] "Child" "Adult"
  ..$ Survived: chr [1:2] "No" "Yes"
 - attr(*, "class")= chr "table"
```

Come si vede `Titanic` è una grossa tabella a 4 vie che raccoglie gli incroci delle

Classe	Sesso	Età	Morti	Sopravvissuti
1^a	Uomini	Bambini	0	5
		Adulti	118	57
	Donne	Bambini	0	1
		Adulti	4	140
2^a	Uomini	Bambini	0	11
		Adulti	154	14
	Donne	Bambini	0	13
		Adulti	13	80
3^a	Uomini	Bambini	35	13
		Adulti	387	75
	Donne	Bambini	17	14
		Adulti	89	76
Equipaggio	Uomini	Bambini	0	0
		Adulti	670	192
	Donne	Bambini	0	0
		Adulti	3	20

Tabella 3.4 Dati relativi al disastro del Titanic. Alcune fonti riportano un totale di 712 sopravvissuti: 712 sono stati i naufraghi raccolti dalla Carpathia, ma uno di loro morì lungo la rotta verso New York. Nella tabella qui sopra viene conteggiato tra i morti.

4 variabili classe di imbarco, sesso, età e la variabilie dicotomica sopravvissuto/morto. La Tabella 3.4 non si ottiene in modo naturale con R . Se chiediamo ad R di mostrare il contenuto di `Titanic` otteniamo quanto segue

```
> Titanic
, , Age = Child, Survived = No

      Sex
Class Male Female
  1st     0      0
  2nd     0      0
  3rd    35     17
  Crew    0      0

, , Age = Adult, Survived = No

      Sex
Class Male Female
  1st   118      4
  2nd   154     13
```

```
  3rd   387     89
  Crew  670      3

, , Age = Child, Survived = Yes

      Sex
Class Male Female
  1st     5      1
  2nd    11     13
  3rd    13     14
  Crew    0      0

, , Age = Adult, Survived = Yes

      Sex
Class Male Female
  1st    57    140
  2nd    14     80
  3rd    75     76
  Crew  192     20
```

La Tabella 3.4 può essere ottenuta tramite il comando `ftable` (flat table). Il comando `ftable` a volte può essere utile per visualizzare la struttura di tabelle complesse.

```
> ftable(Titanic)
                   Survived  No Yes
Class Sex    Age
1st   Male   Child            0   5
             Adult          118  57
      Female Child            0   1
             Adult            4 140
2nd   Male   Child            0  11
             Adult          154  14
      Female Child            0  13
             Adult           13  80
3rd   Male   Child           35  13
             Adult          387  75
      Female Child           17  14
             Adult           89  76
Crew  Male   Child            0   0
             Adult          670 192
      Female Child            0   0
             Adult            3  20
```

Tornando all'analisi dei dati del Titanic la prima cosa che possiamo chiederci è se l'adagio "prima le donne e i bambini" sia stato rispettato in questa tragica occasione. Possiamo costruire una nuova tabella in cui riportiamo i morti per sesso raccogliendo i bambini in un'unica categoria. Dalla Tabella 3.5 emerge come il 74% delle donne siano state salvate, mentre solo il 20% degli uomini ce l'ha fatta. In mezzo ci sono i bambini, con il 52% di sopravvissuti. Vediamo come sia possibile calcolare con R i dati della Tabella 3.5. Utilizzeremo la funzione `apply` che può risultare un poco ostica nella descrizione quando lo è molto meno nel suo utilizzo. Vediamone quindi subito un'applicazione ai nostri dati:

```
> apply(Titanic,c(2,3),sum)
        Age
Sex       Child Adult
  Male       64  1667
  Female     45   425
> apply(Titanic,c(2,3,4),sum)
, , Survived = No

        Age
Sex       Child Adult
  Male       35  1329
  Female     17   109

, , Survived = Yes

        Age
Sex       Child Adult
  Male       29   338
  Female     28   316
```

Nel primo output di `apply(Titanic,c(2,3),sum)` abbiamo ottenuto la distribuzione congiunta per sesso ed età degli imbarcati sul Titanic. La funzione `apply` *applica* ai dati `Titanic` la funzione `sum` limitatamente ai vettori che corrispondono agli elementi 2 e 3 della tabella a 4 vie. All'interno di `Titanic` gli elementi 2 e 3 sono rispettivamente `Sex` e `Age`, si veda in proposito il precedente output di `str(Titanic)`. Nell'output successivo la stessa tabella doppia viene ricalcolata effettuando la suddivisione per morti/sopravvissuti.

	Sopravvissuti %	**Totale imbarcati**
Bambini	52%	109
Donne	74%	425
Uomini	20%	1667
	32%	2201

Tabella 3.5 Distribuzione (relativa) dei morti per sesso. Come si vede il motto "prima le donne (74%) e i bambini (52%)" è stato rispettato.

Cosa possiamo dire dell'effetto della variabile "classe"? Osserviamo i dati della Tabella 3.6. Possiamo notare che le donne di terza classe hanno un tasso[1] di sopravvivenza che è il 41% più elevato di quello degli uomini di prima classe. Gli

[1]Più correttamente si dovrebbe parlare di "percentuale di sopravvissuti" e non di "tasso di

uomini di terza classe hanno invece un tasso di sopravvivenza che è pari al doppio di quello degli uomini di seconda classe. Come si vede quindi la variabile "classe" non sembra essere così direttamente legata alla percentuale di sopravvissuti. Sembrano invece avere molta più influenza il sesso e l'età sul tasso di sopravvivenza. Infatti, la maggior parte della disparità tra i tassi di sopravvivenza della prima e della terza classe sembra potersi attribuire al solo sesso. Perché accade questo? È abbastanza semplice capire che il problema è nel modo in cui sono distribuite le donne tra le classi: il 44% dei passeggeri di prima classe sono donne mentre solo il 23% dei passeggeri di terza lo sono. Quindi, poiché il tasso di sopravvivenza delle donne (74%) è più elevato di quello degli uomini (20%) ci si doveva aspettare un maggiore frequenza tra i sopravvissuti in prima classe (dove ci sono più donne) che in terza classe (dove la maggior parte degli imbarcati è di sesso maschile).

Categoria	**Sopravvissuti (%)**
Uomini, 2 Classe	8.33
Uomini, 3 Classe	16.23
Uomini, Equipaggio	22.27
Uomini, 1 Classe	32.57
Bambini, 3 Classe	34.17
Donne, 3 Classe	46.06
Donne, Equipaggio	86.02
Donne, 2 Classe	86.96
Donne, 1 Classe	97.22
Bambini, 1 Classe	100.00
Bambini, 2 Classe	100.00

Tabella 3.6 Tassi di sopravvivenza (o precentuali di sopravvissuti) per diverse categorie di imbarco.

In conclusione, quanto stiamo dicendo, è che la differenza nelle percentuali di sopravvivenza nella prima e terza classe sono dovute in realtà al sesso e all'età più che alla classe stessa, poiché le due variabili sesso ed età si distribuiscono diversamente all'interno delle tre classi. Si noti però che all'interno dei sottogruppi divisi per sesso (Uomini e Donne) sembra comunque essere presente un ordinamento per classe di imbarco. Vedremo più tardi se le argomentazioni fin qui sostenute, che costituiscono la sintesi di quanto contenuto nel rapporto Mersey, sono confermate dall'utilizzo dell'indice $\tilde{\chi}^2$. Prima però di utilizzare l'indice, riportiamo alcuni luoghi comuni sul disastro del Titanic:

- "Tra i sopravvissuti, il numero di bambini di terza classe è circa 4 volte quello dei bambini di prima" (Certo! Però in terza classe ne sono sopravvissuti il

sopravvivenza" ma, per comodità d'espressione, usiamo il termine tasso anche se in statistica il concetto di tasso è un concetto a se stante.

34.17% a fronte di un 100% di quelli di prima!)
- "Sopravvissero più uomini che donne" (Vero anche questo, ma in totale solo il 20% degli uomini se la cavarono a fronte di un 74% delle donne. Il fatto è che a bordo erano imbarcati più uomini che donne)
- "Gli uomini di seconda classe sopravvissero in numero doppio ai bambini di prima" (Sì! Solo che i bambini di prima classe sopravvissero tutti, mentre degli uomini di seconda classe ne restarono in vita l'8.33%)

```
> # Dipendenza dal sesso
> as.table(apply(Titanic,c(2,4),sum)) -> tabsex
> tabsex
        Survived
Sex         No Yes
  Male    1364 367
  Female   126 344
> summary(tabsex)$statistic/2201
[1] 0.2075757
> # Dipendenza dall'eta'
> as.table(apply(Titanic,c(3,4),sum)) -> tabage
> tabage
       Survived
Age        No Yes
  Child    52  57
  Adult  1438 654
> summary(tabage)$statistic/2201
[1] 0.009520902
> # Dipendenza dalla classe di imbarco
> as.table(apply(Titanic,c(1,4),sum)) -> tabclass
> tabclass
      Survived
Class   No Yes
  1st  122 203
  2nd  167 118
  3rd  528 178
  Crew 673 212
> summary(tabclass)$statistic/2201
[1] 0.08650663
> # Effetto della classe di imbarco senza l'equipaggio
> apply(Titanic,c(1,4),sum) -> tabclass
> tabclass <- as.table(tabclass[1:3,])
> tabclass
     Survived
Class  No Yes
  1st 122 203
  2nd 167 118
  3rd 528 178
> summary(tabclass)$statistic/sum(tabclass)
[1] 0.1011034
```

Dall'analisi di dipendenza appena svolta si può affermare che sembra esserci un effetto più marcato sulla percentuale di sopravvissuti se si considera il fattore sesso $\tilde{\chi}^2 = 0.21$. È chiaro che queste conclusioni sono opinabili per varie ragioni. Il fatto evidente è che comunque la maggior parte di perdite di vite umane tra i passeggeri si ebbe tra quelli di terza classe. Un ultimo quesito che ci si potrebbe porre è se vi è stata distinzione di trattamento tra i passeggeri e i membri dell'equipaggio, morti nel 76% dei casi e in valore assoluto in maggior numero (si veda la Figura 3.7 in proposito).

```
> as.table(apply(Titanic,c(1,4),sum)) -> tabclass
> t(tabclass)
        Class
Survived 1st 2nd 3rd Crew
     No  122 167 528  673
     Yes 203 118 178  212
> bubbleplot(tabclass,
+      main="Distribuzione dei sopravvissuti per classe")
```

Un veloce calcolo dell'indice $\tilde{\chi}^2$ mostra che tale valore è pari a 0.021

```
> apply(Titanic, c(1,4), sum) -> tab
> tab
      Survived
Class   No Yes
  1st  122 203
  2nd  167 118
  3rd  528 178
  Crew 673 212
> apply(tab[1:3,], 2, sum) -> tab1
> tab1
 No Yes
817 499
> as.table(rbind(tab1, tab[4,])) -> tab2
> tab2
      No Yes
tab1 817 499
     673 212
> summary(tab2)$statistic/2201
[1] 0.02143428
```

un valore non particolarmente elevato. Per concludere la vicenda del Titanic[2] ricordiamo che a bordo erano imbarcate 2201 persone, ma i mezzi di salvatag-

[2]Quando si dice il caso! Nel 1898, Morgan Robertson scrisse un racconto breve dal titolo "Futilità". Il racconto riguardava il "Titan", una nave, affondata a seguito della collisione di un iceberg con una grossa perdita di vita umane. Anche Titan era una nave Britannica salpata in Aprile, velocità massima di crociera 24-25 nodi con capacità di imbarco di 3000 passeggeri (come il Titanic) ma con a bordo solo 2000 persone. Anche il Titan, come il Titanic, aveva una lunghezza di 8-900 piedi ed una propulsione a tre motori. I tecnici dell'inchiesta imputarono all'eccessiva velocità di crociera del Titanic le cause reali della tragedia. Anche Robertson nel suo racconto adduceva questa come causa dell'affondamento del Titan.

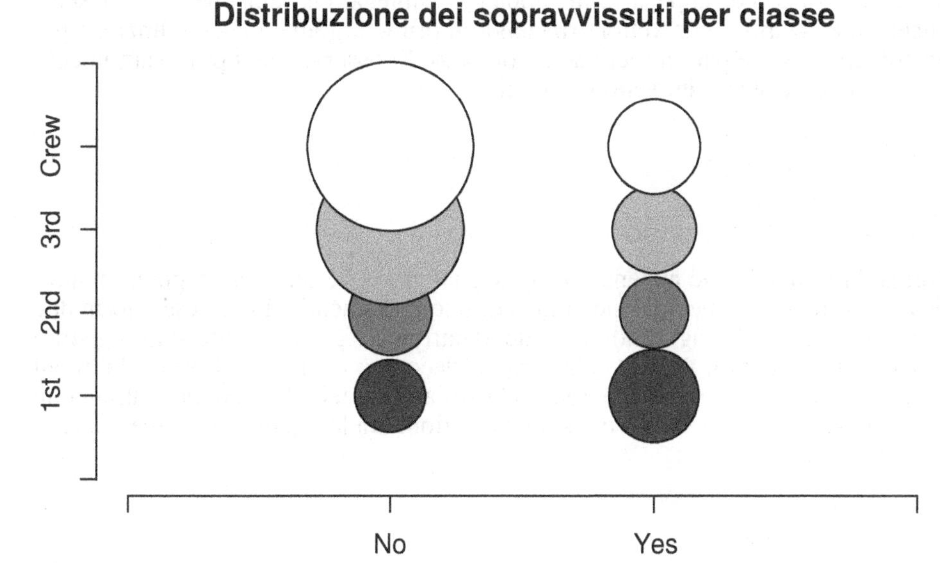

Figura 3.7 Distribuzione dei morti (No) e vivi (Yes) per classe di imbarco equipaggio compreso.

gio a disposizione, potevano *salvare* solo 1184 persone, cioè poco più della metà (54%)! Il Titanic era la seconda delle tre navi che sarebbero state varate dalla White Star Liners. La prima, varata nel 1910 si chiamava Olympic. A seguito del disastro venne riconvertita e furono aggiornati i sistemi di sicurezza provvedendo ad installare scialuppe di salvataggio per tutte le persone imbarcate. Requisita dalla Marina Brittanica nel 1915, venne impiegata in guerra mascherata (dipinta di bianco con una grossa croce rossa sul fianco) come nave ospedale. Famoso è l'affondamento da parte dell'Olympic del sommergibile tedesco U103. Nel 1935, a seguito di una collisione con un'altra imbarcazione, fece il suo ultimo viaggio verso Southampton in attesa della demolizione avvenuta nel 1937.

3.1.3 Il paradosso di Simpson (I)

Vediamo ora come la lettura delle tabelle di contingenza a volta nasconda pericolose insidie. Consideriamo il seguente insieme di dati costruito *ad hoc* per illlustrare il problema:

```
> x <- c( rep(TRUE,160), rep(FALSE,40), rep(TRUE,170),
+         rep(FALSE,30), rep(TRUE,15), rep(FALSE,85),
+         rep(TRUE,100), rep(FALSE,300))
> y <- c( rep("A",200), rep("B",200), rep("A",100),
+         rep("B",400))
> z <- c( rep(1,400), rep(2,500) )
> simpson <- data.frame( trattamento = y, decesso = x,
+                        ospedale = z )
```

Nelle linee di codice appena scritte abbiamo impiegato la funzione `rep` che semplicemente costruisce un vettore ripetendo il primo argomento della funzione per un numero di volte pari al secondo argomento. Si osservi che il primo argomento può essere esso stesso un vettore. Infatti,

```
> rep(1,6)
[1] 1 1 1 1 1 1
> rep(c(1,2),6)
 [1] 1 2 1 2 1 2 1 2 1 2 1 2
```

Tornando al dataframe appena creato, segnaliamo che quei dati rappresentano i risultati di una sperimentazione clinica di due trattamenti, A e B, eseguiti in due ospedali diversi. Per ogni individuo del dataframe `simpson` sono stati registrati il tipo di trattamento, l'esito della terapia (deceduto = `TRUE`) e l'ospedale in cui è stata effettuata la sperimentazione. Costruiamo le tabelle a doppia entrata con l'idea di verificare se esista o meno una relazione tra la terapia e la percentuale di soggetti curati.

```
> table(simpson)
, , ospedale = 1

           decesso
trattamento FALSE TRUE
          A    40  160
          B    30  170

, , ospedale = 2

           decesso
trattamento FALSE TRUE
          A    85   15
          B   300  100
```

Per comodità di lettura riportiamo i dati in Tabella 3.7.

```
> table(simpson) -> tab
> osp1 <- tab[,,1]
> osp1
           decesso
trattamento FALSE TRUE
          A    40  160
          B    30  170
> osp2 <- tab[,,2]
> osp2
           decesso
trattamento FALSE TRUE
          A    85   15
          B   300  100
> osp1[1,] <- osp1[1,]/sum(osp1[1,])
> osp1[2,] <- osp1[2,]/sum(osp1[2,])
> osp1 # tabella delle condizionate
```

Primo Ospedale

Trattamento / **Esito**	Deceduti	Sopravvissuti	Totali
A	160	40	200
B	170	30	200
	330	70	400

Secondo Ospedale

Trattamento / **Esito**	Deceduti	Sopravvissuti	Totali
A	15	85	100
B	100	300	400
	115	385	500

Tabella 3.7 Efficacia dei trattamenti A e B in due ospedali.

```
           decesso
trattamento FALSE TRUE
          A  0.20 0.80
          B  0.15 0.85
> osp2[1,] <- osp2[1,]/sum(osp2[1,])
> osp2[2,] <- osp2[2,]/sum(osp2[2,])
> osp2 # tabella delle condizionate
           decesso
trattamento FALSE TRUE
          A  0.85 0.15
          B  0.75 0.25
```

Guardando a questi dati emerge che il trattamento A sembra essere più efficace di quello B. Infatti, nel primo ospedale si osserva che le percentuali di individui che sono non deceduti è superiore per il trattamento A

$$\text{Trattamento A: } \frac{40}{200} = 20\% > \frac{30}{200} = 15\% : \text{Trattamento B}$$

e per il secondo ospedale in modo analogo

$$\text{Trattamento A: } \frac{85}{100} = 85\% > \frac{300}{400} = 75\% : \text{Trattamento B}$$

Proviamo invece a mettere assieme i risultati dei due ospedali

```
> table(simpson) -> tab
> apply(tab,c(1,2),sum)
           decesso
trattamento FALSE TRUE
          A   125  175
          B   330  270
```

Trattamento	Deceduti	Sopravvissuti	Totali
A	175	125	300
B	270	330	600
	445	455	900

Tabella 3.8 Efficacia dei trattamenti A e B a partire dai dati raggruppati.

```
> apply(table(simpson),c(1,2),sum) -> ritab
> prop.table(ritab,1)
           decesso
trattamento     FALSE      TRUE
          A 0.4166667 0.5833333
          B 0.5500000 0.4500000
```

La Tabella 3.8 mostra che 600 individui sono stati trattati con la terapia B e di questi bene 330 sono sopravvisuti, quindi

$$\text{Trattamento B: } \frac{330}{600} = 55\%$$

mentre delle 300 persone trattate con B, solo 125 risultano curati

$$\text{Trattamento A: } \frac{125}{300} = 42\% .$$

Come si vede ora sembra essere il trattamento B quello più efficace. Questo appare decisamente controintuitivo: se guardiamo ai dati generali osserviamo che B è preferibile ad A, mentre se ci limitiamo all'analisi separata per i due ospedali perveniamo a decisioni opposte. Questo effetto, che può destabilizzare le nostre convinzioni, è noto come **paradosso di Simpson**. In realtà quello che accade è che l'andamento generale del legame tra due fenomeni statistici può apparire alterato (addirittura può cambiare direzione) se ci limitiamo ad analizzarlo in sottogruppi per il semplice motivo che la composizione tra i sottogruppi è molto eterogenea oppure perché c'è un'altra variabile che interagisce con i sottogruppi.

Maschi:

Facoltà (posti)	Domande	Ammessi	% Ammessi
Economia (900)	950	814	86%
Lettere (100)	50	5	10%
	1000	819	81.9%

Femmine:

Facoltà (posti)	Domande	Ammesse	% Ammesse
Economia (900)	100	86	86%
Lettere (100)	900	95	11%
	1000	181	18.1%

Tabella 3.9 Distribuzione di invio delle domande suddivise in maschi e femmine.

3.1.4 Il paradosso di Simpson (II)

Vediamo ancora un esempio di inversione di direzione nel legame tra due variabili. Presso un grande ateneo americano si ebbe la seguente contestazione: di 1000 posti disponibili per le facoltà di Economia e Lettere, 819 studenti maschi ottennero l'ammissione a fronte di solo 181 studentesse. Le domande inviate erano però 1000 da parte di aspiranti maschi e 1000 da parte delle donne. Ci si chiede se vi sia stata discriminazione.

A ben vedere le domande erano suddivise in due gruppi omogenei: 50% maschi e 50% donne. Mentre gli ammessi sono stati 81.9% maschi e 18.1% donne. L'amministrazione sostenne che non fu così e per dimostrarlo spiegò che in realtà l'apparente discriminazione viene generata da un'aggregazione eccessiva dei dati. Infatti, se guardiamo alla Tabella 3.9 notiamo che maschi e femmine hanno inviato le loro domande in proporzioni diverse alle due facoltà. I maschi hanno scelto in maggioranza Economia mentre le femmine Lettere. Delle 950 domande inviate dai maschi l'86% di queste sono state accettate. La stessa percentuale si ha per le ragazze che hanno scelto Economia: delle 100 ragazze che hanno fatto domanda 86 di queste sono state ammesse. Analogamente per la facoltà di Lettere. Visto da questo punto di vista si può concludere che non vi sia stata discriminazione. Si imputa quindi ad una forma di *autoselezione* degli studenti la disparità nel numero di studenti ammessi. La morale è che nella lettura delle tabelle di contingenza si deve fare molta attenzione ad attribuire in modo automatico relazioni ed eventuali direzioni di queste relazioni. Questo tipo di analisi deve quindi essere accompagnato da altre strumenti di indagine non necessariamente di natura eclusivamente statistica.

3.2 Dipendenza in media

Quando uno dei due fenomeni è di tipo quantitativo si può utilizzare questa informazione per eseguire un'analisi più accurata di dipendenza. L'analisi che più correntemente viene utilizzata è quella della **dipendenza in media** che si basa, anziché sul confronto tra le distribuzioni condizionate di un fenomeno Y ai livelli x_i di X, sulla distanza delle medie di Y in ciascuna distribuzione condizionata a $X = x_i$. Si consideri il seguente esempio: è noto che i cuculi depositano le proprie uova in nidi di uccelli ospite. Questi uccelli ospite, se "ingannati" dal cuculo, portano a termine la covata. È evidente che il cuculo riesce ad ingannare solo gli uccelli ospite che hanno uova per dimensione, colore e forma simile a quelle del cuculo stesso. Accade però che in alcuni territori i cuculi preferiscano, per esempio, gli scriccioli, in altri i pettirossi. Poiché questi due tipi di uccelli hanno uova di lunghezza diversa, ci si deve aspettare che anche le uova dei cuculi nei diversi territori abbiano lunghezza diversa pur trattandosi dello stesso uccello: il cuculo. Se così avviene siamo in presenza di un evidente effetto di selezione naturale per buona pace di Darwin. I dati che riportiamo sono il risultato della misurazione delle uova di cuculo depositate nei nidi di scricciolo e di pettirosso

```
> scricciolo <- c(19.85, 20.05, 20.25, 20.85, 20.85, 20.85,
+                 21.05, 21.05, 21.05, 21.25, 21.45, 22.05,
+                 22.05, 22.05, 22.25)
> pettirosso <- c(21.05, 21.85, 22.05, 22.05, 22.05, 22.25,
+                 22.45, 22.45, 22.65, 23.05, 23.05, 23.05,
+                 23.05, 23.05, 23.25, 23.85)
> boxplot(scricciolo,pettirosso, names=c("scricciolo",
+         "pettirosso"))
> summary(scricciolo)
   Min. 1st Qu.  Median    Mean 3rd Qu.    Max.
  19.85   20.85   21.05   21.13   21.75   22.25
> summary(pettirosso)
   Min. 1st Qu.  Median    Mean 3rd Qu.    Max.
  21.05   22.05   22.55   22.58   23.05   23.85
```

La Figura 3.8 riporta i boxplot per i due insiemi di dati. Come si nota la distribuzione della lunghezza delle uova di pettirosso è tutta spostata verso destra (alto). Chiamiamo Y la variabile che rappresenta la lunghezza delle uova e indichiamo con X il tipo di uccello ospite. Osserviamo allora che $\mu_y(x = 1) = 21.13$ (scricciolo) mentre $\mu_y(x = 2) = 22.58$ (pettirosso), per contro le variabilità nei due gruppi è molto simile

```
> sqrt(sigma2(scricciolo))
[1] 0.718517
> sqrt(sigma2(pettirosso))
[1] 0.6628537
```

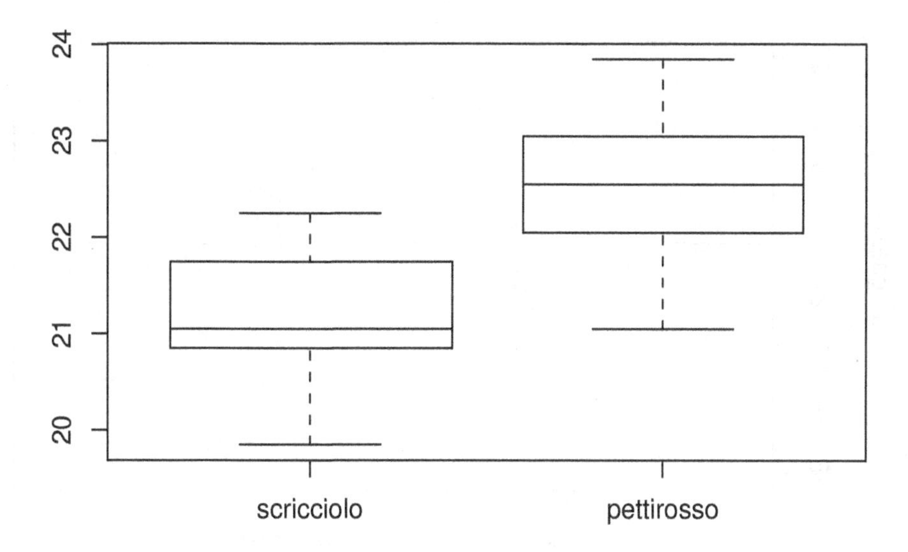

Figura 3.8 Boxplot della distribuzione della lunghezza delle uova di cuculo depositate nei nidi di due uccelli ospite: i pettirossi e gli scriccioli. Misure in millimetri.

e la differenza tra le medie è consistente poiché è circa il doppio dello scarto quadratico medio dei singoli gruppi:

```
> 22.58 - 21.13
[1] 1.45
```

Il grafico in Figura 3.9 riporta le distribuzioni dei due insiemi di lunghezze assieme alle medie di gruppo e alla media generale ottenuto con i seguenti comandi

```
> lunghezza <- c(scricciolo, pettirosso)
> plot(rep(1,length(scricciolo)),scricciolo,xaxt="n",
+      xlim=c(0,3),ylim=c(18,25),xlab="",ylab="lunghezza")
> axis(1,c(1,2),c("scricciolo","pettirosso"))
> points(rep(2,length(pettirosso)),pettirosso)
> abline(h=mean(lunghezza))
> points(1,mean(scricciolo),pch=4, cex=4, lwd=1.5)
> points(2,mean(pettirosso),pch=4, cex=4, lwd=1.5)
```

Per valutare l'entità di tali differenze si utilizza un indice basato proprio sulla distanza delle medie dalla media generale. Per arrivare alla formulazione dell'indice si deve introdurre qualche notazione. Abbiamo già indicato con $\mu_y(x_i)$ la media di Y nel sottogruppo per cui si ha $X = x_i$. In modo analogo si indica con $\sigma^2_y(x_i)$ la varianza all'interno di quel sottogruppo di numerosità $n_{i.}$. La varianza di Y, σ^2_y si può riscrivere in termini delle varianze e delle medie dei gruppi. Indicando con

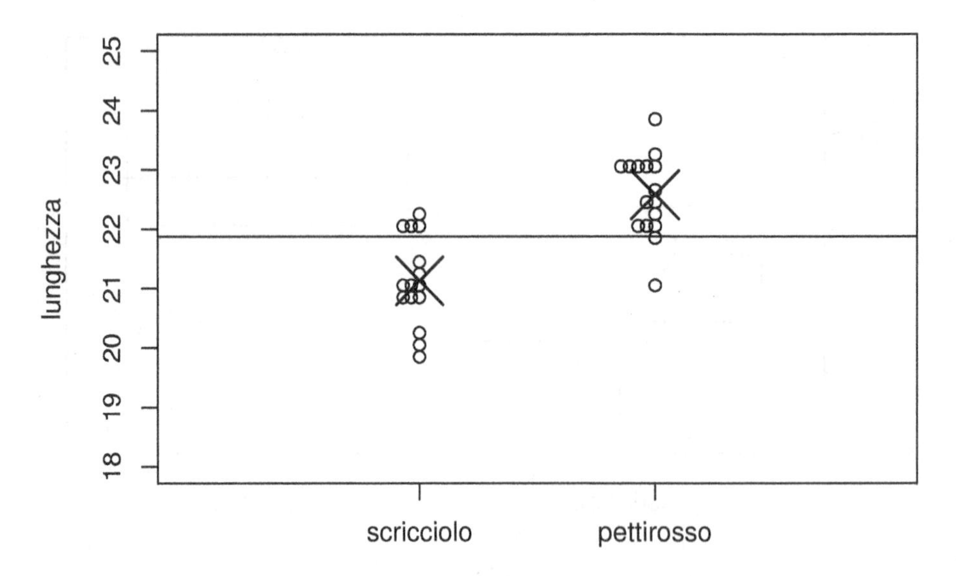

Figura 3.9 Distribuzione della lunghezza delle uova di cuculo depositate nei nidi di due uccelli ospite: i pettirossi e gli scriccioli. Medie di gruppo "×" e media generale (linea continua). Misure in millimetri.

μ_y la media di Y si ha, ed è semplice dimostrarlo, che

$$\begin{aligned}\sigma_y^2 &= \frac{1}{n}\sum_{i=1}^{h}(\mu_y(x_i) - \mu_y)^2 n_{i.} + \frac{1}{n}\sum_{i=1}^{h}\sigma_y^2(x_i)n_{i.}\\ &= \sigma_{\bar{y}}^2 + \mu_{\sigma_y^2(x)}.\end{aligned}$$

Come si vede, se le medie condizionate fossero tutte uguali tra loro e quindi alla media generale, si osseverebbe un'assenza di dipendenza di Y dai sottogruppi $X = x_i$, ovvero l'appartenenza ad un particolare sottogruppo generato da X non influenza il valor medio di Y. Se invece fossero tutte le varianze condizionate ad essere uguali tra loro, tutta la variabilità di Y sarebbe spiegata in termini di differenza tra le medie e la loro media generale. Sulla base di tali considerazioni viene proposto l'indice di **dipendenza in media**, dovuto ancora una volta a Pearson, e definito come segue

$$\eta_{y|x}^2 = \frac{\sigma_{\bar{y}}^2}{\sigma_y^2}\,.$$

Quindi $\eta_{y|x}^2$ si annulla in caso di assenza di dipendenza in media e vale 1 quando tutte le varianze condizionate sono nulle. Quest'ultimo caso si verifica solo quando in ogni sottogruppo $X = x_i$ c'è un solo valore di Y e tali valori di Y sono non tutti uguali tra loro, altrimenti $\eta_{y|x}^2$ diventa la forma indeterminata $0/0$. Abbiamo costruito la funzione `eta` per il calcolo dell'omonimo indice nel Codice 3.11.

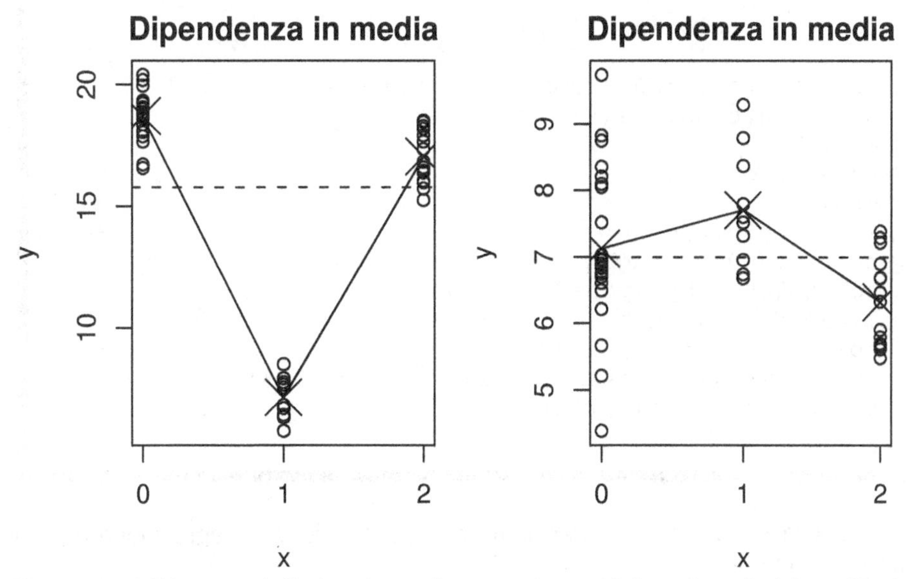

Figura 3.10 Disegno della funzione di regressione. Nel grafico di sinistra l'indice η^2 assume valore elevato in quello di sinistra no.

L'unica particolarità è l'utilizzo della funzione `by` che si occupa di eseguire una particolare funzione, nel nostro caso la media, su un vettore suddividendolo per gruppi. Nel vettore `my` memorizziamo le medie per gruppo e in quello `ny` le numerosità dei gruppi. Il calcolo dell'indice η^2 segue in modo naturale. La funzione `eta` non verifica se la variabile Y in input sia di tipo numerico.
In modo simmetrico si può definire l'indice $\eta^2_{x|y}$ ammesso però che anche X sia una variabile di tipo numerico. Calcoliamo ora il valore di $\eta^2_{y|x}$ per i dati dei cuculi.

```
> ospite <- c(rep(1,length(scricciolo)),
+             rep(2,length(pettirosso)))
> eta(ospite,lunghezza)
[1] 0.5224852
```

che è un valore, anche se di poco, superiore a 0.5. L'esempio che segue calcola e disegna (Figura 3.10) la **funzione di regressione** (cioè la spezzata che congiunge i punti del grafico rappresentati dalle medie dei gruppi) in due casi di elevata dipendenza in media e sostanziale indipendenza.

```
> x <- c(rep(1,10),rep(0,23), rep(2,15))
> y <- c(rnorm(10,mean=7),rnorm(23,mean=19),
+        rnorm(15,mean=17))
> eta(x,y)
[1] 0.957145
> y <- c(rnorm(10,mean=8),rnorm(23,mean=7),
+        rnorm(15,mean=6.5))
```

```
eta <- function(x,y){

  plot(x,y,axes=FALSE,main="Dipendenza in media")
  dt <- sort(unique(x))
  axis(2)
  axis(1, dt, dt)
  box()
  my <- by(y,x,mean)
  ny <- by(y,x,length)
  points(dt , my, pch=4, cex=3)
  lines(dt, my, pch=4, cex=3)
  abline(h=mean(y),lty=2)
  sm <-sum( (my - mean(y))^2*ny )/length(y)
  sm/mean((y-mean(y))^2)
}
```

Codice 3.11 Comandi per il tracciamento della funzione di regressione e per il calcolo dell'indice $\eta^2_{y|x}$.

```
> eta(x,y)
[1] 0.2116974
>
```

La funzione `rnorm` genera[3] una sequenza di numeri (casuali) centrati attorno al valore `mean`. In un caso abbiamo generato gruppi di dati con medie molto diverse, nel secondo con medie molto simili.

Ancora sul Titanic e le altre storie Prendiamo ancora una volta i dati del Titanic. Possiamo pensare ad Y come la variabile che vale 1 per ogni individuo morto e 0 per ogni individuo sopravvissuto. Quindi, la media di X non è altro che la proporzione di individui morti nel disastro del Titanic $\bar{y}_n = 1490/2201 = 0.68$. Possiamo analizzare la media di Y nei sottogruppi formati dale classi di imbarco (passeggeri di prima, seconda, terza ed equipaggio)

```
> t(as.table(apply(Titanic,c(1,4),sum))) -> tabclass
> tabclass
        Class
Survived 1st 2nd 3rd Crew
     No  122 167 528  673
     Yes 203 118 178  212
> tabclass[1,]/(tabclass[1,]+tabclass[2,]) -> reg
> reg
      1st       2nd       3rd      Crew
0.3753846 0.5859649 0.7478754 0.7604520
```

[3]La generazione di numeri casuali viene trattata in dettaglio nel Capitolo 4.

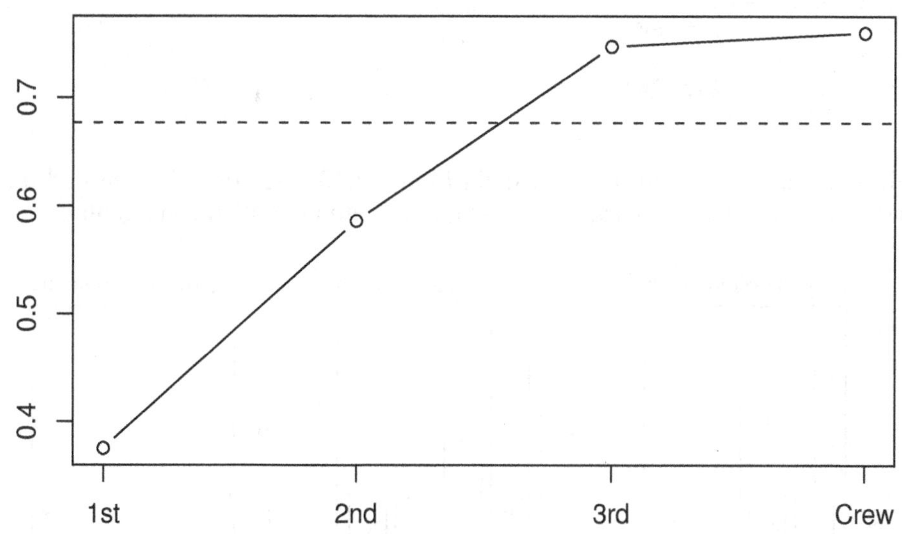

Figura 3.12 Percentuale di morti nel disastro del Titanic al variare della tipologia di imbarco. La linea orizzontale tratteggiata rappresenta la percentuale di morti generale.

Quindi le tre medie sono $\mu_y(x = 1) = 0.37$, $\mu_y(x = 2) = 0.59$, $\mu_y(x = 3) = 0.75$, $\mu_y(x = E) = 0.76$ con notazione ovvia. Possiamo quindi rappresentare su un grafico (Figura 3.12) tali medie

```
> plot(reg,axes=FALSE,type="b")
> abline(h=1490/2201, lty=2)
> axis(1,1:length(reg),names(reg))
> axis(2)
> box()
```

Il grafico della Figura 3.12 mette bene in evidenza la distanza che c'è tra la percentuale di morti generale e quella delle singole tipologie di imbarco. Calcoliamo direttamente il valore dell'indice

```
> n  <- sum(tabclass)
> md <- 1490/n
> sy <- md*(1-md)
> nx <- apply(tabclass,2,sum)
> sm <- sum( (reg-md)^2 * nx) / n
> sm/sy
[1] 0.08650663
```

cioè $\eta^2_{y|x} = 0.086$ un valore sufficientemente basso da indurci a pensare ad una sostanziale non dipendenza della variabile "morte" (Y) dalla classe di imbarco (X). Concludiamo la sezione calcolando l'indice η^2 per i dati della Tabella 2.1.

```
> eta(dati$X,dati$W)
[1] 0.01446442
> eta(dati$Y,dati$W)
[1] 0.05075049
> eta(dati$Z,dati$W)
[1] 0.1342489
```

Vale la pena di osservare i grafici della Figura 3.13. Se condizioniamo ad un fenomeno qualitativo R disegna i boxplot, altrimenti un grafico con i punti.

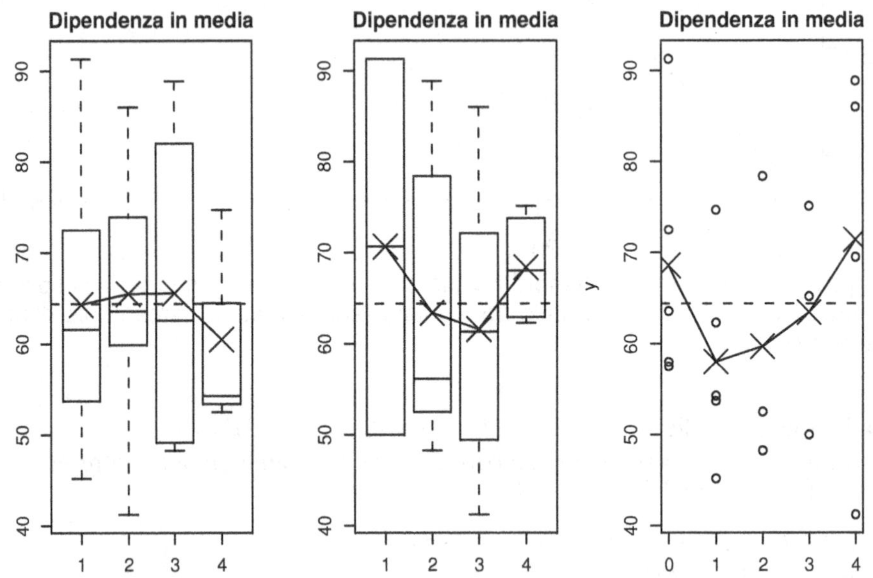

Figura 3.13 Disegno della funzione di regressione nel caso dei dati della Tabella 2.1. Sono rappresentati di grafici di W condizionatamente a X, Y e Z. Si noti che R disegna un boxplot quando i dati sono di tipo qualitativo (X e Y) e dei punti se i dati sono di tipo numerico (Z). Gli indici valgono $\eta^2_{w|x} = 0.014$, $\eta^2_{w|y} = 0.051$, $\eta^2_{w|x} = 0.134$.

3.2.1 Analisi per gruppi

Molto spesso quando si hanno dati del tipo appena visto, ovvero in cui una delle variabili in gioco è di fatto una variabile di gruppo, è molto utile fare i confronti delle diverse analisi per gruppo. Per esempio, si può fare una serie di istogrammi, boxplot, calcolo di indici ecc. gruppo per gruppo. In R tutto questo è molto immediato e si ottiene con una chiamata alla funzione `by` come abbiamo incidentalmente fatto notare poco sopra quando abbiamo definito la funzione `eta`. La funzione `by` vuole come primo argomento il vettore di dati su cui eseguire l'eventuale analisi. Il secondo argomento è la variabile di stratificazione o di gruppo e il terzo argomento indica la funzione da utilizzare. Torniamo ai dati dei cuculi.

```
> by(lunghezza,ospite,mean)
INDICES: 1
[1] 21.13
------------------------------------------------------------
INDICES: 2
[1] 22.575
> sqrt(by(lunghezza,ospite,var))
INDICES: 1
[1] 0.7437357
------------------------------------------------------------
INDICES: 2
[1] 0.6845923
> par(mfrow=c(1,2))
> by(lunghezza,ospite,boxplot)
> par(mfrow=c(1,1))
```

Si noti che l'ultima chiamata comando `by` produce un output molto lungo che è stato omesso. Ovviamente si può sempre redirigere l'output di `by` in una variabile quando questo non interessa come nel caso dei grafici.

3.3 Analisi di regressione

L'analisi di dipendenza non prevede particolari assunzioni sulle tipologie dei caratteri impiegati dal momento che gli unici ingredienti utilizzati nel calcolo dell'indice di connessione $\tilde{\chi}^2$ sono le frequenze (n_{ij}, $n_{i.}$ e $n_{.j}$). Nel parlare di dipendenza in media abbiamo assunto che uno dei due caratteri sia di tipo quantitativo (per poterne calcolare media e varianza). Passiamo ora all'analisi congiunta di due fenomeni di tipo quantitativo (meglio se continui). Come prima cosa introduciamo un nuovo tipo di grafico, poi estendiamo il concetto di variabilità al caso di due variabili e infine studieremo un caso particolare di dipendenza: la relazione lineare.

3.3.1 I grafici di dispersione e la covarianza

Supponiamo di avere due fenomeni X ed Y di tipo quantitativo e di aver raccolto su n individui le coppie di valori (x_i, y_i). Abbiamo già visto come raccogliere i dati in tabelle di contingenza come per l'analisi di connessione. Se i dati sono di tipo quantitativo continuo, spesso ogni coppia compare con frequenza unitaria e si avrebbe quindi un'immensa tabella di contigenza (n righe per n colonne) piena di 0 ed 1. L'alternativa è quindi quella di presentare i dati uno di seguito all'altro (se n è piccolo) o meglio rappresentare i dati su grafico detto di **dispersione** che consiste semplicemente nel rappresentare le coppie di punti su di un piano euclideo. Si sceglie quale variabile mettere in ascissa e quale in ordinata ed una volta fissate le unità di misura sugli assi, si disegnano dei punti in corrispondenza delle coppie (x_i, y_i). Supponiamo di aver raccolto i seguenti dati

x_i	2	3	4	2	5	4	5	3	4	1
y_i	5	4	3	6	2	5	3	5	3	3

Scegliamo di porre la variabile X sull'asse delle ascisse e la Y sull'asse delle ordinate. Prendiamo la prima coppia di valori $(x_i, y_i) = (2, 5)$. In corrispondenza di $x = 2$ ed $y = 5$ tracciamo un punto. Si procede poi con le altre coppie di punti. Il risultato finale è la **nuvola di punti** che può essere ottenuto con il semplice comando `plot`.

```
> x <- c(2,3,4,2,5,4,5,3,4,1)
> y <- c(5,4,3,6,2,5,3,5,3,3)
> plot(x, y)
```

La Figura 3.14, decisamente più "rifinita", è stata invece ottenuta come segue

```
> x <- c(2,3,4,2,5,4,5,3,4,1)
> y <- c(5,4,3,6,2,5,3,5,3,3)
> plot(x, y, axes=FALSE)
> axis(1,c(mean(x),0:6),
+      c(expression(bar(x)),0:6))
> axis(2,c(mean(y),0,1,2,3,5,6),
+      c(expression(bar(y)),0,1,2,3,5,6))
> box()
> lines(c(2,2,0), c(0,5,5), lty=2)
> points(2,5, pch = 3, cex = 3, col = "red", lty=2)
> lines(c(3.3,3.3,0), c(0,3.9,3.9), lty=3)
> text(3.6, 3.9, expression((list(bar(x)[n],bar(y)[n]))))
> points(mean(x), mean(y), pch = 4, cex = 3, col = "red")
```

Nella precedente sequenza di comandi l'unica nuova funzione introdotta è `text`. Il comando `text` si occupa in modo ovvio di scrivere un testo su un grafico preesistente e i primi due parametri della funzione sono le coordinate (ascissa e ordinata) del punto in cui si vuole far comparire il testo. Tali coordinate sono espresse nelle rispettive unità di misura degli assi. Il terzo argomento è il testo che, nel caso specifico, è stato introdotto come `expression`. Per chi mastica un po' di TEX possiamo dire che `expression` è un modo versatile di introdurre notazione matematica non banale in un grafico di R . Ne riparleremo più avanti. Ricordiamo che il comando `points` si occupa di rappresentare dei simboli in corrispondenza di specificate coordinate (nel nostro caso un "+" in corrispondenza del punto (2,5) e un "×" in corrispondenza di $(\bar{x}_n \bar{y}_n)$).
Il grafico di dispersione è così chiamato perché è pensato con l'idea di verificare, graficamente, se le coppie di punti (e quindi i fenomeni statistici), presentano una qualche forma di regolarità ed in particolare, per vedere come i punti si disperdono attorno ad un particolare punto. Il punto di riferimento scelto è detto **baricentro** della nuvola dei punti e corrisponde al punto di coordinate $(\bar{x}_n, \bar{y}_n)$. Nel nostro esempio $\bar{x}_n = 3.3$ e $\bar{y}_n = 3.9$. Per dare una valutazione analitica di quanto si può osservare dal grafico si introduce un indice che serve a misurare la dispersione dei punti dal proprio centro, tale indice è la **covarianza**. Il nome dell'indice lascia

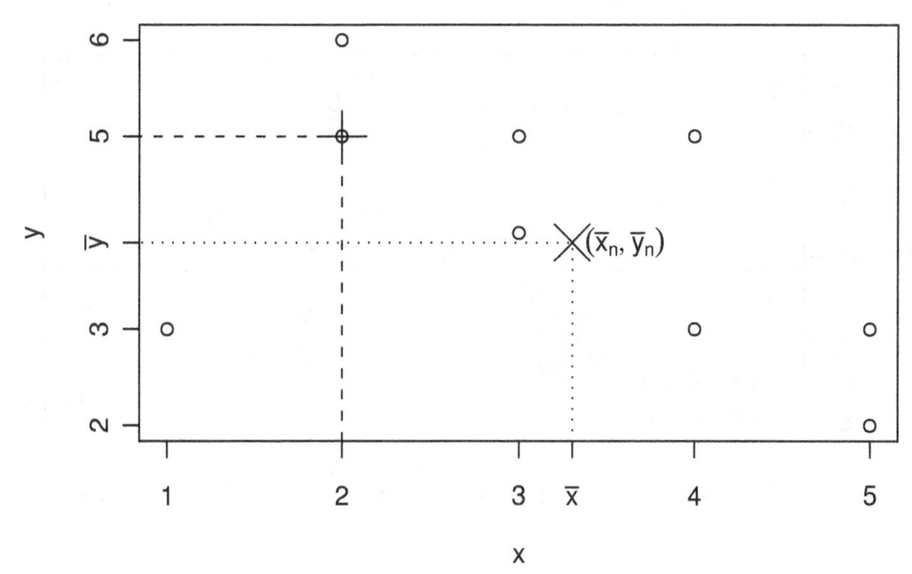

Figura 3.14 Esempio di grafico di dispersione. A titolo di esempio abbiamo segnato con il "+" il punto di coordinate $(x_i, y_i) = (2, 5)$ e con il simbolo "×" il *baricentro* della nuvola dei punti, cioè il punto di coordinate $(\bar{x}_n, \bar{y}_n) = (3.3, 3.9)$.

intuire che si tratta di un'estensione al caso di due fenomeni della varianza. La covarianza si basa sulla misura degli scarti delle x_i dalla propria media $(x_i - \bar{x}_n)$ e delle y_i dalla propria media $\bar{y}_n$, cioè: $y_i - \bar{y}_n$. La covarianza, al contrario della varianza, si occupa anche di misurare l'eventuale direzione del legame ovvero, se i due fenomeni si muovono nella stessa direzione o in direzioni opposte. In sintesi, quando X tende a crescere lo stesso accade anche per Y o invece questa tende a decrescere? Guardiamo ai punti della Figura 3.14. Quello che si vede è che quando X passa da 3 a 4 (cioè cresce) la Y decresce. Quindi, si può notare che la X ed la Y si muovono, tendenzialmente, in direzioni opposte. La covarianza segnala una concordanza (sia X che Y descrescono o crescono) con un segno "+" e una discordanza (quando X cresce Y descresce o viceversa) con il segno "-". L'indice è definito come segue

$$\sigma_{xy} = \mathrm{Cov}(X, Y) = \frac{1}{n}\sum_{i=1}^{n}(x_i - \bar{x}_n)(y_i - \bar{y}_n)$$

e si può riscrivere in forma equivalente come segue

$$\sigma_{xy} = \frac{1}{n}\sum_{i=1}^{n}(x_i \cdot y_i) - \bar{x}_n \cdot \bar{y}_n$$

formula molto meno dispendiosa in termini numerici. La Figura 3.15 mette in evidenza l'idea con cui è costruito l'indice quindi rimandiamo alla didascalia della

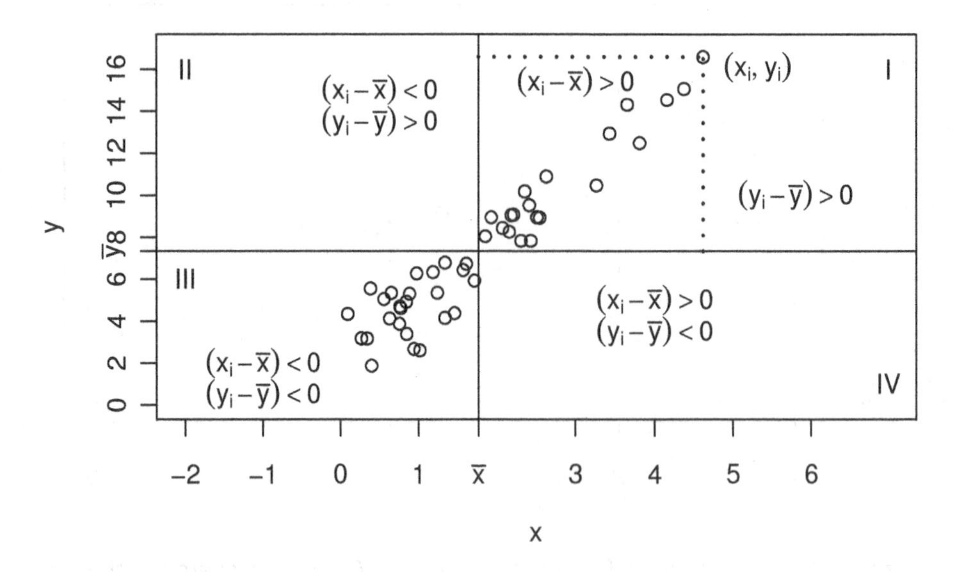

Figura 3.15 Sul grafico di dispersione abbiamo rappresentato le coppie di punti (x_i, y_i). Abbiamo quindi diviso il grafico in quattro quadranti tracciando le medie di X ed di Y. Quello che si nota è che per ogni coppia di punti del quadrante I si ha che $(x_i - \bar{x}) > 0$ e congiuntamente $(y_i - \bar{y}) > 0$. Il prodotto dei due termini $(x_i - \bar{x})(y_i - \bar{y})$ sarà quindi un valore positivo. Abbiamo evidenziato con un tratteggio quanto detto. Per il punti nel quadrante II osserviamo che $(x_i - \bar{x}) < 0$ mentre $(y_i - \bar{y}) > 0$ quindi il prodotto dei termini è negativo. Per il quandrante III entrambi i termini sono negativi quindi il prodotto è positivo. Infine, per i punti nel quadrante IV, si ha un termine positivo $(x_i - \bar{x})$ ed uno negativo $(y_i - \bar{y})$ e quindi ancora un prodotto negativo.

figura stessa per l'interpretazione della covarianza. Si noti che $\text{Cov}(X, X) = \sigma_{xx} = \sigma_x^2$. Dalla lettura del grafico di dispersione ci si rende facilmente conto di quale segno sarà la covarianza: positivo per i dati della Figura 3.15 e negativo per i dati della Figura 3.14. In R è già definita la funzione `cov` che però è costruita dividendo la sommatoria per $n-1$ anziché per n. Quindi scriviamo noi stessi (cfr. Codice 3.16) una funzione per il calcolo della covarianza che chiameremo `COV` (poiché in R `CiAO` e `cIaO` sono due nomi diversi). Per i nostri dati otteniamo

```
> COV(x,y)
[1] -0.77
> cov(x,y)
[1] -0.8555556
```

Come si vede quando n è piccolo, come in questo caso, si possono ottenere risultati differenti con le due formule. Quello che però emerge è che la covarianza assume segno negativo avvalorando l'ipotesi iniziale di relazione inversa tra le variabili. Resta il problema di come interpretare il valore di σ_{xy} che si risolve passando ad un indice relativo basato sulla seguente osservazione che riguarda le relazioni tra varianze e covarianza, infatti si può mostrare che

$$-\sigma_x \cdot \sigma_y \leq \sigma_{xy} \leq \sigma_x \cdot \sigma_y.$$

Il che vuol dire che possiamo costruire un indice relativo semplicemente divendo σ_{xy} per il prodotto degli scarti quadratici medi di X ed Y. L'indice così ottenuto assumerà valori tra -1 ed 1. Tale indice si chiama **coefficiente di correlazione** e si indica con ρ, la lettera "r" dell'alfabeto greco. Si ha dunque

$$\rho_{xy} = \frac{\sigma_{xy}}{\sigma_x \cdot \sigma_y} \qquad -1 \leq \rho_{xy} \leq 1$$

In particolare

$$\rho_{xy} = \begin{cases} 0, & \text{solo se } X \text{ ed } Y \text{ sono } \textbf{incorrelate} \\ 1, & \text{solo se } X \text{ ed } Y \text{ sono legate da una relazione lineare } \textbf{diretta} \\ -1, & \text{solo se } X \text{ ed } Y \text{ sono legate da una relazione lineare } \textbf{inversa} \end{cases}$$

Qui sopra viene espressamente citato il termine *relazione lineare*. In effetti, l'indice ρ è in grado di misurare se vi è o meno una relazione lineare tra X ed Y cioè se le coppie di valori (x_i, y_i) sono allineate lungo una retta del tipo $y_i = a + b \cdot x_i$. Quando tra X ed Y non si presenta una regolarità di quelle viste sinora (se X cresce allora Y cresce in modo proporzionale o viceversa) si rileva un'assenza di relazione lineare tra X ed Y e il valore dell'indice ρ è circa pari a 0. Quando siamo in questa condizione si dice che X ed Y sono *incorrelate*. Il comando R da utilizzare è `cor`.

```
COV <- function(x,y){
  sum(x*y)/length(x) - mean(x)*mean(y)
}

# definizione alternativa
# da utilizzare preferibilmente

COV <- function(x,y){
  cov(x,y)*(length(x)-1)/length(x)
}
```

Codice 3.16 Funzione per il calcolo della covarianza. Nella prima non vi è alcun controllo sulla conformità dei vettori x ed y mentre, nel secondo caso, il controllo viene effettuato dalla funzione interna di R `cov`.

Si noti che l'assenza di relazione lineare non implica che non siano presenti altri tipi di relazione. Consideriamo il seguente esempio

x_i	-2	-1	0	0	1	2
y_i	4	1	0	0	1	4

```
> x <- c(-2, -1, 0, 0, 1, 2)
> y <- c(4, 1, 0, 0, 1, 4)
> plot(x,y, main="parabola")
> cor(x,y)
[1] 0
```

quindi

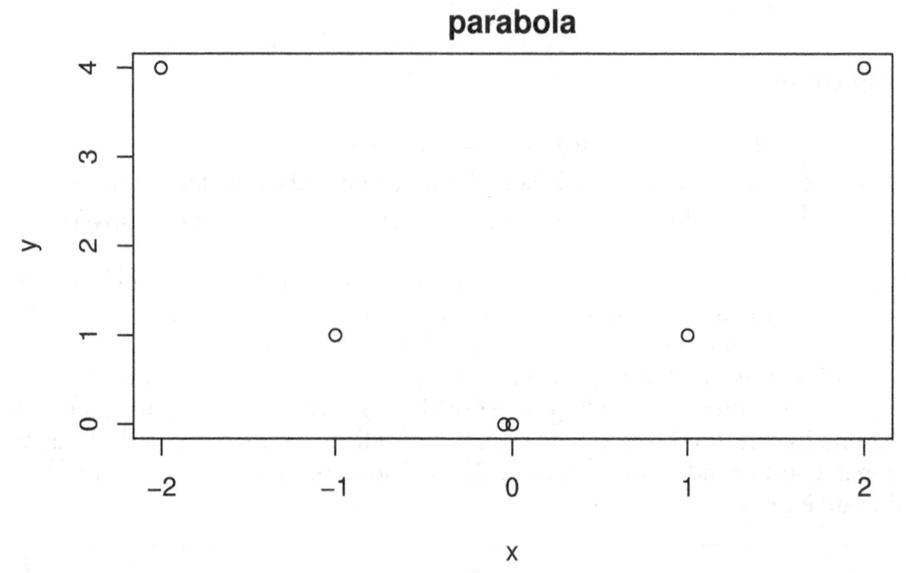

Figura 3.17 Controesempio: $\rho = 0$ ma $\tilde{\chi}^2 = 1$. C'è massima dipendenza di Y da X, infatti $Y = X^2$.

$$\rho_{xy} = \frac{1}{6}\sum_{i=1}^{6} x_i y_i - \bar{x}_n \bar{y}_n = \frac{0}{6} - 0 \cdot 0 = 0\,,$$

ovvero c'è assenza di relazione lineare tra X ed Y. Ed infatti la relazione è di tipo quadratico essendo $y_i = x_i^2$ (si osservi il grafico in Figura 3.17). Costruiamo la tabella a doppia entrata e calcoliamo l'indice di connessione per verificare che X ed Y non sono indipendenti

```
> table(x,y)
    y
x     0 1 4
  -2  0 0 1
  -1  0 1 0
  0   2 0 0
  1   0 1 0
  2   0 0 1
```

(x_i, y_i)	(x_i, y_i)	(x_i, y_i)	(x_i, y_i)	(x_i, y_i)
(11 , 28)	(6,14)	(29 , 95)	(8 , 21)	(24 , 58)
(9 , 12)	(28 , 63)	(18 , 54)	(3 , 1)	(17 , 42)
(21 , 67)	(12 , 30)	(9 , 28)	(6 ,18)	(9, 34)
(4 , 2)	(22, 64)	(23 , 67)	(28 , 80)	(27 , 65)
(5 , 20)	(5 , 19)	(17 , 68)	(27 , 75)	(12 , 33)
(27 , 77)	(20 , 59)	(23 , 60)	(6 ,17)	(13 , 55)

Tabella 3.10 Rilevazione statistica di n = 30 coppie di valori (x_i, y_i) per le variabili X = *età* ed Y = *peso*.

e quindi calcoliamo il valore di χ^2 che risulta essere pari a

```
> summary(table(x,y))
Number of cases in table: 6
Number of factors: 2
Test for independence of all factors:
        Chisq = 12, df = 8, p-value = 0.1512
        Chi-squared approximation may be incorrect
```

cioè $\chi^2 = 12$ ma la costante di normalizzazione di χ^2 è proprio 12, quindi $\tilde{\chi}^2 = 1$.

3.3.2 La retta di regressione

Ricordiamo che mentre l'indipendenza è una relazione simmetrica, la dipendenza non lo è. L'analisi che stiamo per condurre riguarda un particolare tipo di relazione tra una variabile X ed una Y: quella lineare. Metteremo anche in risalto l'asimmetria di tale relazione.

Se abbiamo rilevato X ed Y su n individui della popolazione avremo a disposizione n coppie di numeri (x_i, y_i), $i = 1, \dots, n$ (che, per semplicità, supponiamo distinti) come quelli riportati nella Tabella 3.10. Abbiamo già visto che possiamo rappresentare graficamente queste coppie di numeri in un grafico di dispersione ponendo la variabile X in ascissa ed Y in ordinata, così come mostra la Figura 3.18. Dal grafico di dispersione ci aspettiamo un valore positivo per la covarianza e quindi per ρ. Quello che ci chiediamo ora è se esiste una qualche relazione funzionale tra la variabile X e la variabile Y del tipo $Y = f(X)$. Dalla figura si può notare che al crescere dei valori di X crescono, tendenzialmente, anche i valori di Y. Questa relazione di proporzionalità ricorda quella della retta di equazione $Y = f(X) = a + b \cdot X$ e, a meno di una certa variabilità intrinseca in essi, i dati sembrano proprio disporsi su una retta crescente ed uscente dall'origine. Cerchiamo allora di vedere quali siano i valori di a e b che rendono la retta $Y = a + b \cdot X$ la più vicina alle coppie dei punti di coordinate (x_i, y_i). Cerchiamo dunque una retta che passi più o meno vicino a tutti i punti. I punti della eventuale retta $Y = a + b \cdot X$ sono le coppie di punti $(x_i, a + b \cdot x_i)$ che, per comodità, indichiamo con (x_i, y_i^*). Gli y_i^* sono i valori, che chiameremo d'ora in avanti,

teorici o *previsti* che la variabile Y dovrebbe assumere quando la X assume il valore x_i se il vero modello, cioè la vera relazione tra X ed Y, fosse quello ipotizzato: $Y = a + b \cdot X$. Il coefficiente di correlazione ρ_{xy} misura appunto quanto bene i dati sono allineati lungo una tale retta. Quando abbiamo introdotto l'indice abbiamo detto che il suo valore è pari a 1 se i dati sono *esattamente* allineati lungo una retta crescente e vale -1 in caso contrario (la retta è descrescente). A parte il valore 0 che indica incorrelazione, tutti gli altri valori tra -1 e 0 e tra 0 ed 1 sono in generale difficilmente interpretabili. Come regola empirica si può assumere che valori da 0.85 ad 1 (rispettivamente da -1 a -0.85) fanno sospettare di una relazione lineare di tipo diretto (rispettivamente inverso), negli altri casi si sospende il giudizio.

Ricordiamo che quando $\rho_{xy} = 0$ ciò non esclude che X ed Y non possano essere legate da altre relazioni come per esempio $Y = \log(x) + \sin\left(x^3\right)$ o altre mostruosità del genere. Inoltre, un valore non nullo di ρ non implica che vi sia una relazione funzionale tra X ed Y ma solo che i due fenomeni variano in modo concorde (segno "+") o discorde (segno "-").

```
> x <- c(11,8,28,17,9,4,28,5,12,23,6,24,18,21,6,22,
+        27,17,27,6,29,9,3,12,9,23,5,27,20,13)
> y <- c(28,21,63,42,28,2,80,19,33,60,14,58,54,67,
+        18,64,65,68,77, 17,95,12,1,30,34,67,20,75,59,55)
> plot(x,y)
> cor(x,y)
[1] 0.9458805
```

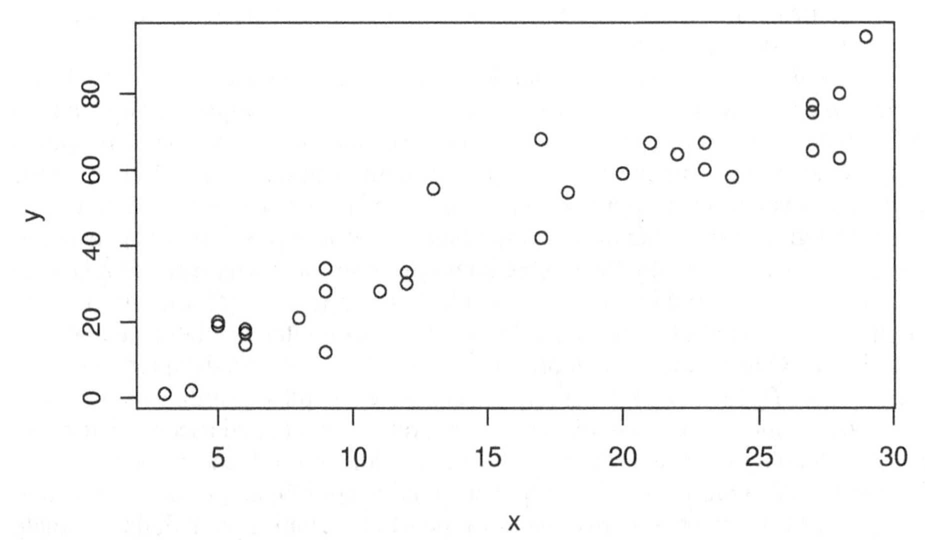

Figura 3.18 Rappresentazione delle coppie di punti (x_i, y_i) sul piano cartesiano relativi alla Tabella 3.10.

Il coefficiente di correlazione ρ, nel caso dei punti considerati, assume il valore 0.95, un valore dunque molto elevato che giustifica l'obiettivo della ricerca della retta **interpolante** i nostri dati. Ma in che termini cerchiamo "la retta migliore" passante per i punti (x_i, y_i)? Se y_i sono i punti effettivamente osservati e y_i^* quelli che dovremmo aspettarci dal modello $Y = a + b\,X$, allora le quantità $y_i - y_i^*$, $|y_i - y_i^*|$, $(y_i - y_i^*)^2$ sono tutti indicatori della *distanza* tra i punti osservati e quelli teorici. Per motivi di ordine analitico è conveniente scegliere la distanza detta *quadratica*, cioè $(y_i - y_i^*)^2$ un po' come abbiamo fatto quando abbiamo definito la varianza. Ne consegue che la distanza totale tra tutte le coppie di punti è data dalla funzione

$$\sum_{i=1}^{n}(y_i - y_i^*)^2 = \sum_{i=1}^{n}(y_i - (a + b \cdot x_i))^2 = g(a, b)\,.$$

Questa funzione dipende solo dalle quantità a e b dato che le coppie di valori x_i ed y_i sono state osservate, cioè sono dei numeri e non più delle variabili. Il nostro scopo è quello di determinare i valori di a e b che rendono minima la funzione $g(a, b)$. È molto semplice far vedere che i coefficienti a e b della retta di regressione che stiamo cercando sono i seguenti

$$b = \frac{\sigma_{xy}}{\sigma_x^2} \qquad a = \bar{y} - b \cdot \bar{x}$$

In R esiste una funzione molto versatile per la stima dei parametri di un modello di regressione lineare (cioè dei coefficienti della retta di regressione) e si tratta del comando `lm` dove "l" ed "m" sono le iniziali di linear model. Spesso in statistica si indica un modello del tipo

$$Y = a + bX$$

con la notazione

$$Y \sim a + bX$$

R rispetta questa convenzione per specificare i modelli: il comando da utilizzare è semplicemente `lm(y~x)` dove, se la tastiera non prevede un tasto apposito, il simbolo $\sim$ si inserisce tramite tastiera digitando la sequenza di tasti `alt 1 2 6`. Otteniamo dunque quanto segue

```
> lm(y~x)

Call:
lm(formula = y ~ x)

Coefficients:
(Intercept)            x
      0.349        2.805
```

dove `Intercept` è il valore dell'intercetta a della retta di regressione e il numero sotto ad `x` è il coefficiente angolare b della stessa retta. Nel nostro esempio quindi, la retta di regressione assume la forma

$$Y = 0.349 + 2.805 \cdot X.$$

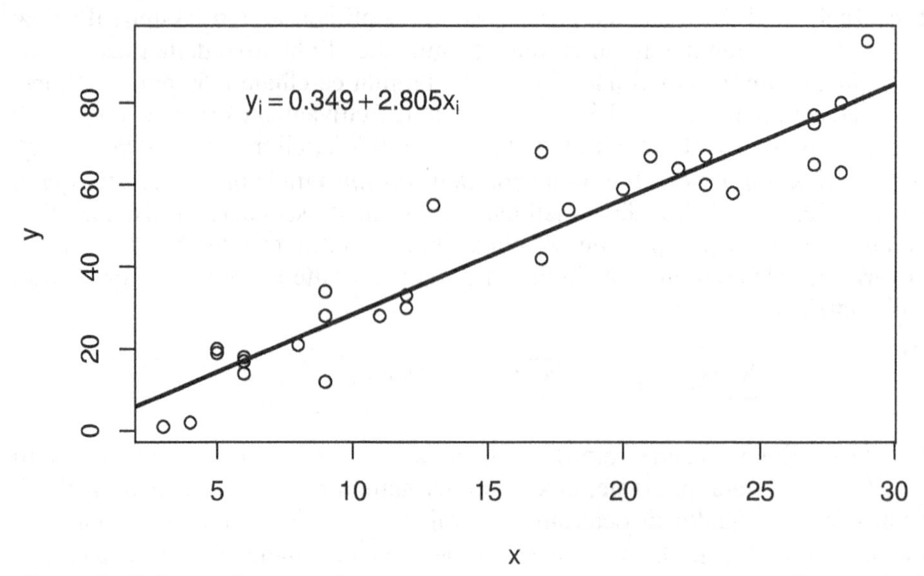

Figura 3.19 Retta di regressione $y^* = 0.349 + 2.805\,x$ sovrapposta alle coppie di punti (x_i, y_i) della Tabella 3.10 ottenuta con il comando `abline(lm(y~x))`.

Possiamo ora tracciare tale retta sul grafico utilizzando il comando `abline` passando `lm(y~x)` come argomento. Quindi

```
> lm(y~x) -> model
> plot(x,y)
> abline(model, col="red", lwd=2)
> text(10, 80, expression(y[i]==0.349 + 2.805*x[i]))
```

In questo modo R disegna in rosso la retta di regressione come si vede in Figura 3.19 in cui abbiamo aggiunto anche l'equazione della retta di regressione. Si noti che sia il coefficiente di correlazione che quello della retta dei minimi quadrati dipendono dalla covarianza σ_{xy}, infatti

$$\rho = \frac{\sigma_{xy}}{\sigma_x \cdot \sigma_y} \qquad b = \frac{\sigma_{xy}}{\sigma_x^2}\,.$$

Essendo le quantità al denominatore sempre positive, è evidente che il segno del coefficiente di correlazione e quello del coefficiente della retta dei minimi quadrati sono identici. Se c'è relazione diretta tra X ed Y allora anche la retta dei minimi quadrati dovrà avere inclinazione positiva e viceversa. Inoltre, se il coefficiente di correlazione è nullo questo accade perché è σ_{xy} ad essere nulla e quindi anche $b = 0$, ovvero le Y teoriche sono tutte pari ad $a = \bar{y}$ qualsiasi sia il valore di X, ciò sta ad indicare una sostanziale non dipendenza lineare tra le due variabili. Si veda l'esempio alla fine della precedente sezione e si tenga presente il concetto di dipendenza in media.

3.3.3 Previsioni

Una volta in possesso della formula della retta di regressione siamo in grado di descrivere la relazione lineare tra le due variabili e quindi disponiamo di un modello interpretativo per il fenomeno nel suo complesso. Se riteniamo attendibile il modello, tramite la retta di regressione[4] sappiamo calcolare quali valori assume Y in corrispondenza di ogni valore di X, cioè siamo in grado di fare *previsioni* o ricostruire i valori mancanti per Y.

Per come è stato costruito, il modello basato sulla retta dei minimi quadrati fornisce risultati attendibili solo per i valori di X compresi nell'intervallo $(x_{\min}, x_{\max})$, cioè tra il valore minimo e massimo dei dati per cui abbiamo calcolato il modello. Se ci spingiamo con la previsione sotto $x_{\min}$ o sopra $x_{\max}$ il metodo dei minimi quadrati non ci fornisce alcuna sicurezza sulla attendibilità dei valori y^* che determiniamo. Prendiamo l'esempio appena svolto, l'intervallo di valori accettabili è $(x_{\min}, x_{\max}) = (3, 29)$. Se prendiamo un valore di X negativo (età negativa?) otteniamo un valore di Y negativo (peso negativo?) entrambi valori privi di alcuna utilità. E ancora, se prendiamo X molto grande, per esempio $X = 50$ *anni*, otteniamo un valore di Y pari a $y_{50} = 0.349 + 2.805 \cdot 50 \simeq 141$ *chilogrammi*, e ancora per $X = 70$, $y_{70} \simeq 197$ valori decisamente poco credibili poiché è sensato supporre che esista un limite fisico al peso di un individuo della specie umana. Ovviamente non è necessario eseguire manualmente i conti appena visti. Per la previsione dei modelli, e non solo quello di regressione, esiste una funzione apposita in R chiamata `predict`. Nel caso specifico della regressione, la funzione necessita di due parametri: il modello e la nuova matrice dei dati. Anche se se si tratta di un solo numero, la funzione `predict` necessita in input un oggetto di tipo `data.frame`. Per esempio, per ottenere i valori della retta di regressione in corrispondenza di $x = 50$ e $x = 70$ scriveremo

```
> predict(model, data.frame(x=50))
[1] 140.5974
> predict(model, data.frame(x=70))
[1] 196.6967
> predict(model, data.frame(x=c(50,70)))
       1        2
140.5974 196.6967
```

quindi, come si vede, anche uno scalare deve essere convertito in `data.frame`. Se vogliamo calcolare i valori della retta y_i^* in corrispondenza dei dati campionari, basterà scrivere

```
> predict(model, data.frame(x))
        1         2         3         4         5
31.203651 22.788749 78.888097 48.033455 25.593716
        6         7         8         9        10
```

[4]L'analisi di regressione deve il suo nome ai primi studi di questo tipo condotti da Galton. Lo studioso era interessato a prevedere l'altezza di alcuni individui primogeniti in relazione a quella dei propri padri. Sulla base di un cospicuo campione, Galton determinò che padri alti generavano in media figli più bassi e padri bassi figli più alti concludendo che l'altezza media *regrediva* di padre in figlio. E a ben pensarci se non fosse così saremmo ora tutti esseri giganti o microscopici!

```
11.568879 78.888097 14.373847 34.008618 64.863260
       11        12        13        14        15
17.178814 67.668227 50.838423 59.253325 17.178814
       16        17        18        19        20
62.058292 76.083129 48.033455 76.083129 17.178814
       21        22        23        24        25
81.693064 25.593716  8.763912 34.008618 25.593716
       26        27        28        29        30
64.863260 14.373847 76.083129 56.448358 36.813586
```

Questa procedura può apparire un poco macchinosa, ma in realtà risulta del tutto naturale quando si tratta con grosse moli di dati e più variabili contemporaneamente come vedremo nel Paragrafo 5.7.

Chiudiamo il paragrafo sottolineando che la retta di regressione passa sempre per il baricentro della nuvola di punti, ovvero il punto di coordinate $(\bar{x}, \bar{y})$. Infatti, se pensiamo alla formula del termine noto della retta di regressione: $a = \bar{y} - b\bar{x}$, si ricava direttamente che $\bar{y} = a + b\bar{x}$ e dunque che il punto $(\bar{x}, \bar{y})$ è un punto che si trova sulla retta di regressione.

3.3.4 Bontà di adattamento

Supponendo di dover fare un uso corretto del modello di regressione si può valutare in modo semplice e rapido se il modello così costruito è un *buon* modello *applicato* ai nostri dati. Sappiamo che, per costruzione, la retta dei minimi quadrati è sicuramente la migliore che passa per i punti su cui è calcolata ma possiamo ulteriormente verificare se i nostri dati sono ben spiegati da questo modello o, viceversa, se il nostro modello è un buon modello per i nostri dati. Come strumento interpretativo utilizziamo i **residui**, cioè gli scarti $e_i = y_i - y_i^*$. Ci dobbiamo aspettare che questi non siano troppo elevati (in termini dell'unità di misura di Y) e che ve ne siano un po' positivi ed un po' negativi ma senza troppa regolarità. La Figura 3.20 mostra i residui calcolati per il nostro modello. Per esempio, quando $x_i = 6 \Rightarrow y_i^* = 0.349 + 2.805 \cdot 6 = 17.179$ mentre i nostri dati contengono l'informazione $y_i = 14$. Quindi il residuo è pari a $e_i = y_i - y_i^* = 14 - 17.179 = -3.179$. La Figura 3.20 evidenzia un buon comportamento dei residui: ve ne sono alternativamente sopra e sotto lo zero e distribuiti in modo non sistematico. Situazioni in cui i residui con lo stesso segno si concentrano tutti in una zona oppure si ripetono in modo sistematico (come mostrato in Figura 3.21) sono indicatori di una distorsione indotta dal modello matematico della retta di regressione. In tal caso, benché la retta di regressione sia la migliore tra quelle passanti per i punti, è probabilmente un modello interpretativo sbagliato per i nostri dati. Questa analisi grafica dei residui è sempre consigliabile in prima battuta ma, al solito, vedremo come quantificarla con un opportuno indice.

Come ultima nota ricordiamo che mentre il coefficiente di correlazione lineare segnala solo il segno e l'intensità di una eventuale relazione lineare (bidirezionale) tra Y ed X, quando si studia la regressione, cioè si costruisce un modello at-

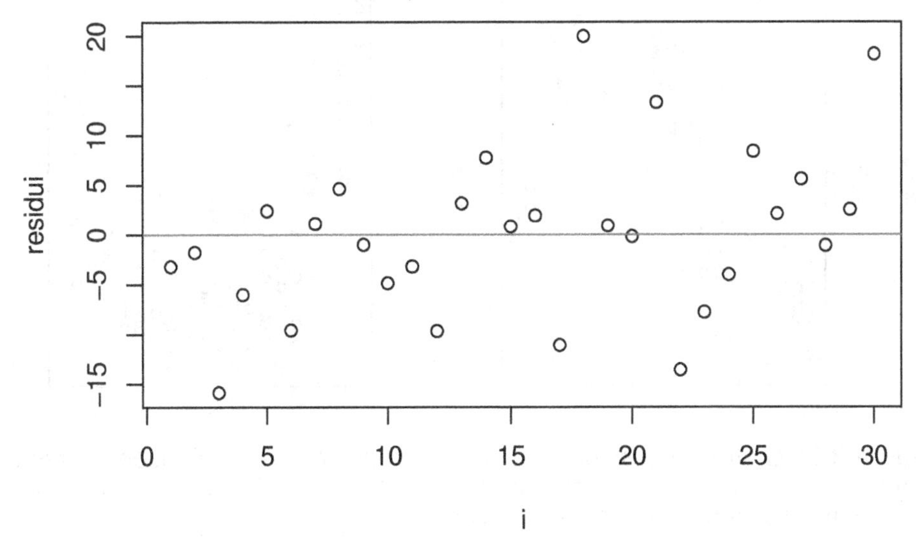

Figura 3.20 Grafico dei residui $e_i = y_i^* - y_i$ per i dati (x_i, y_i) della Tabella 3.10 e la retta di regressione $y^* = 0.349 + 2.805\,x$.

traverso la retta dei minimi quadrati, si sottointende implicitamente una relazione di *causalità* tra X ed Y[5].

Un altro tipico tranello dell'analisi di regressione è che il metodo non permette di stabilire se la relazione funzionale (di causa-effetto) che si sta studiando ha realmente significato. Un classico esempio che, dati alla mano, ognuno può verificare, è che la correlazione tra la crescita giornaliera dei capelli di un individuo e la deriva dei continenti, cioè lo scorrere delle placche terrestri sul fondo magmatico, è molto elevata. Si potrebbe quindi creare un modello per spiegare la deriva dei continenti scegliendo come X la crescita giornaliera dei capelli ed Y lo spostamento annuale delle placche continentali. Benché il modello sia palesemente privo di significato, il metodo dei minimi quadrati ci fornisce comunque una soluzione. Questo accade sempre purché si scelgano due grandezze sempre crescenti e/o decrescenti. Ricordiamo che la varianza di Y contiene i termini del tipo $(y_i - \bar{y})^2$. Aggiungendo e sottraendo i valori y_i^* otteniamo

$$(y_i - \bar{y} \pm y_i^*)^2 = ((y_i^* - \bar{y}) + (y_i - y_i^*))^2$$

[5]Deve essere ben chiaro che le relazioni $Y = f(X)$ e $X = f(Y)$ non sono la stessa relazionc poiché nel primo caso è X a determinare i valori di Y attraverso $f(\cdot)$ mentre nel secondo caso la relazione causale è esattamente opposta. Immaginiamo che X rappresenti la statura e Y il peso e che il coefficiente di correlazione sia molto prossimo ad 1. È lecito aspettarsi che il peso sia funzione della statura ($Y = f(X)$) ma è molto meno verosimile credere, o far credere, che sia la statura a dipendere dal peso ($X = f(Y)$).

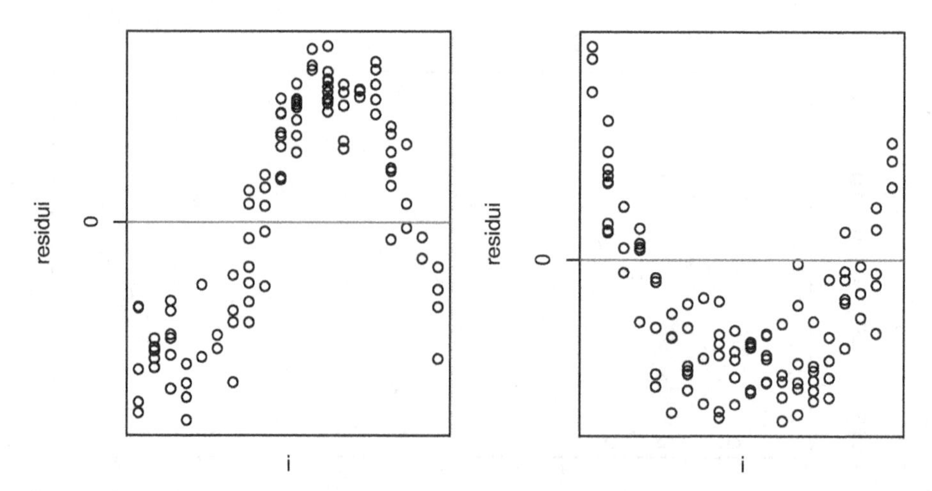

Figura 3.21 Grafici dei residui "sospetti": in quello di sinistra il modello prima sovrastima ($y_i^* > y_i$) e poi sottostima ($y_i^* < y_i$) i dati reali; nell'altro il modello sovrastima al centro e sottostima negli estremi.

ora, senza entrare nei dettagli, con alcuni passaggi algebrici si ricava che

$$\sigma_y^2 = \overline{\sigma}_y^2 + \sigma_e^2 \quad = \frac{1}{n}\sum_{i=1}^{n}(y_i^* - \bar{y})^2 + \frac{1}{n}\sum_{i=1}^{n}(y_i - y_i^*)^2$$

chiamate rispettivamente *varianza dovuta alla regressione* ($\overline{\sigma}_y^2$) e *varianza dei residui* (σ_e^2). Se il modello è un *buon* modello, la varianza di regressione dovrebbe essere il più elevata possibile in quanto, minimizzando la funzione $g(\cdot)$ non abbiamo fatto altro se non minimizzare la varianza dei residui. Ci aspettiamo quindi che sia prossimo ad 1 il valore

$$\frac{\overline{\sigma}_y^2}{\sigma_y^2} \simeq 1$$

e invece prossimo allo 0

$$\frac{\sigma_e^2}{\sigma_y^2} \simeq 0\,.$$

Dunque, l'indicatore da scegliere per misurare la bontà di adattamento (della retta di regressione ai dati) è

$$R^2 = 1 - \frac{\sigma_e^2}{\sigma_y^2}\,.$$

Tanto più è alto, tanto più ci riterremo soddisfatti del nostro modello. Si può mostrare che R^2 è pari proprio a ρ^2, cosa che fa risparmiare parecchi conti! Nel nostro esempio, se calcoliamo tutte le quantità $e_i = y_i - y_i^*$, la varianza dei residui risulta pari a

$$\sigma_e^2 = \frac{1}{n}\sum_{i=1}^{n}(y_i - y_i^*)^2 = 67.7$$

mentre $\sigma_y^2 = 19284.8/30 = 664.83$. In R si ottiene semplicemente attraverso

```
> predict(model,data.frame(x)) -> yy
> sum((yy-y)^2)/length(y)
[1] 67.69615
> var(y)*(length(y)-1)/length(y)
[1] 642.8267
```

Otteniamo dunque

$$R^2 = 1 - \frac{67.7}{664.83} = 0.8947 = \rho^2$$

un valore decisamente alto. La regola empirica vuole che valori di $\rho^2 > 0.7$ sia indice di un buon adattamento del modello ai dati[6]. Questi sono strumenti minimali di un'analisi di regressione e non è possibile immagine un software statistico che non proceda in modo automatico ad eseguire questi calcoli per noi. Infatti, l'output di `lm` è molto essenziale ma contiene invece molte altre informazioni. Per ottenere tali informazioni si deve utilizzare il comando `summary`.

```
> summary(model)

Call:
lm(formula = y ~ x)

Residuals:
     Min       1Q   Median       3Q      Max
-15.8881  -4.6496   0.3212   3.0091  19.9665

Coefficients:
            Estimate Std. Error t value Pr(>|t|)
(Intercept)   0.3490     3.2406   0.108    0.915
x             2.8050     0.1819  15.423 3.25e-15 ***
---
Signif. codes:  0 `***' 0.001 `**' 0.01 `*' 0.05
  `.' 0.1 ` ' 1

Residual standard error: 8.517 on 28 degrees of freedom
Multiple R-Squared: 0.8947,
Adjusted R-squared: 0.8909
F-statistic: 237.9 on 1 and 28 DF,  p-value: 3.247e-15
```

[6]Si noti che questa soglia è del tutto arbitraria e la sua attendibilità dipende dall'applicazione specifica che si sta considerando. Alcuni insiemi di dati possono condurre a valori di R^2 molto più bassi pur essendo propri di *buoni* modelli di regressione per il semplice fatto che la variabilità interna ai dati può essere molto elevata. Questo è generalmente il caso di dati biomedici.

Il coefficiente R^2 viene indicato da R con `Multiple R-Squared`. Il resto dell'output per ora non lo commentiamo ma ci riserviamo di farlo quando avremo in mano strumenti di calcolo delle probabilità ed inferenza statistica adeguati. Per ottenere un grafico dei residui si può applicare in comando `plot` all'output di `lm`, ovvero digitare `plot(model)` nel nostro caso. R riporta una sequenza di quattro grafici, il primo dei quali è quello dei residui. Gli altri grafici verranno commentati più avanti.

3.3.5 Effetto degli outlier sulla retta di regressione

Si consideri il seguente esempio: supponiamo di aver rilevato i dati su 4 aziende relativamente a due variabili X ed Y. Riportiamo i dati nella tabella sottostante e calcoliamo la relativa retta di regressione.

x_i	y_i
1	4
1	3
2	3
2	2

```
> x <- c(1,1,2,2)
> y <- c(4,3,3,2)
> cor(x,y)
[1] -0.7071068
> lm(y~x) -> model
> model

Call:
lm(formula = y ~ x)

Coefficients:
(Intercept)            x
        4.5         -1.0

> abline(model)
> summary(model)

Call:
lm(formula = y ~ x)

Residuals:
   1    2    3    4
 0.5 -0.5  0.5 -0.5

Coefficients:
            Estimate Std. Error t value Pr(>|t|)
(Intercept)   4.5000     1.1180   4.025   0.0565 .
```

```
x             -1.0000     0.7071  -1.414   0.2929
---
Signif. codes:  0 `***' 0.001 `**' 0.01 `*' 0.05
  `.' 0.1 ` ' 1

Residual standard error: 0.7071 on 2 degrees of freedom
Multiple R-Squared:   0.5,
Adjusted R-squared:  0.25
F-statistic:      2 on 1 and 2 DF,  p-value: 0.2929
```

Supponiamo ora di aggiungere un ulteriore dato ai 4 rilevati ottenendo la seguente tabella

x_i	y_i
1	4
1	3
2	3
2	2
8	8

ricalcoliamo tutto quanto ci serve per fare l'analisi di regressione

```
> x <- c(x,8)
> y <- c(y,8)
> cor(x,y)
[1] 0.9035227
> lm(y~x) -> model
> model

Call:
lm(formula = y ~ x)

Coefficients:
(Intercept)            x
     1.9885       0.7184

> abline(model)
> summary(model)

Call:
lm(formula = y ~ x)

Residuals:
      1       2       3       4       5
 1.2931  0.2931 -0.4253 -1.4253  0.2644

Coefficients:
            Estimate Std. Error t value Pr(>|t|)
```

```
(Intercept)    1.9885      0.7568   2.628   0.0785 .
x              0.7184      0.1967   3.652   0.0354 *
---
Signif. codes:  0 `***' 0.001 `**' 0.01 `*' 0.05
   `.' 0.1 ` ' 1

Residual standard error: 1.16 on 3 degrees of freedom
Multiple R-Squared: 0.8164,
Adjusted R-squared: 0.7551
F-statistic: 13.34 on 1 and 3 DF,  p-value: 0.03545
```

Prima di analizzare i grafici della Figura 3.22 osserviamo cosa è accaduto. L'aggiunta di un solo dato a quelli precedenti ha portato ad uno stravolgimento dei risultati. Il coefficiente di correlazione cambia di segno e addirittura assume un valore più elevato (passa da -0.71 a 0.9). Questo implica che le due rette di regressione avranno inclinazione diversa. Andiamo ora a vedere i grafici della Figura 3.22. Quello che si può notare è come il punto di coordinate (8,8), cioè il dato aggiunto, è di fatto un valore anomalo (un outlier) e l'effetto che ha sull'analisi di regressione è quello di spostare notevolmente la retta di regressione, come una sorta di attrattore. È chiaro che il modello determinato dopo l'aggiunta del punto (8,8) non ha alcuna validità interpretativa. Se avessimo osservato preventivamente il diagramma di dispersione ci saremmo accorti per tempo che quel punto non è rappresentativo del nostro fenomeno e quindi avremmo dovuto tenerne conto, per esempio, eliminandolo dall'analisi oppure, al contrario, quel valore anomalo può essere il dato più informativo per cui è invece corretto andare ad analizzare singolarmente la storia dell'individuo[7] che lo ha generato.

La morale di quanto detto è che è sempre meglio prima visualizzare i dati tramite il grafico di dispersione per poter valutare l'opportunità di eseguire un'analisi di regressione e/o, eventualmente, restringere l'analisi ad un sottoinsieme di osservazioni trattando gli outlier separatamente.

3.3.6 Cambiamenti di scala

Molto spesso però guardando il grafico dei dati rilevati ci si accorge che questi non si distribuiscono lungo una retta del tipo $Y = a + bX$.

Si considerino i dati della Tabella 3.11, ottenuti da un'indagine epidemiologica condotta a seguito della somministrazione di un nuovo tipo di vaccino ritenuto efficace nella cura del contagio da febbre tifoidea.

[7] È ben noto che l'ormai famoso VIAGRA non nasce come farmaco per l'aumento della virilità bensì come farmaco per il controllo della circolazione periferica. La sperimentazione su un gruppo di persone anziane di tale farmaco mostrò curiosi effetti collaterali tali da spingere i ricercatori verso più remunerative ricerche. Un altro esempio di outlier significativi riguarda gli studi sulle malattie infettive: è allo studio dei ricercatori un gruppo di donne, di una etnia africana ben definita, che non trasmette il virus HIV ai propri figli e in alcuni casi esse stesse non sviluppano l'AIDS. In questo caso l'anamnesi e lo studio dettagliato del sistema immunitario di queste donne potrebbe portare ad importanti risultati.

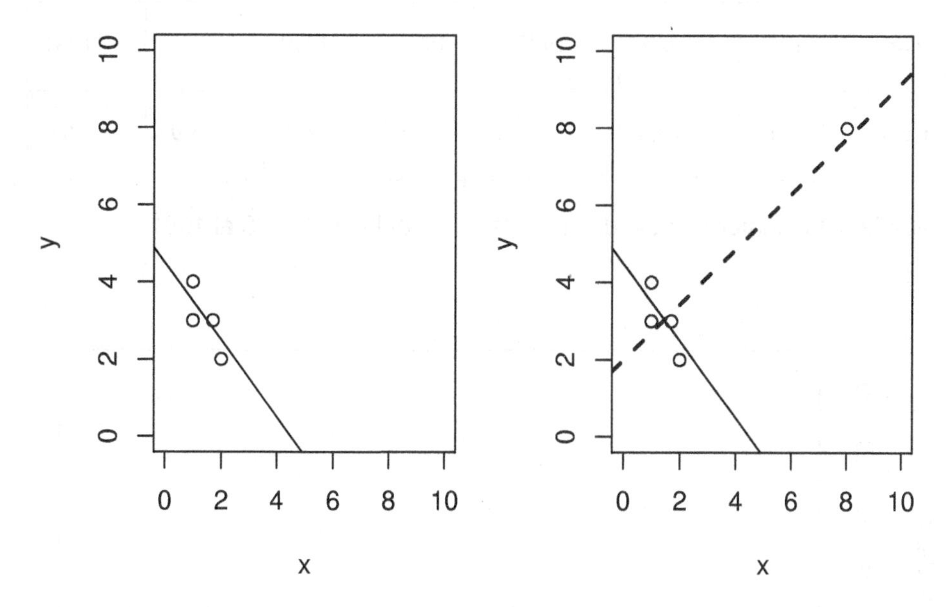

Figura 3.22 Aggiungendo un solo punto alla nuvola di punti del grafico di sinistra, la retta di regressione cambia inclinazione e il coefficiente di correlazione passa da -0.71 a + 0.9! Eppure è evidente che il punto che abbiamo aggiunto non ha nulla a che vedere con l'insieme di dati originario. Il punto di coordinate (8,8) è dunque un outlier che, come si vede, ha conseguenze disastrose sull'analisi di regressione. Ecco perché è sempre consigliabile visualizzare i dati in un diagramma di dispersione. La linea continua è la retta $y = 4.5 - x$ e quella tratteggiata è $y = 1.98 + 0.72x$.

```
> x <- c(75,76,77,78,79,80,81)
> y <- c(21,15.5,11.7,10.7,9.2,8.9,8)
> cor(x,y)
[1] -0.9124984
> plot(x,y,xlab="anni",ylab="incidenza")
> lm(y~x) -> model
> abline(model)
> model

Call:
lm(formula = y ~ x)

Coefficients:
(Intercept)            x
    164.521       -1.954

> plot(model)
```

Anno	1975	1976	1977	1978	1979	1980	1981
Casi	21	15.5	11.7	10.7	9.2	8.9	8

Tabella 3.11 Numero medio di casi di febbre tifoidea dal 1975 al 1981.

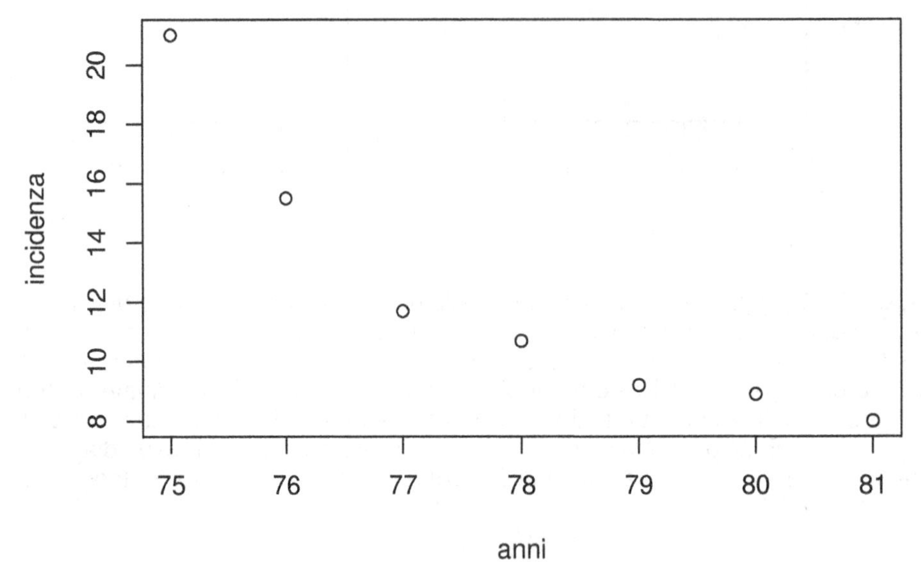

Figura 3.23 Andamento del numero di casi di febbre tifoidea (Y) negli anni 1975-1981 (X) . L'andamento non può considerarsi di tipo lineare.

Dalla Figura 3.23 appare evidente come l'eventuale relazione che lega Y ad X non possa essere di tipo lineare. Il calcolo del coefficiente di correlazione risulta però essere molto elevato: $\rho = -0.91$ indicando una forte correlazione negativa tra le variabili. Il grafico in effetti evidenzia che al crescere di X (cioè con il passare degli anni) decresce l'incidenza della febbre da tifo (Y). Effettuiamo comunque il calcolo dei coefficienti della retta di regressione ed otteniamo che $b = -1.95$ e $a = 164.5$. Tracciamo anche il grafico della retta di regressione e quello dei residui (cfr. Figura 3.24). L'andamento che lega Y ad X sembra più prossimo ad un andamento di tipo esponenziale negativo, cioè del tipo $Y = e^{-X}$. Se vogliamo ricondurci ad una forma funzionale di tipo lineare possiamo passare ai logaritmi naturali, cioè scrivere

$$\log(Y) = \log\left(e^{-X}\right) = -X$$

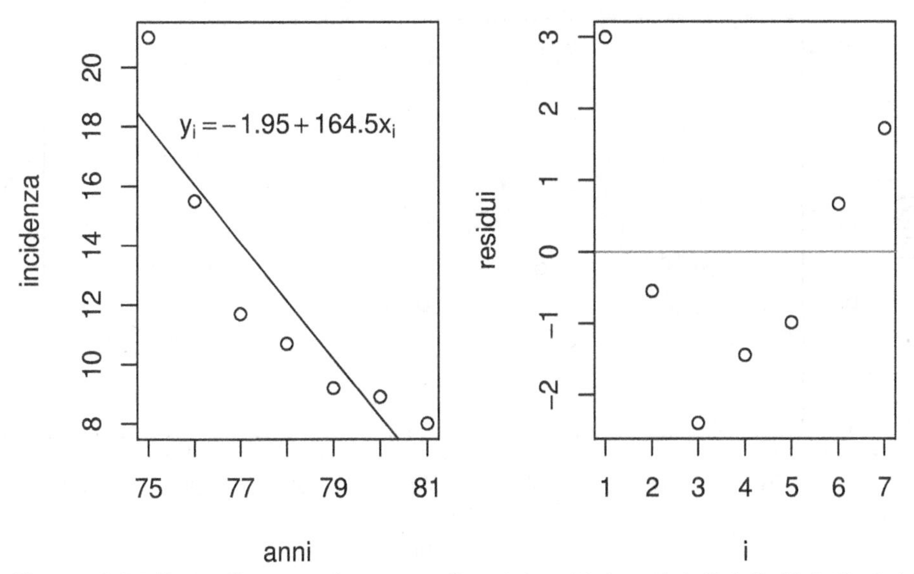

Figura 3.24 Retta di regressione e grafico dei residui per i dati della Tabella 3.11. Entrambi evidenziano un pessimo adattamento del modello ai dati.

e quindi pensare ad un modello di regressione lineare del tipo

$$\log(Y) = a + b\,X$$

trascurando il segno "-" che verrà incluso nei coefficienti a e b. Abbiamo semplicemente effettuato un **cambiamento di scala** sulla variabile Y (si confronti la Figura 3.25). Se calcoliamo la correlazione tra $\log(Y)$ ed X otteniamo un coefficiente di correlazione pari a -0.96 decisamente più elevato di quello tra X ed Y. Effettuiamo quindi il calcolo dei coefficienti della retta di regressione usando $\log(y_i)$ al posto di y_i ed otteniamo come soluzione

$$\log(Y) = -0.152X + 14.27\,.$$

Se vogliamo ottenere la funzione in termini di Y anziché di $\log(Y)$ basta passare all'esponenziale ed otteniamo

$$Y = e^{\log(Y)} = e^{-0.152X+14.27}$$

```
> cor(x,log(y))
[1] -0.9559023
> plot(x,log(y))
> lm(log(y)~x) -> model2
> abline(model2)
> model2
```

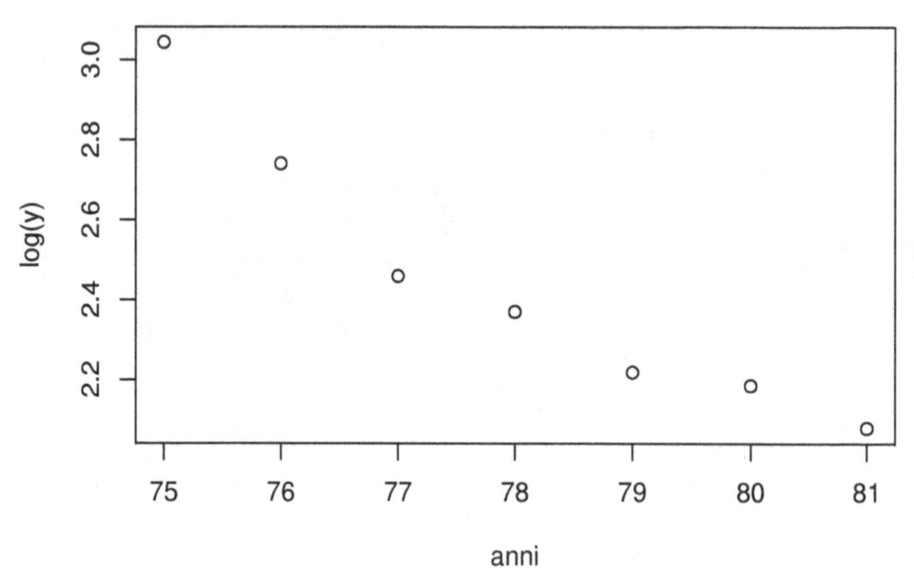

Figura 3.25 A seguito di un cambiamento di scala da Y a $\log(Y)$ i dati sembrano "stirarsi" lungo una retta.

```
Call:
lm(formula = log(y) ~ x)

Coefficients:
(Intercept)            x
    14.2688      -0.1516

> plot(model2)
```

Il modello è ulteriormente affinabile provando altre trasformazioni ma già così ha un elevato valore interpretativo. Supponiamo di voler fare una previsione del numero medio di casi di tifo per il 1985 utilizzando i due modelli otteniamo:

```
> predict(model,data.frame(x=85))
[1] -1.532143
> predict(model2,data.frame(x=85)) -> z
> z
[1] 1.381540
> exp(z)
[1] 3.981029
```

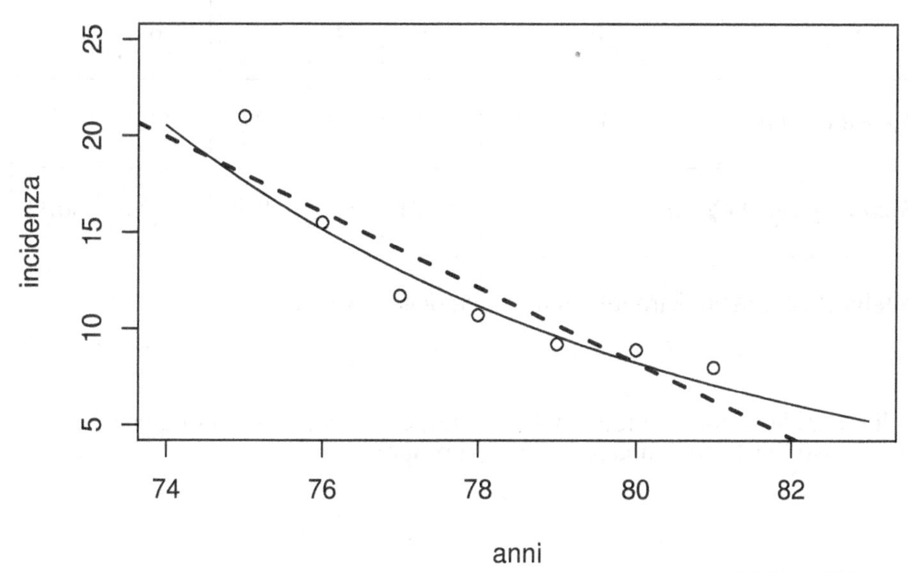

Figura 3.26 I dati (x_i, y_i) cui è stata sovrapposta la curva $y = e^{-0.152\,x+14.27}$ (linea continua) sembra essere migliore della retta di regressione $y = -1.95x + 164.5$ (linea tratteggiata).

$$y = -1.95x + 164.5 = -1.95 \cdot 85 + 164.5 \simeq -1.53 \qquad \left(\text{mod. lineare}\right)$$

$$y = e^{-0.152x+14.27} = e^{-0.152 \cdot 85+14.27} \simeq 3.98 \qquad \left(\text{mod. esponenziale}\right)$$

È evidente come il primo modello fallisca clamorosamente la previsione mentre il secondo offra un dato verosimile. In aggiunta a questo, mettiamo ancora una volta in evidenza che l'attendibilità del modello di regressione è sensibile al campo di valori su cui effettuiamo i nostri calcoli $(x_{\min}, x_{\max})$. Infine, la relazione cui giungiamo attraverso i nostri calcoli deve avere un significato rispetto ai dati per cui essa è stata determinata. Dal punto di vista epidemiologico, così come la diffusione di alcuni tipi di virus è di tipo esponenziale[8] è lecito aspettarsi che il regredire della diffusione di un'epidemia a seguito di un vaccino efficace avvenga con velocità anch'essa esponenziale. Quindi il secondo modello, in quest'ottica, appare più appropriato a descrivere il fenomeno in esame.

Analizziamo un altro caso non banale di regressione lineare. La Tabella 3.12 riporta i risultati di 7 prove di frenata relative ad altrettante velocità: vogliamo studiare la relazione tra le due variabili proponendo un modello interpretativo per spiegare lo spazio di frenata Y in relazione alla velocità X. Rappresentiamo i dati

[8]Le stesse osservazioni possono farsi per gli ormai famosi virus informatici.

Vettura	1	2	3	4	5	6	7
Velocità X (km/h)	33	49	65	33	79	49	93
Spazio di frenata Y (m)	5.3	14.5	21.21	6.5	38.45	11.23	50.42

Tabella 3.12 Spazio di frenata in funzione della velocità.

su di un grafico come in Figura 3.27 (in alto) e ci accorgiamo subito che anche in questo caso l'utilizzo di una retta non è appropriato.

```
> x <- c(33,49,65,33,79,49,93)
> y <- c(5.3,14.5,21.21,6.5,38.45,11.23,50.42)
> cor(x,y)
[1] 0.9795068
> plot(x,y)
> lm(y~x) -> model
> abline(model)
> model

Call:
lm(formula = y ~ x)

Coefficients:
(Intercept)            x
   -21.0869       0.7362
```

Pensiamo ad un altro tipo di relazione funzionale tra X ed Y. Un possibile modello esplicativo potrebbe essere il seguente:

$$+\sqrt{Y} = a + b \cdot X$$

e cioè

$$Y = (a + b \cdot X)^2$$

così come raccontano i test per la patente di guida! Proviamo quindi ad eseguire un'analisi di regressione utilizzando tale trasformata

```
> cor(x,sqrt(y))
[1] 0.993139
> plot(x,sqrt(y))
> lm(sqrt(y)~x) -> model2
> abline(model2)
> model2
```

```
Call:
lm(formula = sqrt(y) ~ x)

Coefficients:
(Intercept)            x
   -0.24934      0.07896
```

Come si vede il coefficiente di correlazione $\rho_{\sqrt{y}x}$ è molto elevato e così sarà per ρ^2. Non ci resta che disegnare la retta $z = -0.246 + 0.0789\,x$ oppure, sul grafico originario, la curva di equazione $y = (-0.246 + 0.0789\,x)^2$. Si veda a tal proposito la Figura 3.27 (in basso).

Passi di un'analisi di regressione

1. Decidere chi è la variabile dipendente (Y) e quale quella indipendente (X) nel modello $Y = a + b\,X$. Cioè chi dipende da cosa?
2. Rappresentare i dati su un grafico di dispersione: `plot(x,y)`
3. Se i dati non appaiono allineati, provare ad effettuare cambiamenti di scala.
4. Calcolare l'indice di correlazione ρ (`cor(x,y)`): se è troppo vicino a 0, non eseguire l'analisi.
5. Calcolare i coefficienti della retta di regressione: `lm(y~x)`.
6. Tracciare il grafico dei residui (`plot(lm(y~x))`): se compaiono evidenti regolarità il modello è sospetto.
7. Tracciare la retta di regressione (`abline(lm(y~x))`) e calcolare $R^2 = \rho^2$ (`summary(lm(y~x))`). Se R^2 è troppo basso verosimilmente il modello non è utilizzabile, provare a ripartire dal punto 3.
8. Utilizzare con cautela il modello per le previsioni.

3.4 Dalla regressione lineare a quella non parametrica

Si consideri il seguente modello di regressione del tipo

$$y = \theta_0 + \theta_1 e^{-x/\theta_2}\,.$$

Tale modello è chiaramente non lineare nei parametri ed in più non è possibile trovare una trasformazione opportuna per linearizzarlo. In R un tale modello può fortunatamente essere stimato tramite la funzione `nls` dell'omonima libreria (che non trattiamo). Si tratta comunque di un modello parametrico dove la struttura del legame tra X ed Y è ben definita da chi fa l'analisi dei dati e può essere riscritto in forma generale come segue

$$y = f(x; \theta_1, \theta_2, \ldots)\,.$$

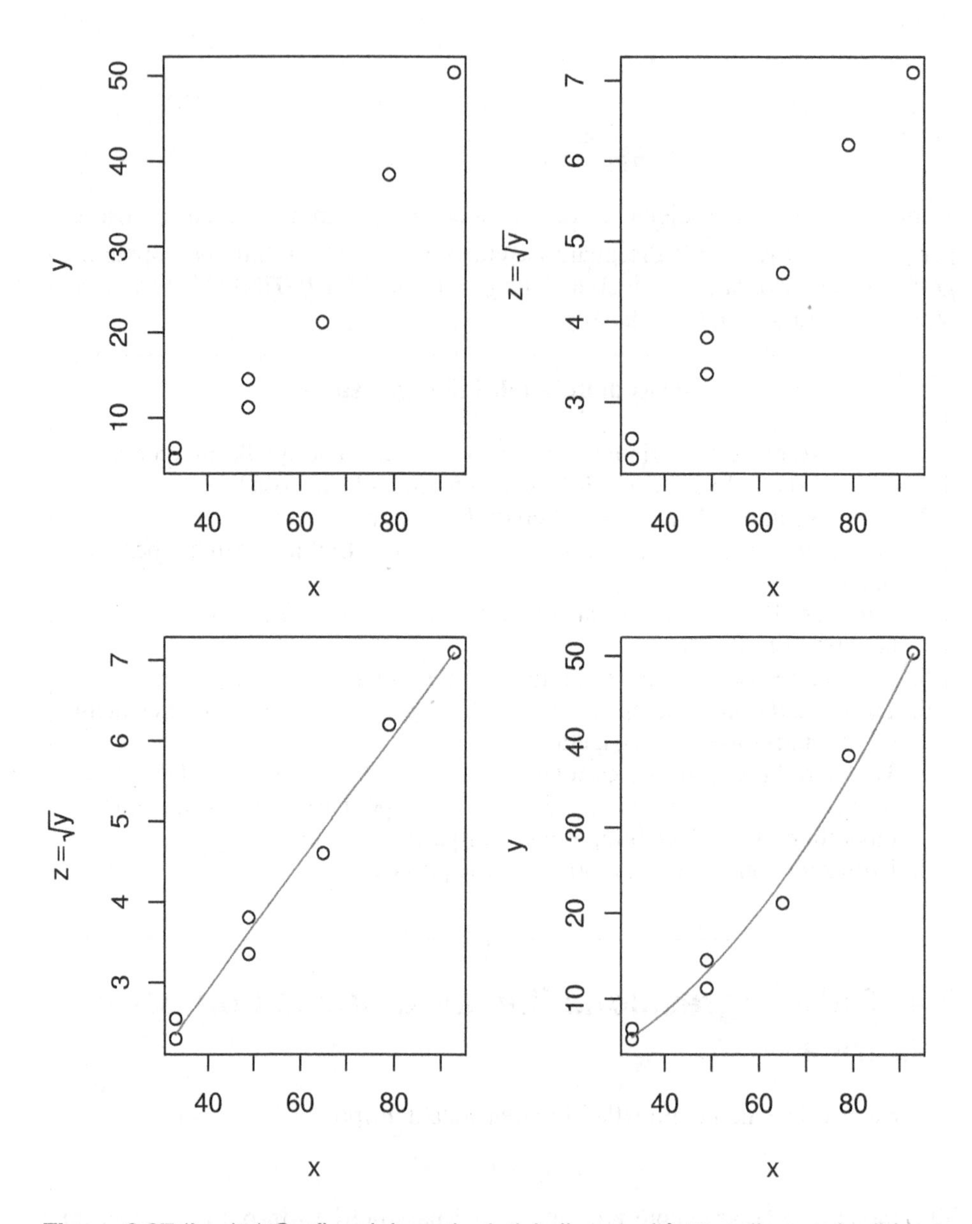

Figura 3.27 (In alto) Grafico dei punti relativi alla velocità X e allo spazio di frenata Y. Come si vede nel grafico di destra i punti sembrano essere meglio allineati che in quello di sinistra. (In basso) A sinistra il grafico di $Y = (-0.246+0.0789\,X)^2$ e a destra quello di $+\sqrt{Y} = -0.246 + 0.0789\,X$. Ovviamente si tratta dello stesso grafico, dove l'unica cosa che cambia è la scala sull'asse delle ordinate.

Spesso però il ricercatore non è in grado di giustificare una particolare forma funzionale del legame che intercorre tra X ed Y. In tali casi può essere utile impiegare metodi non parametrici, ovvero che non prevedono una particolare funzione descrivibile attraverso un numero finito di parametri. Intendiamo quindi parlare di un modello come questo

$$y = f(x)$$

dove la struttura del legame, f, è interamente non nota. Nadaraya e Watson hanno proposto un'idea analoga a quanto visto nel Paragrafo 2.10. L'idea è quella di sostituire ad un'unica retta di regressione un lisciamento di una moltitudine di mini-rette di regressione costruite in corrispondendenza di ogni punto x_i del nostro campione. Nella sostanza, in corrispondenza di ogni punto x_i si costruisce un intorno di ampiezza prefissata b e si costruisce una retta per quell'insieme di punti. La curva finale sarà appunto il lisciamento dell'insieme di tali rette. Il risultato è che ogni punto del modello y_i viene previsto con la sua stima kernel $\hat{y}$ definita come segue

$$\hat{y} = \hat{f}(x) = \frac{\sum_{j=1}^{n} y_j K\left(\frac{x - x_j}{b}\right)}{\sum_{j=1}^{n} K\left(\frac{x - x_j}{b}\right)}$$

Il pacchetto `modreg` (modern regression) contiene un ampio set di funzioni e diverse implementazioni di stimatori kernel di regressione. La funzione che utilizzeremo è `ksmooth` che implementa lo stimatore sopra introdotto. R dispone del dataset `cars` che contiene le osservazioni, rilevate nel 1920 (!), dello spazio di frenata di 50 autovetture in marcia ad una certa velocità, quindi dati analoghi all'esempio visto in precedenza. Rappresentando i dati su di un grafico si nota subito che il modello lineare non quello più appropriato

```
> data(cars)
> attach(cars)
>
> plot(speed, dist)
>
> lines(ksmooth(speed, dist, "normal", bandwidth=2))
> lines(ksmooth(speed, dist, "normal", bandwidth=5),lty=3)
> lines(ksmooth(speed, dist, "normal", bandwidth=10))
>
> detach()
```

Il grafico in Figura 3.28 riporta l'output dei tre modelli di regressione non lineare. Il parametro `bandwidth` determina la spigolosità della curva esattamente come nella stima kernel tradizionale. Una funzione analoga è `lowess` basata su un algoritmo più complesso e *robusto* che, senza entrare nei dettagli, può essere visto come metodo di regressione locale. L'esempio qui sotto riportato genera l'output in Figura 3.29.

```
> data(cars)
> attach(cars);
```

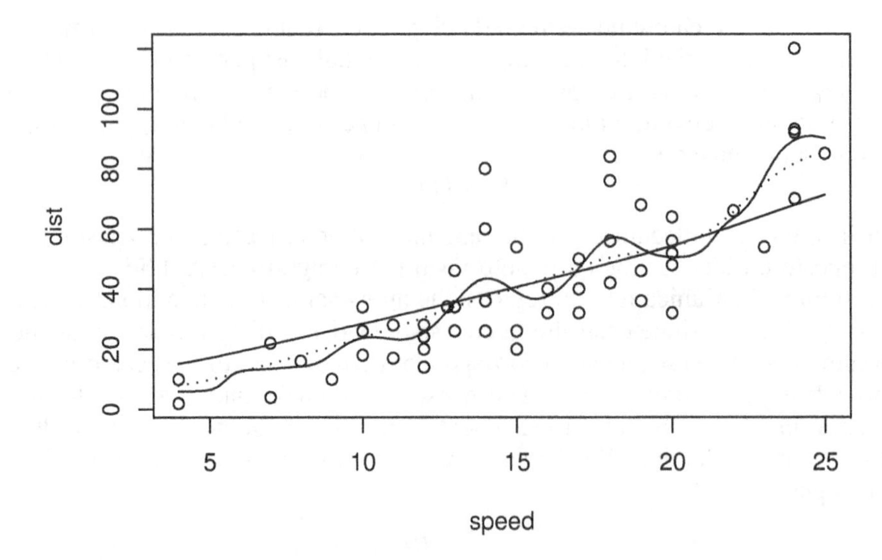

Figura 3.28 Tre diversi modelli di regressione kernel per i dati velocità/frenata contenuti nel dataset `cars`. La curva più sinuosa si ottiene utilizzando una banda stretta, la linea quasi retta si ottiene utilizzando una banda troppo larga. Una larghezza di banda intermedia fornisce un modello più facilmente interpretabile (linea tratteggiata).

```
> plot(cars)
>
> lines(lowess(cars))
> lines(lowess(cars, f=.2), lty = 3)
> legend(5, 120, c(paste("f = ", c("2/3", ".2"))),
+          lty = c(1:3))
>
> detach()
```

La funzione `lowess` prevede il parametro `f` in input che controlla la proporzione di punti da utilizzare in ciascuna delle mini-rette che verranno poi lisciate. Normalmente vengono usati i 2/3 del campione. È quindi un analogo dell'ampiezza di banda della stima kernel. Il parametro `iter` serve per *rifinire* il risultato. In genere un valore pari a 3 è più che sufficiente, un valore maggiore rende l'agoritmo molto lento. Non riportiamo qui la forma dell'algoritmo con cui si perviene alla stima **lowess** ma il lettore può riferirsi a [8].

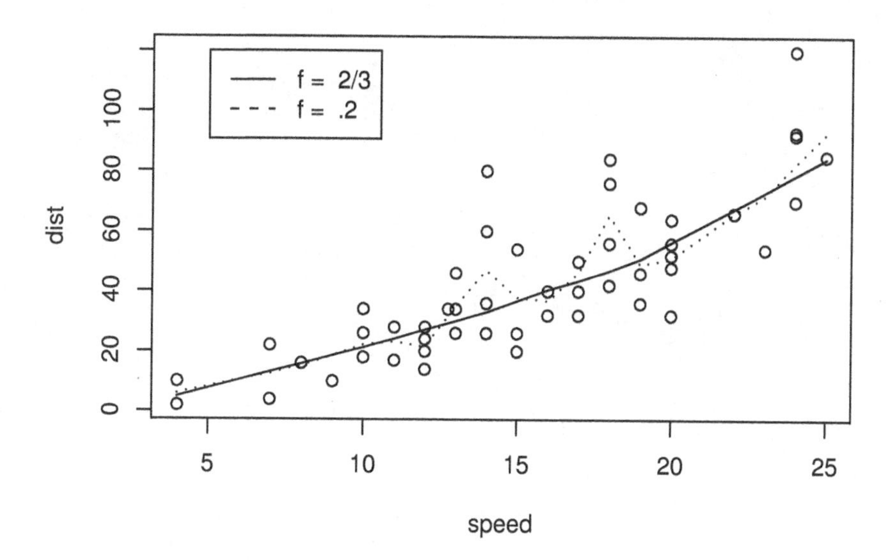

Figura 3.29 Due diversi modelli di regressione *lowess* per i dati velocità/frenata contenuti nel dataset `cars`. La curva più saltellante (quella tratteggiata) si ottiene utilizzando una proporzione minore di punti. La linea continua è stata ottenuta usando i 2/3 del campione.

4

Il mondo aleatorio

4.1 Calcolo delle probabilità e spazio campionario

Storicamente si fa risalire la nasciata del calcolo delle probabilità alla famosa scommessa di Chevalier de Méré, un nobile francese vissuto a cavallo tra il '500 e il '600 che si dilettava, da buon giocatore d'azzardo, ad inventare nuovi giochi. È chiaro che per convincere qualcuno a giocare ad un nuovo gioco si deve poter presentare con chiarezza quale sia il rischio contenuto nel gioco stesso. De Méré sosteneva che fare almeno un 6 in 4 lanci consecutivi di un dado non truccato doveva essere equivalente a fare almeno un doppio 6 in 24 lanci consecutivi di due dadi, sempre non truccati. Il ragionamento fatto da De Méré era il seguente: se lancio un dado regolare, ottengo un sei con probabilità 1/6. Quindi 4*1/6=2/3 dovrebbe essere la frequenza con cui ottengo un 6 in 4 lanci. Avere un doppio 6 lanciando due dadi è una cosa che avviene con probabilità 1/36, cioè il doppio 6 è uno dei 36 possibili risultati del lancio di due dadi. Se eseguo 24 lanci, con lo stesso ragionamento di sopra, mi aspetto di ottenere una frequenza di successi pari a 24*1/36=2/3. Il povero De Méré però si accorse che continuava a perdere più soldi con il secondo gioco che con il primo. Si affrettò a scrivere a Pascal dicendo che era *un grand scandal* che la matematica fallisse di fronte all'evidenza empirica. Vedremo più avanti come viene risolto correttamente il problema di De Méré.

Alla probabilità è quindi legato il concetto di *incertezza* o di rischio che non ha nulla a che vedere con il concetto di *ignoranza* (cioè non conoscenza). In prima battuta la probabilità può essere intuitivamente definita come la fiducia con cui ci aspettiamo che un **evento** si verifichi. Un evento è quindi un ente che può verificarsi o meno. Se pensiamo che non si verifichi mai gli assegnamo probabilità nulla, altrimenti un valore positivo. Se indichiamo con P la probabilità e con E un qualsiasi evento, allora $P(E) \geq 0$ misura il grado di fiducia che viene assegnato al verificarsi dell'evento stesso. Gli eventi sono sempre legati alla nozione di **esperimento casuale** e al relativo **spazio campionario** Ω. L'esperimento casuale è una nozione molto ampia che include un qualsiasi tipo di prova con esito incerto, lo spazio campionario è invece l'insieme di tutti i possibili risultati di un esperimento casuale. Per esempio, se pensiamo al lancio di una moneta, i risultati possibili sono T (testa) o C (croce) e $\Omega = \{T, C\}$. Se la moneta non è truccata ci aspettiamo che i due eventi T e C abbiano la stessa probabilità di verificarsi. Quindi se poniamo pari ad 1 la probabilità di tutto quello che può accadere, cioè $P(\Omega) = 1$, possiamo porre $P(T) = P(C) = \frac{1}{2}$. Si noti inoltre che, nel lancio della moneta, o si verifica T o si verifica C ovvero gli evento T e C sono *disgiunti* e questo si indica con la scrittura $T \cap C = \emptyset$. Il simbolo $\cap$ è il simbolo di **intersezione** e $\emptyset$ è l'insieme che non contiene elementi, cioè $\emptyset = \{\}$. In generale, se A e B sono due insiemi qualsiasi, l'intersezione rappresenta l'insieme degli elementi comuni ad entrambi gli insiemi. Mentre con $A \cup B$ si intende l'insieme che contiene sia gli elementi di A che quelli di B e il simbolo $\cup$ è l'operatore **unione**. Tra eventi ed insiemi esiste un parallelismo tale per cui i primi, gli eventi, vengono spesso interpretati come insiemi. Nel caso del lancio della moneta, gli eventi T e C sono rappresentati dagli insiemi $\{T\}$ e $\{C\}$. Viene allora naturale scrivere che

$$1 = P(\Omega) = P(T \cup C) = P(T) + P(C) = \frac{1}{2} + \frac{1}{2}.$$

Quello su cui abbiamo convenuto, e che supporremo valido per ogni tipo di esperimento casuale, è che

- $P(\Omega) = 1$
- se E è un evento di Ω, allora $P(E) \geq 0$
- se A e B, eventi di Ω, sono tali per cui $A \cap B = \emptyset$ allora

$$P(A \cup B) = P(A) + P(B)$$

Quelli appena visti sono i tre assiomi di Kolmogorov e, come si vede, non specificano in quale modo assegnare le probabilità agli eventi ma stabiliscono solo le proprietà che la probabilità deve avere. Il problema dell'assegnazione delle probabilità è annoso ed esula dal materiale qui esposto, come Kolmogorov supporremo quindi di avere già a disposizione un'opportuna misura di probabilità per lo spazio campionario Ω. Dai tre assiomi discende che per ogni eventi E di Ω si ha

$$0 \leq P(E) \leq 1$$

e se con $\bar{E}$ indichiamo l'evento **complementare** di E (cioè l'evento che rappresenta tutto ciò che non è E) allora

$$P(E) = 1 - P(\bar{E}).$$

Se però gli eventi di uno spazio campionario sono tutti *equiprobabili*, tutti convengono nel definire la probabilità di un evento E come il rapporto tra la cardinalità di E e quella di Ω. Più concretamente, pensiamo al lancio di un dado regolare. Allora $\Omega = \{1, 2, 3, 4, 5, 6\}$. Se assumiamo che il dado sia regolare stiamo dicendo che gli eventi di Ω sono equiprobabili. Se ci chiediamo con quale probabilità esce un numero pari, possiamo calcolarlo nel modo seguente. Sia E l'evento "esce un numero pari", allora $E = \{2, 4, 6\}$. La probabilità di E è quindi

$$P(E) = \frac{\#E}{\#\Omega} = \frac{\#\{2, 4, 6\}}{\#\{1, 2, 3, 4, 5, 6\}} = \frac{3}{6} = \frac{1}{2}$$

dove il simbolo $\#$ indica la cardinalità di un insieme, cioè il numero di elementi dell'insieme. Si noti che mentre E è un evento che può essere scomposto negli eventi 2, 4 e 6, questi ultimi non possono essere ulteriormente scomponibili. Gli elementi indivisibili di Ω sono quindi detti **eventi elementari**, gli altri eventi derivati da questi sono detti semplicemente eventi. La formula di sopra può anche essere interpretata come rapporto tra il numero di eventi elementari **favorevoli** al nostro evento e il numero di casi **possibili** per tale esperimento, ovvero

$$P(E) = \frac{\text{numero di casi favorevoli a } E}{\text{numero di casi possibili in } \Omega}$$

In R è possibile simulare un esperimento casuale di questo tipo tramite il comando `sample`. Per esempio

```
> Omega <- c(1,2,3,4,5,6)
> sample(Omega, 15, replace=TRUE)
 [1] 1 6 6 6 4 5 2 5 1 1 1 6 3 4 6
```

Il vettore `Omega` rappresenta lo spazio campionario dell'esempio del lancio di un dado, il comando `sample` effettua un campionamento (cioè estrae in modo casuale) dall'insieme `Omega` in tutto 15 valori. Questo è equivalente a dire che stiamo simulando 15 lanci di un dado regolare. L'opzione `replace = TRUE` serve per consentire che possa essere estratto più volte uno stesso numero. Infatti,

```
> sample(Omega, 6)
[1] 4 3 2 1 5 6
> sample(Omega, 6)
[1] 2 4 3 5 6 1
> sample(Omega, 6)
[1] 2 1 5 6 4 3
> sample(Omega, 7)
Errore in sample(length(x), size, replace, prob) :
        non posso estrarre un campione piu' grande
        della popolazione se 'replace = FALSE'
```

come si vede le prime tre righe di comando estraggono in sequenza i numeri da 1 a 6 senza mai riperterli mentre, nella quarta istruzione, cercando di campionare 7 elementi da un insieme di 6 e senza consentire il reinserimento (`replace=TRUE`) R non è in grado di eseguire l'operazione. Si può pensare a questo modo di procedere come all'estrazione da un'urna contente 6 palline numerate da 1 a 6. Se pensiamo alla pallina numero 2 questa ha probabilità $\frac{1}{6}$ di essere estratta. Supponiamo ora di averla estratta. Se la rimettiamo nell'urna (**campionamento con reimmissione**) questa ha ancora probabilità $\frac{1}{6}$ di essere estratta (come per le altre palline) ma se la teniamo fuori dall'urna (**campionamento senza reimmissione**) allora la probabilità di poterla estrarre nuovamente è nulla mentre le restanti 5 palline hanno tutte probabilità $\frac{1}{5}$ di essere estratte.

Quindi, mentre la probabilità di estrarre pallina numero 3 sapendo che è già stata estratta la numero 2 non cambia nello schema con reinserimento, viceversa questa probabilità cambia se il campionamento è senza reinserimento. Nel secondo caso quindi la probabilità del verificarsi di un evento *dipende* dal verificarsi di un altro evento. In generale, si può definire la nozione di **probabilità condizionata** per due eventi A e B. Sia B tale per cui $P(B) > 0$ allora si definisce probabilità di A condizionata a B la seguente funzione

$$P(A|B) = \frac{P(A \cap B)}{P(B)}$$

dove $A|B$ si legge "A dato B". Viceversa, due eventi sono **indipendenti** se si verifica che $P(A|B) = P(A)$ e $P(B|A) = P(B)$, cioè se la probabilità del verificarsi dell'uno non viene alterata dal verificarsi dell'altro evento.

Torniamo al problema di Chevalier de Méré. Dobbiamo calcolare la probabilità di fare E = "almeno un 6 su 4 lanci" di un dado e F = "almeno un doppio 6 su 24 lanci". Indichiamo con $P(A)$ la probabilità di fare 6 in un singolo lancio e con $P(B)$ la probabilità di fare doppio 6 in un lancio di due dadi. Sarà dunque $P(A) = 1/6$ e $P(B) = 1/36$. Calcoliamo $P(\bar{E})$ e $P(\bar{F})$ al posto di $P(E)$ e $P(F)$.

$$P(\bar{E}) = P(\bar{A}) \cdots P(\bar{A}) \quad \text{(per 4 volte)} = \left(\frac{5}{6}\right)^4$$

usando la proprietà di *indipendenza* dei risultati nei singoli lanci. Quindi

$$P(E) = 1 - P(\bar{E}) = 1 - \left(\frac{5}{6}\right)^4 = 0.518$$

Per l'evento F si ha

$$P(\bar{F}) = P(\bar{B}) \cdots P(\bar{B}) \quad \text{(per 24 volte)} = \left(\frac{35}{36}\right)^{24}$$

e quindi

$$P(F) = 1 - P(\bar{F}) = 1 - \left(\frac{35}{36}\right)^{24} = 0.491$$

da cui ne discende che $P(F) < P(E)$, cioè conviene scommettere sul 6 in 4 lanci piuttosto che sul doppio 6 in 24 lanci! Chevalier De Méré capì a sue spese – spendendo cifre ingenti – che il primo era il gioco più conveniente.

Possiamo calcolare le probabilità dei due giochi di de Méré attraverso la simulazione usando le funzioni riportate nel Codice 4.1. Prendiamo la funzione `gioco1` relativa al lancio di un dado. Si utilizzano due cicli `for` nidificati. Quello più esterno serve ad eseguire il numero di `prove`, posto pari a 10 000, e quello interno esegue un ciclo di 4 simulazioni del lancio di un dado. Il contatore `cnt` conta il numero di giochi, sui 10 000, in cui si è realizzato almeno un 6. Il secondo gioco viene simulato allo stesso modo. Benché tali algoritmi siano corretti R non è adatto ad eseguirli in modo efficiente poiché coinvolgono cicli `for`. Le versioni "a" delle routine sono invece ottimizzate per R. Le descriviamo brevemente. Prendiamo il gioco 1, poiché i lanci sono tutti indipendenti, è sufficiente generare in una sola volta 10 000 * 4 lanci. Il campionamento avviene sul vettore (0,0,0,0,0,1) anziché sul vettore (1,2,3,4,5,6) per il semplice fatto che l'unico risultato di interesse è l'ultimo. Questo vettore di 10 000 * 4 viene ricomposto in una matrice di 4 righe e 10 000 colonne, dove ogni colonna rappresenta un gioco di 4 lanci. Se in una colonna c'è almeno un 1, allora vuol dire che per quel gioco abbiamo ottenuto almeno un 6. Quindi non ci resta che effettuare le somme per colonna (comando `apply`). A questo punto otteniamo un vettore `somme` che contiene o `0`, quando il gioco non ha portato alla vincita, o un numero diverso da zero. Contiamo gli zeri e li sottraiamo al numero totale di prove in modo da ottenere i giochi che hanno condotto alla vincita. Quest'ultimo passaggio lo abbiamo ottenuto in due modi, equivalenti dal punto di vista del risultato, il secondo dei quali più efficiente poiché utilizza solo la funzione `sum` anziché l'accoppiata `which-length` in cui `which` genera, anche solo temporaneamente, un vettore di indici lungo quanto il vettore `somme`. Ovviamente ciò è stato possibile poiché `(somme == 0)` è un vettore di valori logici.

```
# versione non efficiente
 (prove-length(which(somme==0)))/prove
# versione efficiente
 (prove-sum(somme==0))/prove
```

Infine si divide per il numero totale di prove. Quello che segue mostra la notevole differenza tra il tempo impiegato dalle funzioni costruite sui cicli `for` e quelle ottimizzate.

```
> ptm <- proc.time()
> gioco1a()
[1] 0.5187
> proc.time() - ptm
[1] 0.25 0.00 0.25 0.00 0.00
>
> ptm <- proc.time()
> gioco2a()
[1] 0.4922
> proc.time() - ptm
[1] 0.59 0.02 0.61 0.00 0.00
>
> ptm <- proc.time()
> gioco1()
[1] 0.5236
> proc.time() - ptm
[1] 0.94 0.02 0.96 0.00 0.00
>
> ptm <- proc.time()
> gioco2()
[1] 0.4962
> proc.time() - ptm
[1] 5.21 0.05 5.26 0.00 0.00
```

Per il gioco 1 si passa da 0.25 secondi a 0.94 secondi, mentre per il secondo da 0.59 a 5.21. Ovviamente il guadagno di tempo è più evidente per il gioco 2. La funzione `proc.time` restituisce un vettore di lunghezza 5 in cui vengono registrate alcune informazioni relative al tempo trascorso dal lancio di R ed, eventualmente, dei sottoprocessi lanciati da R (questo solo sotto sistemi Unix). Su alcune piattaforme solo un paio di questi "tempi" risultano significativi e l'output sopra visto lo mette ben in luce. Un modo più elegante per misurare quanto tempo viene impiegato da un comando R per essere eseguito è la funzione `system.time` che, con alcuni tocchi di raffinatezza, esegue esattamente lo stesso calcolo che abbiamo scritto poco sopra ma richiede una sola chiamata. Si provi ad eseguire la sequenza di comandi qui sotto riportata.

```
system.time( giocola() )
system.time( gioco2a() )
system.time(  giocol() )
system.time(  gioco2() )
```

I metodi per estrarre palline da urne o, in statistica, di selezionare individui da una popolazione, sono detti **metodi di campionamento**. I due principali sono quelli **con** e **senza ripetizione** di cui abbiamo già parlato. Associata al campionamento è l'operazione di conteggio, ovvero, fissato un metodo di campionamento, ci si chiede quanti campioni si possono estrarre di un certo tipo. Sapere in quanti modi si possono estrarre i campioni permette di calcolare la probabilità di trovare un individuo all'interno di un campione o semplicemente di determinare le probabilità di eventi soprattutto nel caso di eventi elementari equiprobabili. Si consideri il seguente esempio: quante persone ci devono essere in un'aula per avere una probabilità superiore al 50% che due di esse compiano gli anni nello stesso giorno dell'anno?

Ragioniamo come segue: ci sono 365 possibili date per il compleanno di una persona dell'aula (trascuriamo gli anni bisestili), 365 giorni possibili per la data del compleanno della seconda persona, e così via, in tutto i casi possibili sono 365^n. Anziché calcolare l'evento "almeno due compiono gli anni nello stesso giorno" pensiamo all'evento complementare A = "tutti compiono gli anni in giorni diversi". I casi *favorevoli* a tale evento si contano in questo modo: il primo individuo può compiere gli anni in uno dei 365 possibili giorni dell'anno. Fissato il compleanno del primo, il secondo individuo deve compiere gli anni in uno dei 364 giorni rimanenti, e così via. Se nell'aula ci sono n persone abbiamo che

$$P(A) = \frac{\text{compleanni in date diverse per gli } n \text{ studenti}}{\text{possibili date di compleanni}}$$

$$= \frac{365 \cdot 364 \cdot 363 \cdots (365 - n + 1)}{365 \cdot 365 \cdots 365}$$

A noi interessa calcolare $1 - P(A)$. Possiamo farlo in R con una semplice funzione che chiameremo `birthday`. L'algoritmo è riportato nel Codice 4.2.

```
# Versione con cicli 'for'
giocol <- function(prove=10000){
 dado <- 1:6
 cnt <- 0
 for(j in 1:prove){
  v <- 0
  for(i in 1:4)
   if( sample(dado,1) == 6 ) v <- v+1
  if(v>0)
   cnt <- cnt + 1
  }
 cnt/prove
}

gioco2 <- function(prove=10000){
 dado <- 1:6
 dadi <- outer(dado,dado)
 cnt <- 0
 for(j in 1:prove){
  v <- 0
  for(i in 1:24)
   if( sample(dadi,1) == 36 ) v <- v+1
  if(v>0)
   cnt <- cnt + 1
  }
 cnt/prove
}

# Versione senza cicli 'for'

giocola <- function(prove=10000){
 dado <- c(0,0,0,0,0,1)
 somme <- apply(matrix(sample(dado,4*prove,
  replace=TRUE), 4, prove),2,sum)
 (prove-length(which(somme==0)))/prove
}

gioco2a <- function(prove=10000){
 dadi <- rep(0,36); dadi[1] <- 1
 somme <- apply(matrix(sample(dadi,24*prove,
  replace=TRUE), 24, prove),2,sum)
 (prove-sum(somme==0))/prove
}
```

Codice 4.1 Algoritmi per i due giochi della scommessa di De Méré. Le versioni senza cicli `for` sono più veloci da 3 a 5 volte.

```
> n <- c(5,10,15,20,21,22,23,24,25,30,50,60,
+        70,80,90,100,200,300,365)
> for(i in n)
+  cat("\n n=",i,"P(A)=",birthday(i))

 n= 5 P(A)= 0.02713557
 n= 10 P(A)= 0.1169482
 n= 15 P(A)= 0.2529013
 n= 20 P(A)= 0.4114384
 n= 21 P(A)= 0.4436883
 n= 22 P(A)= 0.4756953
 n= 23 P(A)= 0.5072972
 n= 24 P(A)= 0.5383443
 n= 25 P(A)= 0.5686997
 n= 30 P(A)= 0.7063162
 n= 50 P(A)= 0.9703736
 n= 60 P(A)= 0.9941227
 n= 70 P(A)= 0.9991596
 n= 80 P(A)= 0.9999143
 n= 90 P(A)= 0.9999938
 n= 100 P(A)= 0.9999997
 n= 200 P(A)= 1
 n= 300 P(A)= 1
 n= 365 P(A)= 1
```

Come si vede, per avere probabilità maggiore di 0.5 sono sufficienti appena 23 persone. R possiede una funzione utile al calcolo di questo genere di probabilità, in particolare le due funzioni `pbirthday` e `qbirthday`. La funzione `pbirthday` si occupa di eseguire il calcolo approssimato della probabilità di avere un numero $k \geq 2$ di coincidenze, su un gruppo di n individui che presentato h distinti attributi. Per esempio

```
> pbirthday(23, classes = 365, coincident = 4)
[1] 0.0002355132
```

calcola la probabilità di trovare 4 coincidenze su un insieme di 23 individui aventi 365 attributi diversi (le date di compleanno). La funzione `qbirthday` calcola in invece il numero minimo di persone necessarie ad avere le coincidenze desiderate con probabilità superiore ad un certo valore, per esempio 0.5:

```
> qbirthday(prob= 0.5, classes = 365, coincident = 4)
[1] 169
> pbirthday(168, classes = 365, coincident = 4)
[1] 0.4934909
> pbirthday(169, classes = 365, coincident = 4)
[1] 0.5025549
```

Si tenga conto che entrambe le funzioni usano delle approssimazioni che per `coincident=2` non conviene utilizzare, infatti

```
> qbirthday(prob= 0.5, classes = 365, coincident = 2)
```

```
[1] 22
> pbirthday(23, classes = 365, coincident = 2)
[1] 0.530137
```

valore non coincidenti con il calcolo esatto della nostra funzione `birthday`.

```
birthday <- function(n)
 1-prod((365:(365-n+1))/rep(365,n))
```

Codice 4.2 Funzione per il calcolo della probabilità di avere, in un gruppo di n individui, due persone che compiono gli anni nello stesso giorno.

Un altro problema tipo del conteggio sono le **permutazioni** cioè il modo di sistemare n oggetti differenti scambiandoli di posizione o, per usare una metafora, il numero di anagrammi, eventualmente senza senso, di una parola. Tale numero si calcola in modo semplice. Consideriamo la parola ROMA. Si prende una lettera a caso della parola e la si può scegliere in 4, cioè n, modi diversi. La seconda lettera può essere scelta tra le 3 rimanenti, la terza tra le due rimanenti e l'ultima in un solo modo. In totale possiamo costruire $4 \cdot 3 \cdot 2 \cdot 1$ anagrammi della parola **ROMA**, cioè 24 distinti anagrammi o permutazioni. Il numero di permutazioni si può quindi sempre calcolare con la fomula

$$n! = n \cdot (n-1) \cdots 2 \cdot 1$$

dove $n!$ si legge n **fattoriale**. Se vogliamo invece calcolare in quanti modi possibili possiamo estrarre da un gruppo di n palline, un sottogruppo di k oggetti (supponendo le n palline tutte distinte) la formula da utilizzare è $\binom{n}{k}$ cioè il **coefficiente binomiale** definito dalla formula

$$\binom{n}{k} = \frac{n!}{(n-k)!\,k!}$$

Tale formula si ricava in modo analogo al problema delle date dei compleanni. Infatti, prendiamo ancora la parola **ROMA**, supponiamo di voler estrarre tutte le possibili terne di tre lettere. Supponiamo che non interessi l'ordine di estrazione e cioè che la terna **OMA** sia equivalente alla terna **AMO**, **MOA** ecc. Quindi, scelgo la prima lettera in $n = 4$ modi possibili e la seconda in $n - 1$ modi possibili e la terza in $n - 2$ modi. Così facendo conto sia **OMA** che **AMO** che **MOA** etc, quindi divido il numero di sopra per le ripetizioni che sono $3 \cdot 2 \cdot 1$, ovvero le permutazioni del gruppo di $k = 3$ lettere (le triplette). Quindi avremo

$$\begin{aligned}\frac{4 \cdot 3 \cdot 2}{3 \cdot 2 \cdot 1} &= \frac{4 \cdot 3 \cdot (4-3+1)}{3!} \\ &= \frac{n \cdot (n-1) \cdots (n-k+1)}{k!} \\ &= \frac{n \cdot (n-1) \cdots (n-k+1) \cdot (n-k)!}{k!(n-k)!} \\ &= \frac{n!}{(n-k)!k!}\end{aligned}$$

dove nel penultimo passaggio abbiamo moltiplicato e diviso per il numero $(n-k)!$ per ottenere $n!$ al numeratore. In R il fattoriale dei primi n numeri si ottiene in modo naturale con il comando `prod(1:n)` avendo definito preventivamente `n`, ovvero

```
> prod(1:4)
[1] 24
```

mentre il coefficiente binomiale $\binom{n}{k}$ si ottiene con il comando `choose(n,k)`.

```
> choose(4,3)
[1] 4
> word <- c("R","O", "M", "A")
> sample(word,3)
[1] "R" "M" "A"
> sample(word,3)
[1] "O" "M" "R"
> sample(word,3)
[1] "R" "O" "M"
```

Nel calcolo dei fattoriali, quando n è molto grande, spesso si preferisce lavorare su scala logaritmica per contenere l'ordine di grandezza dei numeri coinvolti. Esiste una relazione importante tra il fattoriale di n e una funzione chiamata gamma (Γ). In particolare vale che

$$n! = \Gamma(n+1)\,.$$

Più avanti, nel Paragrafo 4.2.15, forniremo la definizione di tale funzione Γ in relazione all'omonima variabile casuale, per il momento torniamo al problema del calcolo di $n!$ attraverso tale funzione. L'equivalenza tra $n!$ e $\Gamma(n+1)$ in R corrisponde a

```
> prod(1:4)
[1] 24
> gamma(5)
[1] 24
```

Volendo passare ai logaritmi si ha che

$$\log(n!) = \log(\Gamma(n+1)) = \text{lgamma}(n+1)$$

dove la funzione lgamma in R è implementata nel kernel di R stesso e non è quindi ottenuta con una semplice chiamata `log(gamma(x))`. Per comprendere quanto detto si osservi quanto segue

```
> prod(1:150)
[1] 5.713384e+262
> gamma(151)
[1] 5.713384e+262
> exp(lgamma(151))
[1] 5.713384e+262
> prod(1:170)
[1] 7.257416e+306
> prod(1:171)
[1] Inf
> gamma(172)
[1] Inf
> log(gamma(172))
[1] Inf
> lgamma(200)
[1] 857.9337
> lgamma(2000)
[1] 13198.92
> lgamma(2000000000)
[1] 40832826025
```

Come si nota, per n molto elevato (in una piattaforma di classe medio-alta il limite è attorno a $n = 170$) non è più possibile lavorare con i fattoriali. Invece la funzione `lgamma` ci permette di lavorare anche con valori molto elevati di n e quindi, se eseguiamo i nostri calcoli in scala logaritmica, è possibile, in molti casi, giungere ad una soluzione.

4.2 Variabili casuali

Il legame tra il calcolo della probabilità e gli strumenti di statistica precedentemente visti, si realizza attraverso le *variabili casuali* (o aleatorie[1]). Per avere un'idea intuitiva di come questo accada si può pensare alla ripetizione di un esperimento casuale in cui viene rilevata la distribuzione di certo fenomeno statistico. A lungo andare, con il ripetersi dell'esperimento, si può giungere alla conclusione che le frequenze relative osservate con cui si realizzano i differenti valori delle distribuzioni di frequenza siano assimilabili alle probabilità con le quali questi valori possono realizzarsi. L'insieme dei valori assumibili dal fenomeno statistico e le probabilità che gli attribuiamo costituiscono un *modello* matematico di riferimento: cioè una descrizione di quello che può verificarsi e delle probabilità con cui ci

[1] Notiamo incidentalmente che l'etimologia del termine "aleatorio" deriva dai *giochi degli aliossi* o dei dadi. I termini casuale e aleatorio sono usualmente intercambiati nella letteratura.

aspettiamo che questi eventi si verifichino. Le variabili casuali sono proprio tali modelli.

4.2.1 Variabili casuali discrete

Un definizione sommaria, ma sufficiente ai nostri scopi, di variabile casuale consiste in quanto segue: *dato un esperimento casuale, una variabile casuale è il risultato numerico attribuito a tale esperimento.* Pensiamo all'esperimento di due lanci di una moneta regolare, cioè $P(T) = P(C) = \frac{1}{2}$. L'insieme dei risultati possibili, cioè lo spazio campionario dell'esperimento, è $\Omega = \{TT, TC, CT, CC\}$. Se ad ogni lancio contiamo il numero di teste, otteniamo rispettivamente (2,1,1,0), ovvero associamo ad ogni elemento $\omega \in \Omega$ un numero $X(\omega) = x$. Possiamo cioè costruire la seguente tabella:

$\omega \in \Omega$	TT	TC	CT	CC
$P(\omega)$	1/4	1/4	1/4	1/4
$X(\omega) = x$	2	1	1	0

Come si vede X rappresenta il risultato numerico di un esperimento. Possiamo sintentizzare la tabella di sopra raccogliendo i valori distinti assunti da X e le rispettive probabilità. I valori distinti sono: 0, 1 e 2. X assume valore 0 solo in corrispondenza dell'evento CC il quale ha probabilità 1/4, quindi possiamo dire che $P(X = 0) = P(CC) = 1/4$. Lo stesso avviene per il valore 2, infatti $X = 2$ solo quando si verifica l'evento TT, quindi $P(X = 2) = P(TT) = 1/4$. Il valore $X = 1$ si realizza in due casi: quando si realizza CT o quando si realizza TC, dunque $P(X = 1) = P(CT \cup TC) = P(CT) + P(TC) = 1/4 + 1/4 = 1/2$. Riassumendo abbiamo la seguente tabella

$X = x$	0	1	2	
$P(X = x)$	1/4	1/2	1/4	1

Non abbiamo fatto altro se non definire un modello matematico che descrive i possibili risultati (numerici) di un esperimento casuale con l'attribuzione delle probabilità del verificarsi dei singoli eventi. X è dunque una **variabile casuale discreta** (in analogia alla definizione di fenomeno quantitativo discreto) e $P(X = x)$ è la sua **distribuzione di probabilità** o **densità di probabilità discreta**. Una volta noti i valori $x_1, x_2, \ldots, x_k$ assumibili dalla variabile casuale e le probabilità $P(X = x_i)$ con cui essa li assume possiamo anche dimenticarci di quale sia l'esperimento casuale con cui essa è stata costruita. In sostanza, la corretta definizione di variabile casuale discreta richiede che siano specificati i valori che essa assume e la sua distribuzione di probabilità. Da questa distribuzione si ricava la **funzione di ripartizione** definita come segue

$$P(X \leq x) = \sum_{x_i \leq x} P(X = x_i) \tag{4.1}$$

Valore atteso e varianza delle variabili casuali Come per i fenomeni statistici quantitativi anche per le variabili casuali è possibile calcolare media e varianza. La media di una variabile casuale viene anche chiamata **valore atteso**. In analogia a quanto visto nella statistica descrittiva, per le variabili casuali abbiamo che

$$\mu = \mathrm{E}(X) = \sum_{i=1}^{k} x_i \cdot P(X = x_i)$$

e per la **varianza**

$$\sigma^2 = \mathrm{Var}(X) = \mathrm{E}(X - \mathrm{E}X)^2 = \sum_{i=1}^{k} \Big((x_i - \mu)^2 \cdot P(X = x_i) \Big)$$

Covarianza, indipendenza e somma di variabili casuali In analogia a quanto visto nello studio dell'analisi congiunta dei fenomeni statistici, molto spesso è utile considerare coppie di variabili casuali. Se X e Y sono due variabili casuali costruite su uno stesso esperimento allora la coppia (x_i, y_i) è una determinazione della **variabile casuale doppia** (X, Y). Si pensi al lancio di un dado regolare dove X è la variabile casuale che vale 1 se il valore del risultato del lancio del dado è inferiore o uguale a 2 e Y è la variabile casuale che vale 1 se è uscito numero pari e 0 altrimenti. Se lanciamo un dado ed esce il numero 3, allora la coppia (X, Y) assumerà il valore $(x, y) = (0, 0)$. La variabile casuale doppia (X, Y) assumerà solo 4 valori: (0,0), (0,1), (1,0) e (1,1). Analogamente al caso unidimensionale si deve anche definire la distribuzione di probabilità di (X, Y) che chiameremo **distribuzione di probabilità congiunta** $P(X = x, Y = y)$. Le distribuzioni di probabilità delle singole variabili casuali si dicono **distribuzioni marginali**. Costruiamo una tale distribuzione

ω	(X, Y)	$P(\omega)$
1	(1,0)	1/6
2	(1,1)	1/6
3	(0,0)	1/6
4	(0,1)	1/6
5	(0,0)	1/6
6	(0,1)	1/6

e dunque

(x, y)	$P(X = x, Y = y)$
(0,0)	$2/6$
(0,1)	$2/6$
(1,0)	$1/6$
(1,1)	$1/6$

In generale quindi, se x_i, $i = 1, \ldots, h$ e y_j, $j = 1, \ldots, k$ sono i valori assunti rispettivamente dalle variabili casuali X ed Y la variabile casuale doppia (X, Y) risulta ben definita se vengono indicati i valori delle coppie (x_i, y_j) e le rispettive probabilità $P(X = x_i, Y = Y_j)$ con cui la variabile casuale doppia assume tali valori. Siamo in grado ora di definire la **covarianza**, ovvero la quantità

$$\begin{aligned}
\text{Cov}(X, Y) &= \text{E}\{(X - \text{E}X)(Y - \text{E}Y)\} \\
&= \sum_{i=1}^{h} \sum_{j=1}^{k} \{(x_i - \text{E}X)(y_j - \text{E}Y)P(X = x_i, Y = y_j)\} \\
&= \sum_{i=1}^{h} \sum_{j=1}^{k} x_i y_j P(X = x_i, Y = y_j) - (\text{E}X\text{E}Y)
\end{aligned}$$

L'interpretazione della covarianza è analoga a quanto già discusso nell'ambito dell'analisi di regressione. Se X e Y sono due variabili casuali qualsiasi, si possono calcolare valore atteso e varianza della loro somma $X + Y$. In generale, se a e b sono due numeri reali si ottengono i seguenti risultati

$$\begin{aligned}
\text{E}(aX + bY) &= a\text{E}X + b\text{E}Y \\
\text{Var}(aX + bY) &= a^2\text{Var}X + b^2\text{Var}Y + 2\,a\,b\,\text{Cov}(X, Y)
\end{aligned}$$

Si dice che due variabili casuali sono **indipendenti** se, e solo se, la distribuzione congiunta si fattorizza nel prodotto delle due distribuzioni marginali, ovvero

$$P(X = x_i, Y = y_j) = P(X = x_i)P(Y = y_j), \quad \forall i = 1, \ldots, h,\ j = 1, \ldots, k$$

e in tal caso risulta $\text{Cov}(X, Y) = 0$. Indicheremo con σ_{xy} la quantità $\text{Cov}(X, Y)$. Nell'esempio precedente, le distribuzioni marginali di X e Y sono rispettivamente

x	$P(X = x)$	y	$P(Y = y)$
0	$4/6$	0	$3/6$
1	$2/6$	1	$3/6$

e le due variabili risultano indipendenti, infatti,

$$
\begin{aligned}
P(X=0,Y=0) &= \frac{2}{6} = \frac{4}{6}\cdot\frac{3}{6} = P(X=0)P(Y=0)\\
P(X=0,Y=1) &= \frac{2}{6} = \frac{4}{6}\cdot\frac{3}{6} = P(X=0)P(Y=1)\\
P(X=1,Y=0) &= \frac{1}{6} = \frac{2}{6}\cdot\frac{3}{6} = P(X=1)P(Y=0)\\
P(X=1,Y=1) &= \frac{1}{6} = \frac{2}{6}\cdot\frac{3}{6} = P(X=1)P(Y=1)
\end{aligned}
$$

4.2.2 Modelli media-varianza

In ambito finanziario uno degli obiettivi principali è quello di poter controllare o almeno valutare opportunamente il **rischio** di una determinata operazione finanziaria. Poniamoci in condizioni molto semplici. Supponiamo di voler acquistare un titolo il cui prezzo all'inizio dell'anno sia pari a P_0 €. Se alla fine dell'anno il prezzo è pari a P € possiamo calcolarne il rendimento R come segue

$$
R = \frac{P - P_0}{P_0}\,.
$$

Il rendimento può essere quindi sia negativo (il titolo ha perso valore) che positivo (il titolo ha acquistato valore). Se fosse noto il rendimento R del titolo sarebbe evidente determinare il prezzo equo P_0 da pagare oggi per ottenere un valore finale P domani, infatti

$$
P = (1+R)P_0\,.
$$

Ovviamente questo in finanza non è mai possibile stabilirlo con certezza se pensiamo alla maggioranza dei titoli in circolazione. Il prezzo P è quindi visto come una variabile casuale cui si tenta di attribuire una distribuzione sulla base della esperienza degli operatori finanziari. In tal caso anche R risulta essere una variabile casuale. Si supponga[2] di aver pagato un titolo 25 € e che sia nota la distribuzione di probabilità di P

$P(\mathbf{P}=p_i)$	**Prezzo** p_i	**Rendimento** R
0.1	20.00 €	-20%
0.2	22.50 €	-10%
0.4	25.00 €	0%
0.2	30.00 €	+20%
0.1	40.00 €	+60%

[2] Gli esempi di questo paragrafo sono tratti da [9].

È possibile calcolare il prezzo medio, cioè il valore atteso del titolo o, ancora meglio, il rendimento medio e la sua varianza. Infatti

$$\mathrm{E}(R) = \mathrm{E}\left(\frac{P - P_0}{P_0}\right) = \frac{\mathrm{E}(P - P_0)}{P_0}$$

e

$$\mathrm{Var}(R) = \mathrm{Var}\left(\frac{P - P_0}{P_0}\right) = \mathrm{Var}\left(\frac{P}{P_0} - 1\right) = \frac{\mathrm{Var}(P)}{P_0^2}\,.$$

Lasciamo calcolare ad R media e varianza di P e quindi di R

```
> p0 <- 25
> pr <- c(0.1,0.2,0.4,0.2,0.1)
> p <- c(20,22.5,25,30,40)
> pm <- sum(p*pr)
> pm
[1] 26.5
> vp <- sum((p-pm)^2*pr)
> vp
[1] 29
> (pm-p0)/p0
[1] 0.06
> vp/p0^2
[1] 0.0464
```

Quindi, il prezzo medio di fine periodo è pari a 26.5 € e il relativo rendimento medio è del 6%.

Un'applicazione più interessante del calcolo delle probabilità è invece all'analisi di un **portafoglio** di titoli dove con portafoglio si intende un insieme di più titoli o, in generale, attività finanziarie, su cui il risparmiatore decide di investire ripartendo in parti diverse le sue risorse. Per semplicità ci poniamo nel seguente schema con due soli titoli che indicheremo con X ed Y. Il capitale totale deve essere ripartito tra X ed Y in proporzioni a e b in modo tale che $a + b = 100\%$ della ricchezza. Indichiamo con R_X e R_Y i rendimenti di queste due attività finanziarie. È chiaro che il rendimento del portafoglio R_p sarà pari a

$$R_p = aR_X + bR_Y$$

e di conseguenza il rendimento atteso è pari alla somma dei rendimenti medi singoli

$$\mathrm{E}R_p = \mathrm{E}(aR_X + bR_Y) = a\,\mathrm{E}R_X + b\,\mathrm{E}R_Y$$

così come la varianza di tale rendimento è pari a

$$\mathrm{Var}R_p = a^2\mathrm{Var}R_X + b^2\mathrm{Var}R_Y + 2ab\mathrm{Cov}(R_xX, R_Y)\,.$$

Il problema dell'investitore è quello di *allocare* in modo ottimale le proprie risorse, cioè scegliere i valori di a e b, in modo ma rendere massimo il suo rendimento finale medio e, contestualmente, controllare la variabilità del rendimento stesso. Cioè il risparmiatore deve tenere sotto controllo congiuntamente sia la media che la varianza del del rendimento del portafoglio. In questi termini si parla di **modelli media-varianza**. Per trovare una soluzione si procede come segue: si noti che essendo $1 = a + b$ le quantità di sopra possono essere riscritte in termini di a e quindi

$$\mathrm{E}R_p^a = a\,\mathrm{E}R_X + (1-a)\,\mathrm{E}R_Y$$

così come la varianza di tale rendimento è pari a

$$\mathrm{Var}R_p^a = a^2\mathrm{Var}R_X + (1-a)^2\mathrm{Var}R_Y + 2a(1-a)\mathrm{Cov}(R_xX, R_Y)\,.$$

Supponiamo ora di avere la seguente distribuzione di rendimenti

Probabilità congiunta	R_X	R_Y
0.2	+11%	-3%
0.2	+9%	+15%
0.2	+25%	+2%
0.2	+7%	+20%
0.2	-2%	+6%

e calcoliamo il rendimento e la varianza di R_p^a per alcuni valori di a avvalendoci della funzione `Rpa` scritta appositamente (si veda il Codice 4.3).
Inseriamo in R i vettori dei rendimenti e la distribuzione congiunta

```
> x <- c(11,9,25,7,-2)/100
> y <- c(-3,15,2,20,6)/100
> pxy <- matrix(rep(0,25),5,5)
> pxy[1,1] <- 0.2
> pxy[2,2] <- 0.2
> pxy[3,3] <- 0.2
> pxy[4,4] <- 0.2
> pxy[5,5] <- 0.2
```

e calcoliamo il rendimento medio e la rispettiva varianza al variare di a

```
> Rpa(0.1,x,y,pxy)
$Rm
[1] 0.082

$VR
[1] 0.0053788

> Rpa(0.5,x,y,pxy)
$Rm
[1] 0.09
```

```
Rpa <- function(a,x,y,pxy){
 px <- rep(0,length(x))
 py <- rep(0,length(y))

 for(i in 1:length(x))
  px[i] <- sum(pxy[i,])
 for(j in 1:length(y))
  py[j] <- sum(pxy[,j])

 mx <- sum(x*px)
 my <- sum(y*py)
 vx <- sum( (x-mx)^2*px )
 vy <- sum( (y-my)^2*py )
 cxy <- sum( x*y*pxy ) - mx*my
 mr <- a*mx + (1-a)*my
 vr <- a^2 * vx + (1-a)^2 * vy + 2*a*(1-a) * cxy
 return(list(Rm=mr,VR=vr))
}
```

Codice 4.3 Algoritmo per il calcolo di media e varianza di un portafoglio di due titoli X ed Y, di rendimenti `x` ed `y` con distribuzione congiunta `pxy`. Il valore `a` è la proporzione di capitale iniziale investita nel titolo X.

```
$VR
[1] 0.00247

> Rpa(0.7,x,y,pxy)
$Rm
[1] 0.094

$VR
[1] 0.0033532
```

Come si nota, mentre il rendimento cresce al crescere di a, la varianza di R_p^a sembra avere un andamento quadratico. Proviamo a rappresentare su un grafico le due funzioni singolarmente (Figura 4.4)

```
> a <- seq(0,1,0.1)
> rr <- Rpa(a,x,y,pxy)
> plot(a,rr$Rm,main="rendimento medio",
+      ylab="Rm",type="b")
> plot(a,rr$VR,main="varianza del redimento",
+      ylab="Vr",type="b")
```

e poi congiuntamente il rendimento medio R_p^a e lo scarto quadratico medio di R_p^a (in tal modo si ottiene la stessa unità di misura sui due assi)

```
> plot(sqrt(rr$VR),rr$Rm,main="Trade-off media Varianza",
```

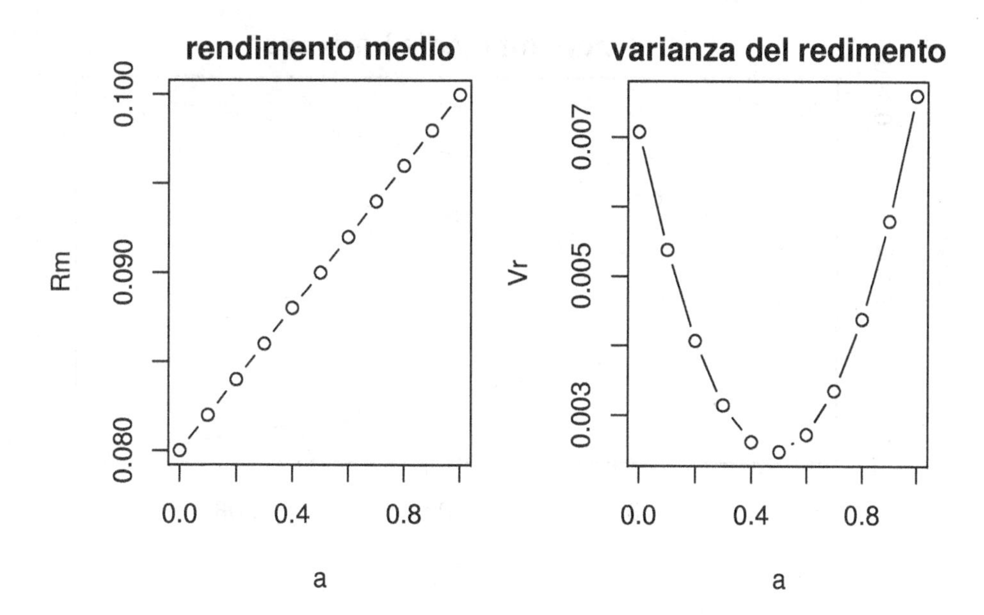

Figura 4.4 Media e varianza del rendimento di un portafoglio al variare di a.

```
+   ylab=expression(E(R[p])),xlab=expression(sigma(R[p])),
+   type="b")
```

Come si vede dalla Figura 4.5 esiste questo trade-off tra il valor medio del rendimento e la variabilità con cui tale valore si può realizzare. Questo grafico mostra anche se se ci si accontenta di un rendimento discreto attorno al 9%, tale risultato può essere conseguito con la minor incertezza possibile. Si può mostrare facilmente che esiste un livello ottimale a che minimizza la varianza di R_p^a (basta uguagliare a zero la derivata prima di $\text{Var}R_p^a$). La valore a^* di a è pari a

$$a^* = \frac{\sigma_y^2 - \sigma_{xy}}{\sigma_x^2 + \sigma_y^2 - 2\sigma_{xy}}$$

con ovvia notazione. Come si nota tale valore dipende in modo esplicito dal legame tra le due variabili R_X ed R_Y. Prima di proseguire nella trattaazione, vediamo nel nostro esempio a cosa corrisponde il valore di a^*. Per semplicità modifichiamo la funzione `Rpa` nella nuova funzione `Rp` (Codice 4.6) che calcola il valore ottimale di a e media e varianza del rendimento in corrispondenza del valore ottimale $a = a^*$

```
> Rp(x,y,pxy)
$a
[1] 0.486653
```

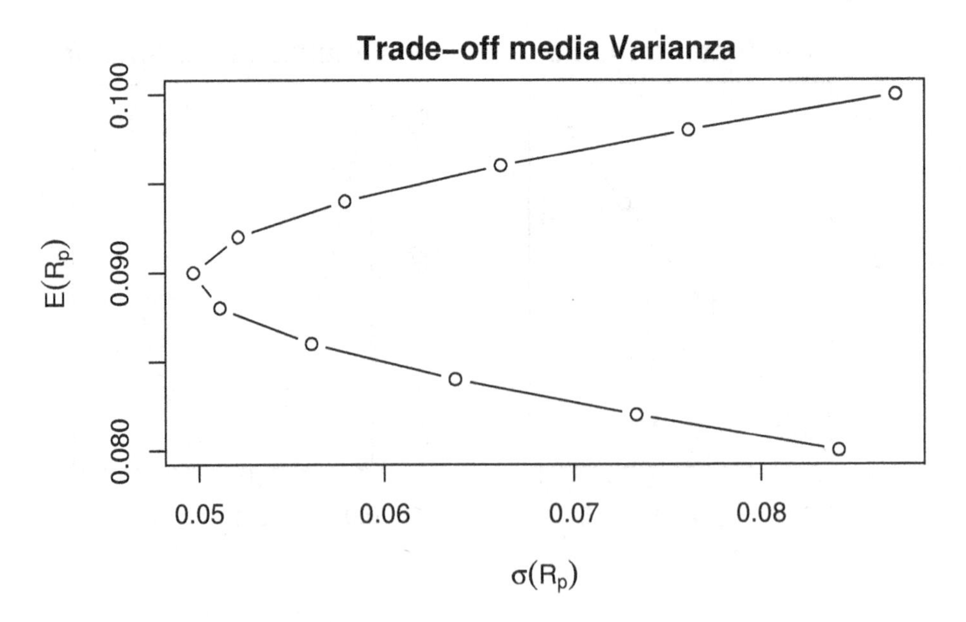

Figura 4.5 Trade-off media e varianza del rendimento.

```
$Rm
[1] 0.08973306

$VR
[1] 0.00246653
```

quindi il valore di a è 48.7% circa. Si noti ora che il valore di a^* può essere riscritto in termini del coefficiente di correlazione

$$\rho_{xy} = \frac{\sigma_{xy}}{\sigma_x \sigma_y}$$

ovvero

$$a^* = \frac{\sigma_y^2 - \rho_{xy}\sigma_x\sigma_y}{\sigma_x^2 + \sigma_y^2 - 2\rho_{xy}\sigma_x\sigma_y}$$

Se i rendimenti dei due titoli sono indipendenti e quindi $\rho_{xy} = 0$ si ha che il valore ottimale di a è semplicemente

$$a^* = \frac{\sigma_y^2}{\sigma_x^2 + \sigma_y^2}.$$

Se $\rho_{xy} = 1$ allora

$$\sigma(R_p^a) = a\sigma_x - (1-a)\sigma_y$$

quindi $\sigma(R_p^a)$ è pari a σ_x se $a = 1$ e σ_y quando $a = 0$ per valori di a nell'intervallo (0,1) $\sigma(R_p^a)$ è il segmento che congiunge i punti di coordinate $(\mathrm{E}R_X, \sigma_x)$

```
Rp <- function(x,y,pxy){
 px <- rep(0,length(x))
 py <- rep(0,length(y))

 for(i in 1:length(x))
  px[i] <- sum(pxy[i,])
 for(j in 1:length(y))
  py[j] <- sum(pxy[,j])

 mx <- sum(x*px)
 my <- sum(y*py)
 vx <- sum( (x-mx)^2*px )
 vy <- sum( (y-my)^2*py )
 cxy <- sum( x*y*pxy ) - mx*my
 ott <- (vy - cxy)/(vx+vy-2*cxy)

 mr <- ott*mx + (1-ott)*my
 vr <- ott^2*vx + (1-ott)^2*vy + 2*ott*(1-ott)*cxy
 return(list(a=ott,Rm=mr,VR=vr))
}
```

Codice 4.6 Algoritmo per il calcolo del valore ottimale di allocazione di un portafoglio di due titoli X ed Y, di rendimenti `x` ed `y` con distribuzione congiunta `pxy`. La funzione ritorna il valore `a`, cioè la proporzione di capitale iniziale investita nel titolo X e la media e varianza del rendimento del portafoglio ottimale.

e $(\mathrm{E}R_Y, \sigma_y)$ che corrispondono agli estremi di destra della Figura 4.5. Se invece $\rho_{xy} = -1$ si ha che

$$a^* = \frac{\sigma_y^2 + \sigma_x \sigma_y}{\sigma_x^2 + \sigma_y^2 + 2\sigma_x \sigma_y} = \frac{\sigma_y}{\sigma_x + \sigma_y}$$

e il portafoglio, si dimostra, risulta avere varianza nulla. Per valori di a minori di a^* lo scarto quadratico medio del rendimento è la funzione

$$\sigma(R_p^a) = (1-a)\sigma_y - a\sigma_x$$

mentre per $a \geq a^*$

$$\sigma(R_p^a) = a\sigma_x - (1-a)\sigma_y\,.$$

La Figura 4.7 riporta le curve media-varianza per un portafoglio composto da due titoli di medie e varianze: $\mathrm{E}R_X = 1$, $\mathrm{E}Y = 0.08$, $\sigma_x = 0.0872$, $\sigma_y = 0.0841$, nei vari casi $\rho_{xy} = 0$, $\rho_{xy} = \pm 1$ e $\rho_{xy} = -0.3$ e $\rho_{xy} = 0.2$. Come si nota, a parità di rendimento medio $\mathrm{E}R_p$, la minor variabilità si riscontra quando $\rho_{xy} = -1$ e viceversa per $\rho_{xy} = 1$.

```
> VRpa <- function(a,vx,vy,mx,my,rxy){
+  vv <- sqrt(a^2*vx+(1-a)^2*vy+
+  2*a*(1-a)*rxy*sqrt(vx)*sqrt(vy))
+  mm <- a*mx+(1-a)*my
+  return(list(vv=vv,mm=mm))
+ }
>
> a <- seq(0,1,0.1)
> mx <- 0.10
> my <- 0.08
> vx <- 0.0872^2
> vy <- 0.0841^2
>
> rr1 <- VRpa(a,vx,vy,mx,my,0.2)
> rr2 <- VRpa(a,vx,vy,mx,my,-0.3)
> rr3 <- VRpa(a,vx,vy,mx,my,-1)
> rr4 <- VRpa(a,vx,vy,mx,my,1)
> rr5 <- VRpa(a,vx,vy,mx,my,0)
> plot(c(rr4$vv,rr3$vv),c(rr4$mm,rr3$mm),type="l",
+      xlim=c(0,0.10),lwd=2,xlab=expression(sigma(R[p])),
+      ylab=expression(E(R[p])))
> lines(rr1$vv,rr1$mm)
> lines(rr2$vv,rr2$mm)
> lines(rr3$vv,rr3$mm)
> lines(rr5$vv,rr5$mm,lty=3,lwd=2)
> text(0.06,0.09,expression(rho==0))
> text(0.04,0.09,expression(rho==+0.2))
> text(0.075,0.09,expression(rho==-0.3))
> text(0.02,0.095,expression(rho==-1))
> text(0.02,0.085,expression(rho==-1))
> text(0.095,0.09,expression(rho==+1))
```

4.2.3 Esperimento di Bernoulli e variabili casuali derivate

Un esperimento casuale che consiste in un insieme di **prove ripetute** con le seguenti caratteristiche:

- ad ogni singola prova si hanno solo 2 esiti possibili, chiamati "successo" ed "insuccesso",
- la probabilità dell'evento che da origine al "successo" è costante,
- i risultati delle prove sono indipendenti,

è detto un **esperimento Bernoulliano.**

È importante sapere riconoscere quando si è in presenza di questo tipo di esperimento. Facciamo alcuni esempi. Se lanciamo ripetutamente una moneta e registriamo come "successo" il risultato T, siamo realisticamente in presenza

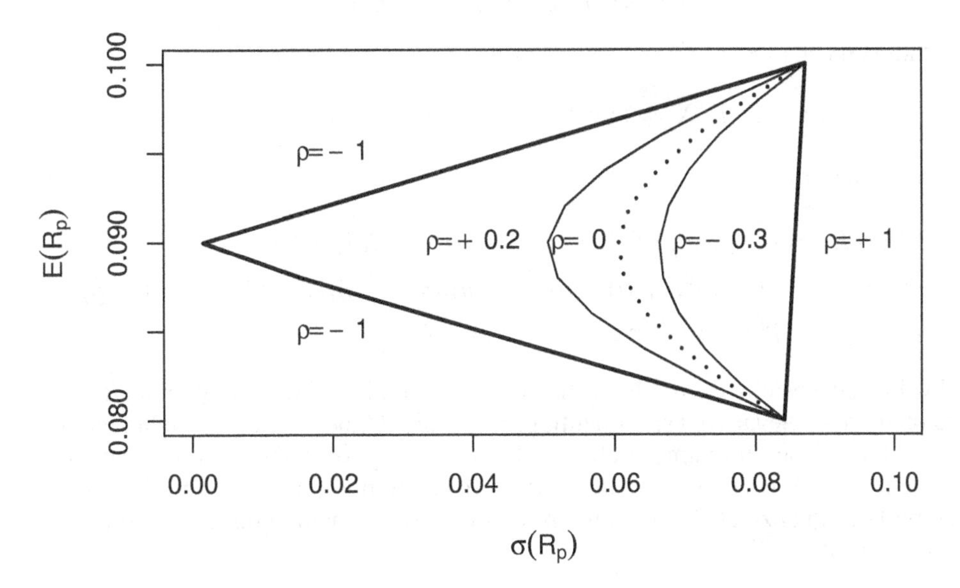

Figura 4.7 Trade-off media e varianza del rendimento al variare del legame lineare tra R_X e R_Y.

di un esperimento Bernoulliano. Se pensiamo alle chiamate che giungono ad un centrale telefonica in una certa fascia oraria e indichiamo con "successo" l'evento "chiamata da telefonia mobile" e con "insuccesso" l'evento "chiamata da telefonia fissa", siamo ancora in presenza di esperimento di Bernoulli in quanto possiamo supporre che i vari utenti agiscano indipendentemente l'uno dall'altro e che, nell'ambito di una data fascia oraria, rimanga costante la frequenza con cui gli utenti chiamano da un cellulare o da un telefono di rete fissa.

Pensiamo all'esito di un sondaggio referendario. Supponiamo che siano possibili solo 2 esiti: successo = "SI" e insuccesso = "NO". Ogni elettore vota in modo indipendente l'uno dall'altro (se pensiamo a due elettori consecutivi). Supponiamo di prendere un campione di schede votate. Se ne prendiamo una a caso possiamo immaginare che su quella scheda troveremo un "SI" con una probabilità pari alla frequenza con cui (tutti) gli elettori si sono espressi per il "SI".

L'esperimento Bernoulliano deve il suo nome alla variabile casuale che descrive ogni singola prova, la variabile di Bernoulli, che a sua volta porta il nome del matematico che l'ha introdotta nel calcolo delle probabilità.

Variabile casuale di Bernoulli Una variabile casuale discreta che assume solo due valori 0 ed 1 con probabilità rispettivamente p ed $1-p$, con $0 < p < 1$, è detta variabile casuale di **Bernoulli**. Si scrive anche $X \sim Ber(p)$. Tale variabile ha le seguenti proprietà

$$X : P(X = 1) = p; \quad P(X = 0) = 1 - p \quad 0 < p < 1$$

$$E(X) = p \quad \text{e} \quad \text{Var}(X) = p(1-p)$$

Infatti si ha che

$$E(X) = 1 \cdot P(X = 1) + 0 \cdot P(X = 0) = 1 \cdot p + 0 \cdot (1 - p) = p$$

e per la varianza

$$\begin{aligned}
\text{Var}(X) &= (1 - E(X))^2 P(X = 1) + (0 - E(X))^2 P(X = 0) \\
&= (1-p)^2 p + (0-p)^2(1-p) = (1-p)(1-p)p + pp(1-p) \\
&= p(1-p)(1-p+p) = p(1-p)
\end{aligned}$$

Il valore atteso della Bernoulliana ha una lettura intuitiva. Supponiamo di effettuare un numero elevato di esperimenti, per esempio il lancio di una moneta regolare ($p = 0.5$). Dopo un numero elevato di lanci ci si può aspettare di aver ottenuto circa il 50% di successi. Il valore atteso della Bernoulliana può quindi leggersi come la frequenza attesa del numero di successi che otteniamo in un numero di prove elevato.

Variabile casuale Binomiale Spesso nell'ambito di un esperimento Bernoulliano si è interessati a sapere quante volte si ottiene un successo su n prove, cioè per esempio, si è interessati a conoscere il numero di chiamate di telefonia mobile o il numero di "SI" nell'esempio del referendum. In particolare, essendo l'esperimento di tipo casuale, siamo interessati a conoscere la probabilità con cui si ottengono un certo numero k di successi su n prove. Chiaramente k può essere pari a 0, se non vi sono successi, e poi 1, 2 ecc. fino ad n. Prendiamo il seguente esempio del lancio di una moneta 6 volte. Chiediamoci con quale probabilità possiamo ottenere 2 successi (T) in 6 prove. Abbiamo diversi risultati possibili. Indichiamo con 1 il successo, cioè $X = 1$ quando esce T, e con 0 l'insuccesso. La sequenza di lanci

$$1\,1\,0\,0\,0\,0$$

è una sequenza in cui abbiamo 2 successi e 4 insuccessi, ma anche

$$1\,0\,0\,1\,0\,0$$

è una sequenza analoga. Ciascuna di quelle due sequenze ha la stessa probabilità di verificarsi. Infatti, indichiamo con X_i la variabile di Bernoulli che vale 1, con probabilità p, se alla prova numero i otteniamo un successo:

$$\begin{aligned}
P(\text{"}1\,1\,0\,0\,0\,0\text{"}) &= P(X_1 = 1, X_2 = 1, X_3 = 0, X_4 = 0, X_5 = 0, X_6 = 0) \\
&= P(X_1 = 1)P(X_2 = 1)P(X_3 = 0)P(X_4 = 0) \\
&\quad P(X_5 = 0)P(X_6 = 0) \\
&= pp(1-p)(1-p)(1-p)(1-p) \\
&= p^2(1-p)^4
\end{aligned}$$

Mentre per la seconda sequenza si ha

$$\begin{aligned} P(\text{“}100100\text{''}) &= P(X_1 = 1, X_2 = 0, X_3 = 0, X_4 = 1, X_5 = 0, X_6 = 0) \\ &= P(X_1 = 1)P(X_2 = 0)P(X_3 = 0)P(X_4 = 1) \\ &\quad P(X_5 = 0)P(X_6 = 0) \\ &= p(1-p)(1-p)p(1-p)(1-p) \\ &= p^2(1-p)^4 \end{aligned}$$

cioè esattamente lo stesso risultato. Ma in totale abbiamo un numero molto elevato di sestine composte da due soli “1” e quattro “0”. Le elenchiamo di seguito:

$$\begin{array}{ccccc} 110000 & 101000 & 100100 & 100010 & 100001 \\ 011000 & 010100 & 010010 & 010001 & 001100 \\ 001010 & 001001 & 000110 & 000101 & 000011 \end{array}$$

Come si vede sono in tutto 15, risultato che si poteva ottenere con l'utilizzo del coefficiente binomiale. Infatti, spostare i due “1” all'interno di una sestina, coincide con l'estrarre 2 elementi da un gruppo di 6, cioè scegliere casualmente 2 tra i 6 posti all'interno della sestina. Quindi in totale sono

$$\binom{6}{2} = \frac{6 \cdot 5 \cdot 4!}{4! \cdot 2!} = 3 \cdot 5 = 15$$

In definitiva, la probabilità di ottenere 2 successi su 6 prove corrisponde alla probabilità del realizzarsi di una delle 15 sestine che abbiamo elencato, ciascuna con la stessa probabilità di realizzarsi e quindi

$$\begin{aligned} P(\text{2 successi su 6 lanci}) &= P(\text{“}110000\text{''}) + \cdots + P(\text{“}000011\text{''}) \\ &= p^2(1-p)^4 + p^2(1-p)^4 + \cdots + p^2(1-p)^4 \\ &= \binom{6}{2} p^2(1-p)^4 \\ &= \binom{6}{2} p^2(1-p)^{6-2} \end{aligned}$$

La variabile che in generale descrive il numero di successi che si possono ottenere in n prove di Bernoulli, è la variabile casuale **Binomiale**: se abbiamo un esperimento Bernoulliano costituito da n prove in cui la probabilità del successo è pari a p, $0 < p < 1$, la variabile casuale X che *conta il numero di successi* in n prove si chiama Binomiale e si scrive $X \sim Bin(n, p)$. Tale variabile assume tutti i valori interi da 0 ad n con la seguente distribuzione di probabilità

$$P(X = k) = \binom{n}{k} p^k (1-p)^{n-k}, \quad k = 0, 1, \ldots, n\,.$$

Tale variabile ha le seguenti proprietà

$$\mathrm{E}(X) = np \quad \text{e} \quad \mathrm{Var}(X) = np(1-p)$$

Se guardiamo al valore atteso della variabile casuale Binomiale possiamo interpretarlo come numero di medio di successi che ci aspettiamo si realizzi se ripetiamo varie volte l'esperimento di Bernoulli. Infatti, supponiamo che la probabilità di successo sia 0.3 e di avere un esperimento composto da $n = 100$ prove di Bernoulli. Se ripetiamo diverse volte l'esperimento, è lecito aspettarsi che in media il numero di successi sia circa 30. Ovvero, in ogni singola sequenza di Bernoulli avremo un numero di successi pari, per esempio, a 30, 29, 27, 31, 33 ecc. La media aritmetica di questi valori dovrebbe essere 30 se l'esperimento ha funzionato a dovere.

Non è necessario scrivere delle routine per calcolare le probabilità relative ad eventi che coinvolgono variabili casuali di tipo Binomiale o Bernoulli. Se vogliamo calcolare la probabilità $P(X \leq 3)$ dove $X \sim Bin(n = 10, p = 0.3)$ si può usare il comando `pbinom(3,10,0.3)`

```
> pbinom(3,10,0.3)
[1] 0.6496107
> pbinom(3,10,0.3, lower.tail=FALSE)
[1] 0.3503893
```

l'opzione `lower.tail=FALSE` serve per calcolare la probabilità $P(X > 3)$. Infatti,

$$P(X < 3) + P(X > 3) = P(\Omega) = 1$$

```
> pbinom(3,10,0.3) + pbinom(3,10,0.3, lower.tail=FALSE)
[1] 1
```

Se invece vogliamo calcolare la densità di probabilità di X in un punto $x = 3$ possiamo utilizzare la funzione `dbinom` come segue

```
> dbinom(3,10,0.3)
[1] 0.2668279
```

Se vogliamo calcolare probabilità relative alla variabile di Bernoulli, basta ricordarsi che $X \sim Ber(p) \sim Bin(n = 1, p)$.

Il prefisso "`d`" di `binom` serve a ricordarci che stiamo calcolando la densità di probabilità della variabile casuale. Questo prefisso, come vedremo è comune a tutte le altre variabili aleatorie. Se invece vogliamo calcolare la funzione di ripartizione il prefisso è "`p`". Se aggiungiamo l'opzione `lower.tail=F`, R calcola la probabilità dell'evento complementare: $P(X > x)$.

Variabile casuale Geometrica In un esperimento Bernoulliano ci si può chiedere quanto tempo si deve aspettare per avere il primo successo. Se per esempio vogliamo sapere con quale probabilità si avrà la prima T nel lancio di una moneta truccata, tale per cui $1 - p = P(C) = \frac{7}{8}$ e $p = P(T) = \frac{1}{8}$ allora la risposta si ottiene nel seguente modo

$$(1-p)^k \cdot p, \qquad k = 0, 1, \ldots$$

In tal caso l'esperimento potrebbe anche avere durata infinita o comunque non prevedibile al contrario del modello Binomiale in cui viene fissato il numero di prove n a priori. La variabile *tempo di attesa per il primo successo* è chiamata variabile casuale **geometrica**. Il seguente codice disegna la densità di probabilità di una geometrica con $p = \frac{1}{8}$. Il grafico è riportato in Figura 4.8

```
> k <- 0:10
> p <- dgeom(k,1/8)
> plot(k,p,type="h",axes=F)
> axis(1,k); axis(2); box()
```

Il nome della distribuzione deriva dal fatto che la sua densità di probabilità ha un nucleo che è una successione geometrica del tipo $1 + x + x^2 + \cdots$ con $x = 1 - p$. Essendo

$$P(X = k) = p(1-p)^k$$

si ha che

$$\sum_{k=0}^{\infty} P(X = k) = p\sum_{k=0}^{\infty}(1-p)^k = p\frac{1}{1-(1-p)} = \frac{p}{p} = 1$$

Questa distribuzione ha la proprietà di *mancanza di memoria*. Infatti, se abbiamo già osservato t insuccessi, ci si può chiedere con quale probabilità aspetteremo ancora s insuccessi prima del primo successo. Dobbiamo calcolare

$$P(X > t + s | X > t) = \frac{P(X > t + s)}{P(X > t)}$$

ma

$$P(X > u) = \sum_{k=u}^{\infty} p(1-p)^k = (1-p)^u(p + p(1-p) + p(1-p)^2 + \cdots) = (1-p)^u$$

dunque

$$P(X > t + s | X > t) = \frac{P(X > t + s)}{P(X > t)} = \frac{(1-p)^{t+s}}{(1-p)^t} = (1-p)^s = P(X > s)$$

Ciò implica che tempo di attesa non dipende da quanto si è aspettato. Un tipica applicazione di questa distribuzione riguarda le estrazioni del lotto. La variabile stessa può essere interpretata come il "ritardo" di un certo numero nelle estrazioni del lotto. Come si vede, se le prove sono indipendenti, cioè le ruote non sono truccate, allora sapere che un certo numero non è uscito per t settimane, non cambia il tempo di necessario affinché esca nelle successive. Concludiamo dicendo che per la variabile casuale geometrica la media è pari a $(1-p)/p$ mentre la varianza è $(1-p)/p^2$.

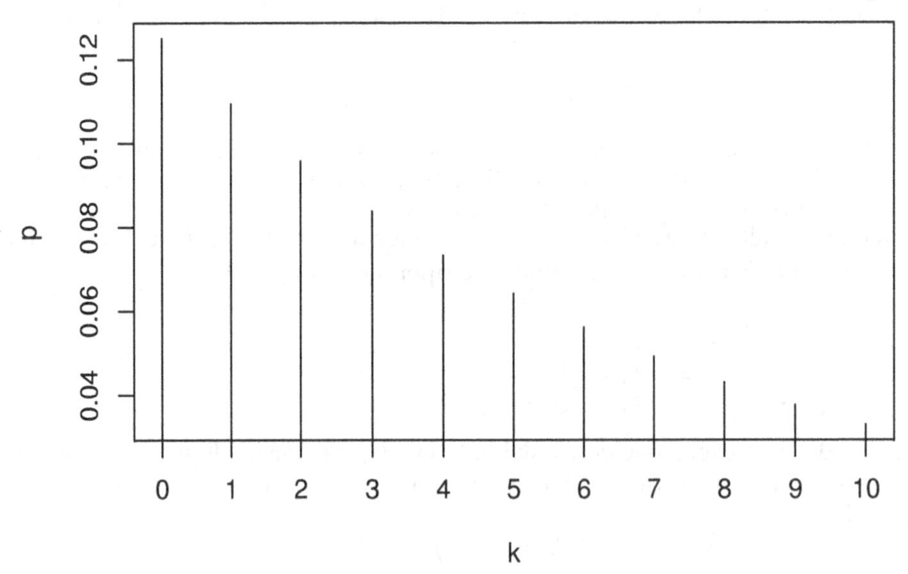

Figura 4.8 Probabilità di avere il primo successo in dopo k prove, con $k = 0, 1, \ldots, 10$ e probabilità di successo in ogni prova di Bernoulli pari a $p = \frac{1}{8}$.

Variabile Binomiale negativa Una generalizzazione della distribuzione geometrica è data dalla variabile casuale Binomiale negativa di densità, per $n = 1, 2, \ldots$ e $k = 0, 1, 2, \ldots$,

$$P(X = k) = \binom{n + k - 1}{k} p^n (1 - p)^k$$

e conta il numero di insuccessi k che si devono avere prima di ottenere l'n-esimo successo. Posto $n = 1$ si ottiene esattamente la distribuzione geometrica di parametro p. In R la densità e la distribuzione di probabilità si ottengono rispettivamente con `dnbinom` e `pnbinom`. Per esempio, per calcolare $P(X \leq 3)$ e $P(X = 3) = P(Y = 3)$ con $X \sim NegBin(n = 5, p = 0.3)$ e $Y \sim Geom(p = 0.3)$, scriveremo

```
> pnbinom(3,5,0.3)
[1] 0.05796765
> dnbinom(3,1,0.3)
[1] 0.1029
> dgeom(3,0.3)
[1] 0.1029
```

4.2.4 Variabile casuale Ipergeometrica

Si supponga di avere una popolazione di N individui di cui K di tipo 1 gli altri $N - K$ di tipo 2. Se estraiamo un campione casuale di n individui, ci chiediamo con quale probabilità k di questi sono di tipo 1. Sia X tale numero, allora la probabilità si calcola facilmente tramite il rapporto

$$P(X = k) = \frac{\binom{N-K}{n-k}\binom{K}{k}}{\binom{N}{n}}$$

dove il denominatore rappresenta i possibili modi di estrarre un campione di n elementi dal gruppo degli N e il numeratore rappresenta il prodotto tra il numero di modi di estrarre k elementi dal gruppo di quelli di tipo 1, cioè K, e $n-k$ elementi tra il gruppo degli $N - K$ di tipo 2. X è detta variabile casuale ipergeometrica di parametri (N, K, n). Le funzioni di riferimento sono `dhyper` e `phyper`.

4.2.5 Variabile casuale di Poisson

Un altro modello probabilistico molto utilizzato è quello di Poisson. L'ambito è quello dei tempi di arrivo in un dato intervallo di tempo o, in modo equivalente, quello di un processo di Bernoulli con eventi *rari* cioè con probabilità di successo molto piccola. Il teorema di Poisson deriva proprio la distribuzione omonima partendo dal processo di Bernoulli. Se p è molto prossimo a 0 e $n \cdot p = \lambda$ rimane constante al crescere di n allora

$$P(X = k) \simeq \frac{\lambda^k e^{-\lambda}}{k!}, \quad k = 0, 1, \ldots \tag{4.2}$$

Una variabile casuale tale per cui la sua legge è pari a quella dell'equazione (4.2) con "$=$" al posto di "$\simeq$" è detta variabile casuale di Poisson. Una variabile casuale di Posson di parametro $\lambda > 0$ si indica con $X \sim Poi(\lambda)$. Le proprietà di questa variabile casuale sono che la sua media e varianza sono pari a λ. Tale variabile vive di per se stessa, cioè senza doverla ricondurre alla variabile casuale Binomiale, e serve a descrivere il numero di eventi, tutti uguali, indipendenti ed equiprobabili, che si verificano in un intervallo di tempo finito. Il parametro λ indica quindi il numero medio di eventi che ci si aspetta di osservare in un certo intervallo di ampiezza unitaria. Densità di probabilità e funzione di ripartizione di una Poisson si ottengono tramite i comandi `dpois` e `ppois`. Il codice che segue fornisce una rappresentazione del grafico della densità di probabilità della distribuzione di $X \sim Poi(5)$.

```
> k <- 0:20
> p <- dpois(k,lambda=5)
> plot(k,p,type="h")
```

Un esempio tipico di applicazione del modello poissoniano è il seguente. Si supponga che il numero medio di chiamate ad un centralino sia pari a 20 per ora. Ci si chiede con quale probabilità in 5 minuti non arrivano chiamate oppure che in 10 minuti si abbiamo al più 10 chiamate. Se il tempo di riferimento è 1h = 60m, noi sappiamo che ogni minuto arrivano mediamente $20/60 = 0.\bar{3}$ chiamate. Se ci concentriamo sull'intervallo 0-5m allora il numero medio di chiamate nell'intervallo è pari $0.\bar{3} \cdot 5 = 1.\bar{6} = \lambda$. Quindi, posto $X \sim Poi(20/60 \cdot 5)$ dobbiamo calcolare $P(X = 0)$. Utilizziamo R

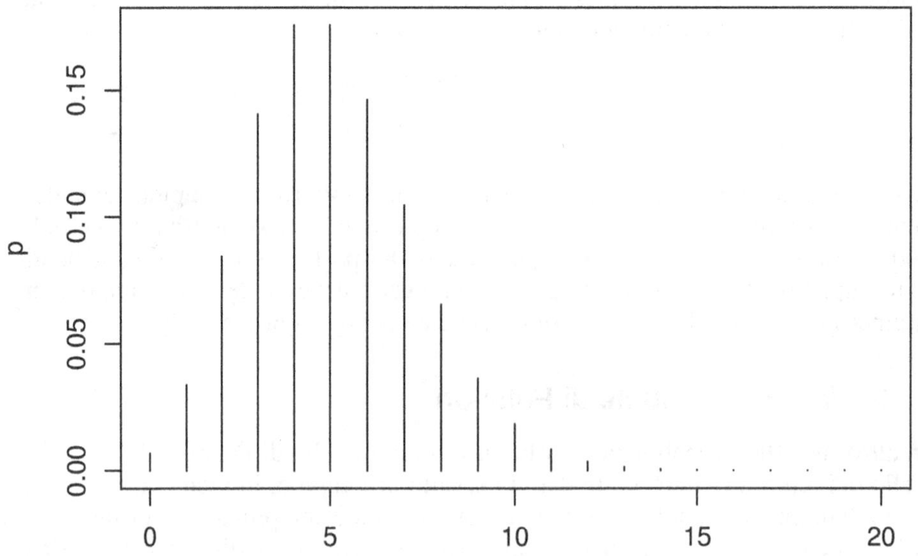

Figura 4.9 Grafico della densità di probabilità della distribuzione di Poisson di parametro $\lambda = 5$.

```
> dpois(0,20/60*5)
[1] 0.1888756
```

In 10 minuti arriveranno mediamente $20/60 \cdot 10 = \lambda$ chiamate quindi, posto $X \sim Poi(20/60 \cdot 10)$ dobbiamo calcolare $P(X \leq 10)$, che risulta pari a

```
> ppois(10,20/60*10)
[1] 0.9993085
```

4.2.6 Schema riassuntivo per variabili casuali discrete

Le Tabelle 4.1 e 4.2 riportano l'elenco dei comandi per ottenere le densità di probabilità, le funzioni di ripartizione e i quantili delle distribuzioni viste. Il **quantile** di una variabile casuale è definito esattamente come nel caso della statistica descrittiva, ovvero il quantile x_p di una variabile causale X è definito dalla formula $p = P(X \leq x_p)$.

Per ottenere i quantili delle distribuzioni si utilizza il comando con il prefisso "q" così che `qbinom(alpha,n,p)` fornisce il o i quantili relativi alla probabilità (o alle probabilità) specificate nel vettore `alpha`.

4.2.7 Variabili casuali continue

Ci sono esperimenti casuali che non sempre generano valori discreti o comunque in quantità numerabile. Si consideri l'esempio che potremmo chiamare della

Variabile casuale	Bin(n,p)	Bin Neg(n,p)	Geom(p)
Densità	`dbinom(`k`,`n`,`p`)`	`dnbinom(`k`,`n`,`p`)`	`dgeom(`k`,`p`)`
Ripartizione	`pbinom(`x`,`n`,`p`)`	`pnbinom(`x`,`n`,`p`)`	`pgeom(`x`,`p`)`
Quantili	`qbinom(`α`,`n`,`p`)`	`qnbinom(`α`,`n`,`p`)`	`qgeom(`α`,`p`)`

Tabella 4.1 n = numero di prove di Bernoulli, p = probabilità di un successo, α = vettore di probabilità.

Variabile casuale	Iperg(N,K,n)	Poisson(λ)
Densità	`dhyper(`k`,`K`,`$N-K$`,`n`)`	`dpois(`k`,`λ`)`
Ripartizione	`phyper(`x`,`K`,`$N-K$`,`n`)`	`ppois(`x`,`λ`)`
Quantili	`qhyper(`α`,`K`,`$N-K$`,`n`)`	`qpois(`α`,`λ`)`

Tabella 4.2 N = numero complessivo di oggetti, K = numerosità del sottogruppo, n = numero di estrazioni, α = vettore di probabilità, λ = media.

Ruota della Fortuna. Possiamo pensare ad una sorta di roulette/bussola con un ago centrale. Se facciamo ruotare l'ago, questo terminerà la sua corsa ponendosi in una certa posizione che possiamo registrare come il numero di gradi x_1 da una linea prefissata (cfr. Figura 4.10). Se facciamo ruotare ancora l'ago otterremo un nuovo valore x_2 e così via. Nella sostanza possiamo ottenere un numero infinito di valori diversi x_i quindi l'esperimento ci porta ad un insieme Ω che corrisponde a tutte le possibili posizioni assumibili dall'ago della roulette. Se indichiamo con X la variabile casuale che registra i gradi x_i, allora la variabile casuale X assumerà tutti valori dei gradi nell'intervallo (0, 360).
Proviamo a calcolare la probabilità con cui la variabile casuale X assume un particolare valore x_i. Poiché supponiamo di non barare nel far ruotare la freccia, possiamo utilizzare l'usuale formula del caso di eventi elementari (i gradi di inclinazione) equiprobabili

$$P(X = x_i) = \frac{\text{\# casi favorevoli}}{\text{\# casi possibili}} = \frac{1}{\infty} = 0$$

cioè ciascuno dei risultati $X = x_i$ ha probabilità nulla di verificarsi! Questo è quindi un problema se pensiamo alla definizione di variabile casuale come nel caso discreto. Però non è impossibile calcolare le probabilità relative ad eventi che coinvolgono variabili casuali continue. Per esempio, con quale probabilità la variabile casuale X, cioè l'ago, misurerà un'inclinazione compresa tra 0 e 90°? Poiché si tratta della quarta parte di un cerchio (confronta la Figura 4.11), viene naturale rispondere che $P(X \leq 90) = 1/4 = 0.25$.

In generale, le variabili casuali continue vengono sempre definite a partire dall'insieme dei valori assumibili e dalle probabilità del tipo $P(X \leq x)$, cioè

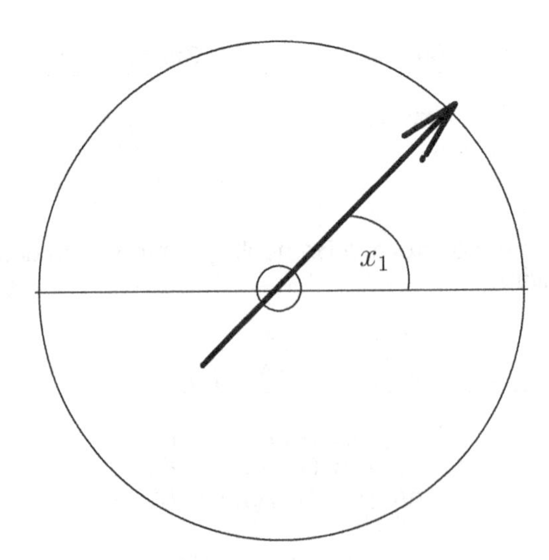

Figura 4.10 La Ruota della Fortuna: La variabile casuale X segna i gradi x_i in corrispondenza dei quali l'ago della ruota di ferma. Nel disegno l'ago si ferma in posizione $X = x_1$. Poiché si tratta di uno degli infiniti valori tra 0 e 360°, avremo $P(X = x_1) = 1/\infty = 0$.

della funzione di ripartizione. Queste probabilità possono in genere essere espresse attraverso un'altra funzione $f(\cdot)$, detta **densità di probabilità**, nella seguente forma

$$P(X \leq x) = \int_{-\infty}^{x} f(u)\mathrm{d}u.$$

L'integrale qui sopra non deve preoccupare poiché R penserà a calcolarlo al nostro posto, ma deve essere interpretato come un'estensione della formula (4.1) dove l'integrale $\int$ sostituisce la sommatoria e la funzione di densità $f(\cdot)$ sostituisce i termini $P(X = x_i)$.

Valore atteso e varianza delle variabili casuali continue In analogia a quanto visto nel caso discreto, per le variabili casuali continue abbiamo che

$$\mu = \mathrm{E}(X) = \int_{-\infty}^{\infty} x f(x)\mathrm{d}x$$

e per la varianza

$$\sigma^2 = \mathrm{Var}(X) = \mathrm{E}(X - \mathrm{E}X)^2 = \int_{-\infty}^{\infty} (x-\mu)^2 f(x)\mathrm{d}x$$

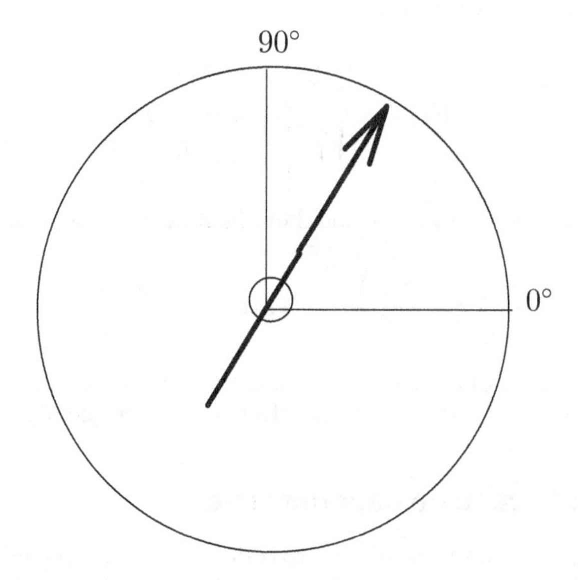

Figura 4.11 Ancora la Ruota della Fortuna: Con quale probabilità l'ago della Ruota si ferma in punto compreso tra 0 e 90°? Questo accade una volta su 4, cioè nel 25% dei casi, dunque $P(X \leq 90) = 0.25$.

La covarianza può invece scriversi come

$$\sigma_{xy} = \mathrm{Cov}(X,Y) = \mathrm{E}(X - \mathrm{E}X)(Y - \mathrm{E}Y) = \int_{-\infty}^{\infty} (x - \mathrm{E}X)(y - \mathrm{E}Y) f(x,y) \mathrm{d}x \mathrm{d}y$$

dove $f(x,y)$ è la densità di probabilità congiunta. Come per il caso discreto la condizione necessaria e sufficiente di indipendenza è la seguente

$$f(x,y) = f(x) \cdot f(y), \qquad \forall\, x, y\,.$$

Se X ed Y sono indipendenti allora $\sigma_{xy} = 0$.

4.2.8 Variabile casuale Uniforme

Se $[a,b]$ è un intervallo finito, la variabile casuale che assume un qualsiasi valore di tale intervallo con uguale probabilità è detta variabile casuale **uniforme** e si indica con $X \sim U(a,b)$. L'esempio della ruota della fortuna può essere modellato con una variabile casuale uniforme sull'intervallo [0,360]. La sua densità è definita da

$$f(x) = \begin{cases} \frac{1}{b-a}, & x \in (a,b) \\ 0, & \text{altrimenti} \end{cases}$$

e la sua funzione di ripartizione è

$$F(x) = \begin{cases} 0, & x < a \\ \frac{x-a}{b-a}, & x \in [a,b] \\ 1, & x > b \end{cases}$$

Media e varianza dell'uniforme si calcolano facilmente e sono pari a

$$\mathrm{E}(X) = \frac{a+b}{2} \qquad \mathrm{Var}(X) = \frac{(b-a)^2}{12}$$

La densità, la funzione di ripartizione e i quantili si calcolano attraverso i comandi `dunif`, `punif` e `qunif`. Si rimanda alla Tabella 4.5 per i dettagli.

4.2.9 Variabile casuale esponenziale

Questa variabile modella i tempi di arrivo di eventi indipendenti e come tale è legata alla variabile di Poisson. A differenza della variabile casuale di Poisson che conta il numero di arrivi in un intervallo di tempo, la variabile esponenziale misura il tempo che intercorre tra due di tali eventi successivi. Si tratta quindi di una variabile casuale continua a valori positivi. Si dice che X è di tipo esponenziale di parametro λ, e si indica con $X \sim Exp(\lambda)$, se ha densità e funzione di ripartizione seguenti

$$f(x) = \begin{cases} \lambda e^{-\lambda x}, & x > 0 \\ 0, & \text{altrimenti} \end{cases}$$

$$F(x) = \begin{cases} 0, & x < 0 \\ 1 - e^{-\lambda x}, & x > 0 \end{cases}$$

Se prendiamo una variabile casuale di Poisson Y di parametro λ, allora

$$P(Y = 0) = \frac{\lambda^0 e^{-\lambda}}{\lambda^0} = e^{-\lambda} = 1 - P(X < 1) = P(X > 1)$$

Cioè dire che "nell'intervallo di tempo unitario non si verificano eventi" è equivalente a dire che "il primo evento si verifica dopo 1 unità di tempo" . In generale se x è un ammontare di tempo fissato, dire che $P(Y = 0)$ per $Y \sim Poi(\lambda x)$ equivale a calcolare $P(X > x)$ con $X \sim Exp(\lambda)$. Al solito `dexp`, `pexp` e `qexp` sono le funzioni di R per il calcolo della densità, della funzione di ripartizione e dei quantili dell'esponenziale (si veda Tabella 4.5). Media e varianza della distribuzione esponenziale sono

$$\mathrm{E}(X) = \frac{1}{\lambda} \qquad \mathrm{Var}(X) = \frac{1}{\lambda^2}\,.$$

4.2.10 Variabile casuale Normale

Uno degli aspetti più inquietanti del caso è che esso sembra pervadere il mondo fisico più di quanto non si immagini. Sembra proprio che la variabile casuale Gaussiana (chiamata anche *Normale, degli errori accidentali* ecc.) regni sovrana tanto che biologi, fisici e sociologi ne rivendicano la paternità. Tra le ricorrenze importanti della Normale c'è quella che riguarda la distribuzione delle misure di quantità fisiche del mondo animale, ed in particolare umane, come la distribuzione delle altezze, della lunghezza di parti anatomiche (avambracci, femori, orecchie, mignoli della mano sinistra e quant'altro).

Ricordiamo che una variabile casuale continua è ben definita quando: i) si specifica l'intervallo di valori che può assumere e ii) viene indicata la sua funzione di densità. Per la variabile casuale **Normale standard** si ha che la densità assume la seguente forma

$$f(x) = \frac{1}{\sqrt{2\pi}}e^{-\frac{x^2}{2}}, \qquad -\infty < x < \infty, \tag{4.3}$$

dove la funzione $f(x)$ è definita per ogni numero reale x.

La formula contiene due delle più importanti costanti matematiche: il numero e che è la base dei logaritmi naturali e il numero π noto dalle scuole medie inferiori attraverso la formula del calcolo dell'area di un cerchio di raggio r: $A = \pi r^2$.

La variabile casuale Normale standard si indica generalmente con la lettera Z dell'alfabeto. Abbiamo visto che può dunque assumere qualunque valore dell'asse reale z anche se gli eventi di cui ha senso calcolare le probabilità sono gli intervalli del tipo $P(a < Z < b)$ poiché, come per *tutte le variabili aleatorie continue*, si ha sempre $P(Z = z) = 0$ per ogni valore di z (si ricordi l'esempio della Ruota della Fortuna).

Gauss è sicuramente uno dei padri di tale distribuzione e ne fornì una derivazione partendo dall'osservazione di misure fisiche. Si accorse che misurando più volte una certa quantità può accadere che la misura dell'oggetto vari di poco. Se m è la vera misura dell'oggetto e x_i è la misurazione i-esima eseguita, gli errori di misura sono definiti, come i residui nell'analisi di regressione, dalla differenza $e_i = x_i - m$. A volte risulteranno errori per eccesso a volte per difetto. Se consideriamo la media di tutte le misure x_i ci aspettiamo che sia pari ad m. Se gli errori di misurazione che commettiamo sono di tipo casuale (cioè non indotti sistematicamente dalla nostra sbadataggine per esempio) e tracciamo la distribuzione di frequenza dei valori e_i ci accorgiamo che la maggior parte dei valori si concentra attorno allo 0 e poi pochi valori saranno positivi e molto grandi e altrettanti molto grandi ma con segno negativo. Cioè l'aspetto della distribuzione di frequenza "lisciata" dovrebbe apparire come nel grafico in Figura 4.12 che è esattamente il grafico della densità di una variabile casuale Gaussiana standard.

Per la variabile casuale Normale standard si hanno due proprietà fondamentali: i) il valore atteso è pari a 0 (E(Z)=0) e la sua varianza è pari ad 1 (Var(X) $= 1$). La notazione utilizzata per indicare che una variabile è di tipo gaussiano è la seguente: $Z \sim N(\mu = 0, \sigma^2 = 1)$ dove μ indica il valore atteso e σ^2 la varianza

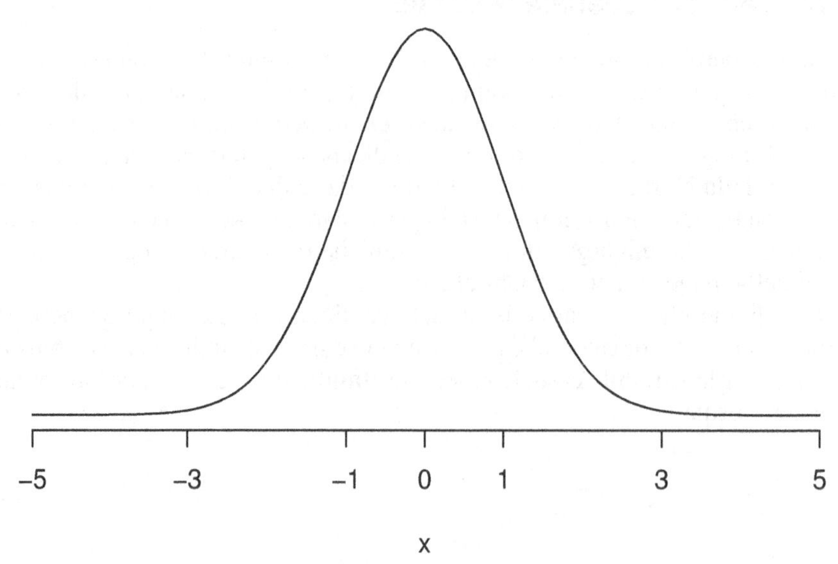

Figura 4.12 Grafico della densità di probabilità della variabile casuale Gaussiana (o Normale) standard.

della variabile in questione. Questa notazione lascia intuire che esistono diversi tipi di variabili gaussiane al variare di μ e σ^2.

Infatti, la variabile casuale **Gaussiana** può essere definita in modo più generale da una densità del tipo che segue

$$f(x) = \frac{1}{\sqrt{2\pi}\sigma} e^{-\frac{(x-\mu)^2}{2\sigma^2}} \tag{4.4}$$

(si noti che ponendo $\mu = 0$ e $\sigma = 1$ la (4.4) coincide con la (4.3).) La densità (4.4) appena scritta è la densità di una variabile Gaussiana X di media μ e varianza σ^2 e si scriverà $X \sim N(\mu, \sigma^2)$. I parametri μ e σ^2 della Gaussiana hanno un'interpretazione molto diretta. Abbiamo visto che la $N(0, 1)$ ha una densità campanulare **simmetrica** attorno allo 0 che è anche la sua media, mediana (per la simmetria) e la moda. Una normale di media μ avrà le stesse proprietà solo che questa volta il punto di simmetria è proprio μ, ovvero μ è contemporaneamente la media, la moda e la mediana della variabile casuale.

Il grafico in Figura 4.13 mostra la densità di due variabili gaussiane di media rispettivamente $\mu = -4$ e $\mu = 7$ con varianza pari ad 1 (Grafico (a)) e di altre due gaussiane di media nulla ma varianze rispettivamente 1 e 4 (Grafico (b)). Come si vede la media μ è il centro della distribuzione mentre il fattore σ^2, cioè la dispersione, agisce come un *fattore di scala* ovvero, più è piccola la varianza più la distribuzione è concentrata attorno alla media e dunque la distribuzione risulta anche essere più "appuntita", viceversa più aumenta la varianza, più i valori tendono a disperdersi attorno alla media così che il grafico della densità della

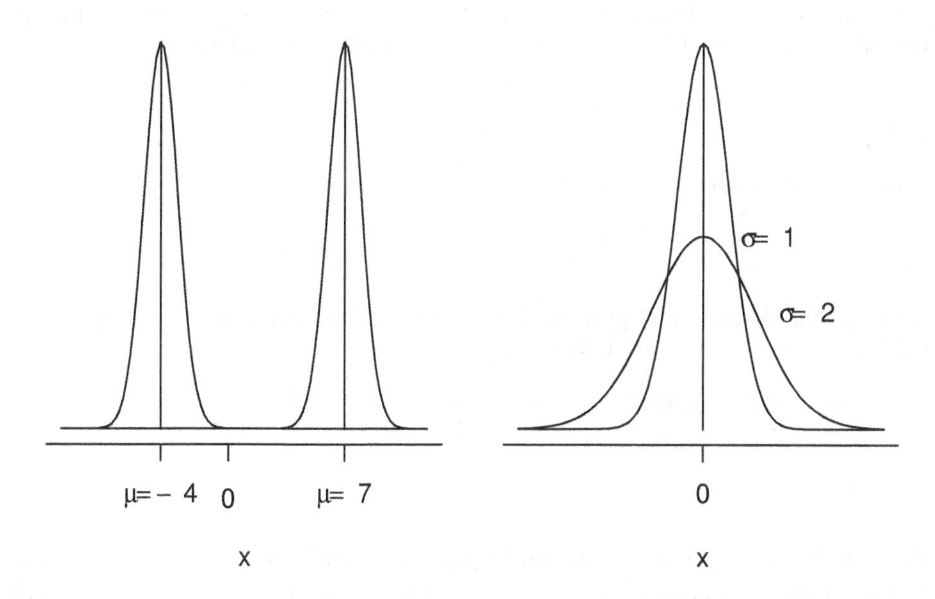

Figura 4.13 Grafico delle densità di gaussiane al variare dei parametri μ e σ^2. A sinistra due variabili normali di varianza pari ad 1 e medie $\mu = -4$ e $\mu = 7$. A destra due gaussiane di media nulla ma varianza σ^2 pari ad 1 e 4.

Normale risulta essere più "appiattito". Il termine *"standard"* viene riservato alla Gaussiana di parametri $\mu = 0$ e $\sigma^2 = 1$. Questa variabile casuale gioca un ruolo fondamentale nel calcolo delle probabilità. Sappiamo che per una variabile casuale continua, calcolare probabilità del tipo $P(X < x)$ vuol dire eseguire il calcolo di un integrale, cioè

$$P(X < x) = \int_{-\infty}^{x} f(u)\mathrm{d}u$$

che spesso non è risolvibile in modo esplicito ma solo per via numerica. Se X è la variabile casuale Normale standard, cioè $X = Z \sim N(0,1)$ quelle probabilità ci vengono fornite da algoritmi standard come quelli utilizzati da R. In particolare, se Z è la variabile Gaussiana standard si usa per convenzione la notazione $P(Z < z) = \Phi(z)$. Dunque se X è una variabile Gaussiana di parametri $\mathrm{E}(X) = \mu$ e $\mathrm{Var}(X) = \sigma^2$, cioè $X \sim N(\mu, \sigma^2)$ ci si può ricondurre alla variabile normale standard Z tramite l'operazione di **standardizzazione**

$$Z = \frac{X - \mu}{\sigma} \sim N(0,1)$$

R predispone funzioni per il calcolo della densità, della funzione di ripartizione e dei quantili della Gaussiana (sia quella standard che quella generica di parametri

μ e σ^2). Le funzioni sono rispettivamente `dnorm`, `pnorm` e `qnorm`. Infatti, se vogliamo calcolare $P(X < 3)$ con $X \sim N(3, 2)$ possiamo scrivere

```
> pnorm(3,mean=5,sd=sqrt(3))
[1] 0.1241065
```

oppure passando alla standarizzazione

```
> pnorm((3-5)/sqrt(3))
[1] 0.1241065
```

Se vogliamo disegnare il grafico della densità della Gaussiana, come quelli in Figura 4.13 possiamo usare i comandi

```
> curve(dnorm(x,mean=-4),-10,12,ylab="",axes=FALSE)
> curve(dnorm(x,mean=7), -10,12,ylab="",add=TRUE)
```

Calcolo (grafico) delle probabilità per v.c. continue Se vogliamo calcolare le probabilità del tipo $P(a < Z < b)$, cioè Z assume valori nell'intervallo di estremi a e b, possiamo aiutarci con i grafici. Infatti, rappresentando graficamente $P(a < Z < b)$ notiamo che,

$$P(a < Z < b) = P(Z < b) - P(Z < a)$$

come è evidente dalla Figura 4.14.

Intervalli notevoli Proviamo ora a calcolare le seguenti probabilità

$$P(\mu-\sigma < X < \mu+\sigma), \qquad P(\mu-2\sigma < X < \mu+2\sigma), \qquad P(\mu-3\sigma < X < \mu+3\sigma)$$

dove $X \sim N(\mu, \sigma^2)$. Otteniamo i seguenti risultati

$$\begin{aligned} P(\mu - \sigma < X < \mu + \sigma) &= P\left(\frac{\mu - \mu - \sigma}{\sigma} < \frac{X - \mu}{\sigma} < \frac{\mu + \sigma - \mu}{\sigma}\right) \\ &= P(-1 < Z < 1) = \Phi(1) - \Phi(-1) \\ &= 0.84134 - 0.15866 \simeq 0.68 \end{aligned}$$

In R si può eseguire il calcolo come segue

```
> mu <- 5
> sigma <- 2
> pnorm(mu+sigma,mean=mu,sd=sigma) -
+ pnorm(mu-sigma,mean=mu,sd=sigma)
[1] 0.6826895
> pnorm(1) - pnorm(-1)
[1] 0.6826895
```

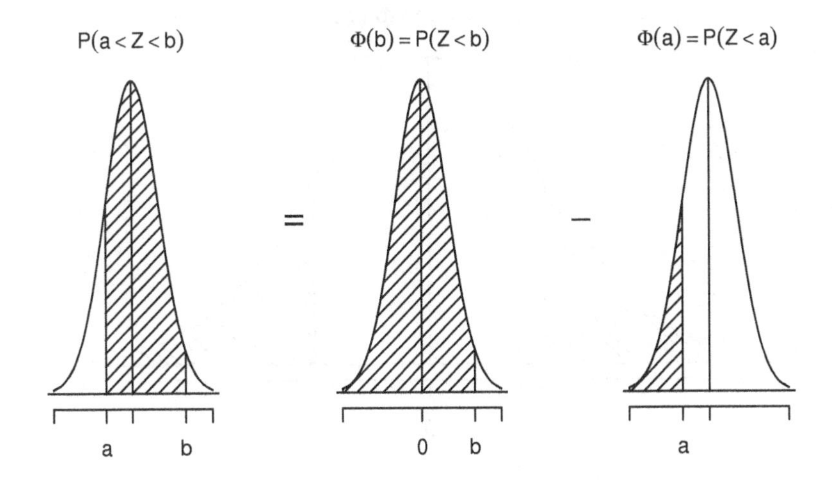

Figura 4.14 Calcolo di $P(a < Z < b) = P(Z < b) - P(Z < a)$. Nell'esempio abbiamo utilizzato la distribuzione Gaussiana, ma la relazione vale per ogni distribuzione continua per il teorema fondamentale del calcolo integrale.

ovvero il 68% di tutti i valori possibili di una Gaussiana si realizzano all'interno dell'intervallo $\mu \pm \sigma$. Per gli altri intervalli otteniamo

```
> pnorm(mu+2*sigma,mean=mu,sd=sigma) -
+ pnorm(mu-2*sigma,mean=mu,sd=sigma)
[1] 0.9544997
> pnorm(2) - pnorm(-2)
[1] 0.9544997
```

cioè

$$P(\mu - 2\sigma < X < \mu + 2\sigma) = 0.954$$

e infine

```
> pnorm(mu+3*sigma,mean=mu,sd=sigma) -
+ pnorm(mu-3*sigma,mean=mu,sd=sigma)
[1] 0.9973002
> pnorm(3) - pnorm(-3)
[1] 0.9973002
```

ovvero

$$P(\mu - 3\sigma < X < \mu + 3\sigma) = 0.997$$

In sostanza oltre ($\pm$) 3 volte lo scarto quadratico medio la probabilità che si realizzi un evento della variabile casuale Gaussiana è praticamente nulla. Dal punto

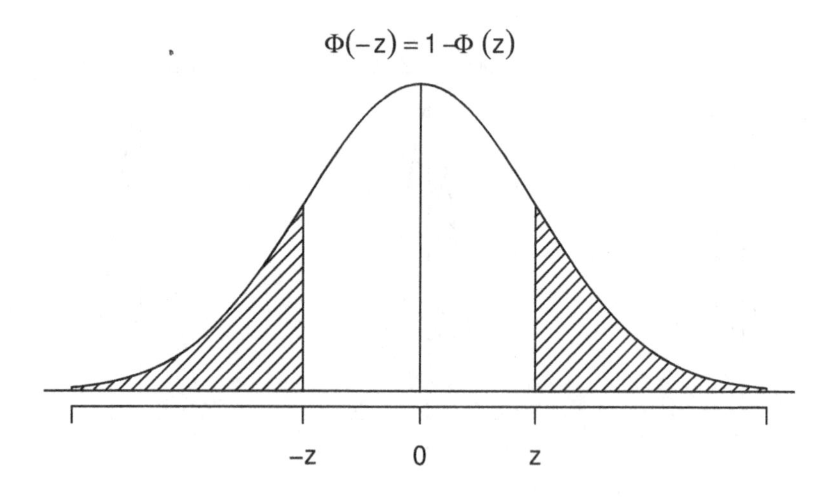

Figura 4.15 Proprietà di simmetria della densità della variabile casuale Gaussiana: $f(z) = f(-z)$ e quindi $\Phi(-z) = 1 - \Phi(z)$.

di vista statistico ciò vuol dire che se in un campione troviamo valori esterni all'intervallo $(\bar{x}_n \pm 3\sqrt{\bar{s}_n^2})$, questi valori verrano considerati degli *outlier* (si ricordi in proposito l'effetto degli outlier sulla retta di regressione).

Terminiamo con qualche proprietà utile che riguarda la variabile aleatoria Normale. Questa volta però utilizziamo un'altra proprietà della curva normale: la *simmetria rispetto alla propria media* μ. Se prendiamo un numero $z > 0$ qualsiasi, possiamo calcolare la $P(|Z| < z) = P(-z < Z < z)$ come segue

$$P(|Z| < z) = P(-z < Z < z) = \Phi(z) - \Phi(-z) = 2\Phi(z) - 1$$

poiché $\Phi(-z) = 1 - \Phi(z)$ essendo la densità $f(\cdot)$ una funzione simmetrica rispetto allo 0 (la Figura 4.15 illustra questa proprietà). Dal fatto che $P(|Z| < z) = 2\Phi(z) - 1$ deriva anche che

$$P(|Z| > z) = P(Z > z, Z < -z) = 1 - (2\Phi(z) - 1) = 2(1 - \Phi(z)) .$$

Infine, se $X \sim N(\mu_1, \sigma_1^2)$ e $Y \sim N(\mu_2, \sigma_2^2)$ sono indipendenti allora la variabile casuale $W = X + Y$ è ancora una variabile Gaussiana del tipo $W \sim N(\mu_1 + \mu_2, \sigma_1^2 + \sigma_2^2)$.

Proprietà utili per la variabile casuale Gaussiana

Se $X \sim N(\mu, \sigma^2)$ allora:

i) Se a e b sono due numeri non aleatori si ha che

$$a + bX \sim N(a + b\,\mu, b^2\sigma^2)$$

ii) per il calcolo delle probabilità si deve ricordare che

$$P(X < x) = \Phi\left(\frac{x - \mu}{\sigma}\right)$$

iii) per le proprietà di simmetria si ha che

$$\Phi(-z) = 1 - \Phi(z)$$

e quindi

$$P(|Z| < z) = P(-z < Z < z) = 2\Phi(z) - 1$$

e

$$P(|Z| > z) = P(Z > z, Z < -z) = 2(1 - \Phi(z))$$

iv) se $X \sim N(\mu_1, \sigma_1^2)$ e $Y \sim N(\mu_2, \sigma_2^2)$ sono indipendenti allora

$$W = X + Y \sim N(\mu_1 + \mu_2, \sigma_1^2 + \sigma_2^2)$$

4.2.11 Approssimazione della Binomiale con la Gaussiana

Un altro modo di derivare la variabile casuale Gaussiana è come limite della variabile casuale Binomiale. Il problema con cui ci si scontra di frequente è che spesso il numero di prove n è piuttosto elevato. Quando si effettuano i calcoli con la variabile casuale Binomiale, si incappa necessariamente nel calcolo dei coefficienti binomiali che, abbiamo già visto, quando i valori sono molto elevati diventano numeri intrattabili. De Moivre, si accorse che quando $p = 0.5$, la distribuzione della variabile Binomiale X è simmetrica rispetto alla sua media, cioè np. Effettuando l'operazione di standardizzazione sulla X in analogia a quanto già visto, si ottiene che

$$Z = \frac{X - \mathrm{E}(X)}{\sqrt{\mathrm{Var}(X)}} = \frac{X - np}{\sqrt{np(1-p)}} \simeq N(0, 1)$$

cioè siamo ancora in presenza di una Gaussiana. L'approssimazione si può ritenere valida se n supera 30. Più tardi ci si accorse che l'approssimazione vale anche quando $p \neq 0.5$, infatti benché in tal caso la distribuzione sia asimmetrica, quando il numero delle prove n cresce molto viene ad affievolirsi l'effetto dell'asimmetria e vale ancora l'approssimazione alla Gaussiana della Binomiale standardizzata. La regola empirica dice che quando $np \geq 5$ e $n(1-p) \geq 5$ allora può ritenersi valida l'approssimazione.

Il risultato è in realtà molto più generale e prende il nome di Teorema del Limite Centrale[3]. Questo teorema afferma che se abbiamo delle X_i i.i.d. (indipendenti ed identicamente distribuite), con stessa media μ e varianza σ^2 finite, allora la distribuzione di probabilità di $Y = \sum_{i=1}^{n} X_i$, opportunamente standardizzata, può essere approssimata con quella di una Gaussiana, cioè

$$Z = \frac{Y - \mathrm{E}(Y)}{\sqrt{\mathrm{Var}(Y)}} \simeq N(0,1)$$

4.2.12 Variabile Chi-quadrato (χ^2)

Se $Z \sim N(0,1)$, allora la variabile casuale Y ottenuta tramite la trasformazione $Y = Z^2$ si distribuisce con una legge nota col nome di distribuzione di **Chi-quadrato** con 1 grado di libertà. Questa distribuzione viene derivata in statistica quando si calcola la varianza campionaria di variabili casuali X_i che sono di tipo Z. In tal caso, vedremo, si ottiene una distribuzione χ^2 con g gradi di libertà che sono in relazione al numero di osservazioni campionarie n. La distribuzione χ^2_g assume solo valori positivi ed è fortemente asimmetrica quando g è piccolo. La Figura 4.16, che mostra il grafico della densità di χ^2_g al variare del numero di gradi di libertà g, è stata ottenuta con il seguente codice

```
> curve(dchisq(x,df=3),0.,20,ylab="densita'")
> curve(dchisq(x,df=5),0.,20,add=TRUE,lty=2)
> curve(dchisq(x,df=7),0.,20,add=TRUE,lty=3)
> legend(10,0.2,c("gdl = 3","gdl = 5","gdl = 7"),
+        lty=c(1,2,3))
```

Per il comando `legend` si consulti l'Appendice A. Media e varianza della variabile χ^2_g sono rispettivamente pari a g e $2g$. Inoltre vale l'approssimazione asintotica

$$\chi^2_g \simeq g + \sqrt{2g} \cdot Z$$

quando g è sufficientemente elevato.

[3] Qualsiasi modello probabilistico si scelga, sotto ipotesi molto generali, al crescere del numero delle replicazioni, la somma standardizzata di variabili casuali tende a distribuirsi come una Normale. L'aggettivo "centrale" è quindi riferito al ruolo cruciale che la distribuzione Gaussiana riveste nella teoria della probabilità. In alcuni testi si parla di teorema centrale del limite, si sposta quindi l'aggettivo sul sostantivo teorema per indicare che questo risultato è uno tra i fondamentali, forse il più importante, in tutta la teoria asintotica della probabilità. Entrambe le interpretazioni-collocazioni del termine "centrale" appaiono giustificate.

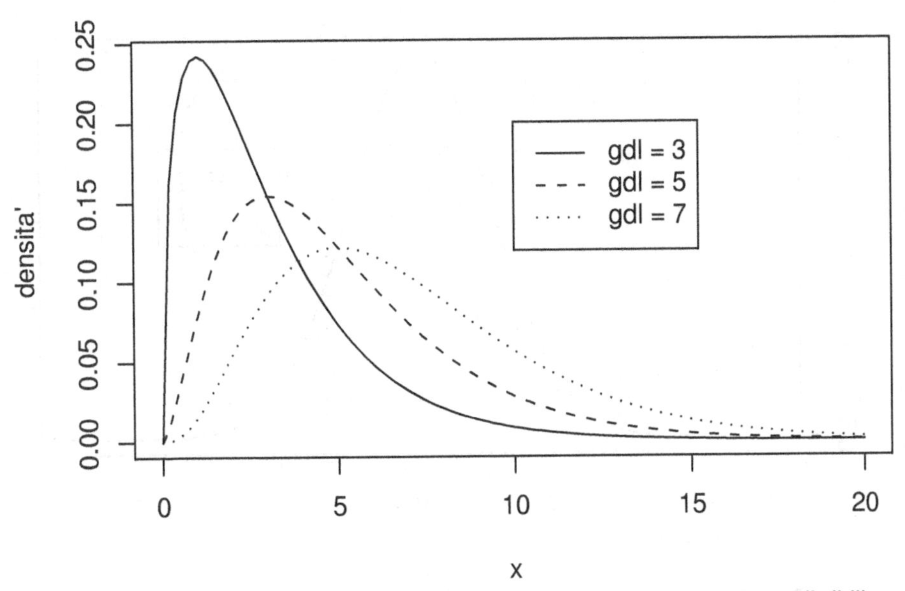

Figura 4.16 Aspetto della densità di χ^2_g al variare del numero g di gradi di libertà.

4.2.13 Variabile t di Student

Dalla distribuzione χ^2 si passa alla distribuzione detta t di Student tramite la trasformazione seguente

$$t = \frac{Z}{\sqrt{\frac{\chi^2_g}{g}}}$$

dove $Z \sim N(0,1)$ ed indipendente da χ^2_g. Questa distribuzione, come la precedente e la seguente, sono ampiamente utilizzate nella statistica inferenziale anche se ora non se ne apprezzano le proprietà. Quello che si può dire della distribuzione t di Student è che anch'essa è caratterizzata dai gradi di libertà g ed ha un aspetto simile alla variabile casuale Normale con la differenza che le code della distribuzione della t di Student sono leggermente più alte di quelle della Gaussiana. Si confronti la Figura 4.17 ottenuta con il seguente codice

```
> curve(dnorm(x),-5,5,ylab="densita'")
> curve(dt(x,df=1),-6,6,lty=3,add=TRUE)
> legend(2,0.3,c("Z","t"), lty=c(1,3))
```

La media della t di Student è sempre pari a 0 mentre la varianza risulta definita solo per $g > 2$ ed è pari a $g/(g-2)$.

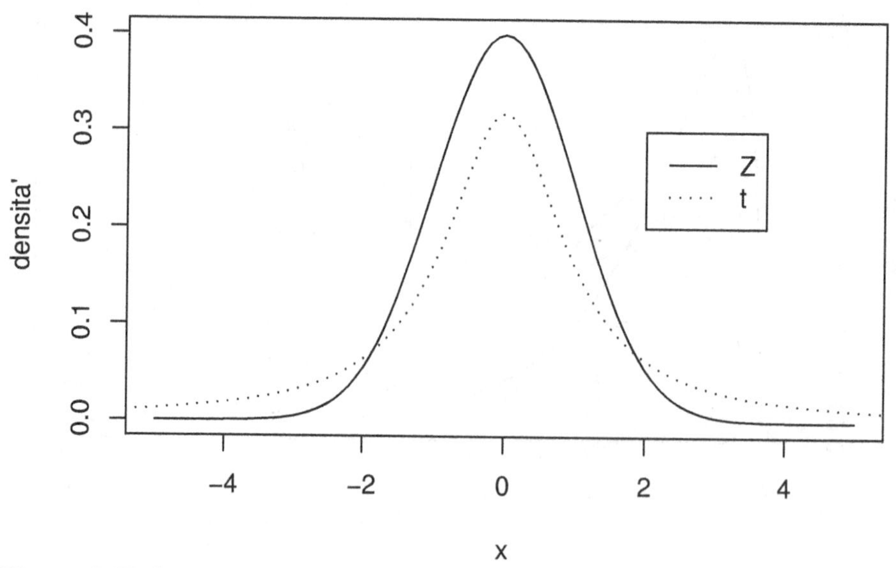

Figura 4.17 Aspetto della densità di una t di Student rispetto a quello di una Normale standard Z.

4.2.14 Variabile F di Fisher

Date due variabili $X \sim \chi^2_m$ e $Y \sim \chi^2_n$ indipendenti, il rapporto

$$F = \frac{\frac{\chi^2_m}{m}}{\frac{\chi^2_n}{n}}$$

ha una distribuzione nota come F di Fisher con m ed n gradi di libertà. La Figura 4.18 mostra il grafico della densità di una F di Fisher con 3 e 2 gradi libertà ed è stato ottenuto con il seguente codice

```
> curve(df(x,df1=3,df2=1),0,2,ylab="densita'")
```

La media risulta definita solo per $n > 2$ ed è pari a $n/(n-2)$ mentre la varianza è definita solo per $n > 4$ ed è pari a $2n^2(m+n-2)/(m(n-2)^2(n-4))$.

4.2.15 Variabili casuali Gamma e Beta

Altre due variabili casuali di largo utilizzo in ambito statistico sono la Gamma e la Beta. Entrambe devono il loro nome alle costanti di normalizzazione delle relative funzioni di densità chiamate rispettivamente **funzione Gamma** e **funzione Beta**. La funzione Gamma è definita in forma integrale nel seguente modo

$$\Gamma(\alpha) = \int_0^\infty t^{\alpha-1} e^{-x} \mathrm{d}x$$

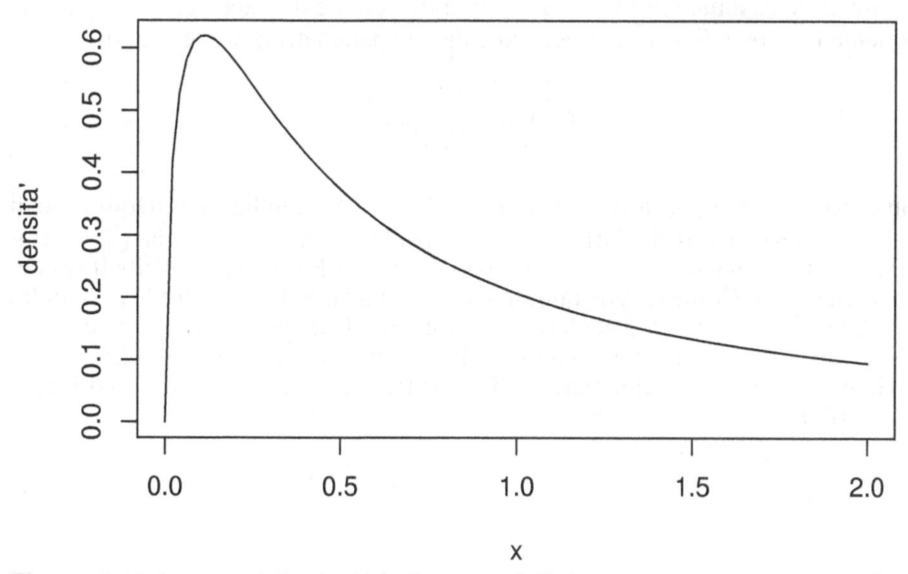

Figura 4.18 Aspetto della densità di una F di Fisher con 3 e 2 gradi di libertà.

e possiede alcune proprietà quali per esempio

$$\Gamma(\alpha + 1) = \alpha\Gamma(\alpha), \quad \alpha > 0, \tag{4.5}$$

che ricorda molto da vicino la definizione per ricorrenza di n fattoriale, solo che α non deve necessariamente essere un numero intero come nel caso di $n!$ In realtà però si ha che se $\alpha = n$ è un numero intero, allora

$$\Gamma(n) = (n - 1)!$$

per cui la relazione (4.5) diventa

$$\Gamma(n + 1) = n! = n(n - 1)! = n\Gamma(n)$$

In alcuni contesti viene quindi interpretata come versione generalizzata del fattoriale. A titolo di curiosità ricordiamo la relazione

$$\Gamma\left(\frac{1}{2}\right) = \sqrt{\pi}\,.$$

La funzione Beta è invece una funzione di due variabili e può essere definita in termini della funzione Gamma come segue

$$Beta(\alpha, \beta) = \frac{\Gamma(\alpha)\Gamma(\beta)}{\Gamma(\alpha + \beta)} = \int_0^1 x^{\alpha-1}(1 - x)^{\beta-1}\mathrm{d}x\,.$$

La **variabile casuale Gamma** è una variabile casuale definita su $[0, +\infty)$ con la seguente funzione di densità dipendente da due parametri $\alpha > 0$ e $\beta > 0$

$$f(x) = \frac{x^{\alpha-1}e^{-x/\beta}}{\Gamma(\alpha)\beta^{\alpha}}$$

come valore atteso pari a $\alpha\beta$ e varianza $\alpha\beta^2$. Tale famiglia di variabili casuali ammette come casi particolari sia l'esponenziale (quando $\alpha = 1$), la $\chi^2_{2\alpha}$ (quando $\beta = 2$) ed è legata ad altre distribuzioni quali la Poisson e la Weibull (di cui non parleremo). Come si vede quindi questa è una famiglia di distribuzioni molto flessibile. R permette di calcolare sia le funzioni Gamma e Beta che la densità, la funzione di ripartizione e i quantili della variabile casuale Gamma. Le funzioni Gamma e Beta sono chiamate in R rispettivamente `gamma` e `beta` ed il loro utilizzo è immediato

```
> gamma(1/2)
[1] 1.772454
> sqrt(pi)
[1] 1.772454
> gamma(7)
[1] 720
> prod(1:6)
[1] 720
> beta(1,1)
[1] 1
> beta(pi,2*pi)
[1] 0.004432255
```

Analogamente per la variabile casuale Gamma, si dispone in R di tre funzioni `dgamma`, `pgamma` e `qgamma` per il calcolo rispettivamente della densità, della funzione di ripartizione e dei quantili.

Infine citiamo la **variabile casuale Beta** che, a differenza della famiglia Gamma, è anch'essa una famiglia ma definita sull'intervallo [0,1]. La sua densità non presenta regolarità evidenti come per le distribuzioni sin qui viste, Gamma compresa, ma può assumere gli aspetti più disparati. È anch'essa una famiglia dipendente da due parametri la cui densità è della seguente forma

$$f(x) = \frac{1}{Beta(\alpha,\beta)} x^{\alpha-1}(1-x)^{\beta-1}, \quad 0 < x < 1, \quad \alpha > 0, \beta > 0.$$

Per $\alpha = \beta = 1$ si ha la distribuzione uniforme. Il valore atteso e la varianza di questa variabile casuale sono dati dalle formule seguenti

$$\text{E}X = \frac{\alpha}{\alpha+\beta} \quad \text{Var}X = \frac{\alpha\beta}{(\alpha+\beta)^2(\alpha+\beta+1)}$$

La Figura 4.19 mette in evidenza le differenti forme assumibili dalla densità Beta. Se i valori di α e β coincidono la distribuzione è simmetrica. Se sono entrambi

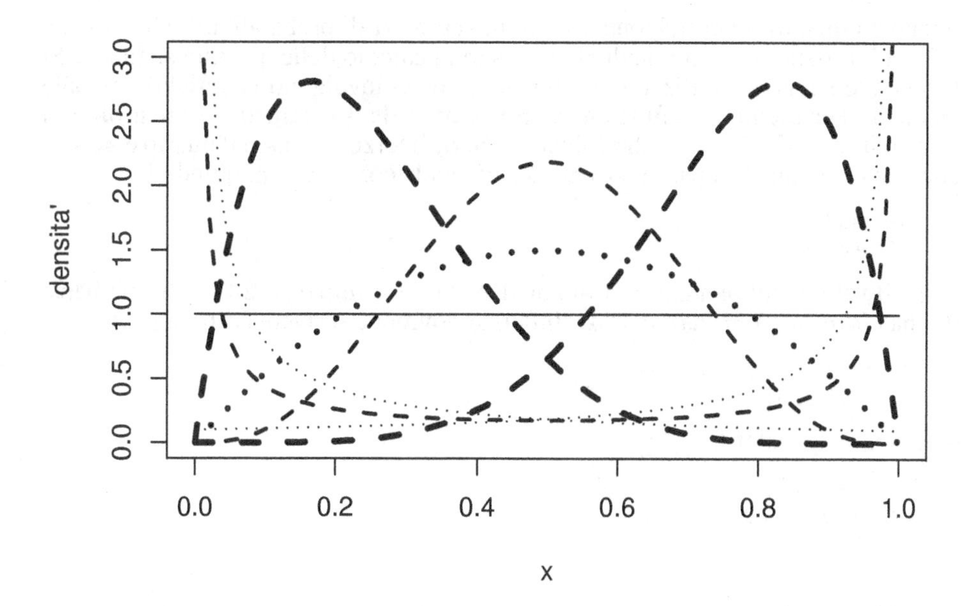

Figura 4.19 Differenti forme della densità di una variabile casuale $Beta(\alpha, \beta)$. Per $\alpha = \beta = 1$ si ha l'uniforme (linea orizzontale); per $\alpha < 1$ la densità di concentra a sinistra, per $\beta < 1$ a destra e quando entrambi i parametri sono inferiori ad 1 la densità assume forma ad "U" (tratteggio fine); per $\alpha = \beta$ la distribuzione assume forma campanulare simmetrica ed è *senza code* per valori dei parametri intorno a $\alpha = \beta = 2$; negli casi $\alpha \neq \beta$ i parametri determinano l'asimmetria della densità.

maggiori di 1, la densità assume forma campanulare, eventualmente senza code. Se i parametri sono inferiori all'unità si ha una densità a forma di "U".

In R esistono le funzioni `dbeta`, `pbeta` e `qbeta` per il calcolo rispettivamente della densità, della funzione di ripartizione e dei quantili. Il grafico della Figura 4.19 è stato generato attraverso la seguente sequenza di comandi

```
> curve(dbeta(x,1,1),ylim=c(0,3),ylab="densita'")
> curve(dbeta(x,0.1,1), add=TRUE,lty=3)
> curve(dbeta(x,1,.1),  add=TRUE,lty=3)
> curve(dbeta(x,.1,.1), add=TRUE,lty=2,lwd=2)
> curve(dbeta(x,4,4),   add=TRUE,lty=2,lwd=2)
> curve(dbeta(x,2,6),   add=TRUE,lty=2,lwd=3)
> curve(dbeta(x,6,2),   add=TRUE,lty=2,lwd=3)
> curve(dbeta(x,2,2),   add=TRUE,lty=3,lwd=3)
```

4.2.16 Schema riassuntivo per variabili casuali continue

Come per il caso delle variabili casuali discrete, le funzioni da utilizzare sono sempre "`d`" per ottenere le densità, "`p`" per il calcolo della funzione di ripartizione (con eventualmente l'aggiunta dell'opzione `lower.tail=FALSE`) e "`q`" per ottenere i quantili in corrispondenza di un vettore α di probabilità. Le Tabelle da 4.3 a 4.7 riassumono i comandi R necessari al calcolo delle quantità suddette. Si faccia attenzione all'utilizzo delle funzioni che coinvolgono la variabile casuale Gamma. Per esempio la funzione `pgamma` prevede 3 parametri in input oltre al primo: il secondo è `shape` che coincide con α, il terzo è `rate` e il quarto è `scale` che coincide con β. Il parametro `scale` coincide con `1/rate`, quindi

```
> dgamma(1,2,3)
[1] 0.4480836
```

non è il valore, nel punto $x = 1$ di una densità $Gamma(\alpha = 2, \beta = 3)$ ma bensì di una $Gamma(\alpha = 2, \beta = 1/3)$. Infatti si dovrebbe scrivere correttamente

```
> dgamma(1,2,scale=3)
[1] 0.07961459
```

o in modo equivalente

```
> dgamma(1,2,1/3)
[1] 0.07961459
```

Variabile casuale	Normale(μ,σ)	t_ν
Densità	`dnorm(`x`, mean = `μ`, sd=`σ`)`	`dt(`x`, df=`ν`)`
Ripartizione	`pnorm(`x`, mean = `μ`, sd=`σ`)`	`pt(`x`, df=`ν`)`
Quantili	`qnorm(`α`, mean = `μ`, sd=`σ`)`	`qt(`α`, df=`ν`)`

Tabella 4.3 μ = media, σ^2 = varianza, ν = gradi di libertà, α = vettore di probabilità.

Variabile casuale	χ^2_ν	$F(\nu_1, \nu_2)$
Densità	`dchisq(`x`, df=`ν`)`	`df(`x`, df1=`ν_1`,df1=`ν_2`)`
Ripartizione	`pchisq(`x`, df=`ν`)`	`pf(`x`, df1=`ν_1`,df1=`ν_2`)`
Quantili	`qchisq(`α`, df=`ν`)`	`df(`α`, df1=`ν_1`,df1=`ν_2`)`

Tabella 4.4 ν, ν_1 e ν_2 gradi di libertà, α = vettore di probabilità.

Variabile casuale	Exp(λ)	U(a,b)
Densità	`dexp(`x`, rate = `λ`)`	`dunif(`x`, min = `a`, max = `b`)`
Ripartizione	`pexp(`x`, rate = `λ`)`	`punif(`x`, min = `a`, max = `b`)`
Quantili	`qexp(`α`, rate = `λ`)`	`qunif(`α`, min = `a`, max = `b`)`

Tabella 4.5 α = vettore di probabilità, λ tasso dell'esponenziale, a e b estremi dell'intervallo di definizione dell'uniforme.

Variabile casuale	Gamma(α,β)
Densità	dgamma(x, shape = α, rate = 1/β, scale = β)
Ripartizione	pgamma(x, shape = α, rate = 1/β, scale = β)
Quantili	qgamma(q, shape = α, rate = 1/β, scale = β)

Tabella 4.6 α e β i parametri e p un vettore di probabilità.

Variabile casuale	Beta(α,β)
Densità	dbeta(x, shape1 = α, shape2 = β)
Ripartizione	pbeta(x, shape1 = α, shape2 = β)
Quantili	qbeta(p, shape1 = α, shape2 = β)

Tabella 4.7 α e β i parametri e p un vettore di probabilità.

4.3 Generazione di numeri pseudocasuali

La generazione di numeri casuali o in genere di realizzazioni di variabili casuali ha diverse motivazioni. In particolar modo in statistica spesso è utile per testare modelli teorici su dati non reali perché non facilmente disponibili, oppure nel calcolo di integrali (metodi Monte Carlo ed analoghi) o nel calcolo delle probabilità in situazioni in cui è molto difficile pervenire al calcolo esatto di quantità di interesse. Non ci dilungheremo su tutti questi aspetti ma ne vedremo alcune applicazioni. Le variabili casuali possono essere generate a partire dalla simulazione di numeri **pseudocasuali**. Si parla di numeri pseudocasuali e non puramente casuali poiché la loro generazione avviene attraverso algoritmi ben definiti. Ciò implica che a partire da uno stesso valore iniziale, detto **seme**, l'algoritmo genera sempre la stessa sequenza di numeri pseudocasuali. Da una sequenza di numeri pseudocasuali, noto l'algoritmo si può prevedere il succesivo numero generato, mentre noto un numero non si può risalire al precedente. Inoltre ogni generatore di numeri casuali ha un periodo finito, ovvero da un certo punto in poi la sequenza di numeri ricomincia dal punto di partenza. È quindi importante conoscere sia il *ciclo* (o il *periodo*) del generatore che la sua affidabilità valutata rispetto ad una serie di test standard.

Anche le variabili aleatorie generate da questi dovrebbero a rigor di logica chiamarsi pseudocasuali. Per numero pseudocasuale o casuale, si intende comunemente un numero aleatorio compreso tra 0 ed 1 cioè l'estrazione di una realizzazione della variabile casuale uniforme su $(0, 1)$. Questi metodi sono ben codificati e dei più disparati. R implementa una serie di generatori di numeri pseudocasuali standard. Ne elenchiamo alcuni

- "Wichmann-Hill". Questo generatore ha un ciclo lungo $6.9536 * 10^{12}$.
- "Marsaglia-Multicarry": ciclo di lunghezza maggiore di 2^{60} ed è uno dei più "sicuri" in quanto passa tutti i test di casualità standard.

- "Super-Duper": scritto da Marsaglia negli anni '70 che non passa tutti i test di casualità. Il suo periodo è di circa $4.6 * 10^{18}$.
- "Mersenne-Twister": di Matsumoto and Nishimura (1998) con un ciclo lungo $2^{19937} - 1$.
- "Knuth-TAOCP", di Knuth (1997, 2002), il cui ciclo si aggira attorno a 2^{129}.

Si può chiedere ad R di utilizzare uno di questi generatori o un generatore definito dall'utente attraverso la funzione `RNGkind`. Poiché la trattazione che segue presuppone di disporre di un qualsiasi buon generatore di numeri casuali, è irrilevante entrare nei dettagli del funzionamento di `RNGkind`, mentre rimandiamo all'help di tale funzione gli utenti più smaliziati. In ogni caso, il generatore di numeri casuali viene richiamato dalla funzione `runif` che genererà un numero pseudocasuale secondo uno dei metodi predisposti da `RNGkind`. Se l'utente non modifica le impostazioni di base di R, allora viene utilizzato il metodo Marsaglia-Multicarry.

4.3.1 Il metodo dell'inversione

Mostriamo ora il metodo più semplice per generare variabili casuali. In teoria, poiché la funzione di ripartizione di qualsiasi variabile casuale X assume valori proprio in quell'intervallo se generiamo un numero tra 0 e 1, diciamo u, esisterà sempre[4] un valore x tale che $x = F^{-1}(u)$, cioè tale che $u = F(x)$ dove $F(\cdot)$ è la funzione di ripartizione di X. In alcuni casi è facile determinare l'inversa della funzione di ripartizione ma spesso è assai difficile.

A titolo di esempio: supponiamo di voler generare una variabile casuale di Bernoulli di parametro p, cioè $X = 0$ con probabilità $1 - p$ e $X = 1$ con probabilità p. Dobbiamo generare una sequenza di 0 e 1. La funzione di ripartizione $F(x)$ di X vale 0 se $x < 0$, $1 - p$ per x tra 0 ed 1 e poi salta al valore 1 per x da 1 in poi. Generiamo un numero u da una uniforme su $(0, 1)$. Se $u < 1 - p$ allora possiamo definire $F^{-1}(u) = 0$ se invece $u \geq 1-p$ definiamo $F^{-1}(u) = 1$. In sostanza, per generare una variabile casuale di Bernoulli(p) basta generare un numero compreso tra 0 ed 1 e se ci viene più piccolo di $1 - p$ diciamo che X vale 0 altrimenti 1. Poiché la condizione $u < 1 - p$ è equivalente, in probabilità, alla condizione $u > p$ diremo che $X = 0$ se $u > p$.

Supponiamo di voler generare 5 replicazioni di una Bernoulliana di parametro $p = 1/3$. In R questo si ottiene tramite il comando

```
> 1*(runif(5)<1/3)
[1] 0 0 1 0 0
```

Andando per gradi

```
> a <- runif(5)
> a
[1] 0.4093715 0.9827448 .2313560 04715160 0.4517661
```

[4] Eventualmente si può ricorrere alla nozione di funzione inversa generalizzata.

genera 5 numeri compresi tra 0 ed 1

```
a<1/3
```

effettua il confronto logico e restituisce il vettore

```
[1] FALSE FALSE TRUE FALSE FALSE
```

e

```
> 1*(a<1/3)
```

trasforma in 0 ed 1 la sequenza di VERO/FALSO

```
[1] 0 0 1 0 0
```

Ovviamente si può anche usare la funzione `as.integer`

```
> as.integer(a<1/3)
[1] 0 0 1 0 0
```

Se vogliamo generare una variabile casuale di Bernoulli di parametri $n = 10$ e $p = 1/3$ basterà fare la somma degli 1 nella generazione di 10 replicazioni della variabile di Bernoulli

```
> sum((runif(10)<1/3))
[1] 4
```

Supponiamo ora di voler generare un numero casuale da una variabile casuale discreta che assume k distinti valori x_i, $i = 1, 2, \ldots, k$ con distribuzione di probabilità $p_1, p_2, \ldots, p_k$. Supponiamo di aver ordinato i valori x_i in ordine crescente. In tal caso possiamo costruire le frequenze cumulate che rappresentano la funzione di ripartizione di questa variabile casuale. Se generiamo un numero casuale u compreso tra 0 ed 1, e questo viene più piccolo di p_1 ($u < p_1$) allora diciamo che si è realizzato il valore x_1 di X. Se il numero u è compreso tra p_1 e p_2 ($p_1 \leq u < p_2$) diciamo che è uscito x_2 e così via. Quindi in R, detto `p` il vettore delle probabilità, `F` quello delle cumulate e `u <- runif(1)` il numero aleatorio, basterà verificare quale è il primo valore di `F` che supera `u`. L'algoritmo riportato nel Codice 4.20 si occupa di generare un numero casuale a partire da una distribuzione di valori `x` di probabilità `p`. L'algoritmo è sufficientemente sofisticato nel controllo delle ipotesi. Per prima cosa verifica che la lunghezza del vettore delle x sia pari a quello delle probabilità. Inoltre verifica che non vi siano ripetizioni nel vettore delle x, nel qual caso la distribuzione non sarebbe una vera distribuzione di probabilità. Poi verifica che la distribuzione di probabilità sommi ad 1 e i valori p_i siano tutti non negativi. Una volta terminati questi controlli, riordina la distribuzione di probabilità in ordine crescente rispetto al vettore delle x e infine genera il numero casuale. L'algoritmo può essere velocizzato eliminando tutti i controlli e utilizzando una sola riga di comando R come segue.

```
> gen.vc2 <- function(x,p)
+  x[min(which(cumsum(p)>runif(1)))]
```

Proviamo a verificare la bontà del simulatore di variabili casuali. Consideriamo la variabile casuale seguente:

x_i	-2	3	7	10	12
p_i	0.2	0.1	0.4	0.2	0.1

Effettuiamo 1000 simulazioni con R utilizzando i due algoritmi

```
> x <- c(-2,3,7,10,12)
> p <- c(0.2, 0.1, 0.4, 0.2, 0.1)
> y <- numeric(1000)
> for(i in 1:1000) y[i] <- gen.vc(x,p)
> table(y)/1000
y
   -2     3     7    10    12
0.182 0.114 0.424 0.197 0.083
> # secondo generatore
> for(i in 1:1000) y[i] <- gen.vc2(x,p)
>
> table(y)/1000
y
   -2     3     7    10    12
0.184 0.108 0.401 0.203 0.104
```

Come si vede il generatore fornisce una buona approssimazione della distribuzione di probabilità della variabile casuale, questo ci induce a ritenere che la funzione `gen.vc` (o `gen.vc2`) simula correttamente valori provenienti dalla variabile casuale scelta. Si noti che abbiamo impiegato la funzione `numeric` la quale semplicemente inizializza con degli zeri un vettore di numeri di lunghezza specificata (nel nostro caso 1000).

Benché l'algoritmo sia formalmente corretto è conveniente utilizzare una funzione di R che già abbiamo incontrato. Si tratta di `sample`. Per esempio, per simulare 1000 replicazioni della variabile casuale X prima introdotta è sufficiente scrivere quanto segue

```
> y <- sample(c(-2,3,7,10,12), 1000, c(0.2, 0.1, 0.4,
+             0.2, 0.1), replace = TRUE)
> table(y)/1000
y
   -2     3     7    10    12
0.191 0.102 0.398 0.217 0.092
```

ricordando che la funzione `sample` si utilizza nel seguente modo

```
sample( x , n, p, replace )
```

con `x` l'insieme dei valori da cui campionare, `n` il numero di replicazioni, `p` un vettore di probabilità ovvero la distribuzione di probabilità di `x`. L'ultimo argomento deve essere sempre posto pari a `TRUE` per ovvie ragioni.

```
gen.vc <- function(x,p){
 k <- length(p)
 if(length(x) != k){
  warning("\n 'x' e 'p' non conformi")
  return(NA)
 }

 if( (abs(sum(p)-1)>1e-5) || any(p<0) ){
  warning("\n 'p' non e' una distribuzione")
 return(NA)
 }
 if(length(unique(x)) != k){
  warning("\n distribuzione con valori multipli")
 }
 o <- order(x) # estrae l'ordinamento di x
 p <- p[o] # riodina il vettore p
 x <- x[o] # e quindi x
 F <- cumsum(p)  # frequenze cumulate
 u <- runif(1) # genera il numero casuale
 h <- min(which(F>u)) # trova il valore h
 x[h]
}
```

Codice 4.20 Algoritmo per generare variabili casuali discrete.

Nel caso di variabili casuali continue è molto meno evidente trovare una formula esplicita per l'inversa della funzione di ripartizione. Esiste però un caso particolare, quello della distribuzione esponenziale. Infatti, dalla relazione

$$F(x) = 1 - e^{-\lambda x}$$

si ricava che

$$(1 - F(x)) = e^{-\lambda x}$$

e dunque

$$-\frac{1}{\lambda}\ln(1 - F(x)) = x$$

Posto $F(x) = u$ allora se $u \sim U(0,1)$ anche $1-u \sim U(0,1)$ dunque un possibile generatore di variabili casuali esponenziali si ottiene come segue

$$X = -\frac{1}{\lambda}\ln(U)$$

e se $U \sim U(0,1)$ allora $X \sim Exp(\lambda)$. Il seguente algoritmo genera mille numeri casuali da una variabile aleatoria esponenziale di parametro $\lambda = 0.25$ e poi ne confronta l'istogramma con la vera densità (si veda la Figura 4.21):

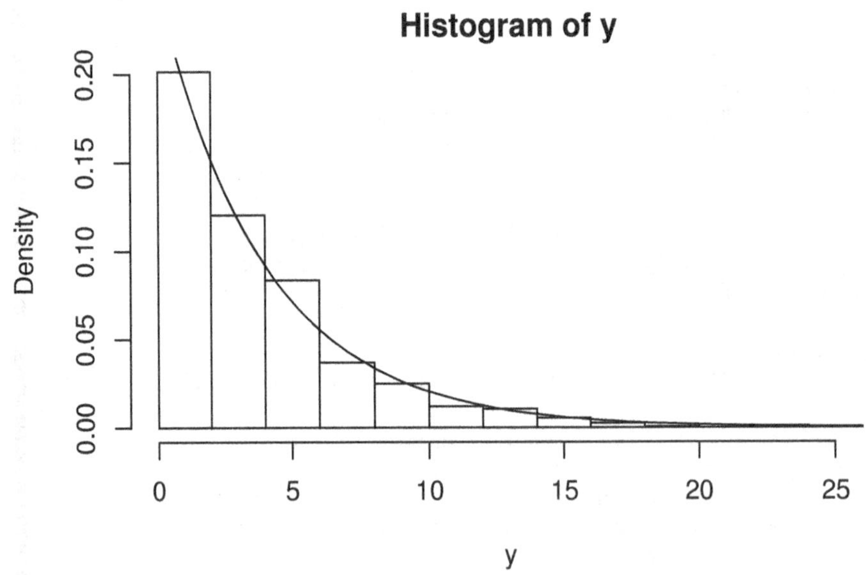

Figura 4.21 Confronto da distribuzione empirica di 1000 numeri casuali generati da una $Exp(\lambda)$ e la vera densità di probabilità.

```
> lambda <- 0.25
> y <- -log(runif(1000))/lambda
> hist(y,freq=FALSE)
> curve(dexp(x,lambda),0,25,add=TRUE)
```

In generale quindi, data una variabile casuale X basta utilizzare la funzione "q" per ottenere un numero casuale. Per esempio, se vogliamo un numero casuale estratto da una variabile casuale normale possiamo usare

```
> qnorm(runif(1))
[1] 0.6928041
```

4.3.2 Il metodo del rifiuto

Un secondo metodo ampiamente diffuso e particolarmente utile nel caso di variabili casuali continue è quello del *rifiuto*. Il metodo si applica anche al caso della simulazione di variabili casuali discrete ma trova il suo impiego maggiore nel caso di variabili continue anche perché nella maggior parte dei casi, simulatori come `gen.vc` sono adeguatamente efficienti. Il metodo del rifiuto prevede che sia possibile disporre di un buon generatore di numeri casuali di una variabile casuale terza. Supponiamo di voler simulare una variabile casuale X con funzione di densità f e di disporre di un buon generatore di numeri casuali per una variabile casuale Y con funzione di densità g. Se esiste un numero c tale per cui risulta sempre vera la disuguaglianza

$$\frac{f(x)}{g(x)} \leq c, \quad \forall x,$$

allora è possibile generare una realizzazione di X con il seguente algoritmo

- si genera una realizzazione di y di Y
- si genera un numero casuale uniforme U
- se

$$U \leq \frac{f(y)}{cg(y)}$$

si prende y come valore simulato di X altrimenti si rifiuta y e si itera il procedimento.

Un teorema (cfr. [36]) ci assicura che una variabile casuale generata in questo modo ha densità f. Inoltre, il numero di iterazioni che si devono avere prima di accettare un valore simulato di X è una variabile casuale geometrica di media c.

Vediamo un esempio di applicazione di questo algoritmo. Sia X una variabile casuale $Beta$ di parametri 2 e 4 con la seguente densità

$$f(x) = 20x(1-x)^3, \quad 0 < x < 1\,.$$

Scegliamo come g la densità uniforme su (0,1), cioè $g(x) = 1$, $0 < x < 1$. Dobbiamo cercare un valore c tale per cui

$$h(x) = \frac{f(x)}{g(x)} = 20x(1-x)^3 \leq c,$$

quindi ci basta calcolare il massimo del rapporto h tra f e g. Derivando rispetto ad x la funzione h si ottiene

$$\frac{\mathrm{d}h(x)}{\mathrm{d}x} = 20((1-x)^3 - 3x(1-x)^2$$

che raggiunge il suo massimo in $x = \frac{1}{4}$. Quindi

$$h\left(\frac{1}{4}\right) = \frac{f\left(\frac{1}{4}\right)}{g\left(\frac{1}{4}\right)} = 20\frac{1}{4}\left(\frac{1}{4}\right)^3 = \frac{135}{64} = c$$

e dunque

$$\frac{f(x)}{g(x)} = \frac{256}{27}x(1-x)^3$$

L'algoritmo si applica come segue

- si genera un numero uniforme y ed un secondo numero casuale uniforme u
- se risulta
$$y \leq \frac{256}{27}u(1-u)^3$$
si accetta y altrimenti si rifiuta y e si itera il procedimento.

In R si procede come segue

```
> u <- runif(3000)
> y <- runif(3000)
> w <- 256/27*y*(1-y)^3
> z <- which(u <= w)
> x <- y[z]
> length(x)
[1] 1436
> plot(density(x),main="")
> curve(20*x*(1-x)^3,0,1,add=TRUE,lty=2,lwd=2)
```

Analizziamo brevemente il codice. Si generano i due vettori casuali uniformi u ed y. Si calcola il vettore w contenente i rapporti $256/27y(1-y)^3$ e si esegue il test di rifiuto. Il vettore z contiene ora gli indici di y che corrispondono ai valori casuali non rifiutati. Si costruisce di conseguenza il vettore x che conterrà i valori simulati dalla variabile casuale X. Il grafico in Figura 4.22 mostra sovrapposte la densità vera di X e quella stimata attraverso i dati simulati.

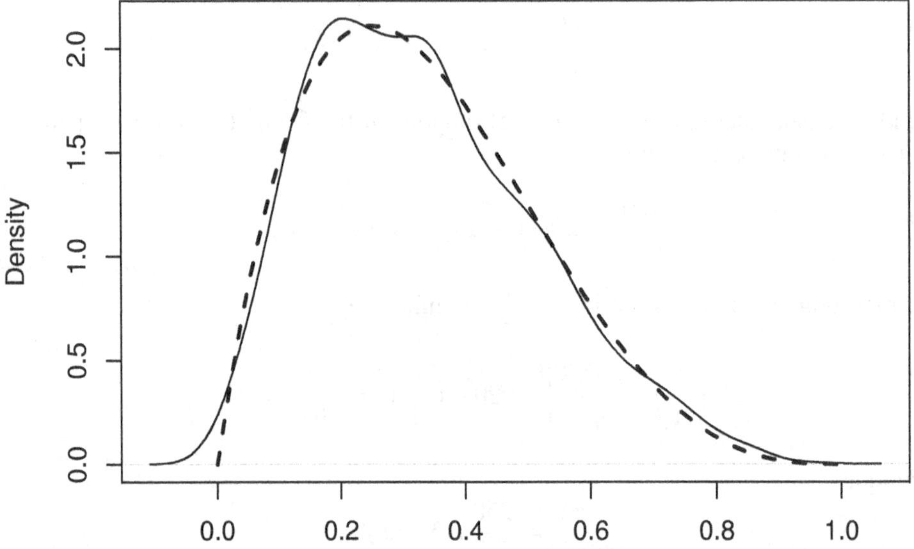

Figura 4.22 Densità vera (linea continua) e stimata (linea tratteggiata) sui dati simulati attraverso il metodo del rifiuto.

Variabile casuale	Generatore
Bin(n,p)	rbinom(r,n,p)
Bin Neg(n,p)	rnbinom(r,n,p)
Geom(p)	rgeom(r,p)
Iperg(N,K,n)	rhyper(r,K,$N-K$,n)
Poisson(λ)	rpois(r,λ)
U(a,b)	runif(r, min = a, max = b)
Exp(a,b)	rexp(r, rate = λ)
Normale(μ,σ)	rnorm(r, mean = μ, sd=σ)
t_ν	rt(r, df=ν)
χ^2_ν	rchisq(r, df=ν)
$F(\nu_1,\nu_2)$	rf(r, df1=ν_1,df1=ν_2)
Gamma(α,β)	rgamma(r, shape=α, rate=1/β, scale=β)
Beta(α,β)	rbeta(r, shape1=α, shape2=β)

Tabella 4.8 N = numero complessivo di oggetti, K = numerosità del sottogruppo, n = numero di estrazioni, λ = media, ν, ν_1 e ν_2 gradi di libertà, μ = media, σ^2 = varianza, α e β parametri, r = numero di replicazioni.

R fornisce una serie di funzioni ottimizzate per la simulazione di variabili casuali. Le funzioni sono analoghe a quelle già introdotte per il calcolo delle densità e dei quantili, dove questa volta il prefisso sarà "`r`" e come ulteriore argomento si dovrà specificare il numero di replicazioni. La Tabella 4.8 riporta i comandi utili per generare le più comuni variabili casuali.
Per vedere come si comportano i valori generati proviamo a simulare 1000 replicazioni di una variabile casuale normale standard

```
> x <- rnorm(1000)
```

e poi disegniamo il grafico della densità empirica con il comando

```
> plot(density(x))
```

Accostiamo ora il grafico della densità stimata e quello della densità vera di una variabile casuale Gaussiana

```
> plot(density(x), main="Dati simulati e vero modello")
> curve(dnorm(x), add=TRUE, lty=2)
```

il risultato è riportato in Figura 4.23. Il comando `curve` traccia il grafico di una funzione qualsiasi (vedere `help(curve)`).

4.4 I processi stocastici

Un processo stocastico non è altro se non una successione di variabili casuali. Per esempio, un campione di variabili aleatorie i.i.d. è un particolare tipo di processo.

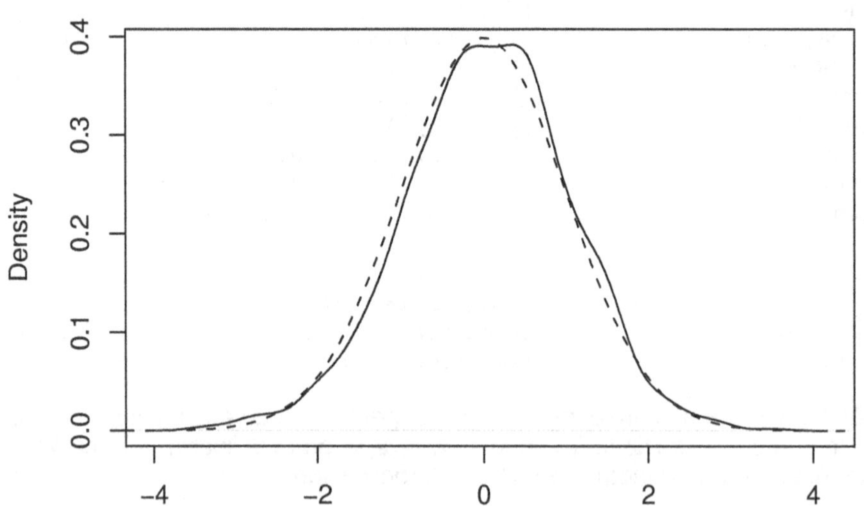

Figura 4.23 Densità di probabilità empirica di 1000 replicazioni di una v.c. normale standard e la vera densità di quest'ultima (linea tratteggiata).

Nel precedente capitolo abbiamo introdotto il processo di Bernoulli e ne abbiamo studiato alcune proprietà descritte in termini di alcune variabili casuali come la Binomiale, la geometrica e la Binomiale negativa. I processi stocastici possono essere indicizzati sia da numeri interi, nel qual caso si dicono a **tempo discreto** sia da valori reali come il tempo e in questo secondo caso si parla di processi a **tempo continuo**. Inoltre i processi, cioè le variabili casuali coinvolte, possono essere di tipo discreto o continuo. L'insieme dei valori assunti dal processo è chiamato **spazio degli stati** che quindi può essere di tipo **discreto**, come nel caso del processo di Bernoulli, che **continuo** come vedremo tra breve. In generale si possono avere quindi quattro classi di processi ottenuti dalla combinazione della natura dello spazio degli stati e dalla scansione temporale. Il processo di Bernoulli è quindi un processo a tempo discreto con spazio degli stati discreto. In generale, un processo è però caratterizzato dalla struttura di dipendenza delle variabili casuali coinvolte. Mentre per il processo di Bernoulli si presuppone l'indipendenza negli esempi che seguiranno questa ipotesi non sarà più ammissibile. In generale la perdita della proprietà di indipendenza serve proprio a modellare la struttura temporale di un fenomeno. Infine diciamo che si chiama **traiettoria** di un processo stocastico l'intera realizzazione di una successione di variabili. Se indichiamo il processo con $\{X_n, n \geq 0\}$ nel caso discreto e con $\{X_t, t > 0\}$ nel caso continuo allora, l'intera successione $\{X_n, n \geq 0\}$ o $\{X_t, t > 0\}$ si chiama traiettoria del processo X.

Le linee di codice che seguono disegnano la traiettoria di un processo di Bernoulli lunga $n = 15$ passi. Il risultato è mostrato in Figura 4.24. Le linee che abbiamo tracciato nel grafico non appartengono alla traiettoria del processo, men-

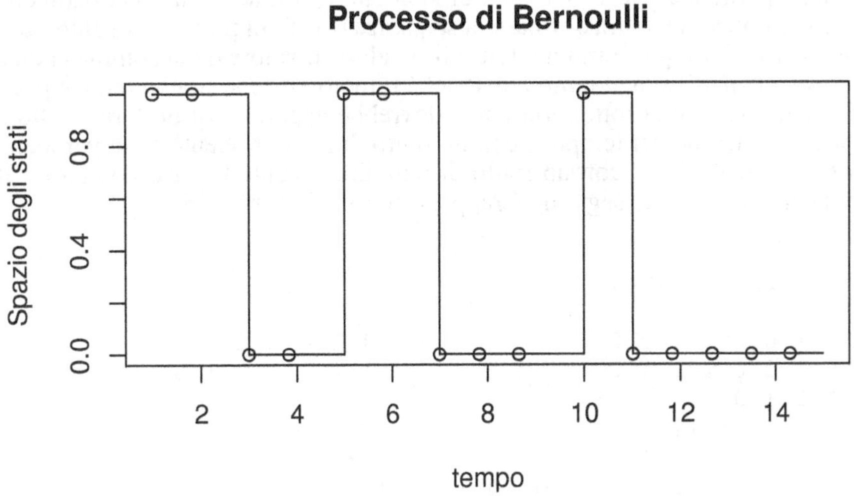

Figura 4.24 Disegno di una traiettoria del processo di Bernoulli.

tre la vera traiettoria è rappresentata dai soli valori assunti dalle variabili aleatorie X_i in corrispondenza degli n tempi $i = 1, 2, \dots, n$. Le linee vengono tracciate per convenzione solo per evidenziare uno sviluppo longitudinale del processo altrimenti il grafico apparirebbe un diagramma a dispersione.

```
x <- rbinom(15,1,0.3)
> x
 [1] 1 1 0 1 1 0 0 0 1 0 0 0 1 0 1
> plot(x,type="s",main="Processo di Bernoulli",
+      ylab="Spazio degli stati",xlab="tempo")
> points(1:15,x)
```

Il processo di Bernoulli è caratterizzato dal parametro p, cioè dalla probabilità di successo. Vedremo nel capitolo successivo come sia possibile risalire al valore del parametro p sulla base dell'osservazione di una traiettoria di tale processo.

4.4.1 Passeggiate aleatorie

Un esempio di processo derivato da quello di Bernoulli è la passeggiata aleatoria sulla retta. Si supponga di avere una particella posta in $x = 0$ al tempo 0, cioè $X_0 = 0$ con probabilità 1. La particella può muoversi solo in senso orizzontale. Ad ogni istante n, la particella fa un balzo a destra di lunghezza 1 con probabilità p o a sinistra con probabilità $1 - p$. Ci si chiede dove andrà a finire questa particella dopo n passi. È intuitivo pensare che se $p > 1/2$ la particella tenderà a spostarsi verso ∞, viceversa se $p < 1/2$. Resta qualche dubbio sul comportamento della particella per $p = 1/2$. Per simulare una traiettoria della particella possiamo semplicemente trasformare la sequenza 0,1 di un processo di Bernoulli nella sequenza -1,1 e poi sommare tutti gli n valori. Il valore della somma ci dice dove si trova la particella al tempo n. Poiché il moto avviene su una retta, è poco significativo tracciare la traiettoria come dovrebbe apparire. Si preferisce allora tracciarla in funzione del tempo n con un tratto di retta crescente se la particella si sposta in avanti di 1 e con un tratto di retta decrescente in caso contrario. Il risultato dei comandi che seguono è rappresentato in Figura 4.25.

```
> n <- 50
> x <- rbinom(n,1,0.5)
> x
 [1] 1 1 0 1 1 1 0 0 0 0 1 1 0 0 1 0 1 0 1 0 1
[23] 0 0 0 0 1 1 1 1 1 1 0 1 0 0 1 0 1 0 1 1 0
[45] 0 1 1 0 1 0
> x[which(x==0)] <- -1
> x
 [1]  1  1 -1  1  1  1 -1 -1 -1 -1 -1  1  1 -1
[15] -1  1 -1  1 -1  1 -1  1 -1 -1 -1 -1  1  1
[29]  1  1  1  1  1 -1  1 -1 -1  1 -1  1 -1  1
[43]  1 -1 -1  1  1 -1  1 -1
> y <- cumsum(x)
> plot(1:n,y,type="l", main="passeggiata aleatoria",
+       xlab="tempo",ylab="posizione")
> abline(h=0,lty=3)
```

La Figura 4.26 rappresenta le traiettorie di due passeggiate aleatorie, una con $p < 1/2$ e l'altra con $p > 1/2$. Come si vede quella di sinistra converge verso $-\infty$ mentre quella di destra converge a $+\infty$. La Figura 4.27 rappresenta una traiettoria lunga 5 000 passi della passeggiata aleatoria con $p = 1/2$ che, come si vede, ha un comportamento molto meno prevedibile dei casi precedenti.

```
> n <- 500
> x <- rbinom(n,1,0.45)
> x[which(x==0)] <- -1
> y <- cumsum(x)
> plot(1:n,y,type="l", main="passeggiata aleatoria",
+       xlab="tempo",ylab="posizione")
> abline(h=0,lty=3)
> n <- 500
> x <- rbinom(n,1,0.51)
> x[which(x==0)] <- -1
> y <- cumsum(x)
> plot(1:n,y,type="l", main="passeggiata aleatoria",
+       xlab="tempo",ylab="posizione")
> abline(h=0,lty=3)
```

Livelli e barriere assorbenti e riflettenti Le passeggiate aleatorie **libere** come quella appena descritta non hanno grande rilevanza mentre è molto più interessante studiare cosa accade se poniamo dei vincoli alla passeggiata stessa. Abbiamo visto che il comportamento della passeggiata per $p \neq 1/2$, benché aleatorio, non presenta particolari sorprese. È interessante invece capire cosa accade se $p = 1/2$. In particolare, se pensiamo alla passeggiata come ad un modello molto semplificato dell'andamento di titolo azionario, può interessare capire quanto tempo ci vuole affinché il titolo, cioè la passeggiata, raggiunga un certo livello L. Si può usare la simulazione per valutare il **tempo di primo passaggio** della passeggiata aleatoria per un livello $L > 0$ o $-L$. Si può procedere come segue: si eseguono diverse simulazioni di una traiettoria della passeggiata aleatoria. Per ogni traiettoria si verifica quando il vettore delle cumulate raggiunge il livello L per la prima volta. Si registra tale valore. Si procede così per tutte le simulazioni e alla fine si calcola la media dei tempi. Questo modo di procedere è un'applicazione del metodo Monte Carlo. Può accadere che alcune traiettorie non raggiungano la barriera nel numero di passi previsti dalla simulazione. In tal caso, se i passi della simulazione sono n si può porre pari ad n il tempo di primo passaggio oppure, ma questo è del tutto arbitrario, si può ignorare tale traiettoria. Nelle righe di codice che seguono abbiamo calcolato il tempo medio di primo passaggio con le due tecniche. Come era da aspettarsi eliminando alcune traiettorie otteniamo una sottostima del tempo medio di primo passaggio. Ricordiamo che eliminare le traiettorie significa alterare lo schema probabilistico e quindi non è il modo corretto di procedere.

```
> n <- 50000
> L <-  40
> t <- numeric(100)
```

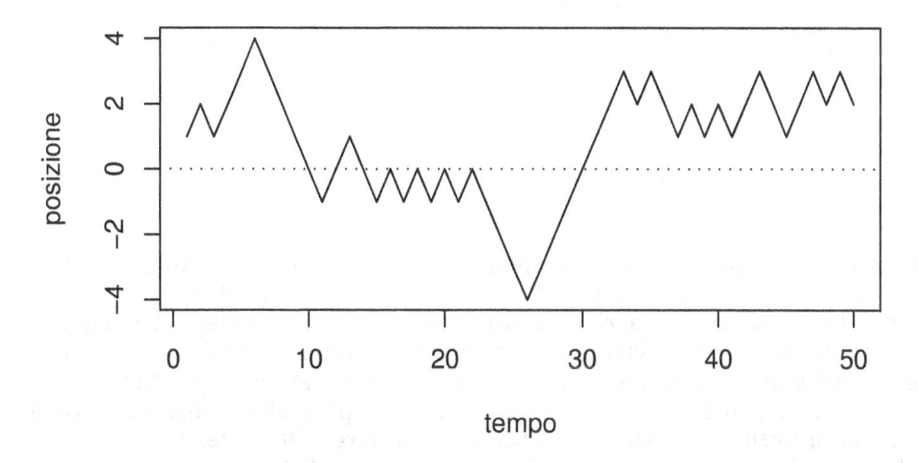

Figura 4.25 Disegno di una traiettoria di una passeggiata aleatoria.

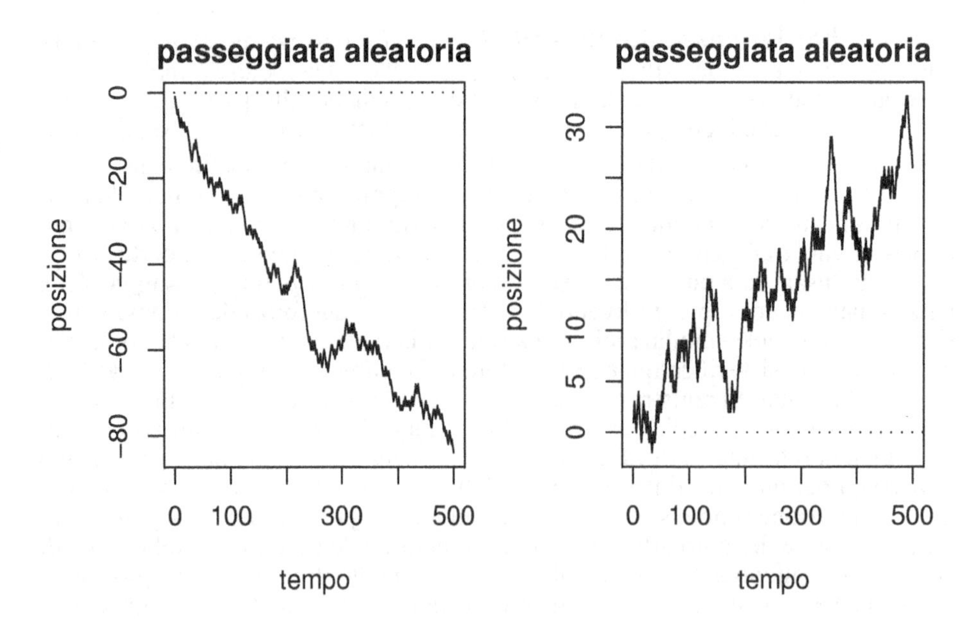

Figura 4.26 Disegno di due traiettorie lunghe 500 passi della passeggiata aleatoria. A sinistra con $p < \frac{1}{2}$ e a destra quella con $p > \frac{1}{2}$.

```
> t.na <- numeric(100)
> for(i in 1:100){
+  x <- rbinom(n,1,0.5)
+  x <- 2*x -1
+  y <- cumsum(x)
+  t1 <- min(which(y==L))
+  t2 <- t1
+  if(t1>n) { t1 <- n; t2 <- NA;}
+  t[i] <- t1
+  t.na[i] <- t2
+ }
> mean(t)
[1] 12571.08
> mean(t.na,na.rm=TRUE)
[1] 6478
```

Per trasformare i valori della bernoulliana (0 e 1) abbiamo utilizzato la seguente osservazione: se $x \in (0, 1)$ allora $2 \cdot x - 1 \in (-1, +1)$. Il valore L può anche essere interpretato come **barriera assorbente** se assumiamo che la passeggiata aleatoria termini la sua corsa una volta raggiunto il livello L. In tal caso si parla di **tempo medio di assorbimento** anziché di tempo di primo passaggio. Si può pensare anche ad un altro schema che è quello in cui la particella rimbalza una volta incontrato il livello L, in tal caso si parla di **barriere riflettente**. Lo schema di simulazione deve quindi essere variato. Per evitare i cicli `for` conviene ragionare in questo modo. Se ad un certo istante i la particella si trova in L e il vettore `x`

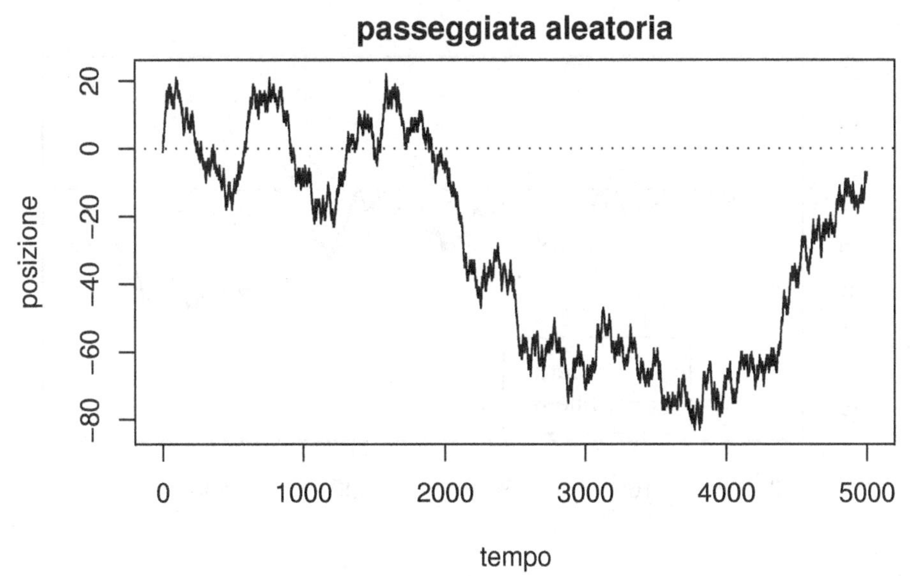

Figura 4.27 Disegno di una traiettoria lunga 5000 passi della passeggiata aleatoria con $p = \frac{1}{2}$. Il comportamento di tale traiettoria è molto meno prevedibile di quello delle traiettorie della Figura 4.26.

contiene un `+1` in posizione $i + 1$ allora all'istante $i + 1$ la particella si troverebbe in $L + 1$, ma questo non è ammissibile poiché L è una barriera riflettente. Allora è sufficiente trasformare in `-1` il valore del vettore `x` in posizione $i + 1$. A questo punto si deve ricalcolare tutta la traiettoria e scovare il successivo istante $j + 1$ che porterebbe la particella in $L + 1$. Si pone pari `-1` `x[j+1]` e si ricalcola la traiettoria. L'algoritmo termina quando tutta la traiettoria successivamente modificata si trova al di sotto del valore $L + 1$. Il codice che segue implementa questo algoritmo. Viene utilizzato per la prima volta il comando `while` di cui si è parlato nel primo capitolo. Il vettore `x` viene copiato nel vettore `x1` così che alla fine si possano tracciare la traiettoria non modificata e quella riflessa su di uno stesso grafico (si veda la Figura 4.28).

```
> n <- 500
> L <- 10
> continua <- TRUE
> x <- 2*rbinom(n,1,0.5) - 1
> x1 <- x
> while(continua){
+  y <- cumsum(x)
+  bar <- which(y==L+1)
+  if(length(bar) == 0)
+   continua = FALSE
+  else{
+    h <- min(bar)
+    x[h] <- -1
```

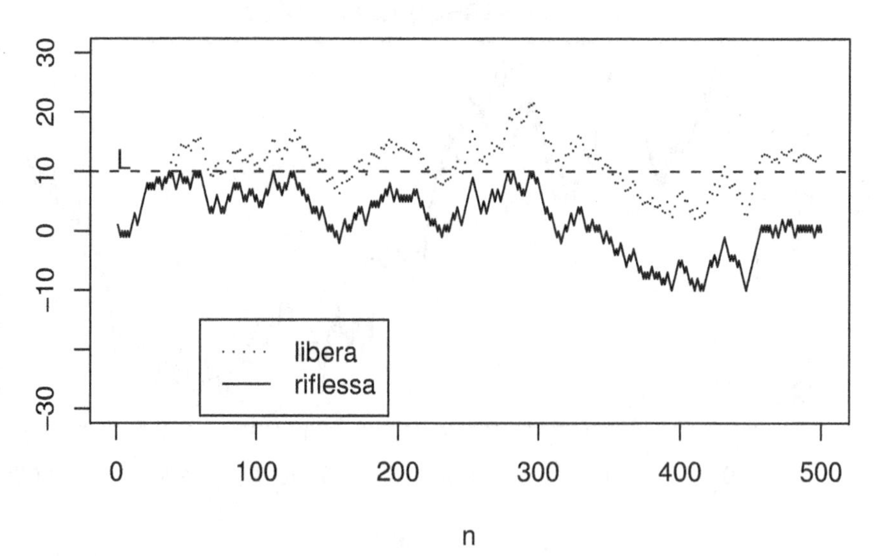

Figura 4.28 Traiettoria della passeggiata aleatoria con due barriere riflettenti in $L = 10$ sovrapposta alla traiettoria libera.

```
+     }
+ }
>
>
> plot(1:n,cumsum(x1),type="l",lty=3,ylab="",
+  xlab="n",ylim=c(-30,30))
> lines(1:n,y)
> abline(h=L,lty=2)
> text(5,L+2,"L")
> legend(60,-15,c("libera","riflessa"),lty=c(3,1))
```

Terminiamo la trattazione delle passeggiate aleatorie implementando un algoritmo con due barriere riflettenti una posta in $L1$ e l'altra in $L2$. Lasciamo al lettore l'analisi dell'algoritmo che è una semplice estensione del primo. Il grafico delle traiettorie riflessa e libera viene riportato in Figura 4.29.

```
> n <- 1000
> L1 <- 10
> L2 <- -5
> continua <- TRUE
> x <- 2*rbinom(n,1,0.5) - 1
> x1 <- x
> while(continua){
+  y <- cumsum(x)
+  bar1 <- which(y==L1+1)
+  bar2 <- which(y==L2-1)
```

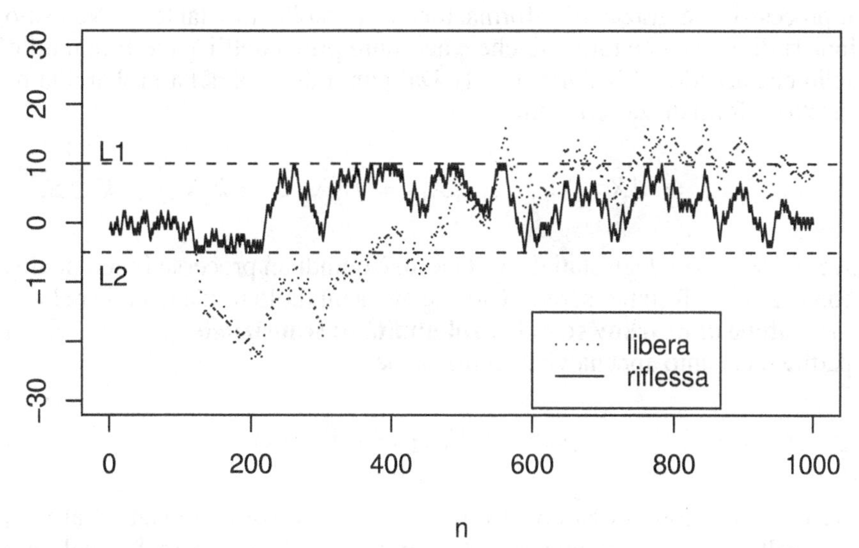

Figura 4.29 Traiettoria della passeggiata aleatoria con due barriere riflettenti in $L1 = 10$ e $L2 = -5$ sovrapposta alla traiettoria libera.

```
+  if( (length(bar1) == 0) & (length(bar2) == 0))
+   continua = FALSE
+  else{
+     h1 <- min(bar1)
+     h2 <- min(bar2)
+     if(min(h1,h2) == h1)
+      x[h1] <- -1
+     else
+      x[h2] <- +1
+    }
+ }
> plot(1:n,cumsum(x1),type="l",lty=3,ylab="",
+  xlab="n",ylim=c(-30,30))
> lines(1:n,y)
> abline(h=L1,lty=2)
> abline(h=L2,lty=2)
> text(5,L1+2,"L1")
> text(5,L2-4,"L2")
> legend(600,-15,c("libera","riflessa"),lty=c(3,1))
```

4.4.2 Catene di Markov

Lo studio di questa classe di processi ebbe inizio con A.A. Markov attorno agli inizi del 1900. Lo scopo dell'autore era quello di descrivere un processo aleatorio tale per cui fosse possibile descrivere i possibili valori assumibili al tempo $n + 1$ dal processo solo grazie all'informazione disponibile all'istante n. Non solo, ma l'ipotesi di base è che tutto ciò che è accaduto prima dell'istante n non influenza quello che accadrà all'istante $n + 1$. Dal punto di vista della probabilità questo concetto si formalizza scrivendo

$$P(X_{n+1} = k|X_n, X_{n-1}, \dots, X_0) = P(X_{n+1} = k|X_n), \quad k \in S,$$

dove S è lo spazio degli stati di X. Questo è quindi un processo in tempo discreto e con spazio degli stati discreto. Ciò che gioca un ruolo fondamentale nello studio delle **Catene di Markov** sono le **probabilità di transizione** p_{ij}, $i, j \in S$ definite a partire da quanto appena visto come segue

$$p_{ij} = P(X_{n+1} = j|X_n = i)$$

ovvero, le probabilità con cui il processo che si trova nello stato i al tempo n passa nello stato j al tempo $n + 1$. Le probabilità p_{ij} in realtà, nel caso più generale, dipendono dall'istante n e più correttamente si dovrebbe scrivere p_{ij}^n. Se invece si assume che la struttura delle probabilità di transizione non dipenda dal tempo, allora si è in presenza di un catena di Markov **omogenea**. Questo è il genere di modelli di cui ci occupiamo ora. Se gli stati in S sono k, allora per ogni valore di $i = 1, \dots, k$ abbiamo un'intera distribuzione di probabilità condizionata p_{ij}. Possiamo quindi rappresentare tutte queste distribuzioni come le righe di una matrice P che chiameremo **matrice delle probabilità di transizione**

$$P = \begin{pmatrix} p_{11} & p_{12} & \cdots & p_{1k} \\ p_{21} & p_{22} & \cdots & p_{2k} \\ \vdots & & \cdots & \vdots \\ p_{k1} & p_{k2} & \cdots & p_{kk} \end{pmatrix}$$

Vediamo di chiarirci con un esempio. Nel Mondo di Oz[5] accadono strane cose e tra le altre il tempo è veramente un disastro! In particolare,

- non si verificano mai due giorni di tempo sereno S di seguito
- se oggi è bel tempo, domani può nevicare N o piovere P con uguale probabilità
- se nevica o piove e il tempo cambia, solo la metà delle volte il tempo volge al bello
- se nevica o piove, nel 50% il tempo rimane invariato, altrimenti nel restante 50% dei casi il tempo cambia in uno dei rimanenti stati.

[5] Si veda per esempio [22].

Questo tipo di comportamento può essere modellato attraverso una catena di Markov. Infatti se $X_n = P$ allora

$$P(X_{n+1} = P|X_n = P) = \frac{1}{2}$$
$$P(X_{n+1} = S|X_n = P) = \frac{1}{4}$$
$$P(X_{n+1} = N|X_n = P) = \frac{1}{4}$$

e analogamente per i casi $X_n = S$ e $X_n = N$, quindi la matrice di probabilità di transizione assume la forma seguente

$$P = \begin{pmatrix} \frac{1}{2} & \frac{1}{4} & \frac{1}{4} \\ \frac{1}{2} & 0 & \frac{1}{2} \\ \frac{1}{4} & \frac{1}{4} & \frac{1}{2} \end{pmatrix}$$

dove lo stato 1 è P (piove), il secondo è S (sereno) e il terzo è N (nevica). Ci si può chiedere: se oggi è sereno S nel Mondo di Oz, come sarà il tempo tra due giorni? Si può rispondere nel seguente modo: siano i e j due stati qualsiasi di S allora

$$P(X_2 = j|X_0 = i) = \sum_{k \in S} P(X_2 = j|X_1 = k) \cdot P(X_1 = k|X_0 = i).$$

Nella formula appena vista abbiamo scomposto il passaggio da uno stato i ad uno stato j in due passi attraverso tutti i k possibili passaggi da i a k e poi da k a j. Nel caso specifico, posto $i = S$ abbiamo

$$\begin{aligned} P(X_2 = P|X_0 = S) &= \sum_{k \in S} P(X_2 = P|X_1 = k) \cdot P(X_1 = k|X_0 = S) \\ &= P(X_2 = P|X_1 = P) \cdot P(X_1 = P|X_0 = S) \\ &\quad + P(X_2 = P|X_1 = S) \cdot P(X_1 = S|X_0 = S) \\ &\quad + P(X_2 = P|X_1 = N) \cdot P(X_1 = N|X_0 = S) \\ &= \frac{1}{2} \cdot \frac{1}{2} + \frac{1}{2} \cdot 0 + \frac{1}{4} \cdot \frac{1}{2} \\ &= \frac{3}{8} \end{aligned}$$

In modo analogo per gli altri casi. Si ottiene infine

$$P(X_2 = P|X_0 = S) = \frac{3}{8}$$
$$P(X_2 = S|X_0 = S) = \frac{2}{8}$$
$$P(X_2 = N|X_0 = S) = \frac{3}{8}$$

Queste qui sopra non sono altro che delle probabilità di transizione a 2 passi che potremmo indicare con p_{ij}^2. È chiaro che tali probabilità dipendono dallo stato iniziale X_0. Se invece vogliamo calcolare la distribuzione di probabilità di X all'istante $n+1$, possiamo scrivere in analogia a quanto appena visto

$$\begin{aligned}
p_j^{(n+1)} &= P(X_{n+1} = j) = \sum_{k \in S} P(X_{n+1} = j, X_n = k) \\
&= \sum_{k \in S} P(X_{n+1} = j | X_n = k) P(X_n = k) \\
&= \sum_{k \in S} p_{kj}\, p_k^{(n)}
\end{aligned}$$

che in termini matriciali si riscrive come segue

$$p^{(n+1)} = p^{(n)} P$$

dove $p^{(n)}$ e $p^{(n+1)}$ sono i vettori delle distribuzioni di X al tempo n e $n+1$ e P è la matrice delle probabilità di transizione. Dalla relazione appena vista vale la seguente

$$p^{(n)} = p^{(n-1)} P = p^{(n-2)} P^2 = p^{(0)} P^n$$

dove $p^{(0)}$ è la distribuzione dello stato iniziale X_0 della catena. Quindi per calcolare la distribuzione di X_2 dato $X_0 = S$ possiamo utilizzare la formula appena vista

$$p^{(2)} = p^{(0)} P^2$$

```
> p0 <- c(0,1,0)
> P <- matrix(c(0.5,0.5,0.25,0.25,0,0.25,0.25,0.5,0.5),3,3)
> p0 %*% P
     [,1] [,2] [,3]
[1,]  0.5    0  0.5
> p0 %*% (P %*% P)
      [,1] [,2]  [,3]
[1,] 0.375 0.25 0.375
> p0 %*% (P %*% P %*% P)
        [,1]   [,2]    [,3]
[1,] 0.40625 0.1875 0.40625
```

ricordando che l'operatore '`%*%`' indica il prodotto matriciale (o vettoriale). All'interno della matrice P^n si trovano le probabilità di transizione in n passi, ovvero l'elemento p_{ij}^n di tale matrice è la probabilità di transizione dallo stato i allo stato j in n passi.

Anche le passeggiate aleatorie sopra viste possono essere interpretate come catene di Markov in cui $S = \{-\infty, \ldots, -1, 0, +1, \ldots, +\infty\}$ è lo spazio degli stati, la distribuzione iniziale di X_0 è la distribuzione degenere che assume valore

1 in corrispondenza di 0 e zero altrove e la matrice di probabilità di transizione ha un numero infinito di righe e colonne in cui ogni riga i è del seguente tipo

$$\begin{cases} p_{i,i+1} & = p, \\ p_{i,i-1} & = (1-p), \\ p_{ij} & = 0, \quad \text{altrimenti} \end{cases}$$

Le catene di Markov possono essere simulate in modo semplice tramite la funzione utilizzata per simulare variabili casuali discrete `gen.vc` del Codice 4.20 oppure creando un'apposita funzione `Markov` per ottimizzare l'efficienza dell'algoritmo. I due algoritmi sono riportati nel Codice 4.30. Lo schema della simulazione è molto semplice: dato lo stato corrente `h`, si simula un nuovo stato utilizzando la riga h-esima della matrice di probabilità di transizione e si itera il procedimento. Vediamo un esempio di applicazione nel caso di una traiettoria lunga 15 passi utilizzando i dati del Mondo di Oz. Il seguente codice genera anche il grafico della traiettoria riportato in Figura 4.31.

```
> x <- c("P","S","N")
> P
     [,1] [,2] [,3]
[1,] 0.50 0.25 0.25
[2,] 0.50 0.00 0.50
[3,] 0.25 0.25 0.50
> Markov("S",15,x,P)  -> traj
> traj
$X
 [1] "S" "N" "N" "S" "P" "S" "N" "N" "N" "S" "P" "S"
[13] "P" "S" "N" "P"

$t
 [1]  0  1  2  3  4  5  6  7  8  9 10 11 12 13 14 15

> plot(traj$t,codes(factor(traj$X)),type="s",axes=FALSE,
+      xlab="t",ylab="Che tempo fa")
> axis(1)
> axis(2,c(1,2,3),levels(factor(traj$X)))
> box()
```

Uno stato di una catena di Markov viene detto **assorbente** se una volta raggiunto la catena non ne esce più, ovvero $p_{ii} = 1$. Una catena di Markov è detta **assorbente**, se ha almeno uno stato assorbente e se questo può essere raggiunto dagli altri stati della catena non necessariamente in un solo passo. In una catena assorbente, gli stati non assorbenti sono detti **transitori**. Per esempio, la passeggiata aleatoria con una o due barriere assorbenti è una catena di Markov con due stati assorbenti (le barriere) e tutti gli altri stati sono transitori.

Una catena di Markov è detta **regolare** se esiste un indice n tale per cui P^n ha tutti elementi positivi. La matrice di transizione dell'esempio del Mondo di Oz contiene uno 0, ma P^2 è composta da elementi tutti positivi

```
Markov <- function(x0, n, x, P){
 mk <- numeric(n+1)
 mk[1] <- x0
 h <- which(x==x0)
 k <- length(x)
 F <- matrix(0,k,k)
 for(i in 1:k)
  F[i,] <- cumsum(P[i,])  # matrice frequenze cumulate
 for(i in 1:n){
  u <- runif(1) # genera il numero casuale
  h <- min(which(F[h,]>u)) # trova il valore h
  mk[i+1] <- x[h]
 }
 return(list(X=mk,t=0:n))
}

Markov2 <- function(x0, n, x, P){
 mk <- numeric(n+1)
 mk[1] <- x0
 stato <- which(x==x0)
 for(i in 1:n){
  mk[i+1] <- sample(x,1,P[stato,], replace=TRUE)
  stato <- which(x==mk[i+1])
 }
 return(list(X=mk,t=0:n))
}
```

Codice 4.30 Due routine per la simulazione di catene di Markov. La versione `Markov2` è basata sulla funzione `sample` ed è più efficiente in termini numerici. Lo stato iniziale è X_0 =`x0`, il vettore degli stati è `x` e la matrice di probabilità di transizione è `P`. L'algoritmo simula una traiettoria lunga `n` passi.

```
> P
     [,1] [,2] [,3]
[1,] 0.50 0.25 0.25
[2,] 0.50 0.00 0.50
[3,] 0.25 0.25 0.50
> P %*% P
       [,1]   [,2]   [,3]
[1,] 0.4375 0.1875 0.3750
[2,] 0.3750 0.2500 0.3750
[3,] 0.3750 0.1875 0.4375
```

Mentre una matrice corrispondente ad una catena assorbente come questa

```
> P <- matrix( c(1,0.5,0,0.5), 2,2)
> P
```

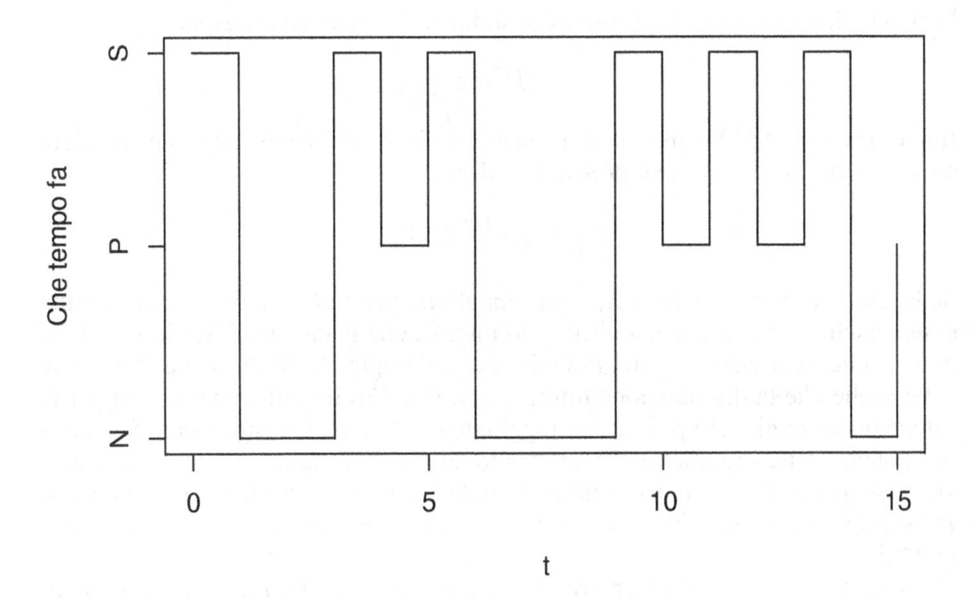

Figura 4.31 Traiettoria della Catena di Markov relativa al problema del tempo nel Mondo di Oz.

```
      [,1] [,2]
[1,]  1.0  0.0
[2,]  0.5  0.5
> P %*% P
      [,1] [,2]
[1,] 1.00 0.00
[2,] 0.75 0.25
> P %*% P %*% P
      [,1]  [,2]
[1,] 1.000 0.000
[2,] 0.875 0.125
```

non è una catena regolare. Se $\pi = (\pi_1, \pi_2, \ldots, \pi_k)$ è un vettore di lunghezza k pari al numero degli stati di una catena regolare, allora si dimostra che

$$\lim_{n \to \infty} P^n = \begin{pmatrix} \pi_1 & \pi_2 & \ldots & \pi_k \\ \pi_1 & \pi_2 & \ldots & \pi_k \\ \vdots & \vdots & & \vdots \\ \pi_1 & \pi_2 & \ldots & \pi_k \end{pmatrix}$$

Nell'esempio del Mondo di OZ la matrice P^n converge verso la matrice (provare a calcolare P^{10}, P^{11} e P^{12})

$$\begin{pmatrix} 0.4 & 0.2 & 0.4 \\ 0.4 & 0.2 & 0.4 \\ 0.4 & 0.2 & 0.4 \end{pmatrix}$$

Si può inoltre mostrare che il vettore π soddisfa la seguente relazione

$$\pi P = \pi$$

Infine si ha che se P è la matrice di probabilità di transizione di una catena regolare e p_0 è un qualsiasi vettore di probabilità allora

$$\lim_{n\to\infty} p_0 P^n = \pi$$

Se la distribuzione iniziale di X_0 è $p_0 = \pi$ allora, per ogni n, $\pi P^n = \pi$ che risulta essere anche il limite appena visto. Ciò implica che la catena di Markov si trova in uno stato di *equilibrio* o **stazionario**. Per un'ampia classe di catene di Markov si ha anche che la distribuzione limite π è unica. Ciò in particolare è vero per le catene in cui ogni stato può essere raggiunto dagli altri. Questo genere di catene sono anche dette *ergodiche*. Chiaramente una catena regolare è anche ergodica visto che per definizione esiste un certo indice n tale per cui tutti gli elementi di P^n sono positivi e quindi in al massimo n passi ogni stato può raggiungere tutti gli altri.

Indichiamo con r_i il **tempo medio di ritorno** nello stato i, ovvero il numero medio di passi necessari per raggiungere nuovamente i partendo dallo stato i. Si può mostrare che

$$\pi_i = \frac{1}{r_i}$$

il che fornisce un utile metodo per il calcolo della distribuzione π utilizzando le simulazioni. Pensiamo all'esempio del Mondo di Oz e simuliamo una catena di Markov lunga 10 000 passi.

```
> P <- matrix(c(0.5,0.5,0.25,0.25,0,0.25,0.25,0.5,0.5),
+              3,3)
> x <- c("P","S","N")
> mm <- Markov("S", 10000, x, P)
```

ora `mm` contiene due vettori di cui ci interessa solo `mm$X`. Cerchiamo gli istanti in cui la catena passa per lo stato 1, cioè `P`, e contiamo quante volte volte avviene il passaggio

```
> r1 <- which(mm$X=="P")
> n1 <- length(r1)
```

a questo punto di deve calcolare il tempo medio di ritorno nello stato 1. Se i tempi sono stati 1, 4, 6 e 10 il vettore `r1` conterrà tali numeri. La differenza tra `r1[2]` = 4 e `r1[1]` = 1 ci fornisce il primo tempo di ritorno. La differenza tra `r1[3]` = 6 e `r1[2]` = 4 il secondo tempo di ritorno e infine `r1[4]` = 10 e `r1[3]` = 6 il terzo tempo di ritorno. Non ci resta che farne la media aritmetica e poi passare al reciproco. Dunque

```
> p1 <- 1/(mean(r1[-1]-r1[-n1]))
> p1
[1] 0.3983992
```

che come si vede coincide con quanto preannunciato. Ricordiamo (cfr. Capitolo 1) che, quando si accede agli elementi dei vettori, specificare un indice negativo vuol dire eliminare dall'insieme degli indici possibili il valore specificato. Dal punto di vista stilistico è molto più elegante riscrivere

```
r1[-1] - r1[-n1]
```

tramite la funzione `diff`

```
diff(r1)
```

infatti (si veda l'help di tale funzione)

```
# differenze tra valori successivi
>      diff( c(1,3,7,10) )
[1] 2 4 3
# differenze tra valori a distanza 2
>      diff( c(1,3,7,10), 2)
[1] 6 7
```

Per gli altri due valori del vettore π si ha quindi

```
> r2 <- which(mm$X=="S")
> p2 <- 1/(mean( diff(r2) )
>
> r3 <- which(mm$X=="N")
> p3 <- 1/(mean( diff(r3) )
> p2
[1] 0.2025203
> p3
[1] 0.3991399
```

anche questi risultati in linea con quanto previsto. Si noti che l'aver scelto "`S`" come stato iniziale non altera il risultato in quanto la catena è ergodica, per cui, per quanto visto, lo stato iniziale quando n cresce tende ad essere ininfluente. Per una rassegna di metodi e di esempi applicativi sulle Catene di Markov si rimanda a [41].

4.4.3 Processi autoregressivi

I processi autoregressivi sono una particolare categoria di processi (di Markov) a tempo discreto con spazio degli stati continuo. Sono tipicamente impiegati per descrivere andamenti di serie storiche. A titolo di esempio mostriamo il caso più semplice di modello autoregressivo ovvero il modello AR(1). Si suppone che il processo che stiamo osservando abbia una struttura del tipo seguente:

$$X_n = \lambda X_{n-1} + Z_n$$

dove Z_n è un **rumore bianco**, ovvero

$$\mathrm{E}Z_n = 0 \quad \mathrm{Var}Z_n = \sigma^2 \quad \mathrm{Cov}(Z_i, Z_j) = 0 \quad \text{per} \quad i \neq j$$

e $|\lambda| < 1$. Il modello si denota con AR(1) per indicare che il processo al tempo n dipende solo dal valore del processo ad un passo precedente. Un modello AR(p) sarà invece un modello in cui il valore del processo al tempo n dipende da tutti i valori assunti nei p passi precedenti. Il processo X_n è tale per cui la sua media e la sua varianza sono date dalle formule

$$\mathrm{E}X_n = 0 \qquad \mathrm{Var}X_n = \frac{\sigma}{1-\lambda^2}$$

ovvero, sono costanti per ogni n. Tale processo si dice quindi **stazionario** in senso debole. Si osservi che se $\lambda = 1$, $X_0 = 0$ e Z_n sono le variabili casuali tali per cui

$$P(Z_n = 1) = p = 1 - P(Z_n = -1), \quad 0 < p < 1,$$

il processo diventa la passaggiata aleatoria del precedente paragrafo. La simulazione delle traiettorie di tali processi è piuttosto semplice se si utilizza la formula ricorsiva che li definisce. Infatti,

```
> n <- 100
> lambda <- 0.3
> x <- rnorm(n)
> y <- numeric(n)
> y[1] <- 0
> for(i in 2:n)
+  y[i] <-  y[i-1] * lambda + x[i]
>
> plot(1:n,y,type="l",xlab="n", ylab=expression(X[n]),
+      main="Modello AR(1)")
```

dove `n` è il numero di passi simulati, `lambda` è il parametro del processo AR(1) e il vettore `x` contiene il rumore bianco. Il valore iniziale del processo è posto pari a 0. La Figura 4.32 riporta una traiettoria del processo AR(1).
Di un tale processo ha un qualche interesse studiare la **funzione di autocovarianza** definita come

$$\gamma(h) = \mathrm{Cov}(X_n, X_{n+h}) = \mathrm{E}(X_n X_{n+h}) = \lambda^h \sigma^2, \quad h \geq 0$$

e la **funzione di autocorrelazione** ottenuta da questa dividendo per

$$\gamma(0) = \mathrm{Var}(X_n) = \sigma^2$$

e dunque

$$\rho(h) = \frac{\gamma(h)}{\gamma(0)} = \lambda^h.$$

Tale funzione descrive il legame che intercorre tra i valori del processo che distano un numero di passi pari ad h. Come si vede, essendo $|\lambda| < 1$ la funzione $\rho(h)$ descresce rapidamente verso lo zero. Si osservi in proposito il grafico in Figura 4.33 (sinistra) ottenuta come segue

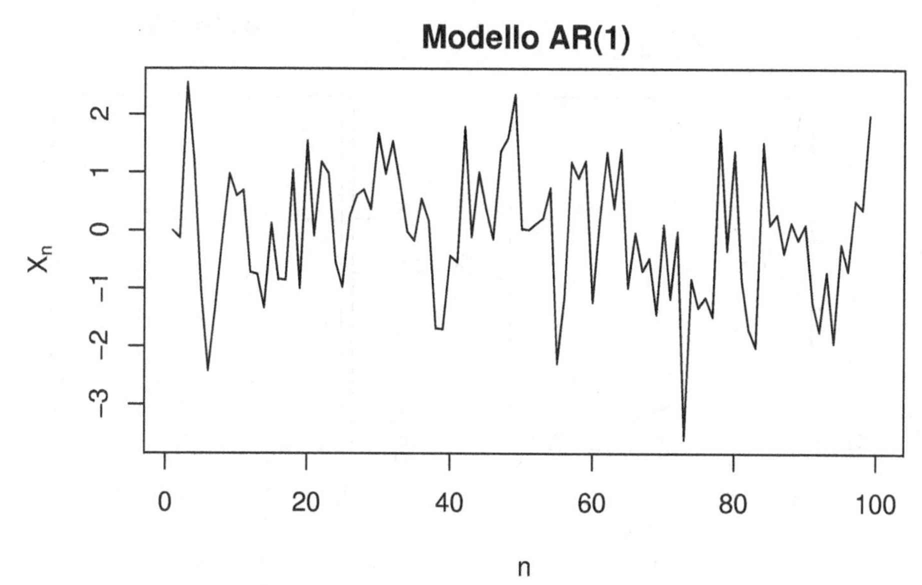

Figura 4.32 Esempio di traiettoria di un modello AR(1).

```
> curve(0.3^x, 0, 4, main=expression(rho(h)==lambda^h),
+       ylab=expression(rho(h)),xlab="h")
```

Come si nota già per $h = 2$ la funzione di autocorrelazione scende al di sotto del valore 0.2. R implementa molte funzioni per l'analisi delle serie storiche e permette di calcolare e disegnare con un solo comando la funzione di autocorrelazione di un processo. Per ottenerla basta caricare il pacchetto `ts` (time series) contenuto nella distribuzione base di R e poi utilizzare il comando `acf`. Quindi scrivendo

```
> library(ts)
> acf(y)
```

quello che si ottiene è il grafico della Figura 4.33 (destra). Osservare l'andamento della funzione di autocorrelazione può essere utile per capire che tipo di processo ci troviamo per le mani. Si osservi che mentre $\rho(h)$ è sempre positiva, la funzione di autocorrelazione empirica può risultare negativa ma quello che interessa è che le oscillazioni risultino tutte all'interno della banda (-0.2,02). Ancora, il grafico di $\rho(h)$ in Figura 4.33 in realtà andrebbe disegnato per punti e non con una linea continua ma per semplicità abbiamo preferito tracciare una curva continua.

4.4.4 Processi di Poisson

Il **processo di Poisson** è uno dei più importanti processi a tempo continuo e spazio degli stati discreto. Le sue applicazioni sono le più svariate. Questo processo non fa altro che contare il numero di eventi che si susseguono nel tempo. È quindi un

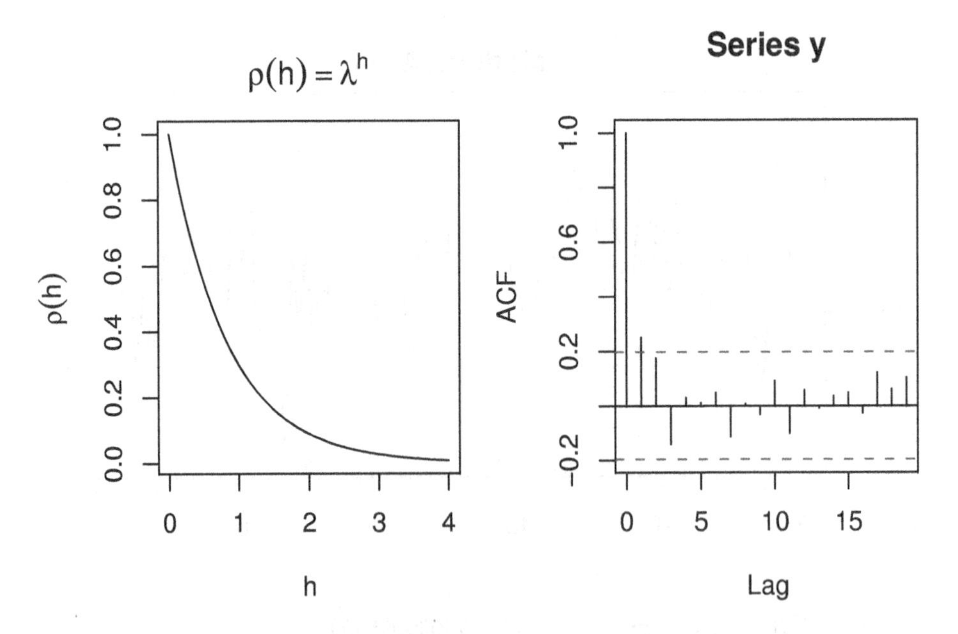

Figura 4.33 A sinistra la funzione di autocorrelazione di un modello AR(1) con $\lambda = 0.3$ e a destra la funzione di autocorrelazione calcolata empiricamente, tramite la funzione `acf` di R, sui dati del modello AR(1) simulato in Figura 4.32.

processo che rimane nello stesso stato, cioè non cambia valore, se durante un certo intervallo di tempo non accadono eventi altrimenti la sua traiettoria salta. A questo processo, che modella bene una *fila di attesa*, si impongono alcune restrizioni. La principale è che in ogni intervallo di tempo Δt di ampiezza molto ridotta, non possono verificarsi due o più eventi contemporaneamente. Se indichiamo con $N(t, t+\Delta t)$ il numero di eventi che si verificano nell'intervallo $(t, t+\Delta t]$ quello che si richiede è che

$$\begin{aligned}
P(N(t, t+\Delta t) = 0) &= 1 - \lambda\Delta t + o(\Delta t) \\
P(N(t, t+\Delta t) = 1) &= \lambda\Delta t + o(\Delta t) \\
P(N(t, t+\Delta t) \geq 2) &= o(\Delta t)
\end{aligned}$$

dove con $o(\Delta t)$ si intende un termine trascurabile rispetto a Δt quando $\Delta t \to 0$. Inoltre si assume che gli incrementi del processo siano indipendenti e cioè $N(t, t+\Delta t)$ è indipendente da quello che è accaduto nell'intervallo $(0, t]$. Se indichiamo con $N(t) = N(0, t)$ si può mostrare, [10], che

$$P(N(t) = k) = e^{-\lambda t}\frac{(\lambda t)^k}{k!}, \quad k = 0, 1, 2, \ldots$$

ovvero, il numero di eventi tra 0 e t si distribuisce come una variabile casuale di Poisson di parametro λt. Il parametro λ viene chiamato **tasso** del processo di Poisson. Un altro aspetto interessante di tale processo è che se indichiamo con

T il tempo che intercorre tra il verificarsi di due eventi successivi, il **tempo di attesa**, questo si distribuisce come una variabile casuale esponenziale di parametro λ, cioè $T \sim Exp(\lambda)$. Questo fornisce una chiave per simulare un processo di Poisson, infatti sarà sufficiente simulare una successione di variabili casuali di tipo esponenziale di parametro λ. Il codice che segue genera una traiettoria del processo di Poisson ma in modo non adeguato in quanto non viene fissato l'intervallo temporale $(0, t]$ ma si simulano solo 10 eventi. La Figura 4.34 (sinistra) mostra una tale traiettoria.

```
> n <- 10
> x <- rexp(n,rate=1/10)
> y <- c(0,cumsum(x))
>
> plot(y,0:n,type="s",xlim=c(0,max(y)),ylim=c(0,n),
+       xlab="t",ylab="N(t)",main="Processo di Poisson")
```

Se invece fissamo l'orizzonte temporale in `t`, l'algoritmo deve essere modificato come segue:

```
> n <- 100
> t <- 50
> x <- rexp(n,rate=1/10)
> y <- c(0,cumsum(x))
> evt <- max(which(y<t)) - 1
> evt
[1] 10
> plot(y[0:(evt+2)],0:(evt+1),type="s",xlim=c(0,y[evt+2]),
+       ylim=c(0,evt+2),xlab="t",ylab="N(t)",
+       main="Processo di Poisson")
> abline(v=t,lty=3)
```

il valore `evt` riporta il numero di eventi che si sono realizzati nell'intervallo $(0, t]$ e il grafico della traiettoria di $N(t)$ viene troncata attorno al valore `t` che nell'esempio è stato fissato a 50. Il grafico è riportato nella Figura 4.34 (destra).

Il processo di Poisson appena visto viene chiamato **omogeneo** poiché il tasso del processo non varia con il tempo. Questo processo può essere generalizzato quando si assume che anche il tasso sia una funzione del tempo. In tal caso, se $\lambda = \lambda(t)$ si definisce funzione di intensità del processo di Poisson **non omogeneo** la funzione

$$\Lambda(t) = \int_0^t \lambda(s) \mathrm{d}s$$

e la distribuzione del processo di Poisson assume la seguente forma

$$P(N(t) = k) = e^{-\Lambda(t)} \frac{\Lambda(t)^k}{k!}, \quad k = 0, 1, 2, \ldots$$

Si noti che se $\lambda(t) = \lambda$ si ottiene $\Lambda(t) = \lambda t$ e quindi il processo di Poisson omogeneo. Un tale tipo di processo interviene quando ha senso supporre un andamento temporale differenziato nel numero di eventi che si verificano. Se per

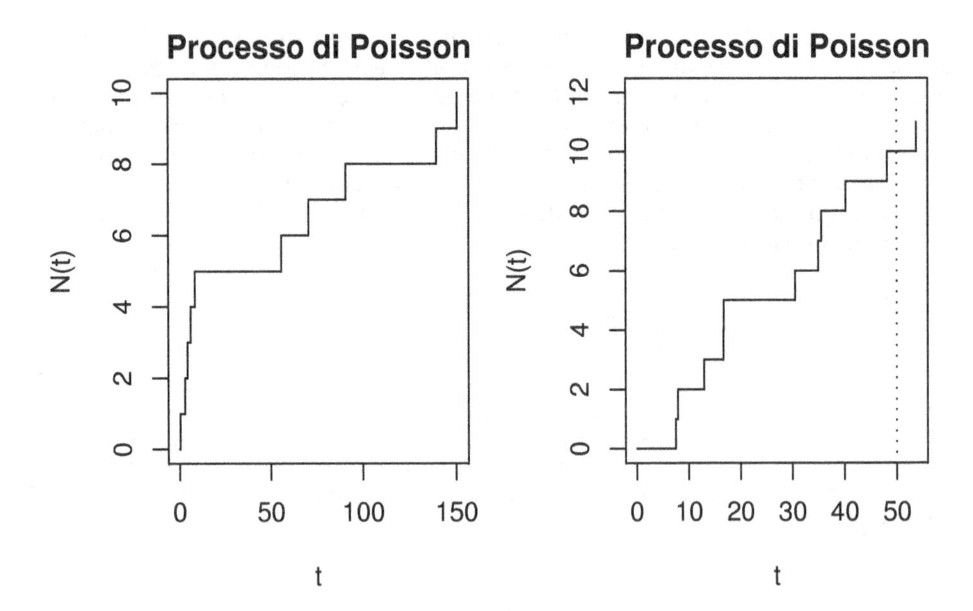

Figura 4.34 Traiettoria del processo di Poisson per un totale di 10 eventi (a sinistra) e estesa al solo intervallo (0,50] (a destra).

esempio si pensa agli eventi come alle chiamate telefoniche o gli accessi ad un sito Internet ha senso supporre che durante la giornata il numero di chiamate o accessi non sia costante.

Processo di Poisson non omogeneo Simulare un processo di Poisson non omogeneo è meno semplice di quanto visto per il processo omogeneo. Il metodo che esponiamo è detto di *thinning* originariamente introdotto da Lewis e Shedler [27] e noto anche conl nome di metodo Lewis. Ne presentiamo una forma semplificata ma il lettore può riferirsi a [37] e [32] per le differenti estensioni e ottimizzazioni. L'idea del metodo è simile a quella del metodo del rifiuto per variabili casuali. Sia $\lambda(t)$ una funzione di intensità tale per cui esiste la costante λ che verifica

$$\lambda(t) \leq \lambda, \quad 0 \leq t \leq T\,.$$

Si simula un processo di Poisson di tasso costante λ. Se un evento di Poisson si verifica all'istante t si decide di considerare quell'evento con probabilità $\lambda(t)/\lambda$. L'insieme degli eventi considerati coincide con le determinazioni di un processo di Poisson con funzione di intensità $\lambda(t)$. In sostanza, si genera un tempo di arrivo e lo si considera un tempo di arrivo di un processo di Poisson non omogeneo con probabilità $\lambda(t)/\lambda$. Il flusso dell'algoritmo è il seguente: si pongono $t = 0$ e $k = 0$, quindi

- si genera una numero casuale uniforme u

- si pone $t = t - \frac{1}{\lambda} \log u$. Se $t > T$ stop.
- si genera un secondo numero casuale uniforme y
- Se $y \leq \lambda(t)/\lambda$ si pone $k = k + 1$, $E(k) = t$
- si itera il procedimento.

Alla fine dell'algoritmo avremo una traiettoria di k salti del processo di Poisson non omogeneo di intensità $\lambda(t)$. L'implementazione in R dell'algoritmo non presenta particolari difficoltà e ne riportiamo il codice senza commento.

```
> lambda <- 1.1
> T <- 20
> E <- 0
> t <- 0
> while(t<T){
+  t <- t - 1/lambda * log(runif(1))
+  if( runif(1) < sin(t)/lambda )
+   E <- c(E, t)
+ }
> length(E)
[1] 12
> E
 [1]  0.000000  2.023811  2.300391  7.955609
 [5]  8.060134  8.124726  9.033967 13.611091
 [9] 13.969416 14.052724 19.850554 20.361050
> plot(E,0:(length(E)-1),type="s",ylim=c(-4,length(E)))
> curve(-3+sin(x),0,20,add=TRUE,lty=2,lwd=2)
```

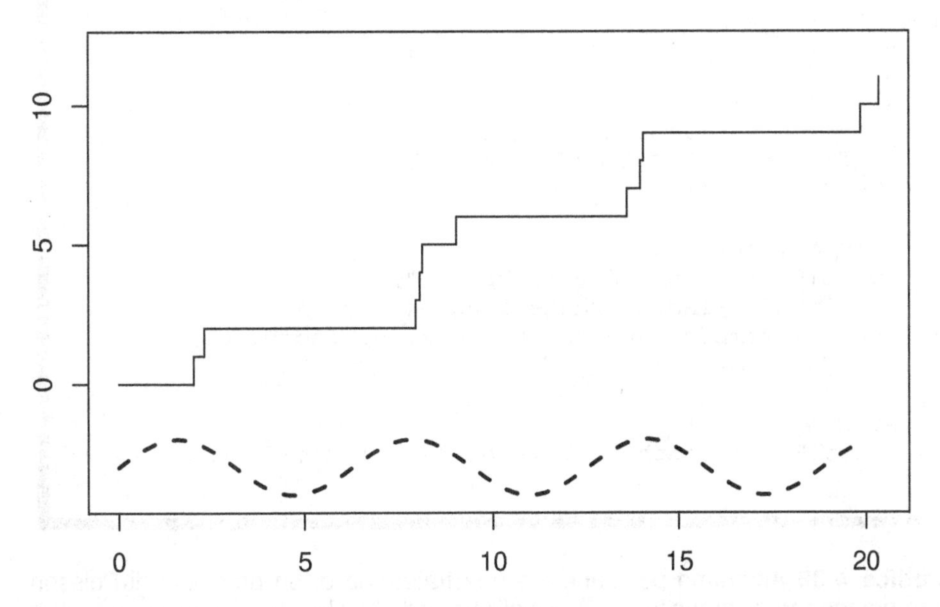

Figura 4.35 Traiettoria di un processo di Poisson non omogeneo attraverso il metodo di Lewis.

Nella Figura 4.35 abbiamo riportato la traiettoria del processo simulato di intensità $\lambda(t) = \sin(t)$. Tale funzione di intensità è limitata da 1 superiormente, quindi abbiamo posto `lambda` pari ad 1.1 nell'algoritmo. Il grafico riporta sia la traiettoria che la funzione di intensità. Come si vede, quando la funzione di intensità ha dei picchi si verificano il maggior numero di salti nel processo di Poisson. Dell'algoritmo visto se ne può creare una funzione che chiameremo `lewis` che in input necessita solo dell'orizzonte temporale T e della funzione di intensità λ. Abbiamo aggiunto il parametro logico `plot.int` che se posto pari a `TRUE` disegna anche la funzione di intensità sotto la traiettoria del processo. La funzione `lewis` viene riportata nel Codice 4.36. Per l'utilizzo basta scrivere nella Console di R

```
> lewis(T,sin)
```

o, se non si vuole il plot della funzione di intensità

```
> lewis(T,sin,FALSE)
```

Il Codice 4.36 calcola automaticamente il massimo della funzione λ utilizzando la funzione `optim`. Si rimanda all'Appendice A per una descrizione del funzionamento di tale routine.

```
lewis <- function(T, lambda, plot.int = TRUE){
 optim(c(0,T), lambda,
  control=list(fnscale=-1))$value -> lambda.max
 optim(c(0,T),lambda)$value -> lambda.min
 lambda.range <- lambda.max - lambda.min
 LAMBDA <- lambda.max + 0.1 * lambda.range
 E <- 0
 t <- 0
 k <- 0
 while(t<T){
   t <- t - 1/LAMBDA * log(runif(1))
   if( runif(1) < lambda(t)/LAMBDA )
   E <- c(E, t)
 }
 if(plot.int){
  plot(E,0:(length(E)-1),type="s",
   ylim=c(-1*lambda.range,length(E)))
  curve(-lambda.range/2+lambda(x),0,T,add=TRUE,
   lty=2,lwd=2)
 }
 else
  plot(E,0:(length(E)-1),type="s",ylim=c(0,length(E)))
}
```

Codice 4.36 Algoritmo per generare una traiettoria di un processo di Poisson non omogeneo di intensità `lambda` nell'intervallo `[0,T]`.

4.4.5 Processi di diffusione

Vediamo ora una classe di processi a tempo continuo e spazio degli stati continuo: i processi di diffusione. Partiamo dalla passeggiata aleatoria che può essere riscritta in questi termini. Supponiamo che Z_n, $n \geq 1$ sia una successione di variabili casuali i.i.d. tali per cui $P(Z_n = 1) = p$ e $P(Z_n = -1) = 1 - p$. Allora la posizione della particella al tempo n può scriversi con l'equazione ricorrente

$$X_n = X_{n-1} + Z_n, \quad n = 1, 2, \ldots$$

posto $X_0 = 0$. In modo analogo si può definire un processo in tempo continuo dove Z_n viene sostituito da $\{Z(t), t > 0\}$, in cui $Z(t)$ sono una famiglia di variabili casuali con la stessa distribuzione e tali per cui, scelti n punti $t_1, t_2, \ldots, t_n$ le variabili $Z(t_i)$ e $Z(t_j)$ sono indipendenti $\forall\, i \neq j$. Possiamo allora definire un processo in analogia alla passeggiata aleatoria come segue

$$X(t + \mathrm{d}t) = X(t) + Z(t)\sqrt{\mathrm{d}t}$$

e dunque l'incremento di tale processo è

$$\mathrm{d}X(t) = Z(t)\sqrt{\mathrm{d}t}$$

dove $\mathrm{d}t$ è da in tendersi some un intervallo temporale piccolo. Se assumiamo che le $Z(t) \sim N(0,1)$ abbiamo che $Z(t)\sqrt{\mathrm{d}t} \sim N(0, \mathrm{d}t)$. Quindi il processo $X(t)$ di cui $\mathrm{d}X(t)$ ne è l'incremento, è un processo ad incrementi indipendenti, di media nulla e varianza proporzionale all'ampiezza dell'incremento. In particolare, se consideriamo l'incremento tra il tempo 0 e il tempo $\mathrm{d}t$, assumendo che $P(X(0) = 0) = 1$, otteniamo che

$$X(t) - X(0) = X(t) \sim N(0, t)$$

e tale processo prende il nome di processo di **Wiener** o **moto browniano** che da ora in avanti indicheremo con il simbolo $W(t)$. Se vogliamo che il processo abbia una certa media μ e una varianza proporzionale a σ^2 basterà inserire tali termini nell'equazione che descrive gli incrementi. Quindi

$$\mathrm{d}W(t) = \mu \mathrm{d}t + \sigma\, Z(t)\sqrt{\mathrm{d}t}$$

dove μ prende il nome di **deriva** e σ^2 è un fattore di scala. La simulazione di una traiettoria di un processo di Wiener (si veda Figura 4.37) è semplice ma non così immediata come nel caso della passeggiata aleatoria. Il codice che segue permette di generare una tale traiettoria.

```
> n <- 100
> T <- 1
> dt <- T/n
> y <- numeric(n+1)
> for(i in 2:(n+1))
+  y[i] <- y[i-1] + rnorm(1) * sqrt(dt)
> plot(seq(0,T,dt),y,type="l",main="Moto browniano",
+       xlab="t",ylab="W(t)")
```

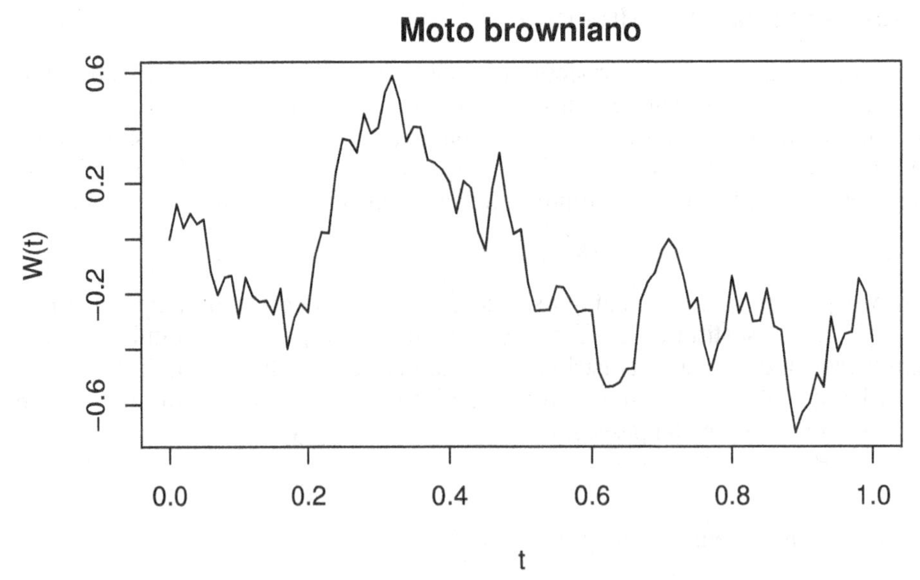

Figura 4.37 Esempio di traiettoria del processo di Wiener.

Si noti che il seguente codice è equivalente al seguente che invece è più efficiente

```
> n <- 100
> T <- 1
> dt <- T/n
> x <- c(0,rnorm(n,sd=sqrt(dt)))
> y <- cumsum(x)
```

Una classe di processi molto più generali sono i processi di diffusione che si ottengono a partire dal processo di Wiener. Scritti in forma differenziale, cioè in termini degli incrementi del processo, essi assumono la seguente forma

$$\mathrm{d}X(t) = \mu(X(t), t)\mathrm{d}t + \sigma(X(t), t)\mathrm{d}W(t).$$

Le due funzioni $\mu(x, t)$ e $\sigma(x, t)$ sono dette rispettivamente **coefficiente di deriva** e **coefficiente di diffusione**. Come si vede, ponendo $\mu(x, t) = \mu$ e $\sigma(x, t) = \sigma$ si riottiene il processo di Wiener con deriva μ. Attraverso i due coefficienti la traiettoria dipende quindi dalla posizione della particella $X(t)$ e dal tempo trascorso t. Non si può scendere in dettagli e quindi avvertiamo il lettore del fatto che quella scrittura, detta **equazione differenziale stocastica**, è solo una scrittura formale. Inoltre devono valere ipotesi sui coefficienti μ e σ ben precise, ancorché generali, che non riportiamo (si veda [25]). Lo scopo di queste pagine è solo quello di offrire un metodo rapido in R per simulare traiettorie di processi. A questo proposito, generare le traiettorie dei processi di questo tipo è analogo al caso dei processi di Wiener. Il codice che segue riporta l'algoritmo generale.

```
> n <- 100
> T <- 1
> dt <- T/n
> x0 <- 1
>
> mu <- function(x,t) {
+  -x*t
+ }
>
> sigma <- function(x,t) {
+ x*t
+ }
>
> y <- numeric(n+1)
> y[1] <- x0
> for(i in 2:(n+1)){
+   t <- dt*(i-1)
+   y[i] <- y[i-1] + mu(y[i-1], t) *dt +
+     sigma(y[i-1], t) * rnorm(1,sd=sqrt(dt))
+ }
>
> plot(seq(0,T,dt),y,type="l",main="Processo di diffusione",
+      xlab="t",ylab="X(t)")
```

In questo esempio abbiamo scelto di dare una forma particolare ai due coefficienti. In particolare si è scelto $\mu(x,t) = -xt$ e $\sigma(x,t) = xt$. Questo modo di generare le traiettorie del processo di diffusione viene detto **schema di Eulero**. La proprietà di questo metodo è che, benché il processo $X(t)$ sia continuo e noi ne generiamo solo n valori, siamo garantiti che la traiettoria del vero processo e quella dai noi simulata, coincidono (nel senso della probabilità), almeno negli n valori prodotti dal metodo. Per una trattazione sistematica di questi argomenti si veda [25].

Possiamo costruire una funzione in R per generare questo genere di traiettorie lasciando specificare all'utente la finestra temporale [`t0`,`T`], il numero `n` di suddivisioni di tale intervallo, i due coefficienti di deriva e diffusione e il valore iniziale del processo. Riportiamo il codice della funzione `trajectory` del Codice 4.40. Il suo utilizzo è immediato come riporta il codice seguente. Si noti che in uscita la funzione restituisce una lista contenente due vettori: `t`, il vettore dei tempi e `y`, il vettore dei valori assunti dal processo.

```
> diffusione <- trajectory(1,0,1,mu,sigma,100)
> plot(diffusione$t,diffusione$y,type="l")
```

Per concludere riportiamo in Figura 4.39 il grafico della funzione di autocorrelazione empirica calcolata da R sulla traiettoria del processo di diffusione simulata in Figura 4.38. Come si vede la struttura di dipendenza è molto prolungata nel tempo. Grafico ottenuto con il comando

```
> acf(diffusione$y, main="Processo di diffusione")
```

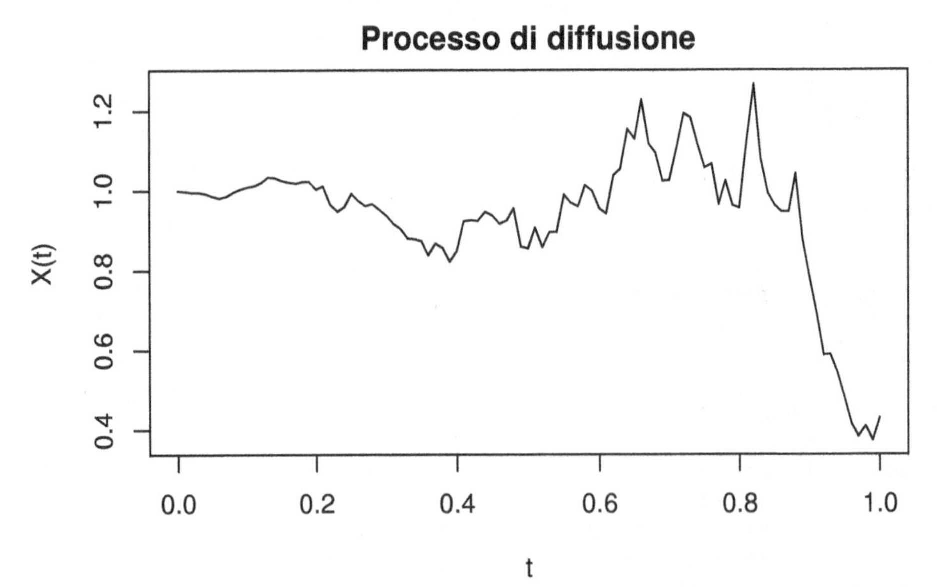

Figura 4.38 Traiettoria del processo di diffusione con coefficienti $\mu(x,t) = -xt$ e $\sigma(x,t) = xt$.

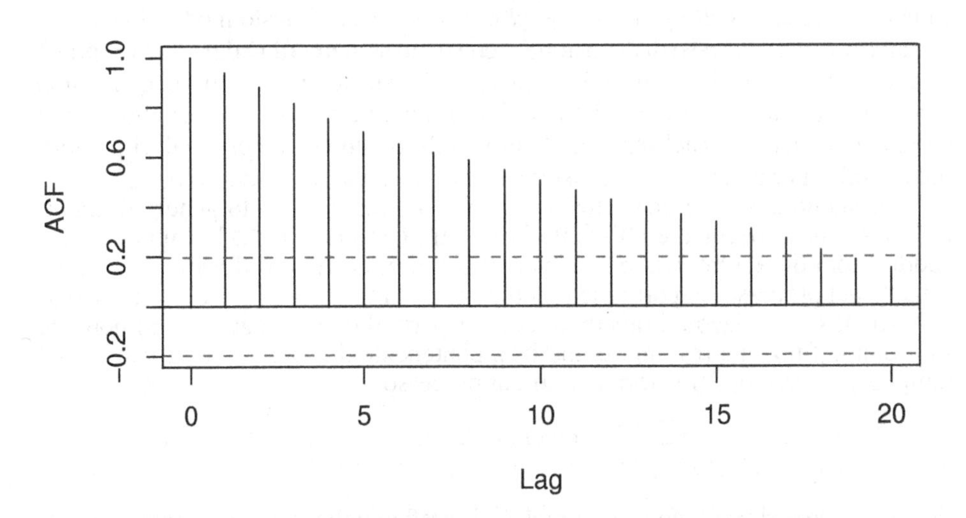

Figura 4.39 Funzione di autocorrelazione empirica della traiettoria del processo di diffusione di Figura 4.38. Si nota una lunga dipendenza temporale. Grafico ottenuto con il comando `acf(diffusione$y)`.

```
trajectory <- function(x0=1,t0=0,T=1,a,b,n=100){
 if(T<t0){
  warning("T < t0")
  return(NULL)
 }
 n <- as.integer(n)
 dt <- (T-t0)/n
 y <- numeric(n)
 y[1] <- x0
 for(i in 2:n){
  t <- t0+dt*(i-1)
  y[i] <- y[i-1] + a(y[i-1], t) *dt +
         b(y[i-1], t) * rnorm(1,sd=sqrt(dt))
  }
  return( list(t = seq(t0,T,length=n), y=y) )
}
```

Codice 4.40 Algoritmo per generare una traiettoria di un processo di diffusione nell'intervallo [`t0`,`T`], con valore iniziale X =`x0` e coefficienti di diffusione `a` e `b`. L'intervallo [`t0`,`T`] viene diviso in `n` sottointervalli.

La Tabella 4.9 riporta uno schema riassuntivo delle varie tipologie di processi che abbiamo analizzato e simulato in queste pagine.

	Spazio degli stati	
Tempo	Discreto	Continuo
Discreto	Passeggiata aleatoria Catene di Markov	Processi autoregressivi
Continuo	Processo di Poisson	Processi di diffusione

Tabella 4.9 Alcune categorie di processi analizzati nel testo classificati al variare dello spazio degli stati e dello spazio del tempo.

5

Dal campione alla popolazione

5.1 Media e varianza campionaria

Abbiamo ora tutti gli strumenti per concludere la transizione dal calcolo delle probabilità alla statistica. Abbiamo analizzato i modelli (quello gaussiano, quello bernoulliano-binomiale e quello poissoniano) che serviranno a descrivere i principali tipi di fenomeni statistici e conosciamo un certo numero di strumenti statistici (quali la media, la mediana ecc. di una distribuzione). In questa fase si suppone che parte del modello sia incognito e l'interesse sia quello di ricostruire la parte incognita sulla base dell'informazione che ci viene da un campione di dati che si pensa siano estratti dalla popolazione descritta dal modello stesso. La procedura di inferire dai dati campionari il valore assunto da alcune caratteristiche della popolazione viene chiamato appunto di "inferenza statistica".

In particolare, supponiamo che un certo fenomeno statistico (per esempio le altezze di una popolazione di individui) sia modellabile attraverso una variabile casuale X con una certa media $\mathrm{E}(X) = \mu$ e varianza $\mathrm{Var}(X) = \sigma^2$. Supponiamo di non conoscere μ ma di conoscere o di avere qualche informazione solo su σ^2. L'idea è quella di prendere un campione di n individui dalla popolazione e sulla base dei valori osservati cercare di fornire una **stima** del valore incognito μ.

Indichiamo con $(X_1, X_2, \ldots, X_n)$ un campione di n possibili valori registrati sugli n individui scelti a caso. In particolare assumiamo che le X_i siano variabili i.i.d. con la stessa distribuzione di probabilità di X, cioè n copie di X. Le indichiamo con le lettere maiuscole per sottolineare che si tratta di un insieme di numeri casuali. Infatti sino a che non verrà estratto un campione, quelle X_i possono assumere uno qualsiasi dei valori assumibili dalla variabile X.

Quando avremo estratto il campione avremo anche a disposizione n numeri, cioè $(x_1, x_2, \ldots, x_n)$. Se pensiamo ad X come alle altezze degli individui di una popolazione, allora $(X_1, X_2, \ldots, X_n)$ sono le altezze possibili che possiamo rilevare su n individui. Quando abbiamo selezionato gli n individui e li misuriamo otteniamo n numeri $(x_1, x_2, \ldots, x_n)$ che rappresentano le loro altezze.

Poiché μ è il valore atteso (la media) di X viene naturale utilizzare la media $\bar{x}_n$ degli n numeri $(x_1, x_2, \ldots, x_n)$ come quantità per ottenere una stima di μ sulla base di un dato campione. È chiaro che un certo campione ci darà un certo valore della stima di μ, diciamo $\hat{\mu}_1$, un altro campione ci fornirà un valore differente $\hat{\mu}_2$ e così via. Ci possiamo aspettare che ad ogni estrazione otterremo valori diversi di μ per il fatto che i dati sono supposti estratti in modo casuale. I possibili valori di $\hat{\mu}$ non sono altro che i diversi valori assunti dalla media artimetica $\bar{x}_n$ e il modello che descrive questa situazione possiamo definirlo come segue

$$\bar{X}_n = \frac{1}{n}\sum_{i=1}^{n} X_i$$

che indichiamo col nome di variabile casuale **media campionaria**. Quindi $\bar{X}_n$ è una variabile casuale, cioè un modello, che descrive i possibili valori che la media $\bar{x}_n$ può assumere una volta estratti i diversi campioni. Diremo che $\bar{X}_n$ è uno **stimatore** di μ (ricordiamo che il valore $\hat{\mu} = \bar{x}_n$ è stato denominato **stima** di μ). In generale, si chiama stimatore una qualsiasi funzione dei dati campionari che non dipenda dai parametri che si intende stimare.

Questa variabile casuale ha diverse proprietà che sono di fondamentale importanza e che riassumiamo di seguito: sia X una variabile casuale di media μ e varianza σ^2. Se $X_1, X_2, \ldots, X_n$ è un campione i.i.d. estratto da X allora la media campionaria

$$\bar{X}_n = \frac{1}{n}\sum_{i=1}^{n} X_i$$

è tale per cui

$$\mathrm{E}(\bar{X}_n) = \mu \quad \text{e} \quad \mathrm{Var}(\bar{X}_n) = \frac{\sigma^2}{n}$$

Inoltre, se $X \sim N(\mu, \sigma^2)$ si ha che

$$\bar{X}_n \sim N\left(\mu, \frac{\sigma^2}{n}\right)$$

In particolare, se $X \sim Ber(p)$ si ha che

$$\mathrm{E}(\hat{p}_n) = \mathrm{E}(\bar{X}_n) = p \quad \text{e} \quad \mathrm{Var}(\bar{X}_n) = \frac{p(1-p)}{n}$$

mentre se $X \sim P(\lambda)$ si ha che

$$\mathrm{E}(\bar{X}_n) = \lambda \quad \text{e} \quad \mathrm{Var}(\bar{X}_n) = \frac{\lambda}{n}.$$

È facile mostrare le prime due proprietà, la terza discende direttamente dalla proprietà di somma di variabili gaussiane vista nel precedente capitolo. Infatti,

$$\mathrm{E}(\bar{X}_n) = \mathrm{E}\left(\frac{1}{n}\sum_{i=1}^{n} X_i\right) = \frac{1}{n}\sum_{i=1}^{n} \mathrm{E}(X_i) = \frac{n\mu}{n} = \mu$$

e

$$\text{Var}(\bar{X}_n) = \text{Var}\left(\frac{1}{n}\sum_{i=1}^{n} X_i\right) = \frac{1}{n^2}\sum_{i=1}^{n}\text{Var}(X_i) = \frac{n\sigma^2}{n^2} = \frac{\sigma^2}{n}.$$

Uno stimatore di μ che come la media campionaria verifica $\text{E}(\bar{X}_n) = \mu$ si dice **stimatore corretto**. Un'imporante proprietà della media campionaria $\bar{X}_n$ è che la sua varianza descresce all'aumentare del numero di osservazioni n, essendo $\text{Var}(\bar{X}_n) = \sigma^2/n$. Questo implica che al crescere di n, $\bar{X}_n$ tende ad assumere valori in un intorno del valore vero della media di X, cioè di μ, di ampiezza sempre più piccola.

Se la varianza di una popolazione non è nota si può pensare di stimarla tramite la formula

$$\frac{1}{n}\sum_{i=1}^{n}(X_i - \bar{X}_n)^2$$

che però non è uno stimatore corretto di σ^2. Lo stimatore corretto è detto **varianza campionaria** ed è definito come segue

$$\bar{S}_n^2 = \frac{1}{n-1}\sum_{i=1}^{n}(X_i - \bar{X}_n)^2$$

ed è tale per cui $\text{E}(\bar{S}_n^2) = \sigma^2$.

Se inoltre le variabili casuali X_i sono un campione i.i.d. di variabili casuali distribuite come $X \sim N(\mu, \sigma^2)$ si ha che

$$\frac{(n-1)\bar{S}_n^2}{\sigma^2} \sim \chi^2_{n-1}.$$

Si noti che se $X_i \sim Poi(\lambda)$ si ha che sia $\bar{X}_n$ che $\bar{S}_n^2$ sono stimatori corretti di λ. Si può dimostrare però che la varianza della media campionaria è inferiore a quella della varianza campionaria! Questo implica una maggior "precisione" del primo stimatore rispetto al secondo.

Per conclude la sezione citiamo altri due risultati che riguardano la standardizzazione della media campionaria. Se le $X_i \sim N(\mu, \sigma^2)$ allora

$$\frac{\bar{X}_n - \mu}{\sqrt{\frac{\sigma^2}{n}}} \sim N(0,1)$$

e

$$\frac{\bar{X}_n - \mu}{\sqrt{\frac{\bar{S}_n^2}{n}}} \sim t^{n-1}.$$

5.1.1 Legge dei grandi numeri

Un risultato molto importante legato alla media campionaria è che, qualunque sia il modello dei dati campionari, purché si verifichi che $\mathrm{E}(X_i) = \mu$ e $\mathrm{Var}(X_i) = \sigma^2 < \infty$, con X_i un campione di variabili i.i.d. si ha che, per ogni $\varepsilon > 0$,

$$P(|\bar{X}_n - \mu| > \varepsilon) \overset{n \to \infty}{\to} 0$$

che si legge in questo modo: quando l'ampiezza campionaria è sufficientemente elevata, allora per quanto piccolo si possa scegliere ε, la probabilità che la media campionaria si trovi all'esterno dell'intervallo $\mu \pm \varepsilon$ tende a zero. Questa proprietà molto importante della media campionaria è una giustificazione rilevante dell'utilizzo di un tale stimatore nella stima del valor medio di una popolazione. Ciò però non implica che il valore campionario di $\bar{x}_n$ sia realmente vicino a μ ma dice solo che questo avviene con probabilità molto elevata. Si osservi in proposito la Figura 5.1 generata con la sequenza di comandi seguente:

```
> n <- seq(10,10000,length=40)
>
> par(mfrow=c(2,2))
> for(k in 1:4){
+  mn <- numeric(40)
+  for(i in 1:40)
+   mn[i] <-  mean(rnorm(n,mean=10,sd=2))
+  plot(n,mn,type="l",ylim=c(8,12),xaxt="n")
+  abline(h=10,lty=2)
+  axis(1,c(100,5000,10000))
+ }
> par(mfrow=c(1,1))
```

5.1.2 Teorema del limite centrale

Il teorema del limite centrale è invece un risultato molto generale che risolve molti problemi di inferenza in presenza di grandi campioni. Questo teorema afferma che preso un campione di variabili casuali i.i.d. di media μ e varianza finita σ^2, sotto condizioni molto generali sul modello probabilistico delle X_i, si ha che

$$\frac{\bar{X}_n - \mu}{\sqrt{\frac{\sigma^2}{n}}} \overset{n \to \infty}{\to} N(0,1).$$

Noi sappiamo che tale risultato è vero, qualunque sia l'ampiezza del campione n, se le X_i di partenza sono delle gaussiane. Il teorema del limite centrale ci dice che il risultato si estende a tutti i modelli probabilitici purché l'ampiezza campionaria sia sufficientemente elevata.

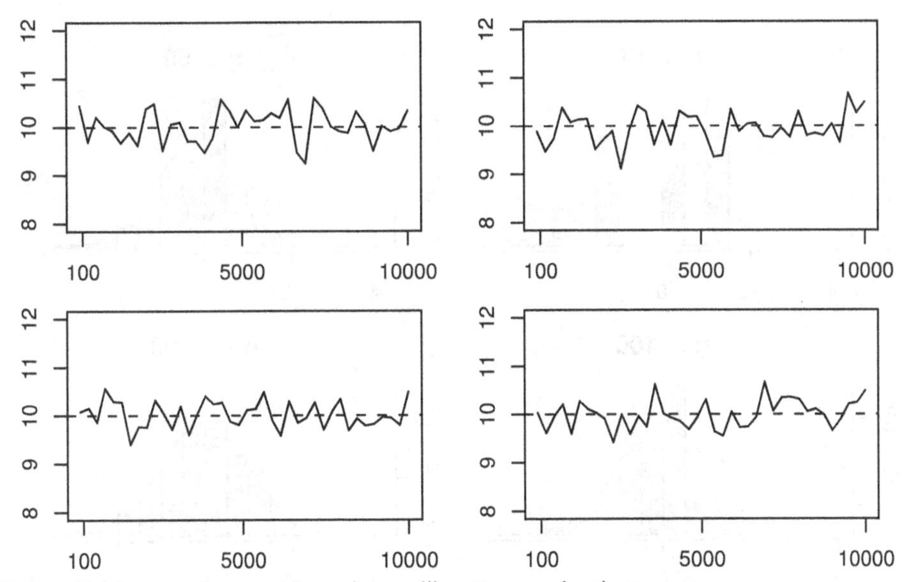

Figura 5.1 La media campionaria oscilla attorno al valore vero.

```
> n <- c(10,50,100,1000)
> p <- 0.5
>
> par(mfrow=c(2,2))
>
> for(k in n){
+  mn <- numeric(500)
+  for(i in 1:500){
+   x <- rbinom(k,1,p)
+   mn[i] <- mean(x)
+  }
+
+  z <- (mn-p)/sqrt(p*(1-p)/k)
+  hist(z,freq=FALSE,ylim=c(0,pnorm(0)),
+   xlim=c(-4,4),col="red",main=paste("n = ",k))
+  curve(dnorm(x),-4,4,add=TRUE)
+
+ }
> par(mfrow=c(1,1))
```

È bene sottolineare che quando si ha a che fare con un campione si deve sempre fornire, oltre al valore della stima, anche l'errore standard (o scarto quadratico medio campionario) associato a tale stima. Infatti, si supponga di avere come unica informazione la percentuale stimata, sulla base di un campione, $\hat{p}_n = 50.5\%$ di preferenze accordate ad un partito A contro un partito B. Si potrebbe concludere avventatamente che il candidato del A abbia vinto le elezioni oppure, meglio, du-

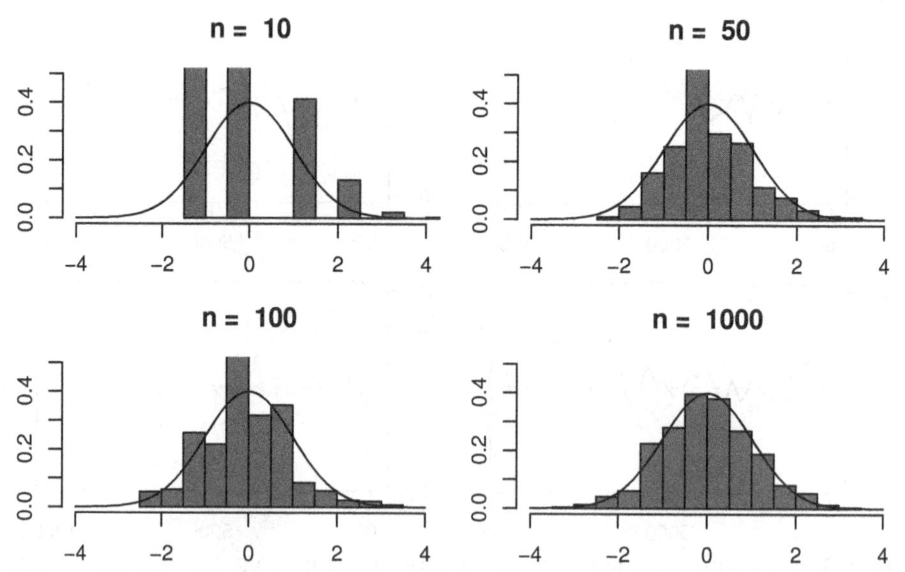

Figura 5.2 Distribuzione empirica della media campionaria standardizzata $z = \sqrt{n}(\bar{x}_n - p)/\sqrt{p \cdot (1-p)}$. Le $X_i \sim Ber(p = 0.1)$. La convergenza verso la legge Gaussiana è lenta.

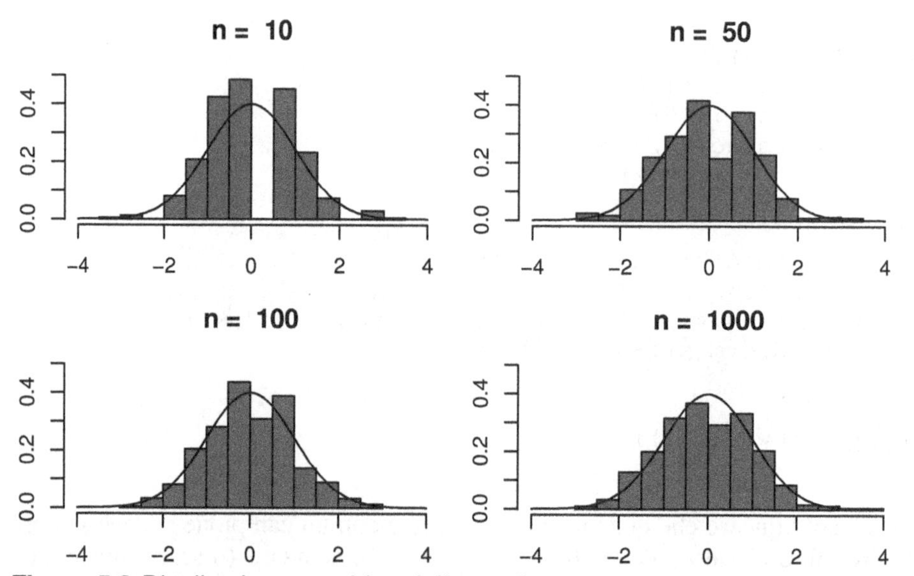

Figura 5.3 Distribuzione empirica della media campionaria standardizzata $z = \sqrt{n}(\bar{x}_n - p)/\sqrt{p \cdot (1-p)}$. Le $X_i \sim Ber(p = 0.5)$. La convergenza verso la legge Gaussiana è evidente anche per ampiezza campionaria piccola.

bitare dell'attendibilità del dato. Quello che ci manca infatti è sapere quale sia la precisione di quel 50.5%. Proviamo a calcolare l'errore standard. L'errore standard è definito come la versione campionaria dello scarto quadratico medio dello stimatore.

Per lo stimatore della percentuale abbiamo visto che la varianza di $\hat{p}_n$ è pari a $p(1-p)/n$. come si vede ci mancano 2 informazioni: 1) non sappiamo quanto vale n perché nessuno ci ha detto l'ampiezza campionaria, 2) ci manca p. (se conoscessimo p non avremmo bisogno di stimarlo!). Si può ottenere una stima della varianza di $\hat{p}_n$ semplicemente sostituendo al valore incognito p il valore $\hat{p}_n$. Ci manca ancora l'informazione relativa ad n. Vediamo cosa accadrebbe se n fosse pari a 100 o a 1 000.

$$\sqrt{\frac{\hat{p}_n(1-\hat{p}_n)}{n}} = \sqrt{\frac{0.505 \cdot 0.495}{100}} = \sqrt{0.0025} = 0.05 = 5\%$$

mentre

$$\sqrt{\frac{\hat{p}_n(1-\hat{p}_n)}{n}} = \sqrt{\frac{0.505 \cdot 0.495}{1000}} = \sqrt{0.00025} = 0.0158 = 1.6\%$$

Se consideriamo l'intervallo $\hat{p}_n \pm \sqrt{\frac{\hat{p}_n(1-\hat{p}_n)}{n}}$ nei due casi abbiamo

$$(50.5\% - 5\%, 50.5\% + 5\%) = (50\%, 51\%)$$

e

$$(50.5\% + 1.6\%, 50.5\% - 1.6\%) = (50.34\%, 50.66\%)$$

e come si vede, nel secondo caso il risultato che annuncia la vittoria del candidato A è più attendibile.

Quello che abbiamo fatto per valutare la precisione della nostra stima è emulare quanto visto nel precedente capitolo dove abbiamo mostrato che $P(\mu - \sigma < X < \mu + \sigma) = 68\%$. Ciò sta ad indicare che in un intorno della media di lunghezza σ si trovano il 68% di tutti i possibili risultati della variabile casuale Gaussiana. L'intervallo $\mu \pm \sigma$ è l'intervallo di riferimento che si utilizza per misurare la qualità delle nostre stime. Si tenga presente che con il termine *precisione* si intende il reciproco dello scarto quadratico medio (o della varianza). Infatti più è elevata la varianza, più i nostri dati presentano variabilità e quindi ci si deve aspettare una perdita di precisione e viceversa.

Se le variabili in gioco sono delle gaussiane l'intervallo di riferimento da calcolare per la media μ è, in modo naturale, $\bar{x}_n \pm \sqrt{\bar{s}_n^2}/\sqrt{n}$ se non si conosce la varianza o $\bar{x}_n \pm \sigma/\sqrt{n}$ in caso contrario.

In questo capitolo ci occuperemo principalmente del problema del calcolo degli intervalli di confidenza e della verifica di ipotesi. Quasi tutti i pacchetti statistici prevedono routines dedicate al problema della costruzione di test d'ipotesi ma non alla costruzione di intervalli di confidenza, o meglio, questi ultimi vengono costruiti nell'ambito dei test. R si comporta esattamente in questo modo.

Il che non deve apparire innaturale in quanto, vedremo, la zona di accettazione di un test di significatività di livello $\alpha\%$ è legata all'intervallo di confidenza di probabilità $(1 - \alpha)\%$.

Vedremo ora come rendere più esatta questa nozione legata alla precisione con un altro strumento della statistica inferenziale che prende il nome di intervallo di confidenza.

5.2 Intervalli di confidenza

Abbiamo visto che la media campionaria $\bar{X}_n$ è un buon stimatore della media incognita del modello di riferimento e ne conosciamo, grazie al teorema del limite centrale, la distribuzione asintotica. Spesso però non è sufficiente, come già ricordato, fornire solo un risultato numerico ma è più opportuno garantirsi contro eventuali deviazioni, positive o negative, dal vero valore. Si introducono quindi gli **intervalli di confidenza** per i *parametri*.

5.2.1 Intervallo di confidenza per la media

Gli intervalli di confidenza per la media forniscono un campo di variazione (centrato sulla media campionaria) all'interno del quale ci si aspetta di trovare il parametro incognito μ. Questa affermazione non è formalmente corretta, ma chiariremo fra poco i termini della questione.

Ad ogni intervallo di confidenza viene associato un *livello di confidenza* $(1 - \alpha)$ che rappresenta il grado di attendibilità del nostro intervallo. Se X_1, X_2, $\ldots$, X_n è un campione i.i.d. di variabili casuali gaussiane di media incognita μ e varianza σ^2, sappiamo che la media campionaria $\bar{X}_n$ è una variabile aleatoria Gaussiana di media μ e varianza σ^2/n. Il nostro scopo è ora quello di determinare un intervallo di valori (a, b) che contenga il valore incognito μ. Vorremmo poter scrivere

$$P\left(a < \mu < b\right) = 1 - \alpha$$

ma questa scrittura è priva di senso, poiché l'argomento di $P(\cdot)$ non è un evento: μ, benché incognito, è pur sempre un numero, lo stesso vale per gli estremi dell'intervallo a e b. Perché abbia significato l'intervallo occorre introdurre un elemento di aleatorietà, quindi ricorriamo al seguente espediente introducendo la media campionaria:

$$P\left(a < \frac{\bar{X}_n - \mu}{\frac{\sigma}{\sqrt{n}}} < b\right) = 1 - \alpha$$

che corrisponde a scrivere l'intervallo

$$P(a < Z < b) = 1 - \alpha$$

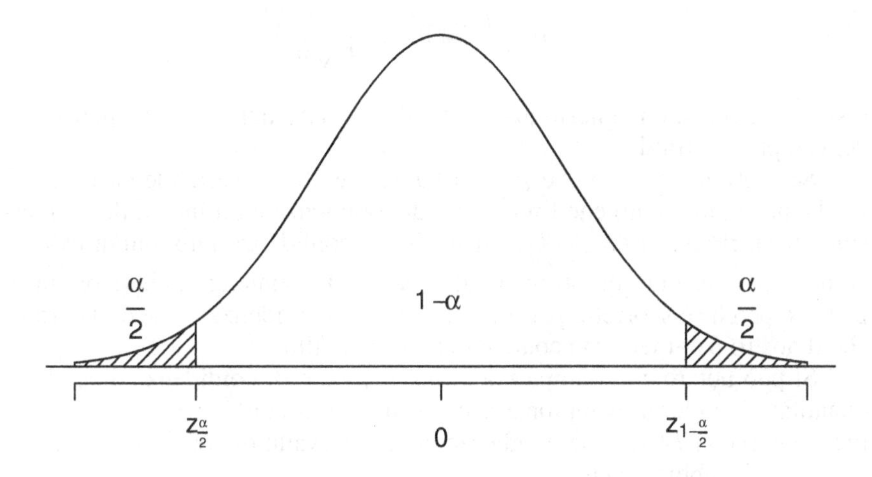

Figura 5.4 L'area sotto la curva è pari a $1-\alpha$ e nelle code rimane $\alpha/2$ da ciascuna parte.

con $Z \sim N(0,1)$. A questo punto, osservando il disegno della Figura 5.4 possiamo pensare di scegliere come a il valore $z_{\frac{\alpha}{2}}$ e come b il valore $z_{1-\frac{\alpha}{2}}$. Infatti, scegliendo in questo modo a e b otteniamo che

$$P\left(z_{\frac{\alpha}{2}} < \frac{\bar{X}_n - \mu}{\frac{\sigma}{\sqrt{n}}} < z_{1-\frac{\alpha}{2}}\right) = 1 - \alpha\,.$$

Ricordiamo che con il simbolo $z_{\alpha/2}$ il quantile $\alpha/2$ della distribuzione Gaussiana, ovvero quel valore tale per cui $\Phi(z_{\alpha/2}) = \alpha/2$. A questo punto osserviamo che, per la simmetria della distribuzione Gaussiana, scelto z_p come quel valore tale per cui $\Phi(z_p) = p$, si ha sempre $z_p = -z_{1-p}$. Nel nostro caso sarà $z_{\frac{\alpha}{2}} = -z_{1-\frac{\alpha}{2}}$. Dunque possiamo riscrivere l'espressione di sopra come segue

$$P\left(-z_{1-\frac{\alpha}{2}} < \frac{\bar{X}_n - \mu}{\frac{\sigma}{\sqrt{n}}} < z_{1-\frac{\alpha}{2}}\right) = 1 - \alpha\,.$$

Questo è un intervallo di estremi $(-z_{1-\frac{\alpha}{2}}, z_{1-\frac{\alpha}{2}})$ per la variabile casuale normale standard $Z = \frac{\bar{X}_n - \mu}{\frac{\sigma}{\sqrt{n}}}$ di probabilità $1-\alpha$. Tale intervallo può essere riscritto come segue

$$P\left(\bar{X}_n - z_{1-\frac{\alpha}{2}}\frac{\sigma}{\sqrt{n}} < \mu < \bar{X}_n + z_{1-\frac{\alpha}{2}}\frac{\sigma}{\sqrt{n}}\right)$$

In sostanza potremmo scrivere che

$$\mu \in \left(\bar{X}_n \pm z_{1-\frac{\alpha}{2}} \frac{\sigma}{\sqrt{n}} \right)$$

e siamo fiduciusi che questo accada nell'$(1-\alpha)\%$ dei casi, cioè nell'$(1-\alpha)\%$ dei campioni estratti.

Se ci rammentiamo che μ è un numero e che la variabile casuale è $\bar{X}_n$ ci rendiamo subito conto che l'intervallo di confidenza è un intervallo i cui estremi sono aleatori $(\bar{X}_n \pm z_{1-\frac{\alpha}{2}} \frac{\sigma}{\sqrt{n}})$. Il livello di confidenza può quindi essere visto come la frequenza di questi intervalli aleatori che contengono il valore incognito μ. Ecco perché è scorretto parlare del livello di confidenza come della probabilità che il nostro parametro sia contenuto nell'intervallo.

Si può notare che l'ampiezza di un intervallo di confidenza dipende da due quantità: l'ampiezza campionaria n e il livello di confidenza $1-\alpha$. Infatti, se indichiamo con $L(n,\alpha)$ la lunghezza di un intervallo di confidenza, per esempio per la media, abbiamo che

$$L(n,\alpha) = \left(\bar{X}_n + z_{1-\frac{\alpha}{2}} \frac{\sigma}{\sqrt{n}} - \left(\bar{X}_n - z_{1-\frac{\alpha}{2}} \frac{\sigma}{\sqrt{n}} \right) \right) = 2 z_{1-\frac{\alpha}{2}} \frac{\sigma}{\sqrt{n}}$$

ricordando che la lunghezza di un intervallo (a,b) è pari a $b-a$. Come si vede $L(n,\alpha)$ non dipende dal valore assunto da $\bar{X}_n$, infatti l'intervallo avrà sempre la stessa lunghezza a parità di ampiezza campionaria n e livello di confidenza $1-\alpha$, l'unica cosa che cambia è il centro dell'intervallo che corrisponde al valore $\bar{X}_n$. Questo implica che alcune volte l'intervallo conterrà il vero valore incognito μ ma altre volte no. La frequenza degli intervalli che contengono il valore μ è proprio il livello di confidenza. Per capire come questo possa accadere si può pensare ad un bersaglio con al centro il valore di μ. Se lanciamo una freccia questa andrà a colpire un punto del bersaglio $\bar{X}_n$. Se attorno al punto $\bar{X}_n$ costruiamo un cerchio di raggio $L(n,\alpha)/2$, tale cerchio a volte conterrà μ a volte no. Si veda in proposito il disegno in Figura 5.5.

Accade di frequente che non si conosca il valore della varianza σ^2. Ciò vuol dire che siamo costretti a calcolare una sua stima attraverso lo stimatore $\bar{s}_n^2$. In tal caso l'intervallo di confidenza assume la seguente forma

$$\mu \in \left(\bar{X}_n \pm t_{1-\frac{\alpha}{2}}^{(n-1)} \sqrt{\frac{\bar{s}_n^2}{n}} \right)$$

sempre con le dovute cautele di interpretazione.

Vediamo come si possono costruire intervalli di confidenza attraverso R tenendo presente che nella pratica dell'analisi dei dati, non ha, quasi mai, senso pensare di conoscere con adeguata precisione il valore della varianza. R come ogni strumento di analisi dei dati, presuppone di dover stimare la varianza attraverso i dati campionari e quindi gli intervalli risultanti sono sempre costruiti basandosi sui quantili della distribuzione t di Student anziché su quelli della Normale. Prendiamo il seguente esempio: si supponga di aver determinato il peso, espresso in grammi, di alcuni granelli di polvere rilevati su una piastra di silicio. Si suppone che il peso sia distribuito secondo una variabile casuale normale di parametri μ e σ^2. I dati sono riportati di seguito:

$$0.39, 0.68, 0.82, 1.35, 1.38, 1.62, 1.70, 1.71, 1.85, 2.14, 2.89, 3.69$$

Costruiamo un intervallo di confidenza per la media con R.

```
> x <- c(0.39, 0.68, 0.82, 1.35, 1.38, 1.62,
+        1.70, 1.71, 1.85, 2.14, 2.89, 3.69)
>
> s2 <- var(x)
> mx <- mean(x)
> n <- length(x)
> l.inf <- mx - qt(0.975,df=n-1) * sqrt(s2/n)
> l.sup <- mx + qt(0.975,df=n-1) * sqrt(s2/n)
> cat("(",l.inf,":",l.sup,")\n")
( 1.099159 : 2.270841 )
```

in cui `l.inf` e `l.sup` rappresentano rispettivamente l'estremo inferiore e superiore dell'intervallo di confidenza. Il quantile della t di Student è stato calcolato in corrispondenza di $1 - \alpha/2$, quindi per un intervallo di livello $1 - \alpha = 95\%$ sarà $1 - \alpha/2 = 0.975$. Il lettore può divertirsi a costruire una routine per il calcolo degli intervalli di confidenza basati sulla distribuzione Normale semplicemente costruendo una funzione con i comandi sopra riportati e sostituendo `qt` con `qnorm` avendo cura di non specificare l'opzione `df`. Nella sequenza di comandi appena vista abbiamo utilizzato la funzione `cat` la quale non fa altro che concatenare gli elementi forniti come argomento della funzione.

Ovviamente esiste un metodo diretto per il calcolo dell'intervallo di confidenza in R. La funzione da utilizzare è `t.test`. Si tratta di una funzione che esegue contemporaneamente una verifica di ipotesi (test), di cui parleremo più avanti, e il calcolo dell'intervallo di confidenza. Il suo impiego è molto elementare

```
> t.test(x)

        One Sample t-test

data:  x
t = 6.3305, df = 11, p-value = 5.595e-05
alternative hypothesis: true mean is not equal to 0
95 percent confidence interval:
 1.099159 2.270841
sample estimates:
mean of x
    1.685
```

e per l'intervallo di livello 99% basta scrivere

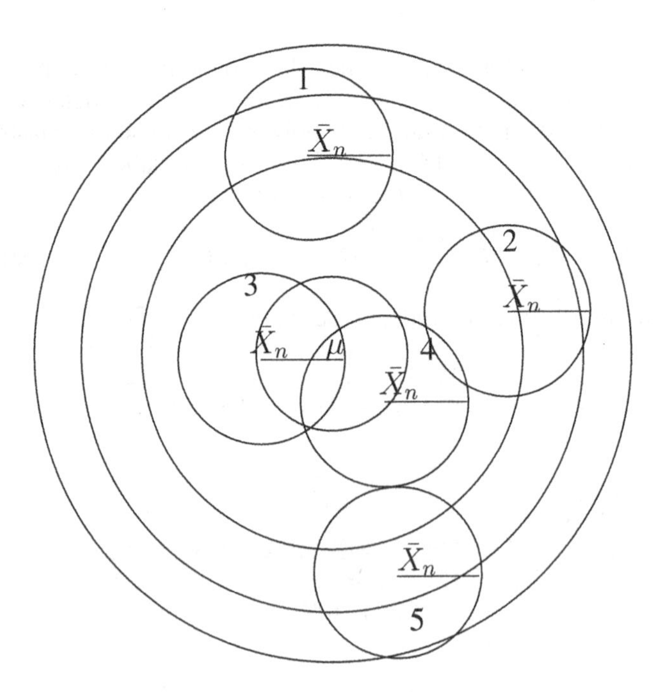

Figura 5.5 Tiro al bersaglio con la media campionaria. Al centro del bersaglio c'è la media incognita μ. I cerchi con al centro $\bar{X}_n$ sono gli intervalli di confidenza di ampiezza costante, cioè di raggio $L(n, \alpha)/2$. Come si nota alcuni intervalli (cerchi) non contengono il valore μ (si tratta degli intervalli 1, 2 e 5) altri invece lo contengono (gli intervalli 3 e 4). Si può interpretare il livello di confidenza $1 - \alpha$ come la frequenza degli intervalli che contengono il valore incognito μ.

```
> t.test(x, conf.lev=0.99)

        One Sample t-test

data:  x
t = 6.3305, df = 11, p-value = 5.595e-05
alternative hypothesis: true mean is not equal to 0
99 percent confidence interval:
 0.8583201 2.5116799
sample estimates:
mean of x
    1.685
```

Di questo output per ora ci interessa solo la parte finale in cui si riporta l'intervallo di confidenza di livello specificato da `conf.level` (normalmente posto pari a 0.95) e il valore della media campionaria.

La giusta scelta dell'ampiezza campionaria Tornando all'ampiezza dell'intervallo si nota che all'aumentare dell'ampiezza campionaria n, l'intervallo si restringe poiché $1/\sqrt{n}$ converge a zero. Se teniamo fisso n ed aumentiamo il livello di confidenza α, l'intervallo si allarga per il fatto che $z_{1-\alpha/2}$ cresce al crescere di $1 - \alpha/2$. Spesso, nella pratica statistica, è invece opportuno disporre di intervalli di confidenza che non siano troppo ampi, cioè si richiede all'intervallo di avere una lunghezza massima C fermo restando un prefissato livello di confidenza $1 - \alpha$. Il problema risiede quindi nel calcolare il numero minimo di osservazioni campionarie n necessarie a raggiungere l'obiettivo. Questo obiettivo si raggiunge in modo semplice nel caso dell'intervallo per la media, infatti si richiede di trovare n tale per cui $L(n, \alpha) < C$, dunque

$$L(n, \alpha) = 2z_{1-\frac{\alpha}{2}} \frac{\sigma}{\sqrt{n}} < C$$

implica che

$$2z_{1-\frac{\alpha}{2}} \frac{\sigma}{C} < \sqrt{n}$$

e dunque

$$n > \left(2z_{1-\frac{\alpha}{2}} \frac{\sigma}{C}\right)^2.$$

Mostriamo un'applicazione di quanto detto. In un esame di psicologia vengono misurati i tempi di reazione di $n = 100$ individui e si riscontra un tempo medio di reazione pari a 1 secondo. Dagli studi precedenti sul fenomeno, sappiamo che lo scarto quadratico medio è pari a $\sigma = 0.05$ secondi. Quale deve essere il numero minimo di osservazioni campionarie n per avere un'ampiezza dell'intervallo pari al più a 0.02 secondi ad un livello di confidenza pari al 99%? La lunghezza dell'intervallo di confidenza abbiamo visto essere

$$2 \cdot z_{1-\frac{\alpha}{2}} \frac{\sigma}{\sqrt{n}}.$$

Noi vogliamo che l'ampiezza sia pari a 0.02 o anche meno, quindi risolviamo l'equazione

$$0.02 \geq 2 \cdot z_{1-\frac{\alpha}{2}} \frac{\sigma}{\sqrt{n}}$$

rispetto ad n e otteniamo

$$n \geq \left(2z_{1-\frac{\alpha}{2}} \frac{\sigma}{0.02}\right)^2$$

poiché vogliamo $1 - \alpha = 0.99$ ricaviamo $z_{1-\frac{\alpha}{2}} = z_{0.995} = 2.58$ quindi

$$n \geq \left(2 \cdot 2.58 \frac{0.05}{0.02}\right)^2 = 12.9^2 = 166.41$$

cioè $n \geq 167$. Quindi, se aumentiamo il livello di confidenza dal 95% al 99% per avere un intervallo al più di ampiezza 0.02 dobbiamo passare da 100 a 167 osservazioni campionarie.

5.2.2 Intervallo di confidenza per le proporzioni

Analizziamo ora il caso della proporzione campionaria. Se le X_i sono tutte bernouliane di parametro p incognito, sappiamo che $\sum_{i=1}^n X_i \sim Bin(n,p)$. Per la variabile casuale Binomiale abbiamo già visto che vale l'approssimazione alla variabile casuale Gaussiana se siamo in presenza di grandi campioni. In virtù del teorema del limite centrale si ricava che, per n elevato,

$$Z = \frac{\hat{p}_n - p}{\sqrt{\frac{p(1-p)}{n}}} \sim N(0,1)$$

Quindi l'intervallo di confidenza per p ha il seguente aspetto

$$p \in \left(\hat{p}_n \pm z_{1-\frac{\alpha}{2}} \sqrt{\frac{p(1-p)}{n}}\right)$$

che, come si può notare, non è possibile calcolare in alcun caso essendo p incognito. Ci sono allora diverse strade percorribili.

Primo metodo approssimato Si può sostituire il valore p con la sua stima $\hat{p}_n$ e, per la legge dei grandi numeri, si è fiduciosi che il seguente intervallo

$$p \in \left(\hat{p}_n \pm z_{1-\frac{\alpha}{2}} \sqrt{\frac{\hat{p}_n(1-\hat{p}_n)}{n}}\right)$$

sia approssimativamente di livello $1-\alpha$.

Ancora sulla scelta dell'ampiezza campionaria Come per la media campionaria e forse ancor più per le proporzioni, può aver senso il problema della determinazione della giusta ampiezza campionaria. La lunghezza dell'intervallo approssimato è sempre dello stesso tipo

$$L(n,\alpha) = 2z_{1-\frac{\alpha}{2}} \sqrt{\frac{\hat{p}_n(1-\hat{p}_n)}{n}}$$

Si può utilizzare direttamente questa formula oppure garantirsi maggiormente da errori semplicemente osservando che

$$\hat{p}_n(1-\hat{p}_n) \leq 0.5 \cdot (1-0.5) = 0.5^2$$

dove l'uguaglianza è raggiunta quando $\hat{p}_n = 0.5$. Il motivo risiede nel fatto che la funzione $x \cdot (1-x)$, con $x \in (0,1)$ raggiunge il suo massimo in $x = 0.5$. Si osservi il grafico in Figura 5.6 ottenuto con i comandi

```
> curve(x*(1-x),0,1)
> abline(v=0.5,lty=2)
```

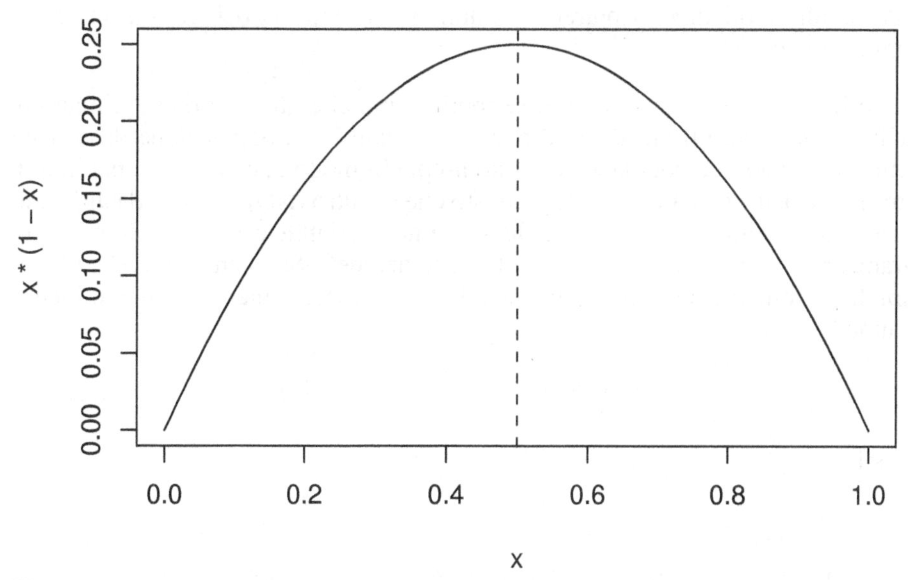

Figura 5.6 La funzione $x \cdot (1 - x)$, con $x \in (0, 1)$ raggiunge il suo massimo in $x = 0.5$.

La lunghezza dell'intervallo risultante è quindi della forma

$$L(n, \alpha) > 2z_{1-\frac{\alpha}{2}} \frac{0.5}{\sqrt{n}} \geq 2z_{1-\frac{\alpha}{2}} \sqrt{\frac{\hat{p}_n(1 - \hat{p}_n)}{n}}$$

Mostriamo ora un'applicazione di quanto visto con un esempio articolato: dopo la chiusura dei seggi, gli elettori, chiamati ad esprimersi su un quesito referendario, attendono con ansia l'esito della consultazione.

- Lo spoglio parziale di n schede (che supponiamo rappresentative del totale delle schede) ha fornito il seguente risultato:

SI	NO
51 %	49 %

  Determiniamo l'intervallo di confidenza al 95% della percentuale di SI supponendo $n = 2500$.
- Sulla base di questi risultati, si calcoli la probabilità che il SI vinca con $n = 2500$, $n = 1000$ ed $n = 500$.
- Una seconda società di rilevazione ha diffuso invece risultati discordanti sostenendo che il suo campione rappresentativo di ampiezza n imprecisata fornisce le seguenti stime molto più incerte:

SI	NO
50.5 %	49.5 %

Per quali valori di n si potrebbe annunciare la vittoria dei SI con un errore inferiore all' 1%?

Siamo in uno schema di Bernoulli se ipotizziamo che gli elettori si eprimano in modo indipedente gli uni dagli altri e se pensiamo alla popolazione di tutti gli elettori come ad una popolazione molto ampia in modo tale che la probabilità di estrarre un elettore di un tipo (SI) piuttosto che un altro (NO) non vari da un'estrazione alla successiva. Allora ogni elettore è una variabile casuale di Bernoulli di parametro p = "proporzione di SI nella popolazione". Sappiamo che $\hat{p}_n = 0.51$. Quindi, se utilizziamo la prima tecnica di costruzione, l'intervallo di confidenza assume la forma

$$p \in \left(\hat{p}_n \pm \sqrt{\frac{\hat{p}_n(1-\hat{p}_n)}{n}}\, z_{1-\frac{\alpha}{2}} \right)$$

quindi

```
> pn <- 0.51
> n <- 2500
> l.inf <- pn - qnorm(0.975) * sqrt(pn*(1-pn)/n)
> l.sup <- pn + qnorm(0.975) * sqrt(pn*(1-pn)/n)
> cat("(",l.inf,":",l.sup,")\n")
( 0.4904043 : 0.5295957 )
```

In R è già predisposto il comando `prop.test` che fornisce come risultato un intervallo molto vicino al primo metodo di costruzione

```
> prop.test(x=1275,n=2500,corr=FALSE)

1-sample proportions test without continuity correction

data:  1275 out of 2500, null probability 0.5
X-squared = 1, df = 1, p-value = 0.3173
alternative hypothesis: true p is not equal to 0.5
95 percent confidence interval:
 0.4904040 0.5295653
sample estimates:
   p
0.51
```

Secondo metodo approssimato Il comando `prop.test` accetta in input il numero di casi favorevoli `x`, nel nostro caso $n \cdot \hat{p}_n = 2500 \cdot 0.51 = 1275$, e l'ampiezza campionaria `n`. Inoltre abbiamo specificato l'opzione `corr=FALSE`. Se viene omessa, R applica la correzione di continuità di Yates prima di costruire l'intervallo. Gli intervalli che R calcola in modo standard attraverso il comando

```
> prop.test(1275, 2500)
```

```
1-sample proportions test with continuity correction

data:  1275 out of 2500, null probability 0.5
X-squared = 0.9604, df = 1, p-value = 0.3271
alternative hypothesis: true p is not equal to 0.5
95 percent confidence interval:
 0.4902041 0.5297649
sample estimates:
   p
0.51
```

sono di un altro tipo rispetto a quelli visti sinora che prevedono oltre ad una correzione di continuità anche l'introduzione di un termine dell'ordine di $(z_{1-\alpha/2})^2/2n$. Questo termine garantisce che l'intervallo di confidenza sia asintoticamente di livello $1 - \alpha$. Risparmiamo i dettagli della questione, ma il consiglio, quando si lavora su dati reali, è quello di utilizzare la funzione `prop.test` di R anziché i primi due metodi di costruzione che generalmente vengono esposti nei corsi istituzionali di statistica.

Il metodo esatto R permette anche di eseguire un test esatto ricorrendo alla distribuzione Binomiale anziché alle differenti approssimazioni asintotiche. Tale metodo è praticabile solo attraverso l'utilizzo di un computer, quindi un software statistico quale R, ed è consigliabile in presenza di piccoli campioni. La funzione da utilizzare è `binom.test` che accetta in input argomenti simili a `prop.test` a parte l'opzione `correct` essendo un test di tipo esatto. Nel nostro caso otteniamo

```
> binom.test(1275,2500)

        Exact binomial test

data:  1275 and 2500
number of successes = 1275, number of trials = 2500,
p-value = 0.3271
alternative hypothesis: true probability of success
is not equal to 0.5
95 percent confidence interval:
 0.4902023 0.5297743
sample estimates:
probability of success
                  0.51
```

Per rispondere al secondo quesito usiamo direttamente la variabile casuale Binomiale $Y = \sum_{i=1}^{n} X_i$. In tal caso il SI vince se si raggiunge almeno la metà più uno dei voti, cioè da $\frac{n}{2}$ in poi se n sono le schede votate. Eseguiamo il cacolo sia in modo approssimato, usando l'approssimazione Normale, che in modo esatto utilizzando la distribuzione Binomiale.

Metodo approssimato Ricordiamo ancora una volta che

$$\frac{Y - n\,\hat{p}_n}{\sqrt{n\,\hat{p}_n\,(1-\hat{p}_n)}} \sim Z \qquad n \text{ grande}$$

Dobbiamo calcolare

$$\begin{aligned} P\left(Y > \frac{n}{2}\right) &\simeq P\left(Z > \frac{\frac{n}{2} - n\,\hat{p}_n}{\sqrt{n\,\hat{p}_n\,(1-\hat{p}_n)}}\right) \\ &= 1 - \Phi\left(\sqrt{n}\,\frac{(0.5-0.51)}{\sqrt{0.51 \cdot 0.49}}\right) \\ &= 1 - \Phi\left(-0.02\,\sqrt{n}\right) \\ &= \Phi(0.02\,\sqrt{n}) \end{aligned}$$

ovvero in R

```
> pnorm(0.02*sqrt(2500))
[1] 0.8413447
> pnorm(0.02*sqrt(1000))
[1] 0.7364554
> pnorm(0.02*sqrt(500))
[1] 0.6726396
```

Quindi

$$P\left(Y > \frac{n}{2}\right) \simeq \begin{cases} \Phi(1) = 0.841 & n = 2500 \\ \Phi(0.63) = 0.736 & n = 1000 \\ \Phi(0.45) = 0.672 & n = 500 \end{cases}$$

Mentre, usando la legge Binomiale otterremo

```
> pbinom(1250,2500,0.51,lower.tail=FALSE)
[1] 0.8365063
> pbinom(500,1000,0.51,lower.tail=FALSE)
[1] 0.7260986
> pbinom(250,500,0.51,lower.tail=FALSE)
[1] 0.65644
```

$$P\left(Y > \frac{n}{2}\right) = \begin{cases} 0.836 & n = 2500 \\ 0.726 & n = 1000 \\ 0.656 & n = 500 \end{cases}$$

e come si nota, le probabilità così calcolate sono inferiori a quelle calcolate con l'approssimazione Normale, in maniera più evidente tanto più piccolo è n. Si ricordi che l'opzione `lower.tail = FALSE` implica il calcolo della probabilità della coda destra della distribuzione.

Per l'ultimo punto ricorriamo alla formula appena utilizzata imponendo che la probabilità raggiunga 0.99. Conviene utilizzare la formula asintotica, quindi abbiamo che

$$P\left(Y > \frac{n}{2}\right) \simeq P\left(Z > \sqrt{n}\,\frac{(0.5 - 0.505)}{\sqrt{0.505 \cdot 0.495}}\right) = 0.99$$

cioè si deve risolvere rispetto ad n l'equazione

$$z_{0.01} = \sqrt{n}\,\frac{(0.5 - 0.505)}{\sqrt{0.505 \cdot 0.495}}$$

dunque

$$-2.33 \simeq \sqrt{n}\,\frac{-0.005}{0.5}$$

$$\sqrt{n} \simeq 233$$

e infine

$$n = 233^2 = 54289\,.$$

Quindi occorre avere un campione enormemente più grande di quelli ipotizzati.

5.2.3 Intervallo di confidenza per la varianza

Costruiamo ora un intervallo di confidenza per la varianza ponendoci nelle ipotesi di un campione di osservazioni indipendenti e identicamente distribuite secondo una Gaussiana. Ricordiamo che la variabile casuale

$$\frac{(n-1)S_n^2}{\sigma^2} \sim \chi^2_{n-1}$$

è distribuita come un Chi-quadrato con $n - 1$ gradi di libertà. L'idea è sempre quella di ottenere un intervallo del tipo

$$\left(a < \sigma^2 < b\right)$$

che si può costruire in modo appropriato utilizzando il solito accorgimento, cioè introducendo una variabile casuale di struttura nota che coinvolga σ^2. Dunque,

$$P\left(\frac{(n-1)S_n^2}{b} < \frac{(n-1)S_n^2}{\sigma^2} < \frac{(n-1)S_n^2}{a}\right).$$

La distribuzione del χ^2 non è però simmetrica come quella della Gaussiana o della t di Student quindi i due valori a e b possono essere scelti in modo differente e non necessariamente ponendo $\alpha/2$ in ciascuna coda della distribuzione. Per semplicità scegliamo comunque di equiripartire α tra le due code. L'intervallo di confidenza assume quindi il seguente aspetto

$$\sigma^2 \in \left(\frac{(n-1)S_n^2}{\chi_{1-\alpha/2}^{n-1}}, \frac{(n-1)S_n^2}{\chi_{\alpha/2}^{n-1}} \right)$$

dove χ_q^{n-1} è il quantile di ordine q della distribuzione χ_{n-1}^2. Possiamo creare una funzione `ic.var()` che calcola direttamente l'intervallo di confidenza appena scritto per ogni livello $(1-\alpha)$ (si veda Codice 5.7). Poiché la varianza non può essere un valore negativo, si può pensare di costruire un intervallo di confidenza del tipo

$$\sigma^2 \in (0, c)$$

che corrisponde a cercare il quantile tale per cui

$$P\left(\frac{(n-1)S_n^2}{\sigma^2} > \frac{(n-1)S_n^2}{c} \right) = 1 - \alpha$$

e quindi

$$P\left(\chi_{n-1}^2 < \frac{(n-1)S_n^2}{c} \right) = \alpha$$

dunque l'intervallo per σ^2 diventa

$$\sigma^2 \in \left(0, \frac{(n-1)S_n^2}{\chi_\alpha^{n-1}} \right).$$

L'algoritmo della funzione `ic.var` prevede l'opzione `twosides`. Se posta uguale a `FALSE` viene calcolato il secondo tipo di intervallo.

Riprendendo i dati dell'esempio dei granelli di polvere sulle lastre di silicio, facciamo calcolare ad R i due intervalli tramite la nostra funzione:

```
> x
 [1] 0.39 0.68 0.82 1.35 1.38 1.62 1.70
 [8] 1.71 1.85 2.14 2.89 3.69
> var(x)
[1] 0.8501727
> ic.var(x)
[1] 0.4266368 2.4508692
> ic.var(x,FALSE)
[1] 0.000000 2.044215
```

```
ic.var <-
 function(x, twosides = TRUE, conf.level = 0.95) {
  alpha <- 1 - conf.level
  n <- length(x)
  if(twosides){
   l.inf <- (n-1) * var(x)/qchisq(1-alpha/2,df=n-1)
   l.sup <- (n-1) * var(x)/qchisq(alpha/2,df=n-1)
  }
 else{
  l.inf <- 0
  l.sup <- (n-1) * var(x)/qchisq(alpha,df=n-1)
  }
  c(l.inf, l.sup)
}
```

Codice 5.7 Comandi per il calcolo dell'intervallo di confidenza per la varianza.

5.3 La verifica delle ipotesi

Abbiamo visto che la media campionaria è un buon stimatore del valore atteso della distribuzione da cui provengono i dati ed è stato anche possibile controllare la variabilità, cioè la precisione, del nostro stimatore attraverso gli intervalli di confidenza. Questi ultimi, come abbiamo visto, sono centrati attorno al valore campionario nel caso della media e delle proporzioni.

Il problema di cui ci occuperemo ora è il seguente: supponiamo di avere un'idea di quale possa essere il valore incognito di una media (magari perché stiamo ripetendo uno stesso esperimento a distanza di tempo) e studiamo una strategia che, sulla base dei dati osservati, ci permetta di giungere ad una conferma o una smentita della nostra supposizione iniziale. Cioè ci stiamo occupando di sottoporre a verifica una ipotesi.

5.3.1 Verifica d'ipotesi sulla media

Supponiamo di avere un campione i.i.d. di variabili casuali normali di media μ incognita e varianza nota σ^2. Ci proponiamo di sottoporre a verifica l'ipotesi (statistica) che il vero valore incognito della media sia μ_0. Indichiamo con H_0 questa ipotesi che nel seguito denomineremo *ipotesi nulla*. Dal campione noi possiamo ricavare il valore della media campionaria $\bar{X}_n$ che, come sappiamo, si distribuisce come una $N(\mu, \sigma^2/n)$.

Se per un dato campione avessimo $\bar{x}_n = \mu_0$ la nostra fiducia che sia proprio μ_0 il valore incognito di μ sarebbe massima ma, in generale, osserveremo dei valori $\bar{x}_n$ che sono, magari di poco, diversi da μ_0. Una procedura di test quindi, si occuperà di valutare se la distanza tra $\bar{x}_n$ e μ_0 è poco o molto elevata. In termini di variabili aleatorie, il test si occuperà di verificare che la distanza $|\bar{X}_n - \mu_0|$ non sia troppo elevata (in probabilità).

Alla fine della procedura un test conduce sempre a due sole alternative: o *rifiutiamo* l'ipotesi nulla H_0, oppure la "accettiamo" (o più correttamente *non la rifiutiamo*). Se rifiutiamo l'ipotesi nulla quando questa è falsa non commettiamo errori, così come quando non la rifiutiamo se questa è vera. Ci sono però altre due situazioni che conducono ad errori: se l'ipotesi nulla è vera e noi la rifiutiamo attraverso il test stiamo commettendo un errore. Tale errore prende il nome di errore *di* I^o *tipo* o di II^a *specie*. La possibilità di commettere errori, come al solito, è legata al fatto che le nostre decisioni sono prese sulla base di un campione, ciò vuol dire che, se estraiamo un campione "sfavorevole", la distanza $\bar{x}_n - \mu_0$ può risultare troppo grande per puro effetto del caso. Poiché all'incertezza si associa in realtà una probabilità, abbiamo di conseguenza una certa probabilità di commettere un errore di primo tipo. Tale probabilità viene indicata con α.

L'altro tipo di errore, detto di secondo tipo, si commette quando accettiamo l'ipotesi nulla ma la stessa è falsa. Con β si indica, in genere, la probabilità di commettere tale errore. Riassumiamo quanto visto in una tabella

	Rifiuto H_0	**Non Rifuto** H_0
È vera H_0	errore I^o tipo α	nessun errore $1-\alpha$
È falsa H_0	nessun errore $1-\beta$	errore di II° tipo β

Possiamo quindi scrivere che l'**errore di primo tipo** è null'altro se non la seguente probabilità

$$\alpha = P(\text{rifiutare } H_0 | H_0 \text{ è vera}).$$

Torniamo all'esempio di un test sulla media. La regola che possiamo introdurre è del tipo: *se* $\bar{X}_n - \mu_0$ è maggiore di un certo valore k *rifiutiamo* l'**ipotesi nulla** $H_0 : \mu = \mu_0$ in favore dell'ipotesi **alternativa** $H_1 : \mu \neq \mu_0$. Quando si effettua un test è sempre necessario specificare sia l'ipotesi nulla che quella alternativa. In particolare, la specificazione dell'ipotesi alternativa ci suggerisce come calcolare, o meglio fissare, l'errore di primo tipo. Esattamente come per gli intervalli di confidenza in cui viene fissato il livello di confidenza, nei test si può fissare il **livello di significatività** α. Infatti, fissato α il nostro test deve essere costruito in modo tale da rifiutare H_0 quando questa è vera con probabilità α. Se scegliamo la regola *si rifiuta* H_0 *quando* $|\bar{X}_n - \mu_0| > k$ allora sarà

$$P(|\bar{X}_n - \mu_0| > k | H_0) = \alpha$$

Da questa relazione siamo in grado di calcolare $k = k_\alpha$ che viene anche denominato **valore soglia** del test. Ecco come si procede: quando è vera H_0 allora

$\bar{X}_n \sim N(\mu_0, \sigma^2/n)$, quindi $(\bar{X}_n - \mu_0)/(\sigma/\sqrt{n}) \sim N(0,1)$. Dunque

$$\begin{aligned} \alpha = P(|\bar{X}_n - \mu_0| > k|H_0) &= P\left(\left|\frac{\bar{X}_n - \mu_0}{\frac{\sigma}{\sqrt{n}}}\right| > \frac{k}{\frac{\sigma}{\sqrt{n}}}\middle| H_0\right) \\ &= P\left(|Z| > \frac{k}{\frac{\sigma}{\sqrt{n}}}\right) = P\left(Z < -\frac{k}{\frac{\sigma}{\sqrt{n}}} \text{ e } Z > \frac{k}{\frac{\sigma}{\sqrt{n}}}\right) \end{aligned} \tag{5.1}$$

Le ultime due espressioni indicano semplicemente che Z deve trovarsi al di fuori dell'intervallo $(-k/(\sigma/\sqrt{n}), +k/(\sigma/\sqrt{n}))$ e che questo deve avvenire con probabilità α. In sostanza, il punto $-k/(\sigma/\sqrt{n})$ è quel valore di z tale per cui $\Phi(z) = \alpha/2$ cioè $z = z_{\alpha/2}$. Mentre il punto $k/(\sigma/\sqrt{n})$ è quel valore di z che lascia alla sua destra $1 - \alpha/2$ ovvero $\Phi(z) = 1 - \alpha/2$, dunque $z = z_{1-\alpha/2}$. Si veda a riguardo la Figura 5.8. Poiché, come già visto per gli intervalli di confidenza, $k/(\sigma/\sqrt{n}) = -k/(\sigma/\sqrt{n})$ per la simmetria di Z, il valore k che ci interessa si trova come segue

$$\frac{k}{\frac{\sigma}{\sqrt{n}}} = z_{1-\frac{\alpha}{2}}$$

e dunque

$$k = \frac{\sigma}{\sqrt{n}} \cdot z_{1-\frac{\alpha}{2}} \,. \tag{5.2}$$

Non ci resta che tirare le somme. Indichiamo con Z la **statistica test**

$$Z = \frac{\bar{X}_n - \mu_0}{\frac{\sigma}{\sqrt{n}}}.$$

Se per un dato campione calcoliamo un valore z di Z ottenuto come segue

$$z = \frac{\bar{x}_n - \mu_0}{\frac{\sigma}{\sqrt{n}}}$$

il test ci dice di rifiutare l'ipotesi nulla $H_0 : \mu = \mu_0$ in favore di $H_1 : \mu \neq \mu_0$ se z cade all'esterno dell'intervallo $(-z_{1-\alpha/2}, z_{1-\alpha/2})$ chiamato anche **regione di rifiuto** del test. Infatti basta sostituire il valore soglia k ottenuto in (5.2) nella formula dell'errore di primo tipo (5.1). Questo tipo di test è anche denominato **test a due code**. Al solito, ipotizzare come nota la varianza di un campione è scarsamente realistico. Se sostituiamo a σ^2 la sua stima $\bar{s}_n^2$ la statistica test diventa una t di Student

$$t = \frac{\bar{X}_n - \mu_0}{\sqrt{\frac{\bar{S}_n^2}{n}}} \sim t^{n-1}$$

e la regola di test non cambia: si rifiuta H_0 se $|t| > t_{1-\alpha/2}^{n-1}$.
Vi possono essere altri due tipi di ipotesi alternative della forma $H_1 : \mu < \mu_0$ e $H_1 : \mu > \mu_0$. In tal caso il test è sempre basato sulla statistica Z vista sopra

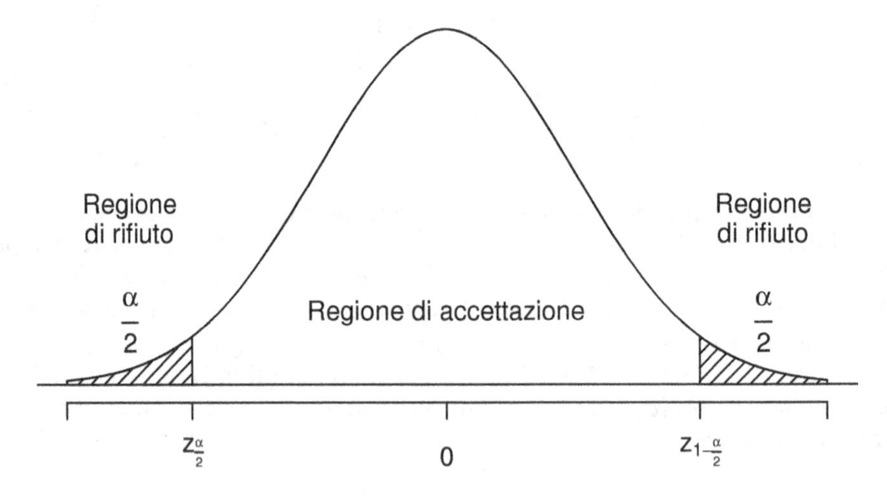

Figura 5.8 Regione di rifiuto e accettazione di $H_0 : \mu = \mu_0$ per un test a due code del tipo $H_1 : \mu \neq \mu_0$.

ma sarà differente il valore soglia. Vediamo cosa accade ad un test con ipotesi nulla $H_0 : \mu = \mu_0$ contro un'alternativa $H_1 : \mu > \mu_0$. Notiamo subito che un test ragionevole deve essere un test che ci condurrà al rifiuto dell'ipotesi nulla quando la distanza tra $\bar{X}_n$ e il valore ipotizzato μ_0 risulta essere troppo elevata per eccesso, quindi per trovare la soglia scriveremo, tralasciando alcuni passaggi, quanto segue:

$$\alpha = P(\bar{X}_n - \mu_0 > k | H_0) = P\left(Z > \frac{k}{\frac{\sigma}{\sqrt{n}}}\right)$$

in questo caso $k/(\sigma/\sqrt{n})$ è quel valore di z che lascia alla sua sinistra un'area pari a $1-\alpha$, cioè lo z tale per cui $\Phi(z) = 1-\alpha$. Quindi per determinare k scriveremo

$$\frac{k}{\frac{\sigma}{\sqrt{n}}} = z_{1-\alpha}$$

e dunque il nostro test rifiuterà l'ipotesi nulla se

$$z = \frac{\bar{x}_n - \mu_0}{\frac{\sigma}{\sqrt{n}}} > z_{1-\alpha}.$$

Si veda in proposito la Figura 5.10.
Analogamente, se l'ipotesi alternativa è $H_1 : \mu < \mu_0$ il nostro test rifiuterà per valori di z troppo piccoli e in particolare quando $z < z_\alpha$. Si veda a riguardo la

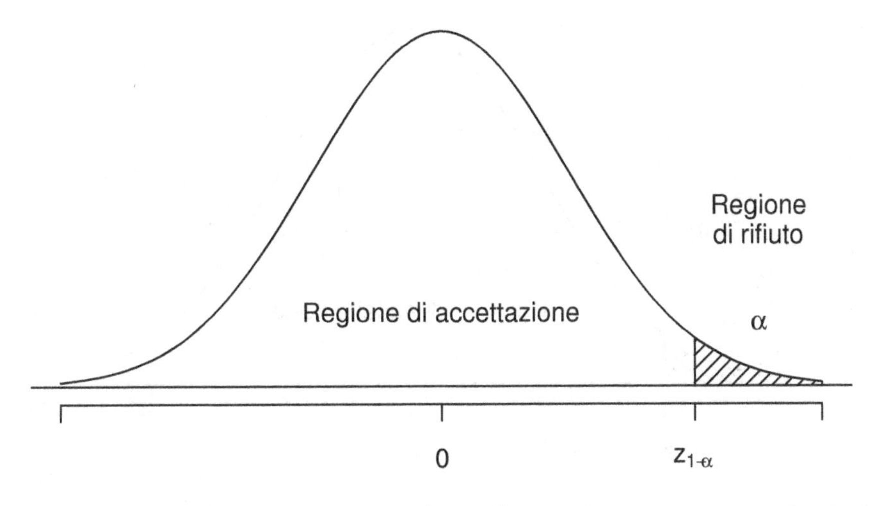

Figura 5.9 Regione di rifiuto e accettazione di $H_0 : \mu = \mu_0$ per un test ad una coda del tipo $H_1 : \mu > \mu_0$.

Figura 5.9. Entrambi i tipi di test vengono detti **test ad una coda**. Quando la varianza non è nota si sostituisce σ^2 con $\bar{s}_n^2$ e si utilizzano i quantili della variabile casuale t di Student.

Vediamo come sia possibile effettuare tali test di ipotesi in R. Per capire come leggere un output di software statistico come R è essenziale avere la nozione di p**-value**. Prediamo un test ad una coda del tipo $H_0 : \mu = \mu_0$ contro $H_1 : \mu > \mu_0$. Sappiamo che il test rifiuta se $t > t_{1-\alpha}^{n-1}$ dove

$$t = \frac{\bar{x}_n - \mu_0}{\frac{\bar{s}_n}{\sqrt{n}}}$$

con $\bar{s}_n = \sqrt{\bar{s}_n^2}$. Il p-value è una probabilità definita nel seguente modo:

$$p = P(t^{n-1} > t)$$

Questo vuol dire che se la statistica test t si trova nella regione di rifiuto, necessariamente sarà $p < \alpha$. Se invece t si trova nella regione di accettazione avremo $p > \alpha$. R fornisce in output il valore della statistica test t e il corrispondente p-value. Ciò vuol dire che, per essere in grado di capire quando rifiutare o accettare H_0 per un prefissato valore di α si deve semplicemente confrontare α con il p-value. La regola di decisione diventa

$$\text{Rifiutare } H_0 \text{ se} : p < \alpha$$
$$\text{Non rifiutare } H_0 \text{ se} : p > \alpha$$

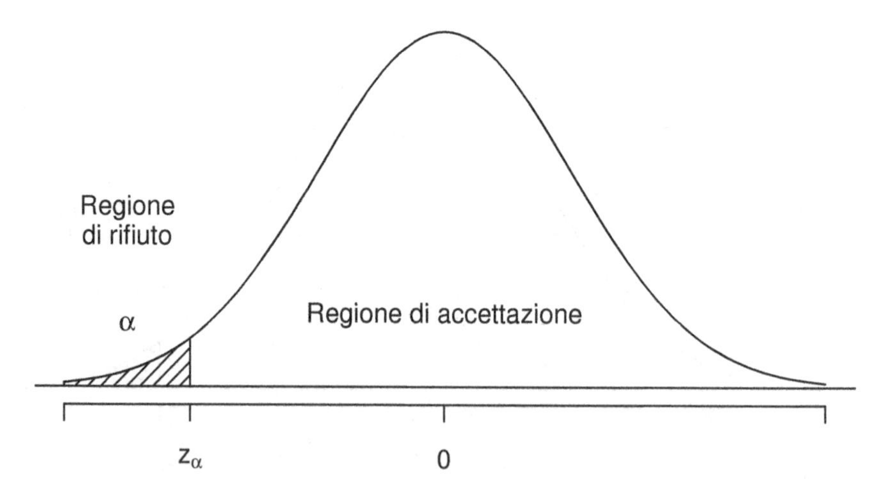

Figura 5.10 Regione di rifiuto e accettazione di $H_0 : \mu = \mu_0$ per un test ad una coda del tipo $H_1 : \mu < \mu_0$.

Tale regola resta valida anche se il test è a due code o se l'alternativa è del tipo $H_1 : \mu < \mu_0$, poiché i ragionamenti sul p-value sono analoghi. A volte il p-value viene chiamato livello di significatività osservato del test. Ciò è falso ma questo modo di introdurlo aiuta a capire come avviene il calcolo del p-value. Se in un test osserviamo $p = 0.02$ e il livello prescritto è $\alpha = 0.05$, l'ipotesi nulla viene rifutata e verrebbe rifiutata per tutti i valori di α fino a $\alpha = 0.02$. Da quel punto in poi, si accetterebbe H_0. È un modo strano di ragionare se si pensa che il livello di significatività di un test viene assegnato *prima* di eseguire il test stesso e cioè prima di sapere quanto vale il p-value. Un altro modo di vedere le cose è semplicemente quello di utilizzare il p-value come strumento di misura per valutare quanto il dato campionario osservato (il valore della statistica test) sia conforme al modello teorico sotto l'ipotesi nulla H_0. Un p-value molto basso è indice del fatto che ci troviamo in una delle due code della distribuzione ipotizzata e questo fa propendere verso il rifiuto dell'ipotesi stessa.

Vediamo alcuni esempi. Supponiamo di aver rilevato il tempo medio di vita di un campione di 15 lampadine fluorescenti

$$2928,\ 2997,\ 2689,\ 3081,\ 3011,\ 2996,\ 2962$$

$$3007,\ 3000,\ 2953,\ 2792,\ 2947,\ 3094,\ 2913,\ 3017$$

Per poter immettere sul mercato interno tali lampadine si deve indicare sulla scatola un tempo medio di vita con un errore del 1% mentre per il mercato estero è necessario che sia del 5%. Verifichiamo se il valore 3010 h è compatibile con i due mercati. Si deve costruire un test d'ipotesi per verificare l'ipotesi nulla

$H_0 : \mu = \mu_0 = 3010h$ contro l'alternativa che la vita media sia in realtà inferiore ai parametri minimi richiesti, cioè $H_1 : \mu < \mu_0$. Usiamo quindi la funzione `t.test`

```
> x <- c(2928, 2997, 2689, 3081, 3011, 2996, 2962,
+        3007, 3000, 2953, 2792, 2947, 3094, 2913, 3017)
> mean(x)
[1] 2959.133
```

La media campionaria è effettivamente inferiore al valore teorico sotto l'ipotesi nulla. Eseguiamo il test

```
> t.test(x, mu=3010, alternative="less")

        One Sample t-test

data:  x
t = -1.9031, df = 14, p-value = 0.0389
alternative hypothesis: true mean is less than 3010
95 percent confidence interval:
     -Inf 3006.211
sample estimates:
mean of x
 2959.133
```

Dell'output ci interessa in particolare il valore del p-value che è pari a 0.039. Fissato $\alpha = 1\%$ si ha che $\alpha < p$ quindi il test non permette di rifiutare l'ipotesi nulla, ovvero la fabbrica può immettere sul mercato interno tali lampadine dichiarando un tempo di vita di 3010 ore. Se guardiamo al mercato estero, cioè confrontiamo il p-value con $\alpha = 0.05$ ci accorgiamo che $\alpha > p$ e quindi la statistica test si trova nella regione di rifiuto. Dunque si rifiuta l'ipotesi nulla H_0 e le lampadine non possono essere venute sul mercato estero.

Nell'usare la funzione `t.test` abbiamo specificato il valore dell'ipotesi nulla `mu = 3010` e il tipo di ipotesi alternativa `alternative` posta pari a `"less"`.

Vediamo un altro esempio in cui rifiutare l'ipotesi nulla può risultare vantaggioso. Supponiamo che grazie ad un nuovo processo produttivo una fabbrica di funi per arrampicata sportiva abbia ottenuto i seguenti risultati in 25 prove di rottura (risultati espressi in Newton)

$$1975, 1869, 1879, 1790, 1860, 1895, 1810, 1831$$

$$1759, 1585, 1553, 1774, 1640, 1761, 1946, 1915$$

$$1894, 1971, 1876, 1716, 1652, 1591, 1700, 1842, 1781$$

Le funi tradizionali hanno un resistenza di rottura pari a 1730N. Ci si chiede se il processo produttivo abbia significativamente migliorato la qualità delle funi.

```
> x <- c(1975, 1869, 1879, 1790, 1860, 1895, 1810, 1831,
+ 1759, 1585, 1553, 1774, 1640, 1761, 1946, 1915, 1894,
+ 1971, 1876, 1716, 1652, 1591, 1700, 1842, 1781)
> mean(x)
[1] 1794.6
```

La rottura media sembra effettivamente più alta. Verifichiamo con il test se lo scarto 1794.6 - 1730 è statisticamente significativo.

```
> t.test(x,mu=1730,alternative="greater")

        One Sample t-test

data:  x
t = 2.6575, df = 24, p-value = 0.006892
alternative hypothesis: true mean is greater than 1730
95 percent confidence interval:
 1753.010      Inf
sample estimates:
mean of x
   1794.6
```

il p-value è inferiore ai livelli di significatività $\alpha = 1\%$ e $\alpha = 5\%$ quindi in entrambi i casi si rifuta l'ipotesi H_0 che la qualità delle funi sia rimasta invariata a favore del fatto che vi è stato un significativo aumento della qualità delle funi stesse. In questo caso `t.test` è stata usata specificando `"greater"` nell'opzione `alternative`.

5.3.2 Verifica di ipotesi sulle proporzioni

Questo caso è del tutto analogo al problema di verifica di ipotesi per la media. Possiamo volere sottoporre ad ipotesi $H_0 : p = p_0$ contro un'alternativa $H_1 : p \neq p_0$. Misureremo la distanza sempre con $|\hat{p}_n - p_0|$ e per trovare il valore soglia scriveremo quanto segue

$$\alpha = P(|\hat{p}_n - p_0| > k|H_0)$$

l'unica differenza, rispetto anche agli intervalli di confidenza, è che se risulta vera H_0 allora $p = p_0$ e non abbiamo bisogno di utilizzare $\hat{p}_n$ per standardizzare la differenza $\hat{p}_n - p_0$. Infatti scriveremo

$$\begin{aligned}
\alpha &= P(|\hat{p}_n - p_0| > k|H_0) \\
&= P\left(\left|\frac{\hat{p}_n - p_0}{\sqrt{\frac{p_0(1-p_0)}{n}}}\right| > \frac{k}{\sqrt{\frac{p_0(1-p_0)}{n}}}\right) \\
&\simeq P\left(|Z| > \frac{k}{\sqrt{\frac{p_0(1-p_0)}{n}}}\right)
\end{aligned}$$

e k sarà ancora una volta il quantile della Gaussiana $1 - \alpha/2$. Abbiamo quindi la stessa casistica del caso del test sulla media e la statistica impiegata sarà la z anche se costruita in modo differente. Dunque possiamo scrivere direttamente l'elenco delle regole di test per i vari casi.

$$
\begin{array}{ll}
\text{quando } H_1 : p \neq p_0, & \text{Rifiutare } H_0 \text{ se } |z| > z_{1-\frac{\alpha}{2}} \\
\text{quando } H_1 : p > p_0, & \text{Rifiutare } H_0 \text{ se } z > z_{1-\alpha} \\
\text{quando } H_1 : p < p_0, & \text{Rifiutare } H_0 \text{ se } z < z_{\alpha}
\end{array}
$$

dove

$$
z = \frac{\hat{p}_n - p_0}{\sqrt{\frac{p_0(1-p_0)}{n}}}.
$$

Si noti che quando si effettua un test il valore con con cui si esegue la standardizzazione è la vera varianza di $\hat{p}_n$ sotto l'ipotesi nulla, cioè $p_0(1 - p_0)$ e quindi l'approssimazione alla Gaussiana non presenta i problemi che abbiamo incontrato nel caso degli intervalli di confidenza.

Quello che segue è un classico esempio di test sulle proporzioni. Supponiamo che alla vostra festa di compleanno si presenti Giukas, un amico, il quale sostiene di avere poteri paranormali. In particolare, il tale afferma di poter leggere nel pensiero delle persone. Ci proponiamo allora di mettere alla prova le qualità extrasensoriali di Giukas attraverso il metodo statistico e costruiamo un esperimento in modo tale da evidenziare eventuali frodi. Prendiamo un mazzo di 40 carte (20 di colore rosso e 20 di colore nero) e ci sistemiamo in una stanza ben separata da dove si trova Giukas. Estraiamo in successione una carta, guardiamo di quale colore è, e prima di rimetterla nel mazzo chiediamo a Giukas di indovinare il colore della carta dall'altra stanza. Dopo 50 estrazioni ripetute, Giukas ha indovinato 32 carte su 50. La platea applaude contenta. Ci chiediamo se, alla luce di tali risultati, si possa sostenere che Giukas possegga realmente poteri paranormali (cioè sia dotato di ESP[1] positivo).

Vediamo di formalizzare meglio l'esperimento. Abbiamo una successione di 50 prove ripetute che, si suppone, sono state effettuate nelle stesse condizioni ed in modo indipendente tra loro. Ad ogni prova possiamo avere solo due esiti: Giukas *indovina* o *non indovina* la carta estratta. Pensiamo all'evento *indovina* come ad un successo. Siamo quindi di fronte ad uno schema Binomiale con $n = 50$ prove e p la probabilità a priori che Giukas indovini la carta estratta in ciascuna prova.

A rigor di logica, se l'indovino fosse dotato di poteri paranormali, la probabilità di indovinare la carta estratta dovrebbe essere pari ad 1 e quindi Giukas dovrebbe indovinare 50 carte su 50! Partiamo però da un principio di "buona fede" dell'aspirante lettore di pensiero e ammettiamo che anche nelle condizioni migliori Giukas non potrebbe essere in grado di indovinare tutte le carte a causa del cemento armato che si frappone tra la carta estratta e la sua antenna extrasensoriale, dello stress da esame e da altri fattori.

---

[1]Extra Sensory Perception. Un esperimento simile fu realmente condotto durante le missioni Apollo dalla NASA. L'astronauta a bordo del modulo orbitante attorno alla Luna estraeva una carta e un secondo astronauta nel modulo lunare LEM (posato sulla superficie lunare) doveva indovinare di quale carta si trattasse. I risultati furono disastrosi con una percentuale di risposte sbagliate talmente elevata che i sostenitori delle *teorie paranormali* coniarono per l'occasione il termine ESP "negativo" !

Poniamoci allora la domanda opposta: Giukas indovina per puro caso? Poiché i test vengono generalmente costruiti per rifiutare l'ipotesi nulla cercheremo di avere un test che rifiuti l'ipotesi che il soggetto indovini a caso in favore delle capacità ESP del soggetto. Scegliamo quindi l'ipotesi nulla come segue: H_0 : $p = p_0 = \frac{1}{2}$ contro l'alternativa $H_1 : p > \frac{1}{2}$. In R il test si esegue banalmente così

```
> z <- (32/50 - 0.5)/sqrt(0.5*0.5/50)
> z
[1] 1.979899
> pnorm(z,lower.tail=FALSE) # il p-value
[1] 0.02385744
```

o utilizzando un test esatto basato sulla Binomiale

```
> binom.test(32,50,alternative="greater")

        Exact binomial test

data:  32 and 50
number of successes = 32, number of trials = 50,
p-value = 0.03245
alternative hypothesis: true probability of success
 is greater than 0.5
95 percent confidence interval:
 0.5142308 1.0000000
sample estimates:
probability of success
                  0.64
```

e infine utilizzando la funzione `prop.test` come segue

```
> prop.test(32,50,alternative="greater")

        1-sample proportions test with continuity
        correction

data:  32 out of 50, null probability 0.5
X-squared = 3.38, df = 1, p-value = 0.03300
alternative hypothesis: true p is greater than 0.5
95 percent confidence interval:
 0.5137352 1.0000000
sample estimates:
   p
0.64
```

In questo secondo caso R costruisce un test di χ^2 su cui torneremo più avanti. In tutti e tre i casi il p-value risulta compreso tra i due valori $\alpha = 0.01$ e $\alpha = 0.05$. Siamo quindi in una condizione di imbarazzo. Se ci poniamo in condizioni meno restrittive ammettendo un errore pari a $\alpha = 5\%$, il test ci suggerisce di rifiutare l'ipotesi nulla in favore di presunte capacità paranormali di Giukas altrimenti ($\alpha =$

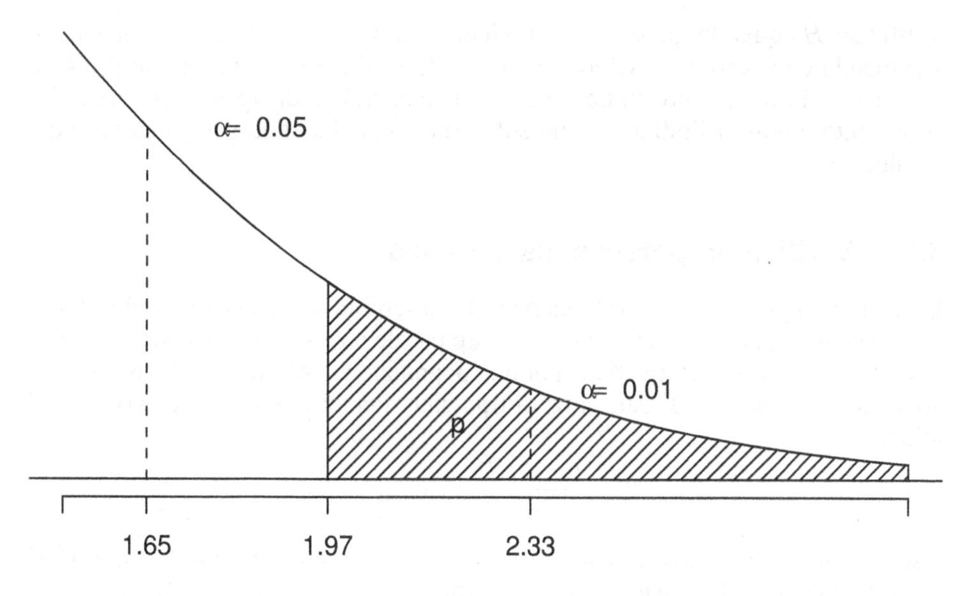

Figura 5.11 In grigio è segnata l'area sotto la curva Gaussiana che corrisponde al p-value, cioè a destra di 1.97. A destra di 1.65 si trova la regione di rifiuto del test al livello $\alpha = 5\%$ e a destra di 2.33 quella del test al livello $\alpha = 1\%$.

1%) il test non ha elementi per rifiutare l'ipotesi nulla. Consideriamo il risultato del primo test $t = 1.97$ con p-value = 0.024 e i due quantili $z_{1-\alpha}$ per $\alpha = 5\%$ (1.65) $\alpha = 1\%$ (2.33). La Figura 5.11 mostra graficamente cosa accade.

Il p-value in questi casi ci aiuta a capire quanto all'interno siamo di una zona di rifiuto o di accettazione. Se la statistica test fosse risultata pari a $z = 1.651$ è chiaro che il test avrebbe rifiutato H_0 al livello 5% ma in realtà in tal caso il valore di z sarebbe stato praticamente sulla soglia di rifiuto. Viceversa, se $z = 2.31$ avremmo rifutato H_0 ma con maggiore convinzione.

Per risolvere l'enigma di Giukas, si può ragionare utilizzando il p-value per capire quanto vicino ci troviamo ad una delle due soglie. Se ad esempio il p-value fosse 0.049, rifiuteremmo a livello α = 5% e accetteremmo al livello 1%. È evidente però che 0.049 è confondibile con 0.05, quindi di fatto non possiamo essere molto determinati nel rifiutare H_0. Al contrario, se pensiamo alla regione di accettazione del test di livello 1%, quel valore di p-value ci dice che ci troviamo ben all'interno della regione di accettazione del test. Il discorso si capovolge se pensiamo al caso di un p-value pari 0.011. In sostanza si potrebbe utilizzare come regola come la seguente: *ci fidiamo della decisione del test il cui livello α è più lontano al p-value calcolato.* Questo modo di ragionare è chiaramente non applicabile nella pratica statistica in quei casi in cui il livello di significatività è fissato da normative o in cui, semplicemente, non ha senso lavorare con più livelli di significatività. Nel nostro caso 0.024 è più vicino a 0.01 che a 0.05 e quindi accettiamo la decisione del test di livello 5%: Giukas è dotato di poteri paranormali. In tal caso però ci baseremmo su un test con errore di primo tipo (cioè probabilità di rifutare H_0 quando questa è vera) più elevato, ovvero la decisione che stiamo assumendo comporta un rischio maggiore che se l'avessimo presa con il test di livello 1%. In realtà uno studio scrupoloso chiederebbe di ripetere più volte l'esperimento e non di limitarsi ad un solo esame concludendo solo sulla base del p-value.

5.3.3 Verifica di ipotesi sulla varianza

In alcuni casi può aver senso chiedersi se la variabilità associata ad un certo fenomeno sia di una certa entità, ovvero, in altre parole costruire un test per la verifica di ipotesi sul valore della varianza di una popolazione. Abbiamo già visto che se abbiamo un campione di dati i.i.d. di tipo gaussiano con media μ e varianza σ^2 allora

$$\frac{(n-1)\bar{S}_n^2}{\sigma^2} \sim \chi_{n-1}^2$$

Usualmente ha senso costruire un test sulla varianza con l'ipotesi nulla $H_0 : \sigma^2 = \sigma_0^2$ sotto una delle due diverse ipotesi alternative: $H_1 : \sigma^2 > \sigma_0$ o $H_1 : \sigma^2 < \sigma_0$. Infatti, si deve sempre tener presente che in questa circostanza ha senso chiedersi non tanto se la varianza abbia un ben preciso valore, ma se la variabilità osservata indica una reale variabilità della popolazione al di sotto o al di sopra di una certa soglia. Occupiamoci di costruire un test con ipotesi alternativa del tipo $H_1 : \sigma^2 > \sigma_0$. Se sospettiamo che il valore incognito di σ^2 sia maggiore di un prefissato valore σ_0^2 allora possiamo costruire un test che rifiuta quando $\bar{S}_n^2 > c$ dove, al solito, il valore c deve essere determinato in relazione all'errore di primo tipo del test che stiamo costruendo. Sotto H_0 l'ipotesi è che la varianza sia σ_0^2 e quindi l'errore di primo tipo del test è definito come segue

$$\alpha = P(\bar{S}_n^2 > c|H_0) = P\left(\frac{(n-1)\bar{S}_n^2}{\sigma_0^2} > \frac{(n-1)c}{\sigma_0^2}\middle| H_0\right) = P(\chi_{n-1}^2 > c')$$

ovvero

$$\chi_{1-\alpha}^{n-1} = c' = \frac{(n-1)c}{\sigma_0^2}$$

il che implica

$$c = \frac{\sigma_0^2 \cdot \chi_{1-\alpha}^{n-1}}{n-1}$$

dove $\chi_{1-\alpha}^{n-1}$ è il quantile $1-\alpha\%$ della distribuzione Chi-quadrato con $n-1$ gradi di libertà. Quindi il test di livello α che cerchiamo sarà del tipo: rifiutare $H_0 : \sigma^2 = \sigma_0^2$ in favore di $H_1 : \sigma^2 > \sigma_0^2$ se

$$\bar{S}_n^2 > \frac{\sigma_0^2 \cdot \chi_{1-\alpha}^{n-1}}{n-1}$$

o, meglio, quando

$$\frac{(n-1)\bar{S}_n^2}{\sigma_0^2} > \chi_{1-\alpha}^{n-1}.$$

Per un test con ipotesi alternativa $H_1 : \sigma^2 < \sigma_0^2$ l'errore di primo tipo si calcola come segue

$$\alpha = P(\bar{S}_n^2 < c|H_0) = P\left(\frac{(n-1)\bar{S}_n^2}{\sigma_0^2} < \frac{(n-1)c}{\sigma_0^2}\bigg|H_0\right)$$

e quindi il test di livello α che cerchiamo sarà del tipo: rifiutare $H_0 : \sigma^2 = \sigma_0^2$ in favore di $H_1 : \sigma^2 < \sigma_0^2$ se

$$\frac{(n-1)\bar{S}_n^2}{\sigma_0^2} < \chi_\alpha^{n-1}$$

e si noti che questa volta la soglia è calcolata sul quantile α (e non $1-\alpha$) della distribuzione Chi-quadrato con $n-1$ gradi di libertà.

R non dispone di una funzione espressamente dedicata a questo tipo di verifica di ipotesi e questo non deve stupire visto che abbiamo già incontrato questo problema per la determinazione dell'intervallo di confidenza. Abbiamo quindi creato noi stessi la funzione `test.var` che riportiamo nel Codice 5.12. La funzione traduce in linguaggio R l'algoritmo appena esposto per la determinazione della regola test. In input richiede il vettore dei dati `x`, il valore della varianza sotto l'ipotesi nulla H_0 `var0`, il tipo di ipotesi alternativa `alternative` che può essere `"less"` o `"greater"` (rispettando l'analogia con le altre funzioni test di R) e infine il livello del test `alpha`. Per un test con alternativa $H_1 : \sigma^2 > \sigma^2$ non è necessario specificare il parametro `alternative` e il livello del test, se non specificato, è posto pari a 0.05. L'output della funzione è quello che segue:

```
> x <- rnorm(100, sd=5)
> var(x)
[1] 25.14340
> test.var(x,20)

 Ipotesi nulla => H0 : sigma2 = 20
 Varianza campionaria: 25.14340 , statistica test: 124.4598
 p-value: 0.04267159 , livello del test: 0.05
 Quantile Chi-quadrato: 123.2252  con  99 gdl
 Ipotesi alternativa => H1 : sigma2 >  20
 Decisione: si rifuta H0
> test.var(x,30)

 Ipotesi nulla => H0 : sigma2 = 30
 Varianza campionaria: 25.14340 , statistica test: 82.97323
 p-value: 0.8767538 , livello del test: 0.05
 Quantile Chi-quadrato: 123.2252  con  99 gdl
 Ipotesi alternativa => H1 : sigma2 >  30
 Decisione: non si rifuta H0
```

e per un test con ipotesi alternativa $H_1 : \sigma^2 < \sigma_0^2$ si ha

```
> test.var(x,22,"less")

 Ipotesi nulla => H0 : sigma2 = 22
 Varianza campionaria: 25.14340 , statistica test: 113.1453
 p-value: 0.8432439 , livello del test: 0.05
 Quantile Chi-quadrato: 77.04633  con  99 gdl
 Ipotesi alternativa => H1 : sigma2 <  22
 Decisione: non si rifuta H0
> test.var(x,50,"less")

 Ipotesi nulla => H0 : sigma2 = 50
 Varianza campionaria: 25.14340 , statistica test: 49.78394
 p-value: 8.906852e-06 , livello del test: 0.05
 Quantile Chi-quadrato: 77.04633  con  99 gdl
 Ipotesi alternativa => H1 : sigma2 <  50
 Decisione: si rifuta H0
```

5.4 Verifica di ipotesi per due campioni

Quando abbiamo due insiemi di dati possiamo chiederci, a seconda della loro natura, se i campioni sono simili oppure no. Esistono in tale ambito alcuni casi rilevanti per le applicazioni che possono presentarsi. Un primo caso riguarda le proporzioni ma, è anche possibile pensare a confronti tra medie e tra varianze di due sottogruppi. Andiamo per ordine.

5.4.1 Verifica di ipotesi per due proporzioni

Se abbiamo un campione di ampiezza n_1 su cui abbiamo rilevato una proporzione di successi $\hat{p}_1 = \bar{x}_1$ ed un campione di ampiezza n_2 con la rispettiva proporzione $\hat{p}_2 = \bar{x}_2$ possiamo chiederci se l'eventuale differenza riscontrare tra $\hat{p}_1$ e $\hat{p}_2$ sia dovuta al caso oppure no. Si pensi per esempio a due gruppi di pazienti: uno sottoposto ad un farmaco sperimentale e l'altro ad un farmaco **placebo** dove $\hat{p}_i$ rappresenta la proporzione di guarigioni nel gruppo i-esimo di pazienti. L'ipotesi nulla da sottoporre a test è $H_0 : p_1 = p_2$ contro un'alternativa che può essere $H_1 : p_1 \neq p_2$ per un test a due code, oppure un'alternativa del tipo $H_1 : p_1 > p_2$ o $H_1 : p_1 < p_2$.

La statistica test viene costruita come segue: si pone

$$\hat{p} = \frac{n_1\hat{p}_1 + n_2\hat{p}_2}{n_1 + n_2}$$

```
test.var <- function (x, var0, alternative =
 c("greater", "less"), alpha = 0.05){
  if(missing(var0))
   stop("specificare l'ipotesi nulla var0")
  if(missing(x))
   stop("specificare i dati x")

  n <- length(x)
  stat <- (n-1)*var(x)/var0
  cat("\n Ipotesi nulla => H0 : sigma2 =",var0)
  cat("\n Varianza campionaria:",var(x),",")
  cat(" statistica test:",stat)

  if(alternative == "greater"){
   soglia <- qchisq(1-alpha,df=n-1)
   cat("\n p-value:",1-pchisq(stat,df=n-1),",")
   cat(" livello del test:",alpha)
   cat("\n Quantile Chi-quadrato:",soglia," con ",
    n-1,"gdl")
   cat("\n Ipotesi alternativa => H1 : sigma2 > ",var0)
   if(stat > soglia)
    cat("\n Decisione: si rifuta H0\n")
   else
    cat("\n Decisione: non si rifuta H0\n")
  }
  else if(alternative == "less"){
   soglia <- qchisq(alpha,df=n-1)
   cat("\n p-value:",pchisq(stat,df=n-1),",")
   cat(" livello del test:",alpha)
   cat("\n Quantile Chi-quadrato:",soglia," con ",
    n-1,"gdl")
   cat("\n Ipotesi alternativa => H1 : sigma2 < ",var0)
   if(stat<soglia)
    cat("\n Decisione: si rifuta H0\n")
   else
    cat("\n Decisione: non si rifuta H0\n")
  }
}
```

Codice 5.12 Algoritmo per eseguire una verifica di ipotesi sul valore di una varianza campionaria.

cioè si calcola la proporzione totale di successi considerando i due gruppi come fossero uno solo e si costruisce la statistica test z come segue

$$z = \frac{\hat{p}_1 - \hat{p}_2}{\sqrt{\hat{p}(1-\hat{p})\left(\frac{1}{n_1} + \frac{1}{n_2}\right)}}$$

La statistica z così costruita si distribuisce come una variabile Gaussiana standard e quindi si può procedere come con un qualsiasi test z:

quando $H_1 : p_1 \neq p_2$, Rifiutare H_0 se $|z| > z_{1-\frac{\alpha}{2}}$
quando $H_1 : p_1 > p_2$, Rifiutare H_0 se $z > z_{1-\alpha}$
quando $H_1 : p_1 < p_2$, Rifiutare H_0 se $z < z_{\alpha}$

Vediamo un esempio: alcuni anni fa venne condotto uno studio epidemiologico per studiare gli effetti positivi dell'uso di aspirina sulla prevenzione degli attacchi cardiaci. Da un insieme di 22 071 medici volontari vennero formati due gruppi: il gruppo di *trattamento* e quello di *controllo*. Gli individui del gruppo di trattamento ricevevano una dose quotidiana di aspirina mentre quelli di controllo un farmaco *placebo*, cioè identico all'aspirina e non contenente alcun principio attivo. Lo studio venne condotto per un periodo di 5 anni osservando il numero di decessi per infarto. Si ottennero i seguenti risultati

Esito / **Farmaco**	Infartuati	Non Infartuati	Totali
Placebo	239	10795	11034
Aspirina	139	10898	11037
	378	21693	22071

Prendiamo come $\hat{p}_1$ la percentuale di persone colpite da infarto nel gruppo di controllo, quindi $\hat{p}_1 = 239/11034 = 0.0217$ e di conseguenza $\hat{p}_2 = 0.0126$.

```
> farmaco <-  c("Placebo", "Aspirina")
> esito <- c("Infartuati", "Non infartuati")
> tab <- matrix( c(239,139,10795,10898), 2,2,
         dimnames = list(farmaco,esito))
> tab
         Infartuati Non infartuati
Placebo         239          10795
Aspirina        139          10898
> p1 <- 239/11034
> p2 <- 139/11037
> p1
[1] 0.02166032
> p2
[1] 0.01259400
```

Come si vede il numero di infartuati è circa il doppio tra chi non subisce il trattamento rispetto a chi ha ricevuto il farmaco. Verifichiamo se la differenza tra $\hat{p}_1$ e $\hat{p}_2$ è significativa oppure no. Il valore di $\hat{p}$ lo otteniamo semplicemente:

$$\hat{p} = \frac{239 + 139}{22071} = 0.0171$$

```
> p <- (239+139)/22071
> p
[1] 0.01712655
```

e quindi

$$z = \frac{\hat{p}_1 - \hat{p}_2}{\sqrt{\hat{p}(1-\hat{p})\left(\frac{1}{n_1} + \frac{1}{n_2}\right)}} = \frac{0.0217 - 0.0126}{\sqrt{0.0171 \cdot (1 - 0.0171)\left(\frac{1}{11034} + \frac{1}{11037}\right)}}$$
$$= \frac{0.0091}{0.00175} = 5.2$$

Eseguiamo un test ad una coda del tipo $H_1 : p_1 > p_2$ poiché vogliamo stabilire anche la direzione in cui si manifesta una differenza tra gli effetti della somministrazione dei due farmaci. Se il test rifiuta l'ipotesi nulla vuol dire che il non somministrare aspirina aumenta la probabilità di contrarre un infarto. Confrontiamo $z = 5.2$ con quantile $z_{1-\alpha} = z_{0.99}$

```
> qnorm(0.99)
[1] 2.326348
```

Poiché $z > z_{1-\alpha}$ il test rifiuta l'ipotesi nulla e gli sperimentatori concluderanno che vi è un effetto protettivo del principio attivo contenuto nell'aspirina rispetto al rischio di infarto cardiaco[2].

Vediamo ora come R esegue un tale tipo di test. La funzione da utilizzare è ancora una volta `prop.test`. In questo caso la funzione richiede in input il numero di "successi" (239 e 139) in due o più gruppi e le numerosità rispettive di tali gruppi (11034 e 11037). Quindi, se vogliamo effettuare un test due code scriveremo

```
> prop.test( c(239,139), c(11034,11037) )

        2-sample test for equality of proportions with
         continuity correction

data:  c(239, 139) out of c(11034, 11037)
```

[2]Come nota finale sull'episodio resta da dire che la sperimentazione non durò in realtà 5 anni ma venne interrotta per tempo poiché gli sperimentatori non poterono far finta di ignorare che il numero di infartuati del gruppo di controllo era statisticamente più elevato di quello del gruppo di trattamento.

```
X-squared = 26.4078, df = 1, p-value = 2.764e-07
alternative hypothesis: two.sided
95 percent confidence interval:
 0.005554327 0.012578314
sample estimates:
    prop 1     prop 2
0.02166032 0.01259400
```

mentre per un test ad una coda scriveremo

```
> prop.test(c(239,139), c(11034,11037),
+          alternative = "greater" )

        2-sample test for equality of proportions with
         continuity correction

data:  c(239, 139) out of c(11034, 11037)
X-squared = 26.4078, df = 1, p-value = 1.382e-07
alternative hypothesis: greater
95 percent confidence interval:
 0.006104394 1.000000000
sample estimates:
    prop 1     prop 2
0.02166032 0.01259400
```

In entrambi i casi il test utilizzato è quello del Chi-quadrato che analizzeremo nel Paragrafo 5.5. Anche se non sappiamo ancora come viene costruito un tale test, quello che ci interessa conoscere è il valore del p-value. In entrambi i casi il p-value è più piccolo di qualsiasi ragionevole valore dell'errore di primo tipo α, quindi si rifuta l'ipotesi di uguaglianza tra le proporzioni. Nello specificare l'opzione `alternative` si deve tenere presente che questa ha senso se confrontiamo una proporzione con un valore ipotetico p_0 o se confrontiamo tra loro due proporzioni come nel nostro caso. Altrimenti, R ignora tale opzione. Inoltre si deve tener presente specificando, per esempio, `greater`, R intende come ipotesi alternativa: `prop 1` > `prop 2`. Infatti, se proviamo ad eseguire un test scambiando le due ipotesi otteniamo il risultato ovvio di accettare sempre l'ipotesi nulla. Quindi si faccia attenzione nello specificare i parametri della funzione `prop.test`.

```
> prop.test(c(239,139), c(11034,11037),
+          alternative = "less" )

        2-sample test for equality of proportions with
         continuity correction

data:  c(239, 139) out of c(11034, 11037)
X-squared = 26.4078, df = 1, p-value = 1
alternative hypothesis: less
95 percent confidence interval:
 -1.00000000  0.01202825
sample estimates:
    prop 1     prop 2
0.02166032 0.01259400
```

Riprenderemo nel Paragrafo 5.5 questo esempio quando spiegheremo il dettaglio il test del Chi-quadrato.

5.4.2 Confronto tra le medie di gruppi

Un caso analogo si ha quando si vuole valutare la differenza tra le medie in due campioni anziché tra le proporzioni. La strategia è la sempre la stessa. Indichiamo con $\bar{x}_1$ e $\bar{x}_2$ le medie di due gruppi di ampiezza n_1 ed n_2. Si costruisce un test t per verificare l'uguaglianza delle medie come segue

$$t = \frac{\bar{x}_1 - \bar{x}_2}{\bar{s}\sqrt{\frac{1}{n_1} + \frac{1}{n_2}}}$$

dove

$$\bar{s} = \sqrt{\frac{(n_1 - 1)\bar{s}_1^2 + (n_2 - 1)\bar{s}_2^2}{n_1 + n_2 - 2}}$$

con $\bar{s}_1^2$ e $\bar{s}_2^2$ le varianze campionarie dei due campioni. Questa statistica test t si distribuisce come una t di Student con $n_1 + n_2 - 2$ gradi di libertà. Si procederà ad effettuare un test come nel caso di un qualsiasi test t dove però si deve tener conto dei differenti gradi di libertà.

$$\begin{array}{ll} \text{quando } H_1 : \mu_1 \neq \mu_2, & \text{Rifiutare } H_0 \text{ se } |t| > t^g_{1-\frac{\alpha}{2}} \\ \text{quando } H_1 : \mu_1 > \mu_2, & \text{Rifiutare } H_0 \text{ se } t > t^g_{1-\alpha} \\ \text{quando } H_1 : \mu_1 < \mu_2, & \text{Rifiutare } H_0 \text{ se } t < t^g_{\alpha} \end{array}$$

con $g = n_1 + n_2 - 2$.

Vediamo un esempio. Su due campioni di autovetture guidate nel primo gruppo da uomini e nel secondo da donne sono stati calcolati i seguenti parametri di spesa annuale: la spesa media per riparazioni e il relativo scostamento medio campionario. Per il primo gruppo di $n_1 = 5$ uomini si è avuto $\bar{x}_1 = 540$ € con $\bar{s}_1 = 299$ € e nel secondo gruppo di $n_2 = 7$ donne si è riscontrato $\bar{x}_2 = 300$ € con $\bar{s}_2 = 238$ €. C'è differenza significativa tra i due gruppi di guidatori in termini di spesa?

Si tratta di un test t come quello introdotto sopra. Quindi calcoliamo tutte le quantità in gioco:

$$\bar{s}_n = \sqrt{\frac{(5-1) \cdot 299^2 + (7-1) \cdot 238^2}{7+5-2}} = 264$$

Quindi

$$t = \frac{540 - 300}{264\sqrt{\frac{1}{5} + \frac{1}{7}}} = 1.552$$

Se vogliamo testare l'ipotesi alternativa $H_1 : \mu_1 > \mu_2$ dobbiamo calcolare il valore soglia $t_{1-\alpha}^{(n_1+n_2-2)}$. Se $\alpha = 5\%$ otteniamo

```
> qt(0.95,df=10)
[1] 1.812461
```

ovvero $t^{10}_{0.95} = 1.81$ e quindi $t < 1.81$ e non rifiutiamo l'ipotesi nulla in favore del fatto che i guidatori uomini producono danni alle autovetture che sono più costosi, in media, di quelli prodotti dal gruppo delle donne.

Anche in questo caso R ci permette di utilizzare una sola funzione per eseguire il test, ma non a partire dai valori medi. Si deve quindi disporre di due insiemi di dati su cui effettuare il test. Per semplicità simuliamo due campioni casuali estratti dalla normale ipotizzando come media e varianza quelle dell'esempio precedente

```
> m <- rnorm(5,mean=540,sd=299)
> f <- rnorm(7,mean=300,sd=238)
> t.test(m,f,alternative="greater")

        Welch Two Sample t-test

data:  m and f
t = 1.8139, df = 7.045, p-value = 0.05615
alternative hypothesis: true difference in means
is greater than 0
95 percent confidence interval:
 -14.38626       Inf
sample estimates:
mean of x mean of y
 573.6087  242.9125
```

con un p-value del 5.6% si "accetta" l'ipotesi nulla di uguaglianza tra le medie nei due gruppi. Si noti che i gradi di libertà non sono quelli previsti dal test trattato in precedenza e ciò è dovuto ad una correzione dei gradi di libertà che si effettua su piccoli campioni come i nostri.

5.4.3 Confronto tra varianze

Si supponga di voler confrontare le varianze campionarie $\bar{s}^2_x$ e $\bar{s}^2_y$ di due campioni di dati $X_1, \ldots, X_n$ e $Y_1, \ldots, Y_m$ estratti rispettivamente da due leggi gaussiane del tipo $N(\mu_x, \sigma^2_x)$ e $N(\mu_x, \sigma^2_y)$. Per costruire un test per verificare questo tipo di ipotesi verrebbe naturale costruire una statistica test del tipo $|\sigma^2_x - \sigma^2_y|$ per poi cercare un'opportuna standardizzanzione in grado di ricondurci ad una distribuzione nota. Questo in realtà non è possibile e si ricorre quindi alla seguente idea. Se si considera il rapporto σ^2_x/σ^2_y, tale rapporto è pari ad 1 se le varianze delle due popolazioni coincidono, mentre sarà maggiore o minore di 1 a seconda che la varianza della popolazione delle X_i sia maggiore o inferiore a quella della popolazione delle Y_i. Si può allora costruire una statistica test basata sul rapporto

$$\frac{\bar{S}^2_x}{\bar{S}^2_y}$$

se ci ricordiamo che

$$(n-1)\frac{\bar{S}_x^2}{\sigma_x^2} \sim \chi_{n-1}^2 \quad (m-1)\frac{\bar{S}_y^2}{\sigma_y^2} \sim \chi_{m-1}^2$$

e che la distribuzione F di Fisher si ottiene (cfr. Paragrafo 4.2.14) dal rapporto di due variabili casuali Chi-quadrato come segue

$$\frac{\frac{\chi_m^2}{m}}{\frac{\chi_n^2}{n}} \sim F_{n,m}.$$

Per un test che verifichi l'ipotesi nulla $H_0 : \sigma_x^2 = \sigma_y^2$ abbiamo che, sotto H_0, il rapporto

$$F = \frac{\bar{S}_x^2}{\bar{S}_y^2} = \frac{\frac{(n-1)\frac{\bar{S}_x^2}{\sigma_x^2}}{n-1}}{\frac{(m-1)\frac{\bar{S}_y^2}{\sigma_y^2}}{m-1}}$$

si distribuisce come una $F_{n-1,m-1}$. Un test siffatto, rifiuterà H_0 in favore di $H_1 : \sigma_x^2 > \sigma_y^2$ a livello α se

$$\frac{\bar{S}_x^2}{\bar{S}_y^2} > F_{1-\alpha}^{n-1,m-1}$$

dove $F_{1-\alpha}^{n-1,m-1}$ è il quantile $1-\alpha$ della distribuzione F di Fisher con $n-1$ e $m-1$ gradi di libertà. Viceversa, il test di livello α, rifiuterà H_0 in favore di $H_1 : \sigma_x^2 < \sigma_y^2$ se

$$\frac{\bar{S}_x^2}{\bar{S}_y^2} < F_{\alpha}^{n-1,m-1}.$$

In questo caso R dispone già di una funzione per eseguire questo tipo di verifica di ipotesi. Si tratta della funzione `var.test` (da non confondere con la nostra `test.var` del Codice 5.12). Tale funzione richiede in input i due vettori di dati `x` ed `y`. Si possono inoltre specificare l'ipotesi alternativa ed il livello del test. Vediamo un paio di esempi

```
> x <- rnorm(10, sd=5)
> y <- rnorm(15, sd=3)
> var(x)
[1] 23.26146
> var(y)
[1] 9.207268
>
> var.test(x,y,alternative="greater")

        F test to compare two variances
```

```
data:  x and y
F = 2.5264, num df = 9, denom df = 14, p-value = 0.05832
alternative hypothesis: true ratio of variances
is greater than 1
95 percent confidence interval:
 0.9548843       Inf
sample estimates:
ratio of variances
          2.526424
> var.test(x,y,alternative="less")

        F test to compare two variances

data:  x and y
F = 2.5264, num df = 9, denom df = 14, p-value = 0.9417
alternative hypothesis: true ratio of variances
is less than 1
95 percent confidence interval:
 0.000000 7.643627
sample estimates:
ratio of variances
          2.526424
```

Si noti che R formula le ipotesi del test nel seguente modo

$$H_0 : \frac{\sigma_x^2}{\sigma_y^2} = 1$$

$$H_1 : \frac{\sigma_x^2}{\sigma_y^2} > 1 \quad \text{(nel nostro caso } H_1 : \sigma_x^2 > \sigma_y^2\text{)}$$

oppure

$$H_1 : \frac{\sigma_x^2}{\sigma_y^2} < 1 \quad \text{(nel nostro caso } H_1 : \sigma_x^2 < \sigma_y^2\text{)}$$

5.5 Verifica di ipotesi di indipendenza

Se abbiamo una tabella di contingenza abbiamo visto che è sempre possibile calcolare il valore di χ^2 per studiare la presenza di connessione o, viceversa, l'indipendenza tra i fenomeni statistici coinvolti. Abbiamo già discusso il fatto che se $\tilde{\chi}^2 = 0$ siamo sicuri di essere in presenza di indipendenza, così come nel caso $\tilde{\chi}^2 = 1$ abbiamo la certezza che vi sia massima connessione. Se però il valore di $\tilde{\chi}^2$ cade all'interno dell'intervallo (0,1) abbiamo visto che non esistono risposte definitive riguardo alla presenza o meno di connessione tra i due fenomeni. Esiste allora un test statistico che ci permette di valutare se vi sia indipendenza oppure no. Ovviamente dobbiamo assumere che i dati di cui disponiamo siano un campione estratto in modo casuale. Ricordiamo la formula dell'indice χ^2

$$\chi^2 = \sum_{i=1}^{h} \sum_{j=1}^{k} \frac{\left(n_{ij} - n_{ij}^*\right)^2}{n_{ij}^*}$$

dove, lo ricordiamo, n_{ij} sono le frequenze osservate della nostra tabella di contingenza e n_{ij}^* quelle teoriche di indipendenza. L'idea del test che presentiamo è quella di calcolare il valore di χ^2 e sottoporlo alla verifica dell'ipotesi nulla $H_0 : \chi^2 = 0$ contro l'alternativa $H_1 : \chi^2 > 0$. Si noti che il test è ad una coda e il valore che si sottopone a test è χ^2 e non $\tilde{\chi}^2$. La regola del test è la seguente: se $\chi^2 > \chi^g$ si deve rifiutare l'ipotesi di indipendenza. Il valore χ^g è il quantile della distribuzione Chi-quadrato. Per una tabella di h righe e k colonne i gradi di libertà g sono pari a $(h-1) \cdot (k-1)$. La regola è quindi molto semplice:

$$\text{Rifiutare } H_0 \text{ se } \chi^2 > \chi^g_{1-\alpha}$$

dove $\chi^g_{1-\alpha}$ è il quantile $1 - \alpha$ della distribuzione Chi-quadrato con $g = (h-1) \cdot (k-1)$ gradi di libertà.

Riprendiamo un esempio già visto nel Paragrafo 3.1 dove abbiamo trattato l'analisi di dipendenza in ambito descrittivo. Il problema riguardava un gruppo di 15 individui su cui è stato effettuato un test per rilevare l'attitudine musicale (X) e quella pittorica (Y) secondo la seguente scala di modalità: sufficiente (S), buona (B) e ottima (O). I risultati sono riportati nella tabella di seguito:

X \ **Y**	*S*	*B*	*O*	
S	1	3	0	4
B	1	3	2	6
O	2	1	2	5
	4	7	4	15

Per verificare se esiste indipendenza tra X ed Y sulla base di questa realizzazione campionaria possiamo usare un test di tipo χ^2. Calcoliamo quindi il valore della statistica test χ^2

$$\begin{aligned}\chi^2 &= 15 \cdot \left(\frac{1^2}{4 \cdot 4} + \frac{3^2}{4 \cdot 7} + \frac{1^2}{6 \cdot 4} + \frac{3^2}{6 \cdot 7} + \frac{2^2}{6 \cdot 4} + \frac{2^2}{5 \cdot 4} + \frac{1^2}{5 \cdot 7} + \frac{2^2}{5 \cdot 4} - 1 \right) \\ &= 15\,(1.235 - 1) \\ &= 3.525\end{aligned}$$

Cerchiamo ora il quantile $\chi^4_{1-\alpha}$

```
> qchisq(0.95,df=4)
[1] 9.487729
```

quindi la statistica test si trova ben al di dentro della zona di accettazione del test, cioè non rifiutiamo l'ipotesi nulla di indipendenza tra le variabili casuali X ed Y. Vediamo come effettuare molto velocemente questo test in R. Ci sono diverse strade per ottenere lo stesso tipo di risultato. Vediamone un paio. Un primo rapido modo è applicare la funzione `summary` ad una tabella di contingenza

```
> voti <- c("S", "B", "O")
> tab <- as.table(matrix( c(1,1,2,3,3,1,0,2,2), 3,3,
>          dimnames = list(voti, voti)))
> tab
  S B O
S 1 3 0
B 1 3 2
O 2 1 2
> summary(tab)
Number of cases in table: 15
Number of factors: 2
Test for independence of all factors:
        Chisq = 3.527, df = 4, p-value = 0.4738
        Chi-squared approximation may be incorrect
```

oppure utilizzando direttamente la funzione `chisq.test` come segue

```
> chisq.test(tab)

        Pearson's Chi-squared test

data:  tab
X-squared = 3.5268, df = 4, p-value = 0.4738

Warning message:
Chi-squared approximation may be incorrect
in: chisq.test(tab)
```

Riprendiamo quindi i dati sull'esperimento dell'impiego di asprina nella prevenzione degli infarti cardiaci. Si può utilizzare il test del χ^2 per verificare se vi sia indipendenza tra il trattamento cui sono stati sottoposti i medici (placebo o aspirina) e l'incidenza degli infarti.

Per comodità riportiamo la tabella con i risultati delle analisi ed effettuiamo il calcolo dell'indice χ^2.

Esito **Farmaco**	Infartuati	Non Infartuati	Totali
Placebo	239	10795	11034
Aspirina	139	10898	11037
	378	21693	22071

```
> farmaco <- c("Placebo", "Aspirina")
> esito <- c("Infartuati", "Non infartuati")
> tab <- as.table(matrix( c(239,139,10795,10898), 2,2,
         dimnames = list(farmaco, esito)))
> tab
         Infartuati Non infartuati
Placebo         239          10795
Aspirina        139          10898
> summary(tab)
Number of cases in table: 22071
Number of factors: 2
Test for independence of all factors:
        Chisq = 26.944, df = 1, p-value = 2.095e-07
```

Come si vede il p-value associato a questo test è inferiore a qualsiasi valore ragionevole di α e quindi il test ci porta a rifiutare l'ipotesi nulla di indipendenza tra trattamento e incidenza di infarto confermando l'analisi già svolta attraverso il test sulle proporzioni.

5.6 Analisi di regressione in ambito inferenziale

L'analisi di regressione vista nel Paragrafo 3.3 può essere riscritta nel caso di osservazioni campionarie. In tal caso, quello che si fa è modellare gli errori della retta di regressione con un'opportuna legge di probabilità. Siano X ed Y le due quantità statistiche di interesse e supponiamo che esse siano legate da una relazione di tipo lineare $Y = a + bX$. Mentre, in generale, si assume che i valori X_i siano degli stati di natura, ovvero non delle variabili casuali ma delle caratteristiche che gli individui della popolazione possiedono, le Y_i si assume siano invece delle variabili casuali o, meglio, esse vengono percepite come tali perché si assume che in realtà ciò che osserviamo su ogni individuo i sono quantità del tipo

$$Y_i = a + b\,x_i + \varepsilon_i$$

dove ε_i sono gli errori casuali, cioè delle variabili casuali. In virtù della relazione precedente, se le x_i sono delle costanti proprie di ogni individuo, allora le Y_i sono variabili casuali per effetto delle ε_i. Le ipotesi minimali che vengono fatte sugli errori del modello sono

- $\mathrm{E}(\varepsilon_i) = 0$ (errori centrati)
- $\mathrm{Cov}(\varepsilon_i, \varepsilon_j) = 0$ se $i \neq j$ (incorrelazione)
- $\mathrm{Var}(\varepsilon_i) = \sigma^2$ costante (omoschedasticità)

Il campione dei nostri dati sarà quindi formato dalle coppie di valori (Y_i, x_i), $i = 1, \ldots, n$. Gli stimatori di a e b sono ancora quelli ottenuti con il metodo dei minimi quadrati, ovvero

$$\hat{b} = \frac{\mathrm{Cov}(Y, x)}{\sigma_x^2} \qquad \hat{a} = \bar{y}_n - \hat{b}\,\bar{x}_n$$

In tal caso si può dimostrare che gli stimatori dei minimi quadrati posseggono varie importanti proprietà, per il resto nulla di nuovo. Vediamo comunque alcune proprietà di questi stimatori. Innanzitutto sono stimatori corretti dei parametri, ovvero

$$\mathrm{E}\hat{a} = a \qquad \mathrm{E}\hat{b} = b$$

ed è possibile anche calcolarne la varianza (con semplici passaggi che omettiamo)

$$\sigma_a^2 = \mathrm{Var}(\hat{a}) = \sigma^2 \left(\frac{1}{n} + \frac{\bar{x}_n^2}{\sum\limits_{i=1}^{n} (x_i - \bar{x}_n)^2} \right)$$

e

$$\sigma_b^2 = \mathrm{Var}(\hat{b}) = \frac{\sigma^2}{\sum\limits_{i=1}^{n} (x_i - \bar{x}_n)^2}$$

anche se dal punto di vista applicativo ha poco senso in quanto si assume nota la varianza dell'errore σ^2. Se invece questa deve essere stimata sul campione, si può pensare di stimarla attraverso i residui del modello, infatti osservando che

$$\sigma^2 = \mathrm{Var}(\varepsilon_i) = \mathrm{E}(\varepsilon_i^2)$$

e che i residui della regressione sono

$$e_i = Y_i - \hat{Y}_i = Y_i - (\hat{a} + \hat{b}\, x_i)$$

si può pensare di stimare σ^2 con

$$\frac{1}{n} \sum_{i=1}^{n} e_i^2 = \frac{1}{n} \sum_{i=1}^{n} (Y_i - \hat{Y}_i)^2 .$$

Affinché sia corretto, si deve scegliere come stimatore della varianza dell'errore la quantità

$$\hat{\sigma}^2 = \frac{\sum\limits_{i=1}^{n} (Y_i - \hat{Y}_i)^2}{n-2} .$$

In tal caso, si ottengono gli stimatori ($\hat{\sigma}_a^2$ e $\hat{\sigma}_b^2$) delle varianze di $\hat{a}$ e $\hat{b}$ semplicemente sostituendo il valore $\hat{\sigma}^2$ a σ^2 nelle rispettive espressioni. Il teorema di Gauss-Markov assicura che questi stimatori sono quelli di varianza minima all'interno di un'ampia classe di stimatori.

Si può invece migliorare di molto la parte inferenziale del problema aggiungendo adeguate, ulteriori, ipotesi sugli errori ε_i. In particolare si può assumere, quando il contesto di riferimento dell'esperimento lo permette, che gli errori siano distribuiti come delle variabili casuali di tipo normale, ovvero $\varepsilon_i \sim N(0, \sigma^2)$ che, assieme all'ipotesi di incorrelazione, conduce all'ipotesi di indipendenza. Questo implica due risultati importanti relativi alle distribuzioni degli stimatori $\hat{a}$ e $\hat{b}$. In particolare si ha che

$$\hat{a} \sim N(a, \sigma_a^2) \qquad \hat{b} \sim N(b, \sigma_b^2).$$

Questo risultato è molto importante perché ci permette di costruire intervalli di confidenza ma, soprattutto, test per la verifica di ipotesi. Infatti, ponendoci nel caso generale di varianza dell'errore σ^2 non nota, poiché

$$\frac{\hat{a} - a}{\hat{\sigma}_a^2} \sim t^{n-2}$$

e

$$\frac{\hat{b} - b}{\hat{\sigma}_b^2} \sim t^{n-2}$$

l'intervallo di confidenza per $\hat{a}$ è della forma

$$\hat{a} \pm \hat{\sigma}_a^2 \, t_{1-\frac{\alpha}{2}}^{n-2}$$

e quello per $\hat{b}$

$$\hat{b} \pm \hat{\sigma}_b^2 \, t_{1-\frac{\alpha}{2}}^{n-2}.$$

A questo punto si rende necessario specificare quale siano le ipotesi da sottoporre a verifica in un modello di regressione. L'ipotesi più naturale da considerare è verificare se i coefficienti a e b siano realmente presenti nella relazione che lega Y ad X, ovvero verificare se questi sono significativamente diversi da 0. Quindi, l'usuale test sui coefficienti della retta di regressione nell'ambito di tale modello si esegue ponendo $H_0 : a = 0$ (o $H_0 : b = 0$) contro l'alternativa che ciò sia falso $H_1 : a \neq 0$ (o $H_1 : b \neq 0$). Il test risultante è quindi un normale test t. Vediamo come procedere in R. Supponiamo dapprima un modello lineare del tipo $Y = 30 + 3 * x$. Simuliamo i dati osservati in modo naturale. Si noti che abbiamo posto la varianza dell'errore pari a $3^2 = 9$.

```
> x <- rnorm(30, sd=3)
> y <- 30+3*x
> lm(y~x) -> mod
> summary(mod)

Call:
lm(formula = y ~ x)

Residuals:
       Min         1Q     Median         3Q        Max
-1.497e-14 -4.259e-16  7.162e-16  1.507e-15  6.065e-15
```

```
Coefficients:
             Estimate Std. Error   t value Pr(>|t|)
(Intercept) 3.000e+01  6.531e-16 4.594e+16   <2e-16 ***
x           3.000e+00  2.523e-16 1.189e+16   <2e-16 ***
---
Signif. codes:  0 `***' 0.001 `**' 0.01 `*' 0.05
`.' 0.1 ` ' 1

Residual standard error: 3.408e-15 on 28 degrees of freedom
Multiple R-Squared:     1,          Adjusted R-squared:     1
F-statistic: 1.414e+32 on 1 and 28 DF,  p-value: < 2.2e-16
```

Come si nota R riporta oltre alle stime dei coefficienti ($\hat{a} = 30$ e $\hat{b} = 3$) anche le varianze stimate (colonna `Std. Error`), il valore della statistica test t e il corrispondente p-value che in entrambi i casi è nullo significando che la statistica test si trova ben al di dentro della regione di rifiuto del test $H_0 : a = 0$ contro $H_1 : a \neq 0$ (analogamente per b). Si noti che l'R^2 è pari ad 1, indicando un perfetto adattamento della retta di regressione stimata ai nostri dati. Siamo ora in grado di commentare anche il significato dell'indice R^2 **corretto** che R indica con `Adjusted R-squared`. Si tratta una correzione che viene apportata all'indice R^2 per tener conto dei gradi di libertà delle due quantità a numeratore e denominatore. La sua formula è la seguente

$$\bar{R}^2 = 1 - (1 - R^2)\left(\frac{n-1}{n-2}\right).$$

Non è molto chiaro quale sia il reale contenuto informativo di questa correzione (per una discussione si veda [15]) e si noti che questo indice può facilmente essere un numero negativo come vedremo nel seguito. Rimane da interpretare il significato dell'ultima riga dell'output di `lm` che coinvolge la distribuzione F di Fisher. L'idea è originata dalla scomposizione della devianza del modello di regressione

$$\sum_{i=1}(y_i - \bar{y}_n)^2 = \sum_{i=1}(\hat{y}_i - \bar{y}_n)^2 + \sum_{i=1}(y_i - \hat{y}_i)^2$$
$$SST = SSR + SSE$$

Nel modello inferenziale, il primo termine chiamato "SST", opportunamente corretto, ha una distribuzione di tipo χ^2 con $n-1$ gradi di libertà. La somma dei residui SSE abbiamo visto può essere ricondotta ad un χ^2 con $n-2$ gradi di libertà e all'ultimo termine, anch'esso riconducibile ad una variabile casuale di tipo χ^2, non rimane che un solo grado di libertà. Sotto l'ipotesi nulla $b = 0$, allora le quantità

$$MSE = \frac{SSE}{n-2} \quad \text{e} \quad MSR = \frac{SSR}{1}$$

sono stimatori non distorti delle rispettive varianze e inoltre si ha che

$$\frac{MSE}{\sigma^2}(n-2) \sim \chi^2_{n-2} \qquad \frac{MSR}{\sigma^2} \sim \chi^2_1$$

Si può allora costruire il rapporto tra le due varianze appena viste e si ottiene

$$F = \frac{MSR}{MSE} \sim F(1, n-2)\,.$$

Possiamo effettuare un test per verificare se il coefficiente angolare della retta di regressione b sia nullo $H_0 : b = 0$ confrontando il valore campionario di F con il quantile $1 - \alpha$ della distribuzione $F(1, n-2)$. Se si verifica $F > F(1, n-2)$ si rifiuta l'ipotesi nulla. Si tenga presente che si tratta di un test ad una coda in quanto se $b = 0$ tutta la variabilità delle y_i viene spiegata dall'errore (MSE). Quindi sotto l'ipotesi nulla MSE dovrà essere molto più grande di MSR. Nell'esempio dei nostri dati R calcola il valore di F pari a 1.414e+32, cioè un'enormità, con un associato p-value praticamente nullo `p-value: < 2.2e-16`. Quindi il test ci porta a rifiutare l'ipotesi nulla che non vi sia il coefficiente angolare nella retta di regressione. In sostanza siamo in presenza di un buon modello stimato. L'analisi vista sopra viene anche chiamata analisi della varianza (ANOVA) benché il termine venga riservato più avanti per un'applicazione specifica del modello di regressione. Si usa in genere costruire una tabella ANOVA come quella che segue

Fonte di variabilità	**g.d.l.**	**SS**	**MS**	**Statistica F**
Regressione	1	SSR	MSR	F = MSR/MSE
Residui	$n-2$	SSE	MSE	
Totale	$n-1$	SST		

ottenibile in R applicando il comando `anova` all'output di `lm`.

```
> anova(mod)
Analysis of Variance Table

Response: y
          Df    Sum Sq   Mean Sq    F value    Pr(>F)
x          1    1642.5    1642.5 1.4140e+32 < 2.2e-16 ***
Residuals 28 3.252e-28 1.162e-29
---
Signif. codes:  0 '***' 0.001 '**' 0.01 '*' 0.05
'.' 0.1 ' ' 1
```

Come si nota, il valore di SSR (che R indica con il nome del regressore `x`) è molto più elevato della varianza dei residui SSE (indicata con `Residuals`) confermando un'ottima prestazione del modello. A questo punto è bene dare un'occhiata alla struttura dell'output `lm` per scoprire cosa contiene. Lasciamo al lettore questa esperienza poiché l'ouput generato è piuttosto lungo, ricordiamo solo che si ottiene con

```
> str(mod)
```

Proviamo ora a vedere che cosa accade quando il modello è palesemente non lineare come nel caso in cui $Y = 30 + \sin(3x)$.

```
> x <- rnorm(30,sd=3)
> y <- 30+sin(3*x)
> plot(x,y)
> lm(y~x) -> mod
> summary(mod)

Call:
lm(formula = y ~ x)

Residuals:
    Min      1Q  Median      3Q     Max
-0.9519 -0.6215 -0.1777  0.6838  1.0834

Coefficients:
            Estimate Std. Error t value Pr(>|t|)
(Intercept) 29.84243    0.13250 225.229   <2e-16 ***
x           -0.04716    0.04797  -0.983    0.334
---
Signif. codes:  0 `***' 0.001 `**' 0.01 `*' 0.05
`.' 0.1 ` ' 1

Residual standard error: 0.7155 on 28 degrees of freedom
Multiple R-Squared: 0.03336,
Adjusted R-squared: -0.00116
F-statistic: 0.9664 on 1 and 28 DF,  p-value: 0.334
```

In tal caso solo la stima del termine noto a risulta corretta, ed infatti la nostra funzione oscilla attorno al valore 30. La stima del coefficiente angolare b non risulta significativamente diversa da 0 (il p-value è 0.334). Questo implica che, anche se lo stimatore di b fornisce un valore $\hat{b} = -0.04716$, il termine $b\,x$ deve essere eliminato dal modello di regressione. Inoltre il valore di R^2 risulta decisamente troppo basso per ipotizzare una qualsiasi forma di adattamento ai dati[3]. In sostanza, l'analisi ci dice che il modello lineare da noi ipotizzato non si concilia con i dati osservati. La tabella ANOVA assumerà il seguente aspetto

```
> anova(mod)
Analysis of Variance Table

Response: y
          Df  Sum Sq Mean Sq F value Pr(>F)
x          1  0.4947  0.4947  0.9664  0.334
Residuals 28 14.3325  0.5119
```

dove si nota che questa volta è la devianza dei residui SSE a prevalere su quella di regressione SSR.

[3]Si noti che il valore di R^2 corretto è addirittura negativo.

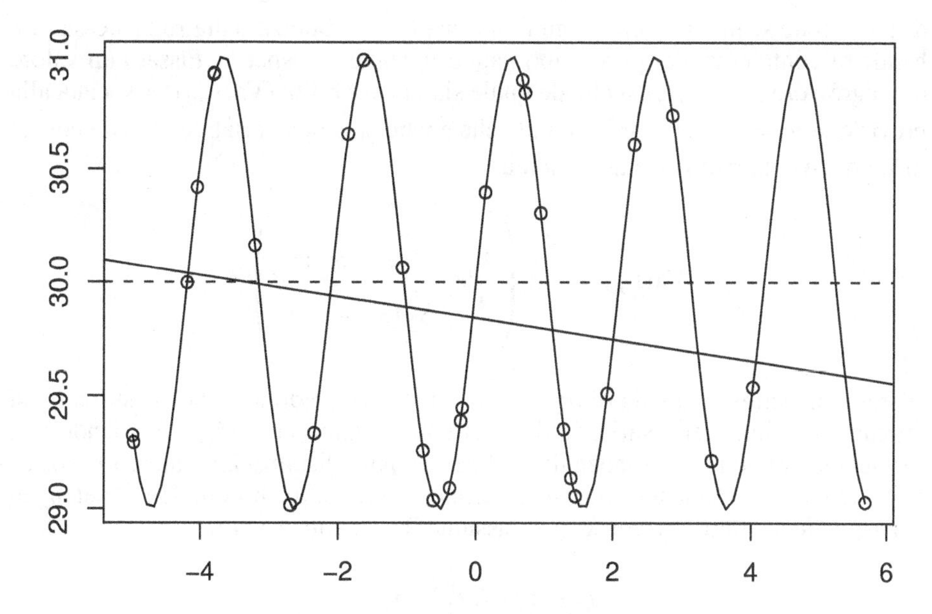

Figura 5.13 Retta di regressione per dati campionari "∘" generati da un modello $y = 30 + \sin(3x)$. Il valore 30 rappresenta l'asse di simmetria della funzione che lega y ad x. La retta inclinata è la retta di regressione stimata per questi dati. Ovviamente il modello è assolutamente inappropriato per tali dati.

Il lettore, per convincersi di questo, può provare a disegnare la nuvola dei punti nei due casi studiati e plottare sopra a tali grafici le relative rette di regressione con i comandi

```
> plot(x,y)
> mod <- lm(y~x)
> abline(mod)
> curve(30+sin(3*x),min(x),max(x),add=TRUE)
> abline(h=30,lty=2)
```

come abbiamo fatto in Figura 5.13.

5.6.1 Bande di confidenza

In ambito inferenziale è anche possibile introdurre, oltre ai test d'ipotesi sui coefficienti della retta di regressione, anche l'analogo degli intervalli di confidenza per la retta di regressione. Stiamo parlando delle **bande di confidenza**. Esistono due tipi di bande di confidenza: quelle propriamente dette *bande di confidenza* che forniscono una indicazione sulla qualità della retta di regressione stessa e le *bande di previsione* che generalmente sono molto più larghe ed esprimono l'attendibilità previsiva della retta di regressione. Mentre le bande di confidenza si schiacciano sulla retta di regressione al crescere delle osservazioni campionarie, le bande di previsione si mantengono sempre ad una certa distanza dalla retta stessa. Le bande di confidenza del primo tipo hanno il seguente aspetto. Fissato un valore del regressore $X = x_0$ ci si chiede quale sia la variabilità ($\text{Var}(\hat{y}_0)$) associata alla previsione $\hat{y}_0 = \hat{a} + \hat{b}x_0$. Ricordando che anche $\hat{y}_0$ è una variabile casuale poiché lo sono $\hat{a}$ e $\hat{b}$, la risposta è la seguente

$$\text{Var}(\hat{y}_0) = \sigma^2 \left(\frac{1}{n} + \frac{(x_0 - \bar{x}_n)^2}{\sum\limits_{i=1}^{n} (x_i - \bar{x}_n)^2} \right)$$

espressione simile a quella di $\sigma_a^2 = \text{Var}(\hat{a})$. Sostituendo a σ^2 la sua stima $\hat{\sigma}^2$ si ottiene una stima della varianza di $\hat{y}_0$ che indichiamo con $\hat{\sigma}^2_{y_0}$. Guardando alla formula si nota che la varianza di $\hat{y}_0$ dipende dalla distanza che intercorre tra x_0 e la media $\bar{x}_n$. Passando al caso generale, l'intervallo di confidenza per $\hat{y}_i$ in corrispondenza di un valore $X = x_i$ assume il seguente aspetto

$$y_i \in \left(\hat{y}_i \pm t^{n-2}_{1-\frac{\alpha}{2}} \hat{\sigma}_{y_i} \right) .$$

Le bande predittive si costruiscono in modo analogo ma tenendo conto dell'effetto di possibili nuove osservazioni x_i sulla retta di regressione. In questo modo si giunge ad una varianza di $\hat{y}_i$ maggiore di quanto visto in precedenza e quindi a bande di confidenza (che adesso chiamiamo predittive) più ampie. I due tipi di bande si possono ottenere in R tramite il comando `predict` specificando l'opzione `interval`. Ci sono diverse possibilità per questo parametro, a noi interessano `confidence` (per le bande di confidenza) e `prediction` (per le bande di previsione). Si può anche specificare il livello di confidenza che normalmente è impostato a 95%. Vediamo cosa si ottiene nei due casi. Scegliendo `confidence` o la sua abbreviazione "`c`" otteniamo

```
> data(cars)
> attach(cars)
> lm(dist~speed) -> mod
> pc <- predict(mod,interval="c")
> pc
         fit        lwr       upr
1  -1.849460 -12.329543  8.630624
2  -1.849460 -12.329543  8.630624
3   9.947766   1.678977 18.216556
...
48 76.798715  68.387653 85.209778
49 76.798715  68.387653 85.209778
50 80.731124  71.596083 89.866166
```

mentre usando `predict` o la sua abbreviazione "`p`" si ottiene

```
> pp <- predict(mod,interval="p")
> pp
```

```
          fit         lwr       upr
1  -1.849460 -34.499842  30.80092
2  -1.849460 -34.499842  30.80092
3   9.947766 -22.061423  41.95696
...
48 76.798715  44.752478 108.84495
49 76.798715  44.752478 108.84495
50 80.731124  48.487298 112.97495
```

In entrambi i casi abbiamo riportato solo parte dell'output. Come si vede le colonne `lwr` (*lower* o *inferiore*) e `upr` (*upper* o *superiore*) nei due casi sono ben diverse. Proviamo a rappresentare graficamente le due bande come in Figura 5.14

```
> plot(speed,dist)
> abline(mod)
> matlines(speed,pc[,2:3],lty=3:3,col=1:1,lwd=2:2)
> pp <- predict(mod,interval="p")
> matlines(speed,pp[,2:3],lty=2:2,col=1:1,lwd=3:3)
> detach()
```

Nelle linee di codice qui sopra abbiamo utilizzato la nuova funzione `matline` il cui scopo è quello di plottare un vettore (in ascissa) rispetto alle colonne di una matrice. Noi in ascissa abbiamo posto `speed` e in ordinata le colonne 2 e 3 delle matrici `pc` e `pp`. La prima colonna delle due matrici non ci interessa in quanto si tratta dei valori stimati dalla retta di regressione e che abbiamo preventivamente disegnato con il comando `abline`.

5.7 Estensioni del modello di regressione

Senza poter entrare nei dettagli della trattazione mostreremo ora alcune possibili estensioni del modello di regressione sin qui trattato[4]. Infatti, molto spesso è riduttivo pensare a situazioni in cui solo le variabili X ed Y entrino in gioco in un modello di tipo lineare. Se Y è la variabile risposta, si può intuire come, in molte situazioni, l'andamento di Y sia spiegato da più di una variabile. Stiamo quindi parlando di un modello del tipo

$$Y = f(X_1, X_2, \ldots, X_k)$$

dove $X_1, X_2, \ldots, X_k$ sono k possibili regressori. Se si considera $k = 2$, il modello risultante sarà un *piano di regressione*, mentre se $k > 2$ si parlerà di *iperpiano* di regressione. Mentre è sufficientemente comprensibile cosa sia un piano di regressione molto più ostico è immaginare cosa sia un iperpiano. Lasciamo da parte quindi l'interpretazione geometrica di questa analisi e parliamo genericamente di modello di regressione a più regressori. Tale modello assume il seguente aspetto

$$Y = \beta_0 + \beta_1 X_1 + \beta_2 X_2 + \cdots + \beta_k X_k$$

[4]Per una trattazione del modello lineare generale rimandiamo al classico testo [15].

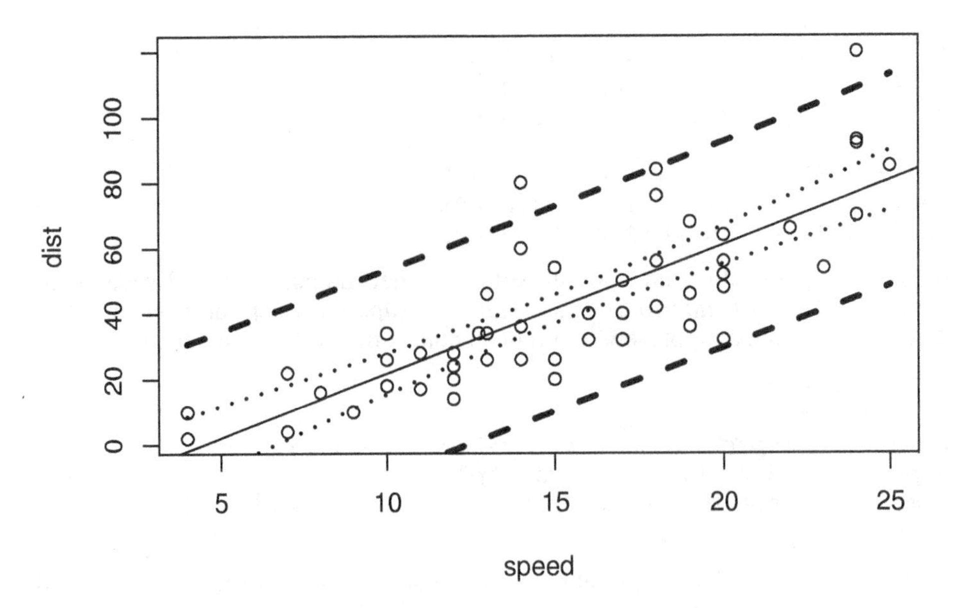

Figura 5.14 Bande di confidenza (interne) e di previsione (esterne) per un modello di regressione.

dove $\beta' = (\beta_0, \beta_1, \dots, \beta_k)$ è il vettore dei coefficienti del modello. Come nel caso unidimensionale, si suppone che vi sia un errore gaussiano a perturbare le nostre osservazioni y_i e quindi per ognuna di esse si può scrivere il modello come segue

$$y_i = \beta_0 + \beta_1 x_{i1} + \beta_2 x_{i2} + \cdots + \beta_k x_{ik} + \varepsilon_i$$

con x_{ij} il valore del regressore j rilevato sull'individuo i e $\varepsilon_i \sim N(0, \sigma^2)$ sono un insieme di variabili casuali i.i.d. Tale modello può essere scritto in forma matriciale come segue

$$y = X\beta$$

dove

$$y' = (y_1, y_2, \dots, y_n) \quad \text{e} \quad X = \begin{pmatrix} 1 & x_{11} & x_{12} & \cdots & x_{1k} \\ 1 & x_{21} & x_{22} & \cdots & x_{2k} \\ \vdots & \vdots & \vdots & \cdots & \vdots \\ 1 & x_{n1} & x_{n2} & \cdots & x_{nk} \end{pmatrix}$$

In tal caso, con analoga procedura di calcolo del caso unidimensionale, si giunge ad una espressione per le stime dei minimi quadrati della forma

$$\hat{\beta} = (X'X)^{-1}X'y$$

Notiamo che $(X'X)^{-1}$ è la matrice inversa di $(X'X)$ la quale ha rango pieno, e quindi è invertibile, solo se i regressori X_1, X_2, ..., X_k sono linearmente indipendenti. Ciò implica che, quando si predispone un modello di regressione multidimensionale, si deve preventivamente verificare, con l'indice di correlazione ρ, che non vi sia correlazione tra le coppie di regressori. In R è consigliabile continuare ad usare la funzione `lm` anziché imbattersi in problemi numerici che coinvolgono l'inversa della matrice $(X'X)$. Vediamo una breve applicazione di modello con due regressori X_1 e X_2.

```
> x1 <- runif(50)
> x2 <- sin(runif(50))
> y <- 4 + 2*x1 - x2 + rnorm(50)
> lm(y ~ x1 + x2)

Call:
lm(formula = y ~ x1 + x2)

Coefficients:
(Intercept)           x1           x2
     4.2470       1.4923      -0.6918
```

Come si nota l'utilizzo del comando `lm` non è cambiato avendo solo specificato il secondo regressore utilizzando il "+". Spesso però i dati si presentano in un dataframe e, se le variabili sono in numero elevato, non è conveniente doverle specificare una ad una. Si utilizza dunque la seguente notazione compatta

```
> z <- data.frame(y, x1, x2)
> lm( y ~ . , data = z)

Call:
lm(formula = y ~ ., data = z)

Coefficients:
(Intercept)           x1           x2
     4.0142       2.1269      -0.8006
```

Ovvero, specificando il "`.`" si intendono tutte le rimanenti colonne del dataframe `z` specificato attraverso l'opzione `data`. Se il dataframe contiene 5 regressori oltre alla variabile risposta e si vuole costruire un modello di regressione tenendo conto solo delle relazioni che intercorrono tra la Y e X_1, X_3 e X_5 il modello verrà comunicato ad R in due modalità alternative

```
# specificando i regressori da includere
> lm(y ~ x1 + x3 + x5, data=z)
# o specificando quelli da escludere
> lm(y ~ . - x2 - x4)
```

Infine, se si vuole un modello passante per l'origine, si deve includere "`-1`" tra i regressori, ovvero

```
> lm(y ~ x1 + x2 -1)

Call:
lm(formula = y ~ x1 + x2 - 1)
```

```
Coefficients:
   x1     x2
5.395  3.080
```

5.7.1 Analisi della varianza (ad una via)

Un'applicazione notevole dell'analisi di regressione multidimensionale è l'analisi della varianza. Il problema alla base dei modelli di analisi della varianza è il seguente: si supponga di avere k gruppi di individui su cui viene sperimentato un particolare trattamento diverso per ogni gruppo. Indichiamo con y_{ij} l'individuo numero j del gruppo i, con $\bar{y}_i$ la media del gruppo i e con $\bar{y}$ la media complessiva. Si può allora riscrivere y_{ij} nel seguente modo

$$y_{ij} = \bar{y} + (\bar{y}_i - \bar{y}) + (y_{ij} - \bar{y}_i)$$

In questo modo, ogni osservazione viene riscritta in termini della media generale $\bar{y}$ e di altri due termini che sono lo scarto della media di ciascun gruppo dalla media complessiva $(\bar{y}_i - \bar{y})$ e lo scarto delle osservazioni dalla propria media di gruppo $(y_{ij} - \bar{y}_i)$. A guardar bene quel modello ci si accorge che abbiamo scritto

$$y_{ij} = \mu + \alpha_i + \varepsilon_{ij}$$

dove, l'interesse dell'analisi si concentra sui valori degli α_i mentre si considera disturbo il termine $\varepsilon_{ij} \sim N(0, \sigma^2)$. Se si calcola la devianza (cioè il numeratore della varianza) delle y_{ij} si ricava, con semplici passaggi che,

$$\sum_i \sum_j (y_{ij} - \bar{y})^2 = \sum_i n_i(\bar{y}_i - \bar{y})^2 + \sum_i \sum_j (y_{ij} - \bar{y}_i)^2$$

Questa proprietà, che ricorda da vicino quella dell'analisi della dipendenza in media del Paragrafo 3.2, viene chiamata scomposizione della devianza e i due termini si chiamamo rispettivamente **devianza tra i gruppi** e **devianza nei gruppi** indicate rispettivamente con SSB (Sum of Squares Between groups) e SSW (Within groups) mentre il termine a sinistra dell'equazione viene indicato con SST. Ne segue che possiamo scrivere

$$SST = SSB + SSW$$

Infine, se si procede al calcolo delle varianze

$$MSB = \frac{SSB}{k-1} \quad \text{e} \quad MSW = \frac{SSW}{n-k}$$

si ha, sotto le ipotesi di normalità, che

$$(k-1)\frac{MSB}{\sigma^2} \sim \chi^2_{k-1} \quad \text{e} \quad (n-k)\frac{MSW}{\sigma^2} \sim \chi^2_{n-k}$$

Tipo di strutto	1	2	3	4
	64	78	75	55
	72	91	93	66
	68	97	78	49
	77	82	71	64
	56	85	63	70
	95	77	76	68

Tabella 5.1 I bomboloni di Lowe: grammi di materia grassa assorbita dai bomboloni in relazione al tipo di strutto utilizzato per la cuttura.

Come per l'indice di dipendenza in media e per l'indice di determinazione del modello di regressione, ci si aspetta che il rapporto

$$F = \frac{MSB}{MSW} \sim F(k-1, n-k)$$

sia maggiore di 1 se la differenza tra le media nei gruppi spiega la maggior parte di variabilità del modello. È quindi possibile effettuare un test di ipotesi H_0 "tutti gli α_i sono uguali" contro l'alternativa che almeno uno sia diverso dagli altri. Si può effettuare un test di questo tipo molto semplicamente sempre utilizzando il comando `lm` in congiunzione con il comando `anova` già visto in precedenza. La Tabella 5.1 riporta i dati relativi all'assorbimento di materia grassa nella cottura di bomboloni o ciambelle. I dati, raccolti in un esperimento condotto da Lowe [29] sono tratti dal testo classico [40]. Si vuole verificare se l'assorbimento medio di grassi varia al variare del prodotto utilizzato per la frittura.

Possiamo affrontare il problema attraverso l'analisi della varianza ma lasceremo fare ad R i calcoli necessari. L'unico problema è costruire correttamente la matrice dei dati da sottoporre al comando `lm` e quindi `anova`.

```
> x <- c(rep(1,6), rep(2,6), rep(3,6), rep(4,6))
> y <- c(64, 72, 68, 77, 56, 95,
         78, 91, 97, 82, 85, 77,
         75, 93, 78, 71, 63, 76,
         55, 66, 49, 64, 70, 68)
> bombe <- data.frame(y,x)
```

Abbiamo già commesso il primo errore: R non capirà, nell'eseguire l'analisi di regressione, che la variabile `x` è in realtà un indicatore del gruppo e non un valore numerico. Si deve quindi preventivamente trasformare la colonna `x` di `bombe` in una variabile qualitativa, cioè in un `factor`. Prima di farlo però mostriamo la procedura **errata** che inavvertitamente può capitare di seguire. Eseguiamo i due passi dell'analisi anova.

```
> lm(y~x)
```

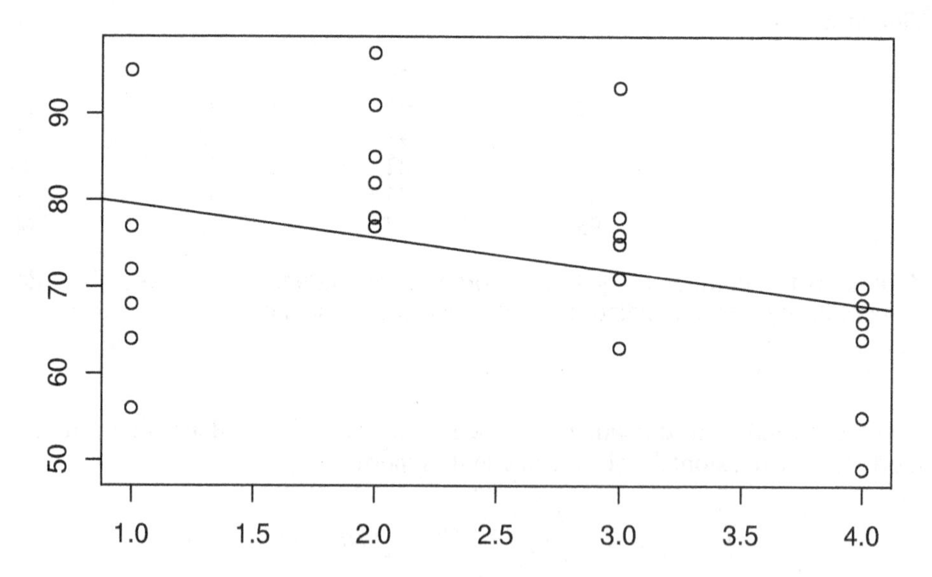

Figura 5.15 Analisi (anova) sbagliata. I valori della variabile x sono solo degli indicatori di gruppo, cioè delle etichette, e il modello di regressione stimato è inutile.

```
Call:
lm(formula = y ~ x)

Coefficients:
(Intercept)            x
      83.5          -3.9

> anova(lm(y~x))
Analysis of Variance Table

Response: y
          Df Sum Sq Mean Sq F value Pr(>F)
x          1  456.3   456.3  3.1388 0.0903 .
Residuals 22 3198.2   145.4
---
Signif. codes:  0 '***' 0.001 '**' 0.01 '*' 0.05
 '.' 0.1 ' ' 1
```

Come si vede R ha calcolato una retta di regressione assolutamente priva di significato come mostra anche il grafico in Figura 5.15 generato come segue

```
> plot(x,y)
> abline(lm(y~x))
```

Dall'output di `anova` si nota che la devianza di regressione, che corrisponde a MSB possiede un solo grado di libertà anziché $k - 1 = 3$ come dovrebbe.

Questo è un indicatore del fatto che stiamo conducendo un'analisi anova (di regressione) che nulla a che vedere con il contesto teorico che abbiamo in mente. Trasformiamo ora `x` in `factor` e ripetiamo l'analisi.

```
> x <- factor(x)
> x
 [1] 1 1 1 1 1 1 2 2 2 2 2 2 3 3 3 3 3 3 4 4 4 4
[23] 4 4
Levels:  1 2 3 4
> lm(y~x)

Call:
lm(formula = y ~ x)

Coefficients:
(Intercept)           x2            x3            x4
         72           13             4           -10

> anova(lm(y~x))
Analysis of Variance Table

Response: y
          Df Sum Sq Mean Sq F value   Pr(>F)
x          3 1636.5   545.5  5.4063 0.006876 **
Residuals 20 2018.0   100.9
---
Signif. codes:  0 `***' 0.001 `**' 0.01 `*' 0.05
`.' 0.1 ` ' 1
```

Ora interpretiamo l'output. Il valore `72` è il valore medio generale, cioè il parametro μ del nostro modello anova

$$y_{ij} = \mu + \alpha_i + \varepsilon_{ij}$$

I coefficienti α_i, $i = 1, 2, 3, 4$, sono stati ricodificati in `x2`, `x3` e `x4`. Si noti che sono uno in meno di quelli del modello (manca `x1` = α_1). Questo avviene perché R costruisce la matrice dei dati del modello di regressione eliminando un livello della variabile qualitativa. I rimanenti $k - 1$ coefficienti rappresentano l'effetto differenziale rispetto al livello di riferimento. Nell'analisi anova comunque non è interessante l'entità numerica del coefficiente quanto il segno, ma ancor più lo è, per ovvi motivi, il risultato del test F che si ottiene con il comando `anova`. Nel nostro caso il test risulta significativo e quindi si rifiuta l'ipotesi nulla di uguaglianza dei termini α_i.

Esistono diverse generalizzazioni dell'analisi anova che esulano dai contenuti di questo corso. Segnaliamo comunque l'esistenza delle due funzioni `aov` (Analisys of Variance) e `lme` (Linear Mixed Effect models) contenute nel pacchetto `nlme`.

5.7.2 Regressione logistica

Molto spesso accade che la variabile risposta sia di tipo dicotomico, cioè che ammetta come possibili valori solo 0 e 1, *vero* e *falso*, *successo* e *insuccesso* ecc. Per esempio, se si pensa al rischio di contrarre una malattia, si può immaginare di mettere in relazione allo stato *malato/non malato* una serie di regressori (i fattori di rischio). Se interpretiamo il rischio come la probabilità di un evento, allora un modello appropriato deve prevedere come possibili risposte valori compresi tra 0 ed 1. In realtà, pur utilizzando come y_i degli zeri (individuo sano) e degli uno (individuo malato), un modello di regressione lineare ci conduce a previsioni $\hat{y}_i$ con valori generalmente fuori da tale intervallo. Indichiamo allora con $y = p$ la probabilità dell'evento che ci interessa e chiamiamo **logit** la seguente trasformazione di p

$$\operatorname{logit} p = \log \frac{p}{1-p}$$

Anziché scrivere un modello lineare che lega y ai regressori $X_1, X_2, \ldots, X_k$ ne scriveremo uno che lega il logit di y a tali regressori, cioè scriveremo il modello

$$\operatorname{logit} p = \beta_0 + \beta_1 X_1 + \beta_2 X_2 + \cdots + \beta_k X_k = X\beta$$

poiché il modello di regressione restituisce valori nell'intervallo $(-\infty, +\infty)$ otterremo quanto voluto se ritrasformiamo il logit di p in p. Infatti,

$$p = \frac{e^{\operatorname{logit} p}}{1 + e^{\operatorname{logit} p}} = \frac{\frac{p}{1-p}}{1 + \frac{p}{1-p}}$$

e quindi $p \in (0,1)$. Quindi, in questo tipo di analisi si procede trasformando le riposte di tipo 0/1 attraverso i logit. Si esegue un modello di regressione e successivamente si esegue la trasformazione inversa

$$\hat{p} = \frac{e^{X\hat{\beta}}}{1 + e^{X\hat{\beta}}}$$

Prima di partire con un esempio, notiamo che il modello logit è un caso particolare dei modelli lineari generalizzati che mettono in relazione una trasformata f della y ad un modello lineare, ovvero

$$f(y) = X\beta$$

con f funzione invertibile chiamata **funzione link**. Nel nostro caso la funzione link è proprio la trasformata logit. Per maggiori dettagli sui modelli lineari generalizzati si veda [31] o [43], Capitolo 7, per le applicazioni in S-PLUS. Per diversi motivi di ordine tecnico e statistico, è preferibile utilizzare la funzione `glm` di R anziché applicare `lm` ai dati trasformati. La funzione `glm` si occupa di stimare i parametri di un modello lineare generalizzato. Nel nostro caso, deve essere utilizzata come segue

```
glm(y~x1+x2+x3, family=binomial("logit"))
```

o, più semplicemente

```
glm(y~x1+x2+x3, binomial)
```

dove, a mero titolo di esempio, abbiamo immaginato di avere y e tre regressori. Vediamo un esempio specifico. Il dataset `interinale` contiene un campione di 17 276 osservazioni provenienti dall'archivio di una delle più importanti società di lavoro internale del mercato italiano[5]. Il dataset contiene le caratteristiche degli iscritti alla società assieme alla variabile risposta dicotomica `avviato` che indica se il singolo lavoratore sia stato avviato oppure no ad una missione di lavoro internale. Dei 17 276 iscritti solo 980 di questi sono avviati. Si vuole costruire un modello per assegnare una probabilità di essere avviato in relazione alle caratteristiche individuali degli iscritti. Se il package `labstatR` è già installato i dati possono essere caricati tramite il comando `data(interinale)` altrimenti si deve ricorrere al comando `load("interinale.rda")` supponendo di esserci spostati nella directory che contiene questo dataset. Supponiamo quindi di aver caricato il dataset e iniziamo l'analisi

```
> str(interinale,vec.len=0)
`data.frame':         17276 obs. of  10 variables:
 $ avviato    : Factor w/ 2 levels "NO","SI":  ...
 $ sesso      : Factor w/ 2 levels "F","M":  ...
 $ eta        : num  ...
 $ esperienza : Factor w/ 2 levels "NO","SI":  ...
 $ corsispec  : Factor w/ 2 levels "NO","SI":  ...
 $ informatica: Factor w/ 2 levels "NO","SI":  ...
 $ lingue     : Factor w/ 2 levels "NO","SI":  ...
 $ mezzitrasp : Factor w/ 2 levels "NO","SI":  ...
 $ istruzione : Factor w/ 3 levels "bassa","media",..:
 $ areares    : Factor w/ 4 levels "Centro","Nord-Est",..:
```

I regressori che verranno utilizzati sono quindi l'età, il sesso, il possesso di precedenti esperienze lavorative, attestati di corsi di specializzazione, conoscenze informatiche; l'abilità di comprendere e parlare una lingua straniera, la disponibilità all'utilizzo del proprio mezzo di trasporto, il livello di istruzione e l'area geografica di residenza. Le ultime due variabili sono su scala ordinale. Effettuiamo ora l'analisi logit. La riposta è, abbiamo detto, la variabile dicotomica `avviato`.

```
> glm(avviato~., binomial, data=interinale) -> model
> model

Call:  glm(formula = avviato ~ ., family = binomial,
 data = interinale)

Coefficients:
       (Intercept)             sessoM                eta
```

[5]Si veda [20] per una descrizione dettagliata del dataset e del problema economico.

```
         -2.08711               0.10765              -0.03943
      esperienzaSI          corsispecSI         informaticaSI
          0.23703               1.63758               0.19964
         lingueSI          mezzitraspSI       istruzionemedia
         -0.32133               0.32125              -0.12745
  istruzioneuniv       arearesNord-Est     arearesNord-Ovest
         -0.17649               0.46722               0.58942
arearesSud e Isole
         -1.02781

Degrees of Freedom: 17275 Total (i.e. Null); 17263 Residual
Null Deviance:            7528
Residual Deviance: 6937          AIC: 6963
```

Cerchiamo ora di interpretare l'output di questo comando. Innanzi tutto diciamo che le stime dei parametri vengono eseguite con il metodo della massima verosimiglianza e non più attraverso il metodo dei minimi quadrati e questa è una sostanziale differenza rispetto all'eventuale utilizzo del comando `lm`. L'output di `glm` è molto simile a quello di `lm` con alcune differenze: non vengono più presentati il valore di R^2 e il test F. Al contrario, compaiono, nelle ultime righe, alcuni altri valori

```
Degrees of Freedom: 17275 Total (i.e. Null); 17263 Residual
Null Deviance:            7528
Residual Deviance: 6937          AIC: 6963
```

Il termine `Residual Deviance` corrisponde al valore SSE del modello di regressione lineare mentre il termine `Null Deviance` è la devianza del modello che prevede la sola costante. Una verifica della bontà del modello può essere fatta eseguendo la differenza tra i due valori. Se la differenza non è sufficientemente elevata vuol dire che il modello senza regressori è equivalente a quello con. Per eseguire il test si procede notando che tale differenza è una variabile di tipo χ^2 con gradi di libertà pari alla differenza dei gradi di libertà delle due devianze. Nel nostro caso si ha 7528 - 6937 = 59. Per estrarre i gradi di libertà si può utilizzare il comando `summary`

```
> summary(model)

Call:
glm(formula = avviato ~ ., family = binomial,
    data = interinale)

Deviance Residuals:
    Min       1Q   Median       3Q      Max
-1.2345  -0.4029  -0.3242  -0.1679   3.2809

Coefficients:
                       Estimate Std. Error z value Pr(>|z|)
(Intercept)           -2.087111   0.271235  -7.695 1.42e-14 ***
sessoM                 0.107654   0.068764   1.566 0.117452
eta                   -0.039427   0.005393  -7.310 2.67e-13 ***
```

```
esperienzaSI        0.237030  0.092613    2.559 0.010487 *
corsispecSI         1.637575  0.138730   11.804  < 2e-16 ***
informaticaSI       0.199637  0.079379    2.515 0.011903 *
lingueSI           -0.321327  0.092834   -3.461 0.000538 ***
mezzitraspSI        0.321247  0.069357    4.632 3.62e-06 ***
istruzionemedia    -0.127448  0.115661   -1.102 0.270501
istruzioneuniv     -0.176493  0.129535   -1.363 0.173038
arearesNord-Est     0.467219  0.184403    2.534 0.011287 *
arearesNord-Ovest   0.589418  0.182399    3.231 0.001232 **
arearesSud e Isole -1.027811  0.206115   -4.987 6.15e-07 ***
---
Signif. codes:  0 '***' 0.001 '**' 0.01 '*' 0.05
 '.' 0.1 ' ' 1

(Dispersion parameter for binomial family taken to be 1)

    Null deviance: 7527.6  on 17275  degrees of freedom
Residual deviance: 6936.6  on 17263  degrees of freedom
AIC: 6962.6

Number of Fisher Scoring iterations: 5
```

Come si nota la diffrenza di gradi di libertà è pari a 17 275 - 17 263 = 12, ma in tal caso il p-value è nullo, ovvero $P(\chi^2_{12} > 59) \simeq 0$. Quindi il modello, almeno nella sua globalità, può ritenersi appropriato. L'altro indicatore di bontà di adattamento del modello ai dati è il criterio di informazione di Akaike chiamato **AIC**. Tale misura tiene conto del numero di parametri del modello e può essere proficuamente utilizzata per vedere cosa accade al variare del numero di regressori inseriti nell'analisi. Si intende che un valore basso sia un indicatore di buon adattamento del modello ai dati. Infatti l'indicatore diminusice al crescere della verosimiglianza e aumenta al crescere del numero di parametri inseriti nel modello. Analizziamo ora quali regressori sono importanti e quali no alla determinazione della probabilità di avviamento. Balza subito agli occhi come il titolo di studio non risulti significativo. Questo in realtà sembra essere coerente con la situazione del mercato interinale italiano. Infatti, è oggi noto come sia più rilevante aver già avuto esperienze lavorative che un alto capitale umano (in termini di istruzione). Guardando ai segni dei coefficienti si nota che l'area di residenza "Sud e Isole" penalizza, cioè abbassa, la probabilità di avviamento. Questo purtroppo è vero, infatti, se si guarda alla distribuzione degli avviati per area di residenza si nota che la maggior parte degli avviati riesiedono nelle aree del Nord Italia

```
> attach(interinale)
> table(avviato, areares)
       areares
avviato Centro Nord-Est Nord-Ovest Sud e Isole
     NO    669     4418       5317        5892
     SI     35      372        483          90
> ftable(avviato, areares)
        areares Centro Nord-Est Nord-Ovest Sud e Isole
avviato
```

```
NO                      669     4418        5317         5892
SI                       35      372         483           90
```

Infine, anche la conoscenza di una lingua straniera sembra avere un effetto negativo. Questo sembra paradossale. A differenza del titolo di studio che sembra essere irrilevante, la conoscenza di lingue straniere sembra essere un fattore penalizzante per la ricerca di un lavoro. In realtà l'apparente paradosso si spiega guardando alla distribuzione di questa variabile

```
> table(lingue)
lingue
   NO    SI
 2652 14624
```

da cui si nota come la maggior parte dei candidati disponga di questa caratteristica. Vista la bassa percentuale di avviati nel campione (5.7%)

```
> prop.table(table(avviato))
avviato
        NO         SI
0.94327391 0.05672609
```

il risultato non sembra affatto paradossale. Analogo discorso vale per l'età dei candidati: l'interinale infatti colloca, nella stragrande maggioranza dei casi, solo giovani. Proviamo ad eliminare la variabile `istruzione` per vedere cosa accade all'indice AIC

```
> glm(avviato~. - istruzione, binomial,
      data=interinale) -> model1
> summary(model1)

Call:
glm(formula = avviato ~ . - istruzione, family = binomial,
 data = interinale)

Deviance Residuals:
    Min       1Q   Median       3Q      Max
-1.2077  -0.4033  -0.3248  -0.1680   3.2620

Coefficients:
                    Estimate Std. Error z value Pr(>|z|)
(Intercept)        -2.179532  0.258973  -8.416  < 2e-16 ***
sessoM              0.113504  0.068545   1.656 0.097737 .
eta                -0.039494  0.005356  -7.374 1.66e-13 ***
esperienzaSI        0.247471  0.092074   2.688 0.007194 **
corsispecSI         1.636143  0.138679  11.798  < 2e-16 ***
informaticaSI       0.158162  0.072903   2.169 0.030046 *
lingueSI           -0.356713  0.088605  -4.026 5.68e-05 ***
mezzitraspSI        0.323797  0.069285   4.673 2.96e-06 ***
arearesNord-Est     0.479114  0.184258   2.600 0.009316 **
arearesNord-Ovest   0.603373  0.182106   3.313 0.000922 ***
```

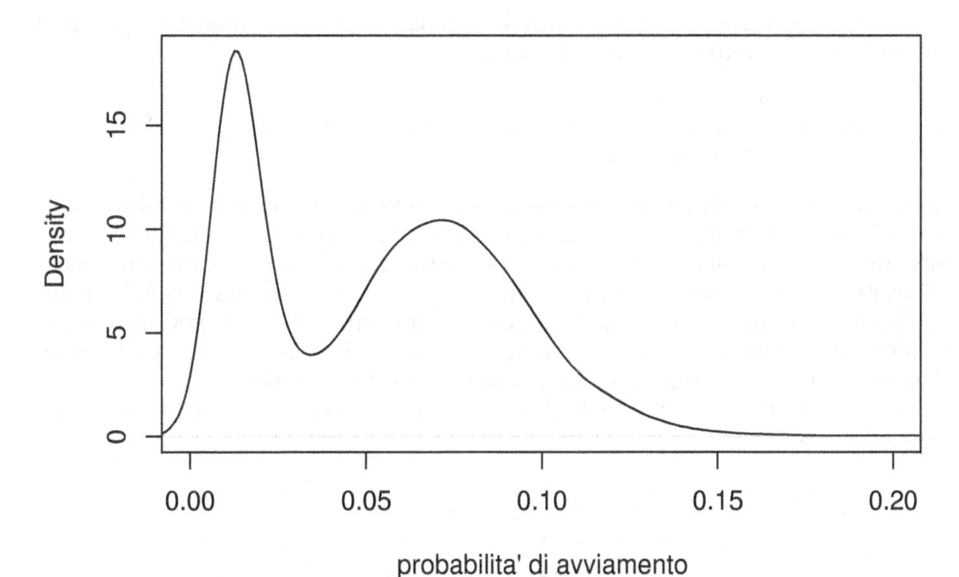

Figura 5.16 Stima delle probabilità di avviamento con il modello logit per i dati del mercato interinale. Si notano due sottopopolazioni di individui: quelli a bassa probabilità di avviamento e gli altri.

```
arearesSud e Isole -1.021597  0.205997  -4.959 7.08e-07 ***
---
Signif. codes:  0 '***' 0.001 '**' 0.01 '*' 0.05
 '.' 0.1 ' ' 1

(Dispersion parameter for binomial family taken to be 1)

    Null deviance: 7527.6  on 17275  degrees of freedom
Residual deviance: 6938.4  on 17265  degrees of freedom
AIC: 6960.4

Number of Fisher Scoring iterations: 5
```

Come si vede il valore dell'indice AIC è migliorato pur avendo eliminato un parametro. Andiamo ora a vedere come si comporta il modello. Utilizziamo la funzione `predict` per ottenere le stime delle probabilità di avviamento degli individui del dataset.

```
> predict(model1,type="response") -> pr
```

Il vettore `pr` contiene ora il vettore delle probabilità stimate per ciascun individuo. Si noti che abbiamo dovuto utilizzare l'opzione `type`. Avendo specificato "`response`" la funzione calcola direttamente la trasformata inversa del logit restituendoci delle stime in termini di y, altrimenti avremmo ottenuto valori in termini di logit y. Rappresentiamo graficamente la distribuzione delle probabilità di avviamento utilizzando lo stimatore kernel della densità. Il risultato si trova in Figura 5.16 ed è stato ottenuto come segue

```
> den <- density(pr)
> plot(den, xlim=c(0,0.2),main="",xlab="probabilita'
+      di avviamento")
```

Guardando alla figura sembrano esistere due sottopopolazioni di invidui: quelli con bassa probabilità di avviamento e quelli più facilmente avviabili. Sembra esistere un valore soglia oltre il quale possiamo classificare un candidato come collocabile e viceversa. In questo modo ci riconduciamo ad una variabile risposta dicotomica che possiamo incrociare con l'informazione nota per ciascun individuo ed effettuare una validazione del modello. Vediamo come si prosegue. Cerchiamo il punto di minimo locale di quella curva cercandolo nell'intervallo di valori (0.03, 0.05). Le coordinate di quella curva sono contenuti nell'output del comando `density`.

```
# estraiamo gli indici di x che corrispondono
# all'intervallo (0.03, 0.05)
> which(den$x > 0.03 & den$x < 0.05) -> intervallo
# in corrispondenza di questi cerchiamo il minimo
# valore di y
> which(den$y[intervallo] == min(den$y[intervallo]))
[1] 5
# estraiamo l'indice di x cui corrisponde il minimo
# valore di y
> intervallo[5]
[1] 46
> den$x[46] # ecco la soglia cercata!
[1] 0.03436422
```

Ora assegnamo a ciascun individuo la sua probabilità di avviamento `pr` e la variabile `avviabile` dicotomica che vale 1 se `pr > 0.034`.

```
> interinale2 <- data.frame(interinale, pr = pr,
+                   avviabile = (pr > 0.034) )
> str(interinale2,vec.len=0)
`data.frame':          17276 obs. of  12 variables:
 $ avviato    : Factor w/ 2 levels "NO","SI":  ...
 $ sesso      : Factor w/ 2 levels "F","M":  ...
 $ eta        : num  ...
 $ esperienza : Factor w/ 2 levels "NO","SI":  ...
 $ corsispec  : Factor w/ 2 levels "NO","SI":  ...
 $ informatica: Factor w/ 2 levels "NO","SI":  ...
 $ lingue     : Factor w/ 2 levels "NO","SI":  ...
 $ mezzitrasp : Factor w/ 2 levels "NO","SI":  ...
 $ istruzione : Factor w/ 3 levels "bassa","media",..:
 $ areares    : Factor w/ 4 levels "Centro","Nord-Est",..:
 $ pr         : Named num  ...
  ..- attr(*, "names")= chr  "" ...
 $ avviabile  : Named logi  NULL ...
  ..- attr(*, "names")= chr  "" ...
```

e costruiamo la tabella a doppia entrata

```
> table(interinale2$avviato, interinale2$avviabile) -> tab
> tab

       FALSE  TRUE
  NO   6237 10059
  SI    101   879
> prop.table(tab,1)

      FALSE      TRUE
  NO 0.3827320 0.6172680
  SI 0.1030612 0.8969388
```

Come si nota ci sono un 10% di *falsi negativi* (cioè individui realmente avviati ma previsti non avviabili) a fronte del 90% di individui correttamente classificati. Viceversa, circa il 62% di *falsi positivi* a fronte del 38% di individui non avviati e previsti tali. La bontà di un modello del genere deve essere interpretata in relazione al contesto: è peggio non individuare (cioè lasciarsi "scappare") un individuo collocabile o pensare di collocare qualcuno e poi non riuscirci (cioè tenerlo semplicemente in archivio)?

5.8 Test di adattamento

Tutta la statistica inferenziale che abbiamo esposto sinora assume sempre una particolare assunzione sulla distribuzione di provenienza dei dati di cui si dispone. Molto spesso questa assunzione è quella di normalità e/o quella di indipendenza se si pensa al caso dei confronti tra popolazioni. Più in generale il problema può essere quello di capire se i dati provengono da una determinata popolazione di riferimento (non necessariamente Gaussiana) o se due campioni distinti provengono dalla stessa popolazione. Esistono diversi strumenti sia grafici che analitici di cui ci occuperemo in questa sezione. L'insieme delle procedure che tratteremo vanno sotto il nome generico di **test di adattamento**.

5.8.1 Il Q-Q plot

Un test grafico molto utilizzato per verificare la provenienza di un insieme di dati da una popolazione normale è il **Q-Q plot**. Il principio è molto semplice. Si calcolano i quantili campionari $\hat{q}_i$ dei dati a disposizione e si confrontano tali quantili con quelli q_i di una distribuzione nota, per esempio la Normale. Anziché procedere con un'analisi numerica, cioè un confronto termine a termine utilizzando una qualche distanza, si preferisce disegnare su di un grafico le coppie di quantili $(q_i, \hat{q}_i)$. Se i quantili campionari fossero esattamente quelli di una distribuzione gaussiana, si avrebbe $\hat{q}_i = q_i$ e quindi tali coppie di punti si distribuirebbero lungo una linea retta coincidente con la bisettrice principale. In tutti gli altri casi si osserveranno delle deviazioni dalla bisettrice. R dispone di tre funzioni molto utili a riguardo. La prima che ci interessa più da vicino è `qqnorm`. Questa funzione accetta in input un vettore di dati campionari `x` e traccia il corrispondente Q-Q plot.

Proviamo a tracciare i Q-Q plot per due vettori: uno gaussiano e uno proveniente da una legge di tipo Chi-quadrato. Utilizzeremo anche la funzione `qqline` che traccia la linea in cui dovrebbero trovarsi i quantili campionari se la distribuzione dei dati fosse Gaussiana. Il risultato è riportato in Figura 5.17.

```
> # Normale
> x <- rnorm(100)
> qqnorm(x)
> qqline(x)
> # Chi-quadrato
> x <- rchisq(100,df=1)
> qqnorm(x)
> qqline(x)
```

La terza funzione che presentiamo è proprio `qqplot`. Questa funzione si occupa di disegnare un grafico di tipo quantile-quantile (Q-Q) in cui sui due assi vengono trracciati i quantili di due distribuzioni di dati campionari `x` e `y`. Quindi, a differenza di `qqnorm` la funzione richiede in input due vettori di dati. Lo scopo dell'analisi è quello di verificare che i due insiemi di dati provengano da una stessa distribuzione. Vediamo un esempio di Q-Q plot tra due campioni gaussiani e uno campione gaussiano contro un campione Chi-quadrato. I due Q-Q plot sono riportati in Figura 5.18.

```
> # Normale vs Normale
> x <- rnorm(100)
> y <- rnorm(100)
> qqplot(x,y)
> # Normale vs Chi-quadrato
> x <- rnorm(100)
> y <- rchisq(100,df=1)
> qqplot(x,y)
```

5.8.2 La funzione di ripartizione empirica

Uno degli strumenti principali per lo studio delle distribuzioni e per la costruzione dei test di adattamento è la **funzione di ripartizione empirica** di cui abbiamo già accennato nel Paragrafo 2.4.4. Se abbiamo un campione casuale $X_1, X_2, \ldots, X_n$ equidistribuito come $X \sim F$, la funzione di ripartizione empirica (o empirical cumulative distribution function) è definita come segue

$$\hat{F}_n(x) = \frac{\#\{X_i \leq x\}}{n}$$

dove con la scrittura $\#\{X_i \leq x\}$ si intende "il numero di osservazioni del campione più piccole o uguali as x". Questa funzione è un vero e proprio stimatore essendo una funzione dei soli dati campionari. Inoltre $\hat{F}_n(x)$ è il miglior stimatore della funzione di ripartizione incognita F nel punto x, ovvero $\hat{F}_n(x)$ è uno

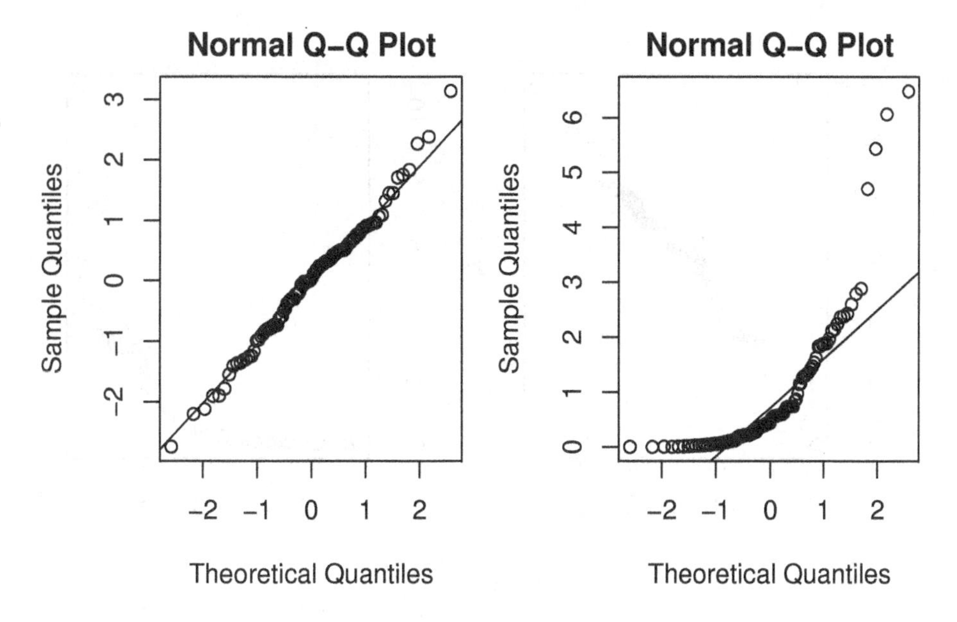

Figura 5.17 Q-Q plot e linea dei quantili teorici. A sinistra il Q-Q plot di un insieme di dati normali a destra quello di un insieme di dati di tipo Chi-quadrato. Nel primo l'ipotesi di normalità può essere accettata nel secondo decisamente no.

stimatore per $F(x)$. In questa sezione e nelle seguenti si assumerà sempre di non conoscere chi sia F.

La funzione di ripartizione empirica converge (in probabilità e quasi certamente) alla vera funzione di ripartizione incognita per ogni x fissato, cioè

$$\hat{F}_n(x) \to F(x)$$

e anche uniformemente rispetto ad x ovvero

$$\sup_{-\infty<x<\infty} |\hat{F}_n(x) - F(x)| \to 0$$

e questa proprietà, nota con il nome di teorema di Glivenko-Cantelli, non è altro che la consistenza *uniforme* dello stimatore $\hat{F}_n$. La funzione di ripartizione empirica è una funzione di ripartizione vera e propria. Si tratta di una funzione a scalini con salti pari a $1/n$ in corrispondenza dei valori campionari ordinati $x_{(1)}$, $x_{(2)}, \ldots, x_{(n)}$. Se abbiamo 3 osservazioni $x_1 = 3$, $x_2 = 1$ e $x_3 = 4$ e dopo aver ordinato i valore come segue $x_{(1)} = 1$, $x_{(2)} = 3$ e $x_{(3)} = 4$ si traccia la funzione a gradini che vale 0 prima di $x_{(1)}$, 1 dopo $x_{(3)}$ e 1/3 tra $x_{(1)}$ e $x_{(2)}$, 2/3 tra $x_{(2)}$ e $x_{(3)}$. R possiede una classe apposita di funzioni chiamate step-function in cui è inclusa anche la funzione di ripartizione empirica. Per poterle utilizzare è necessario caricare il pacchetto `stepfun`, quindi il comando da utilizzare è `ecdf`

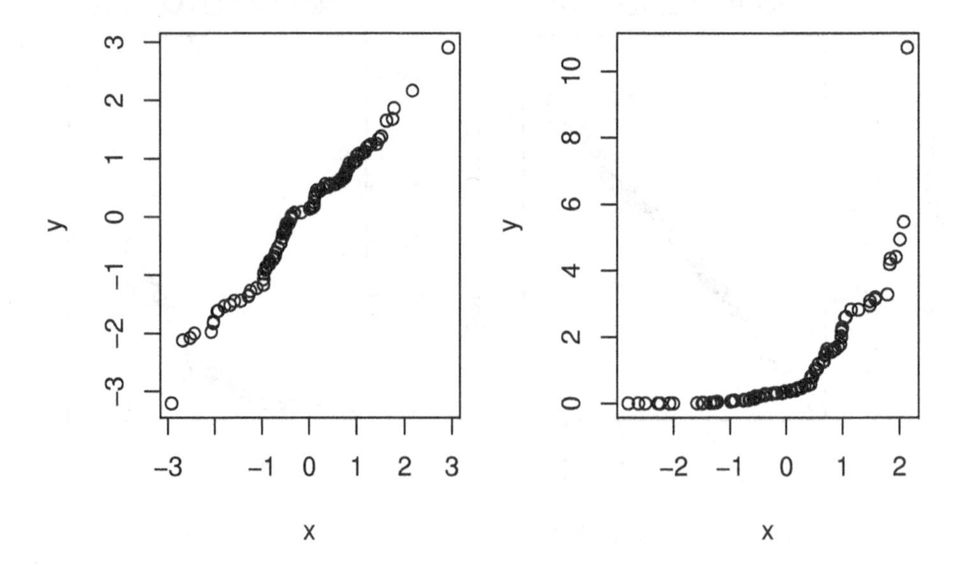

Figura 5.18 Q-Q plot per due campioni. A sinistra il Q-Q plot di due campioni di dati normali a destra quello di un insieme di dati di tipo Chi-quadrato (y) e gaussiano (x). Nel primo l'ipotesi di uguale distribuzione può essere accettata nel secondo decisamente no.

```
> x <- c(3,1,4)
> library(stepfun)
> plot(ecdf(x))
```

ottenendo quanto appare in Figura 5.19.

In una visione generale della teoria della stima si usa introdurre gli stimatori o le statistiche test in termini del **processo empirico** ovvero

$$\eta_n(x) = \sqrt{n}(\hat{F}_n(x) - F(x))$$

che risulta definito per ogni n ed x reale. Se la F incognita è di tipo continuo, allora il processo empirico ha diverse proprietà interessanti. Per esempio, per ogni x fissato si ha che

$$\eta_n(x) \to N(0, F(x)(1 - F(x))$$

ovvero, per n fissato $\eta_n(x)$ è una successione di variabili casuali che converge in distribuzione ad una variabile casuale Gaussiana centrata con varianza pari $F(x)(1 - F(x))$. Questo permette, per esempio, di costruire la distribuzione asintotica dei test utile per il calcolo dell'errore di primo tipo e della funzione di potenza.

Si può utilizzare la funzione di ripartizione empirica per effettuare un test grafico di adattamento dei dati ad una certa distribuzione. Basterà tracciare la

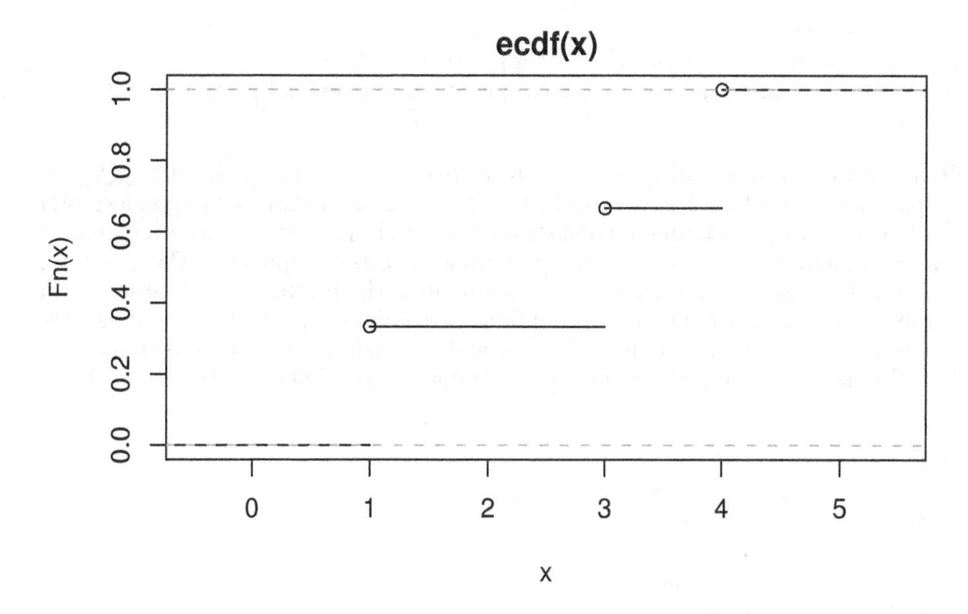

Figura 5.19 Funzione di ripartizione empirica per il campione di valori $x_1 = 3$, $x_2 = 1$ e $x_3 = 4$.

funzione di ripartizione empirica e la distribuzione teorica sullo stesso grafico. Il seguente codice simula un campione di 50 elementi tratti rispettivamente da una distribuzione Gaussiana standard, una t di Student con 3 gradi di libertà, una uniforme su (0,1) e una Chi-quadrato sempre con 3 gradi di libertà. Il grafico e i relativi commenti sono riportati in Figura 5.20.

```
> # Normale contro Normale
> x <- rnorm(50)
> plot(ecdf(x))
> curve(pnorm(x),min(x),max(x),add=TRUE)
>
> # t di Student contro Normale
> x <- rt(50,df=3)
> plot(ecdf(x))
> curve(pnorm(x),min(x),max(x),add=TRUE)
> curve(pt(x,df=3),min(x),max(x),add=TRUE,lty=3,lwd=2)
>
> # Uniforme contro Normale
> x <- runif(50)
> plot(ecdf(x))
> curve(pnorm(x),min(x),max(x),add=TRUE)
> curve(punif(x),min(x),max(x),add=TRUE,lty=3,lwd=2)
>
> # Chi-quadrato contro Normale
> x <- rchisq(50,df=3)
```

```
> plot(ecdf(x))
> curve(pnorm(x),min(x),max(x),add=TRUE)
> curve(pchisq(x,df=3),min(x),max(x),add=TRUE,lty=3,lwd=2)
```

Il valore interpretativo di questo tipo di analisi è analogo a quello del QQ plot. Si può anche effettuare il confronto tra due insiemi di dati per rispondere alla domanda: i dati provengono da una stessa distribuzione teorica? Basterà in questo caso disegnare le due funzioni di ripartizione empiriche appaiate. Per esempio, il seguente codice mette a confronto la funzione di ripartizione empirica di un campione Normale e quella di un campione proveniente da una distribuzione Chi-quadrato, come si vede (Figura 5.21) le due distribuzioni sono molto differenti tra loro. In particolare quella del secondo campione è spostata sulla destra.

```
> x <- rnorm(50)
> y <- rchisq(50,df=1)
> xmin <- min( min(x), min(y) )
> xmax <- max( max(x), max(y) )
>
> plot(ecdf(x),xlim=c(xmin,xmax))
> plot(ecdf(y),add=TRUE)
```

5.8.3 Il test di Kolmogorov-Smirnov

L'intuizione grafica può però essere resa analitica attraverso l'utilizzo di un test. I test di adattamento prevedono come ipotesi nulla H_0 che i dati siano estratti da una particolare distribuzione fissata F_0 contro l'alternativa che ciò non sia vero, quindi

$$H_0 : F = F_0$$
$$H_1 : F \neq F_0$$

La funzione incaricata di eseguire questo genere di test si trova nella libreria `ctest` che viene caricata automaticamente da R all'avvio del programma. Tale funzione è chiamata `ks.test`. Il suo impiego è immediato. Supponiamo di voler effettuare un test per verificare l'ipotesi che un certo insieme di dati `x` provenga da una normale di media 1 e scarto quadratico medio 2. Basterà scrivere

```
> x <- rnorm(50)
> ks.test(x,"pnorm",mean=1,sd=2)

        One-sample Kolmogorov-Smirnov test

data:  x
D = 0.3888, p-value = 5.432e-07
alternative hypothesis: two.sided
```

Come si vede in questo caso il p-value è praticamente zero e si rifiuta l'ipotesi nulla. Se invece scriviamo

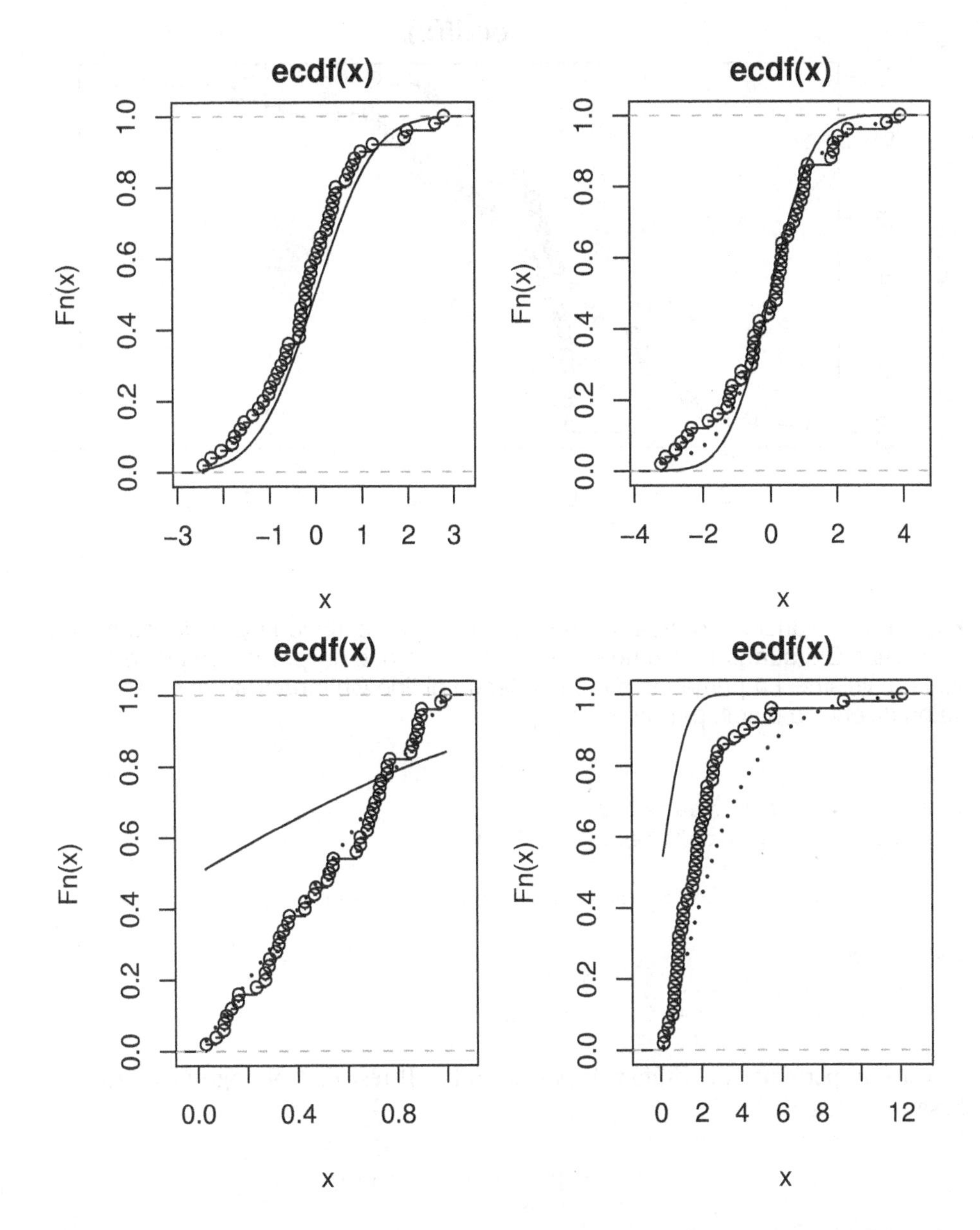

Figura 5.20 Funzione di ripartizione empirica contro distribuzioni teoriche. La curva tratteggiata è quella della vera distribuzione dei dati mentre quella con linea continua è la funzione di ripartizione di una normale. Da sinistra a destra e dall'alto verso il basso i dati sono stati estratti da una: Normale standard, t di Student con 3 g.d.l, uniforme su (0,1) e Chi-quadrato con 3 g.d.l. Si noti come nel caso della t di Student, l'adattamento è buono solo al centro mentre non lo è nelle code della distribuzione.

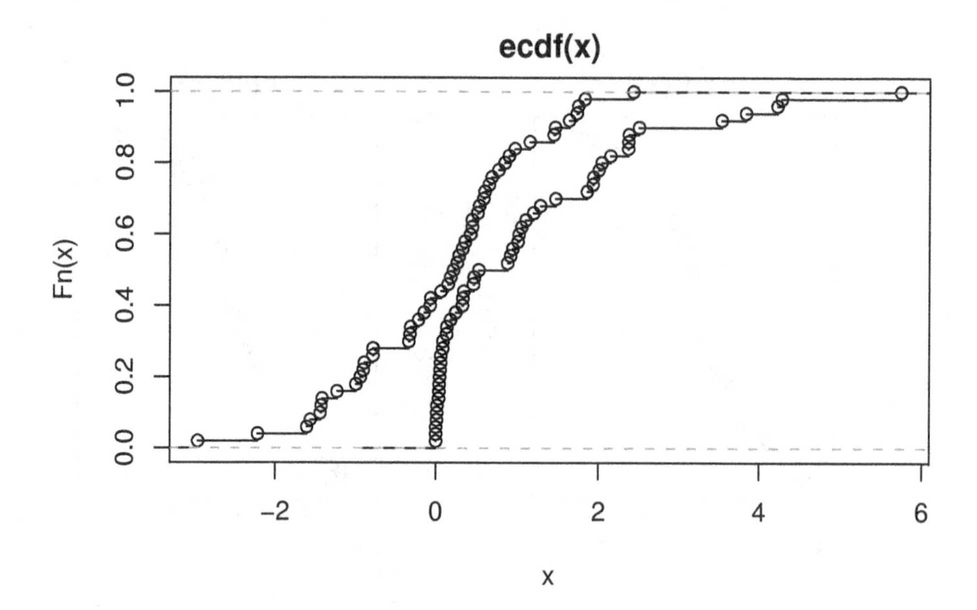

Figura 5.21 Funzione di ripartizione empirica di un campione Gaussiano contro uno di tipo Chi-quadrato. Come si nota la distribuzione del primo campione è spostata a sinistra. La prima essendo una legge di tipo Chi-quadrato può assumere valori diversi da 0 solo per gli $x > 0$.

```
> x <- rnorm(50,mean=1,sd=2)
> ks.test(x,"pnorm",mean=1,sd=2)

        One-sample Kolmogorov-Smirnov test

data:  x
D = 0.1313, p-value = 0.3548
alternative hypothesis: two.sided
```

il test non permette di rifiutare l'ipotesi nulla. Il test di Kolmogorv-Smirnov è basato sulla statistica

$$D = \sup_{-\infty<x<\infty} |\hat{F}_n(x) - F(x)|$$

di cui è nota anche la distribuzione non asintotica. Se il valore di D è significativamente diverso da 0 allora il test rifiuta l'ipotesi nulla H_0.

Analizziamo brevemente i parametri passati alla funzione `ks.test`. Il primo argomento è sempre il vettore dei dati campionari, il secondo può essere una distribuzione o un secondo vettore di dati. Nel nostro caso è la funzione di ripartizione di una Gaussiana (`pnorm`). Se vogliamo anche specificare i parametri della Gaussiana è necessario inserirli come argomenti aggiuntivi alla funzione ks.test. Ovviamente il nome dei parametri deve coincidere con quello utilizzato dalla funzione pnorm. Se avessimo specificato "pchisq" sarebbe stato necessario specificare df anziché mean e sd.

In generale un test di normalità può essere effettuato nel seguente modo

```
> x <- rnorm(50,mean=1,sd=2)
> mean(x)
[1] 0.6028942
> sqrt(var(x))
[1] 1.631747
> ks.test(x,"pnorm",mean=mean(x),sd=sqrt(var(x)))

        One-sample Kolmogorov-Smirnov test

data:  x
D = 0.078, p-value = 0.921
alternative hypothesis: two.sided
> # si "accetta" H0
```

ovvero lasciando calcolare ad R media e varianza della Gaussiana. D'altro canto se non si conosce la forma distribuzionale ha poco senso immaginare di conoscere media e varianza di una distribuzione. Potrebbe sembrare che questa strategia di test porti sempre al non rifiuto di H_0, visto che "tariamo" direttamente sul campione la distribuzione da approssimare. Ma in realtà non è così, infatti

```
> x <- rchisq(50,df=1)
> mean(x)
[1] 0.979826
> sqrt(var(x))
[1] 1.629825
> ks.test(x,"pnorm",mean=mean(x),sd=sqrt(var(x)))

        One-sample Kolmogorov-Smirnov test

data:  x
D = 0.2862, p-value = 0.0005541
alternative hypothesis: two.sided
> # si rifiuta H0
```

È comunque evidente che, come sempre accade in statistica, più parametri siamo costretti a stimare, meno certezza si ha nei risultati, e questo accade in particolar modo per un test. Può accadere che nell'esempio appena visto, per alcuni campioni, si arrivi comunque ad accettare l'ipotesi nulla.

Infine, se si vuole verificare la provenienza di due campioni da uno stesso modello di riferimento, si può comunque utilizzare la funzione ks.test nel seguente modo

```
> x <- rnorm(50)
> y <- rchisq(50,df=1)
> ks.test(x,y) # Normale vs Chi-quadrato
```

```
        Two-sample Kolmogorov-Smirnov test

data:  x and y
D = 0.42, p-value = 0.000246
alternative hypothesis: two.sided
> # si rifiuta H0
> x <- rnorm(50)
> y <- rnorm(50)
> ks.test(x,y) # Normale vs Normale

        Two-sample Kolmogorov-Smirnov test

data:  x and y
D = 0.08, p-value = 0.9977
alternative hypothesis: two.sided
> # si "accetta" H0
```

In tale caso il test verifica l'ipotesi $H_0 : F_1 = F_2$ contro $H_1 : F_1 \neq F_2$ dove F_1 e F_2 sono le vere distribuzioni dei dati campionari relativamente ad `x` e `y`.

5.8.4 Il test Chi-quadrato di adattamento

Un altro importante strumento per la verifica delle ipotesi di adattamento è il test del Chi-quadrato, strumento già applicato in diversi contesti. Questo test ha buone proprietà indipendentemente dal fatto che la distribuzione dei dati sia continua o meno. L'idea su cui si basa è molto elementare. Si suddivide l'insieme dei valori assunti dalla variabile casuale ipotizzata sotto l'ipotesi nulla ($H_0 : F = F_0$) in m sottoinsiemi: $I_1, I_2, \ldots, I_m$ disgiunti e si definiscono le seguente quantità:

$$p_i = P(X \text{ cade in } I_i)$$

e

$$N_i = \#\{X_i \text{ che cade in } I_i\}$$

dove $X \sim F_0$ e $X_1, X_2, \ldots, X_n$ è il campione di variabili casuali i.i.d. Sotto l'ipotesi nulla, ci si deve aspettare che le N_i siano molto vicine ai valori $n \cdot p_i$ che altro non sono se non le frequenze attese con cui si aspetta di trovare elementi del campione all'interno di ciascun intervallo I_i. Si costruisce dunque la statistica χ^2 come al solito

$$\chi^2 = \sum_{i=1}^{m} \frac{(N_i - n \cdot p_i)^2}{n \cdot p_i}$$

che si distribuisce come una variabile casuale χ^2 con $m-1$ gradi di libertà. Quindi il test trasforma l'ipotesi nulla $H_0 : F = F_0$ in quella equivalente

$$H_0 : p_i = p_i^{(0)}, \quad i = 1, 2, \ldots, m$$

contro l'alternativa che almeno una sia diversa, avendo indicato con $p_i^{(0)}$ le proporzioni teoriche sotto l'ipotesi nulla. La funzione da utilizzare è quella già vista chisq.test, che questa volta richiederà in input un vettore x di osservazioni campionarie e un vettore p di probabilità. Vediamo un esempio: simuliamo 50 replicazioni di una variabile casuale normale e dividiamo l'insieme dei valori in 5 intervalli del tipo $(-\infty, -3)$, $(-3, -1)$, $(-1, +1)$, $(+1, +3)$, $(+3, +\infty)$ e calcoliamo le relative probabilità:

```
> p <- rep(0,5)
> p[1] <- pnorm(-3)
> p[2] <- pnorm(-1) - pnorm(-3)
> p[3] <- pnorm(1) - pnorm(-1)
> p[4] <- pnorm(3) - pnorm(1)
> p[5] <- 1 - pnorm(3)
>
> y <- rnorm(50)
> n <- numeric(5)
> n <- table(cut(y,c(-100,-3,-1,1,3,100)))
>
> chisq.test(x=n,p=p)

        Chi-squared test for given probabilities

data:  n
X-squared = 8.1516, df = 4, p-value = 0.08618

Warning message:
Chi-squared approximation may be incorrect in:
chisq.test(n, p = p)
```

Come si nota il test non rifiuta l'ipotesi nulla che il campione provenga da una distribuzione normale. Proviamo ora ad eseguire lo stesso esperimento simulando i dati da un'altra distribuzione, per esempio una t di Student con 1 grado di libertà. Ci dobbiamo aspettare che il test rifiuti l'ipotesi di normalità, infatti, ricordando che il vettore delle p_i non varia essendo calcolato sull'ipotesi nulla, si ha

```
> y <- rt(50,df=1)
> n <- numeric(5)
> n <- table(cut(y,c(-100,-3,-1,1,3,100)))
>
> chisq.test(n,p=p)

        Chi-squared test for given probabilities

data:  n
X-squared = 884.383, df = 4, p-value = < 2.2e-16

Warning message:
Chi-squared approximation may be incorrect in:
chisq.test(n, p = p)
```

che conduce al rifiuto dell'ipotesi nulla. Vediamo un esempio concreto di utilizzo tratto dai famosi studi di Mendel. Mendel, nel suo classico esperimento sui piselli, ha riscontrato 315 piselli gialli e rotondi, 108 rotondi e verdi, 101 allungati e gialli e 32 allungati e verdi. Secondo la sua teoria dell'eredità questi numeri dovrebbero essere nella proporzione di 9:3:3:1. Si può dubitare della validità della teoria di Mendel al livello 0.01 e 0.05 di significatività? Vediamo come fare. Le proporzioni teoriche per le varie tipologie di piselli sono

Tipologia	**proporzione attesa** p_i
Gialli-Rotondi	9/16
Verdi-Rotondi	3/16
Gialli-Allungati	3/16
Verdi-Allungati	1/16

quindi le frequenze attese si ottengono dalle p_i moltiplicando per l'ampiezza campionaria che è $n = 315$. In questo caso il numero di "intervalli" (qui ovviamente sono intervalli in senso lato) sono $m = 4$. Quindi il test si conduce come segue

```
> p <- c(9,3,3,1)/16
> n <- c(315, 108, 101, 32)
> chisq.test(x=n, p=p)

        Chi-squared test for given probabilities

data:  n
X-squared = 0.47, df = 3, p-value = 0.9254
```

e come si vede il p-value è talmente elevato che non si può rifiutare l'ipotesi nulla che i dati osservati provengano dalla distribuzione ipotizzata da Mendel.

Per concludere rimandiamo il lettore a [11] per un'ampia rassegna di tecniche sui test di adattamento.

A

Tutto quello che avreste sempre voluto saper fare con R...

A.1 ...che avete sempre chiesto a qualcuno e a cui nessuno ha mai risposto in modo esauriente!

Abbiamo raccolto in questo capitolo alcuni degli aspetti che generano maggior frustrazione nell'utilizzo di software come R . Non è infrequente imbattersi in dati provenienti da tabelle in formato Excel o applicativi simili. Così come, alla fine di un'analisi statistica, si richiede di inserire in una relazione, tesi o tesine che siano, i risultati dell'analisi stessa, siano questi tabelle o grafici. Oppure spesso, un utilizzo più professionale richiede l'accesso a grosse moli di dati giacenti in sistemi informativi che sono solitamente interrogabili tramite linguaggio SQL. Infine, l'utente medio di R leggendo su qualche libro di statistica avanzato o su qualche articolo di rivista si accorge che la maggior parte delle applicazioni presentate si reggono sull'utilizzo di procedure che risiedono in pacchetti esterni ma non è ben chiaro come fare ad installare tali *package*.

Questa sezione è stata scritta con l'obiettivo di rispondere in modo esplicito a queste domande e non, come spesso accade, con un "è semplice, leggiti il manuale!".

A.2 Importare ed esportare i dati

Una delle cose più frustranti di una analisi dei dati può essere quella dell'acquisizione dei dati stessi e della trasformazione di questi affinché siano digeribili dal proprio software statistico. Spesso un'analisi statistica impiega meno tempo per essere eseguita di quanto non accade per la fase di preparazione dei dati. Poiché si può dire che R sia uno dei più giovani pacchetti statistici disponibili è chiaro che tale esigenza è fortemente sentita anche da chi vuole passare da un software tradizionale ad R . Parte di quanto raccontiamo in questa sezione è tratto da [34] a cui rimandiamo per ulteriori approfondimenti. In questa sezione parleremo principalmente di quello che è disponibile per tutte le piattaforme, incluso MacOS che, fino all'uscita del nuovo MacOSX, è di fatto il sistema meno Unix-friendly sul mercato e questo fatto comporta la non disponibilità di molte utility proprie del mondo Unix che facilitano la gestione dei file.

A.2.1 Leggere e scrivere dati in formato testo

R gradisce in particolar modo lavorare con file di testo in ASCII standard. In questo caso, vedremo, si può utilizzare la funzione `scan`. Spesso accade di avere un cd-rom contenente i dati preparati da terzi che sono in qualche formato proprietario come SPSS, un foglio di lavoro Excel ecc. Vedremo che R è in grado di lavorare direttamente su questi file, però è sempre meglio, a partire dai programmi di origine, generare un file in formato ASCII. Spesso accade, nel caso delle immagini, che i dati siano in formato binario grezzo, ovvero una sequenza di bit contenenti la matrice dei dati.

La funzione `read.table` viene usata come interfaccia per la funzione `scan`. In genere tale interfaccia è sufficientemente versatile per gestire la maggior parte dei dati. L'ipotesi alla base è che i dati siano strutturati come una grossa matrice in cui in ogni riga vi sono le osservazioni relative ad ogni individuo e dove le colonne rappresentano le variabili osservate, analogamente a come sono strutturati i `data.frame` di R. La prima riga può contenere i nomi delle variabili e la prima colonna le etichette assegnate alle osservazioni (spesso un numero progressivo). Ci sono alcune cose da tenere sotto controllo quando si lavora con questi dati.

- L'intestazione: si tratta della prima riga. Se il file la contiene è bene specificare `header = TRUE`. R può decidere di porre a `TRUE` tale opzione se si accorge che la prima riga contiene una colonna in meno della seconda. L'idea è che la prima colonna, se contiene le etichette dei dati, non possiede un nome come invece le altre colonne che rappresentano le variabili. Ovviamente R non cambia le nostre impostazioni, quindi se forziamo `header` a `FALSE` R interpreta le righe come fossero di dimensione diversa. Si può inoltre specificare `row.names` o per definire noi stessi i nomi delle righe, in tal caso si passa un vettore di stringhe, o specificando la colonna in cui si trova l'elenco delle etichette. Per esempio, se il file `"file.dat"` contiene 10 righe e 7 colonne in cui le etichette delle osservazioni sono nella settima colonna e la prima riga contiene i nomi di tutte e 7 le colonne, scriveremo

  ```
  read.table("file.dat", header=TRUE, row.names=7)
  ```

- Il separatore: in generale è abbastanza chiaro quale sia il separatore di dati tra due colonne, ma se il file contiene spazi bianchi, questo può indurre in errore R. Se si utilizza `sep=""` allora R interpreta qualsiasi cosa come separatore, cioè il tab, lo spazio e i newline. Se invece utilizziamo l'opzione `sep="␣"` (si noti lo spazio tra la coppia di virgolette indicato con ␣) allora R interpreta solo gli spazi come veri separatori. Molto spesso è utile invece avere file dati le cui colonne sono separati dal tabulatore, in tal caso si deve usare `sep="\t"`. Può sembrare irrilevante ma spesso accade che nei nomi delle variabili compaiano degli spazi. Si pensi ad una scala ordinale del tipo "non buono", "buono", "molto buono". In tal caso usando lo spazio come separatore R estrarrebbe "non", "buono" e "molto". Il prossimo punto affronta il problema. Altri separatori d'uso comune sono `sep="\n"` e `sep=","`.

- Il delimitatore di testo: serve a delimitare una stringa alfanumerica. Normalmente R identifica come stringa una sequenza racchiusa tra coppie di simboli '`"`' e '`'`'. Se sono stati utilizzati altri separatori si può specificare tramite `quote="?"` dove con `?` abbiamo indicato l'eventuale delimitatore. Si noti che

  ```
  'One string isn''t two',"one more"
  ```

  può essere letta correttamente solo se il separatore è '`,`' per esempio con il comando

  ```
  read.table("testfile", sep=",")
  ```

  nella prima stringa in raddoppio di `'` dopo `isn` serve per indicare che deve essere interpretato come carattere della stringa e non come delimitatore. Questo è prassi comune in molto linguaggi di programmazione.
- Valori mancanti: può accadere che i valori mancanti di una matrice di dati siano segnalati dai diversi programmi in vario modo. R predilige `NA` ma altri software potrebbero non essere dello stesso avviso. Si può allora specificare tramite l'opzione `na.strings` un vettore di stringhe contenenti i diversi modi in cui può essere stato registrato un missing value, per esempio con "mancante", "Lvalue" ecc. Se in una colonna numerica vengono rilevati dati mancanti, allora R assegna a tali celle il valore `NA`.
- Righe incomplete: molti fogli elettronici (Excel è tra questi) spesso producono file di testo non completi, nel senso che là dove mancano i valori nelle ultime colonne di destra, questi non vengono segnalati nel file. Si può dire ad R di riempire tali righe incomplete con l'opzione `fill=TRUE`. Se non viene specificata tale opzione R non sa come comportarsi con righe di dimensione diversa e produce un messaggio d'errore.
- Spazi bianchi: spesso le stringhe contengono spazi bianchi che possono essere eliminati tramite l'opzione `strip.white = TRUE`.
- Linee interamente bianche: può accadere che lavorando con un foglio elettronico, si preferisca staccare tra loro gruppi di dati inserendo una o più righe bianche. Normalmente R salta in modo automatico queste linee. In situazioni estreme di una riga piena di missing values reali, si può utilizzare l'opzione `blank.lines.skip = FALSE` in aggiunta, necessariamente, all'opzione `fill = TRUE`.

Molto spesso anche `read.table` è più di quanto sia necessario per leggere i dati. Ci sono due altre funzioni specifiche per la lettura dei dati in formato CSV e delimitato da tabulatori che sono `read.csv` e `read.delim`. Entrambi i tipi di file possono essere generati in Excel e dagli altri software statistici. Noi italiani abbiamo però un problema ulteriore. Mentre alcuni software quali Excel sono localizzati, ovvero utilizzano come separatore per i decimali il punto "." in paesi anglosassoni e la virgola "," in Italia, R prevede il solo utilizzo del punto "." come separatore. In tale caso, se abbiamo esportato dalla versione italiana di Excel un file in formato CSV dovremmo usare la funzione `read.csv2` (o `read.delim2` se abbiamo esportato un file con campi delimitati da tabulatore).

Alcuni sistemi come il SAS prediligono invece il formato fisso, ovvero ogni variabile viene memorizzata in un file in un intervallo di valori di colonne. Quello che segue è un esempio di file così fatto

```
054165FRM
083184MLI
110210MMI
```

in cui le prime 3 colonne rappresentano la variabile peso, le colonne da 4 a 6 l'altezza, la 7 il sesso, la 8 e la 9 sono utilizzate per indicare la provincia di residenza. Molti archivi, soprattutto quelli di dimensioni rilevanti, sono memorizzati in questo modo. In R si può utilizzare la funzione `read.fwf` (fixed width format). Il comando chiede come opzione che sia specificato il vettore della larghezza delle colonne, nel nostro caso scriveremmo

```
read.fwf(file="file.dat", width = c(3,3,1,2), sep="\n")
```

dove abbiamo specificato anche `sep` per indicare che quando viene incontrato tale carattere nella lettura del file, il conteggio delle colonne viene azzerato. Non è infrequente trovare dati memorizzati su un'unica immensa lunga riga in cui compaiono simboli come "*" o altri caratteri per indicare un nuovo insieme di dati.

In ultima analisi e per insiemi di dati molto particolari, quando tutto il resto fallisce, si può utilizzare il comando `scan`. Ma rimandiamo all'help della funzione per i dettagli.

Per scrivere i dati in un file di testo è sufficiente utilizzare `write.table`. Le opzioni sono le stesse di `read.table` e quindi si devono usare gli stessi accorgimenti. L'unica differenza è che `write.table` necessita in input l'oggetto da memorizzare su di un file. Nell'esempio che segue `x` è un `data.frame` e `write.table` viene utilizzata per produrre un file CSV facilmente leggibile con Excel. L'esempio è tratto dall'help di `write.table` cui rimandiamo per ulteriori dettagli.

```
## Crea un file CSV leggibile in Excel
> write.table(x, file = "foo.csv", sep = ",",
+             col.names = NA)
## e per farlo leggere ad R basta scrivere
> read.table("file.csv", header = TRUE, sep = ",",
+            row.names=1)
```

A.2.2 Lettura e scrittura di formati proprietari di dati

Tra i pacchetti normalmente distribuiti con R vi è `foreign`. Si tratta di una libreria marcata come *recommended* cioè una libreria non strettamente necessaria al funzionamento di R ma ritenuta indispensabile e che deve essere disponibile in tutte le piattaforme sulle quali R è stato implementato. Il pacchetto ospita una serie di funzioni per la lettura e scrittura di file dati di altri applicativi statistici. Eccone la lista divisa per applicativo

- Stata: R è in grado di leggere e scrivere files `.dta` per Stata versione 5.0, 6.0 e 7.0. I due comandi sono `read.dta` e `write.dta`.
- EpiInfo: questi file sono a formato fisso e contengono una autodescrizione al loro interno. R può leggere questi file `.REC` (versioni 5 e 6) tramite la funzione `read.epiinfo`.
- Minitab Portable Worksheet. R è in grado di leggere questo particolare formato di dati. Mentre in generale l'output di queste funzioni è un `data.frame` in questo caso si avrà un oggetto di tipo `list`. La funzione da utilizzare in questo caso è `read.mtp`.
- SAS Transport (XPORT): si tratta del formato utilizzato dal sistema SAS per esportare i dati. La funzione `read.xport` è in grado di leggere tali dati e produce in output una lista di dataframes. Tranne che per il sistema MacOS, se il SAS è installato nel sistema, si può utilizzare la funzione `read.ssd` che non fa altro che far eseguire al SAS stesso uno script che trasforma i file SAS di tipo `.ssd` (o `.ssd7bdat`) in formato XPORT e poi chiama in cascata la funzione `read.xport`.
- SPSS: la funzione `read.spss` è in grado di leggere dataset memorizzati su file attraverso i comandi 'save' e 'export' di SPSS.
- S: si possono leggere i files di vecchie versioni di S-PLUS (3.x, 4.x o 2000 32bit) di Unix e Windows su qualsiasi implementazione di R. Il comando è `read.S`. Si può anche utilizzare il comando `data.restore` per leggere files S-PLUS creati con la funzione `data.dump` di S-PLUS usando eventualmente l'opzione `oldStyle=T` se si usano versioni molto recenti di S-PLUS.

A.2.3 Interagire con i database relazionali

R può avere limitazioni nell'uso di dati se questi sono troppo estesi o se più utenti devono accedere allo stesso insieme di dati contemporaneamente. Spesso questa esigenza si ha in situazioni in cui più utenti utilizzano lo stesso archivio. Se un utente modifica un archivio di uso comune con R, un altro utente non si accorgerà delle modifiche sino a che non ricaricherà in R lo stesso archivio. Sono stati creati allo scopo i database relazionali i cui scopi sono i seguenti

- permettere un accesso veloce a sottoinsiemi di dataset molto estesi
- possibilità di creare, e in modo veloce, report a partire dalle colonne del dataset
- memorizzare i dati in modo più strutturato che non le griglie dei fogli elettronici o i data frame di R
- accesso multiplo di più utenti allo stesso archivio garantendo livelli di sicurezza variabili
- essere direttamente utilizzabili come server di dati

Tutte queste cose vanno sotto il nome di DBMSs (database management systems) o RDBMSs (relational). Un tempo esistevano solo programmi commerciali dedicati allo scopo o sottoprodotti di questi per uso accademico (e quindi limitato per dimensione degli archivi). Attualmente il mondo Open Source (quello in cui R si muove) dispone di una serie diversificata di interfacce verso questi archivi relazionali. R stesso permette di usare connessioni ODBC (Open DataBase

Connectivity) nate in ambito Microsoft e i diversi dialetti del linguaggio SQL (Structured Query Language). La sezione 4 del manuale [34] presenta diverse soluzioni a riguardo. Ricordiamo i pacchetti `RmSQL`, `RPgSQL` e `RMySQL` per accessi SQL a data base di tipo DBMS e `RODBC` per l'interazione con archivi ODBC (file MS-Access o fogli di lavoro Excel).

A.3 Produrre grafici meravigliosi!

I grafici prodotti da R sono solitamente essenziali benché completi. Ma R nasce anche come sistema per la rappresentazione grafica dei dati [21]. Abbiamo già passato in rassegna parte dei grafici disponibili in R. Ci occuperemo ora di "ritoccare" o semplicemente completare un grafico ottenuto con R non potendo certo esaurire tutta la casistica ne potendo esaminare tutte le funzioni grafiche disponibili. La scelta degli aspetti da trattare è stata quindi guidata dalle domande che più frequentemente ci vengono poste dall'utente medio di R.

A.3.1 Spessore, colore e tipo di tratto

Quando rappresentiamo un istogramma, una curva, una retta di regressione ecc. R utilizza i parametri standard che corrispondono ad una linea di spessore unitario continuo. È possibile variare lo spessore del tratto tramite l'opzione `lwd` (line width) solitamente posta pari ad 1. Questo è utile per esempio se vogliamo rappresentare una distribuzione di un fenomeno discreto. Per esempio, consideriamo i dati di Tabella 2.1 e supponiamo di voler tracciare il grafico della distribuzione di Z. I comandi che seguono generano due grafici di tale distribuzione ma il secondo viene tracciato di spessore pari a 10 (si veda la Figura A.1):

```
> load("dati1.rda")
> plot(table(dati$Z), main = "lwd=1")
> plot(table(dati$Z), lwd=10, main = "lwd=10")
```

Allo stesso modo è possibile variarne il colore specificando l'opzione `col` e il nome del colore (in inglese), per esempio `col="red"` specifica il colore rosso. Per l'intera lista dei colori si può consultare l'help di `colors` o di `palette`

```
> str(colors())
 chr [1:657] "white" "aliceblue" "antiquewhite"
  "antiquewhite1" ...
> palette()
[1] "black"   "red"     "green3"  "blue"
[5] "cyan"    "magenta" "yellow"  "white"
```

Risulta invece molto utile anche poter tracciare linee non continue con tratteggio più o meno denso o alternato. Il seguente codice mostra l'utilizzo dell'opzione `lty` e il risultato viene riportato in Figura A.2

```
> plot(1,type="n")
> abline(h=0.6, lty=2)
```

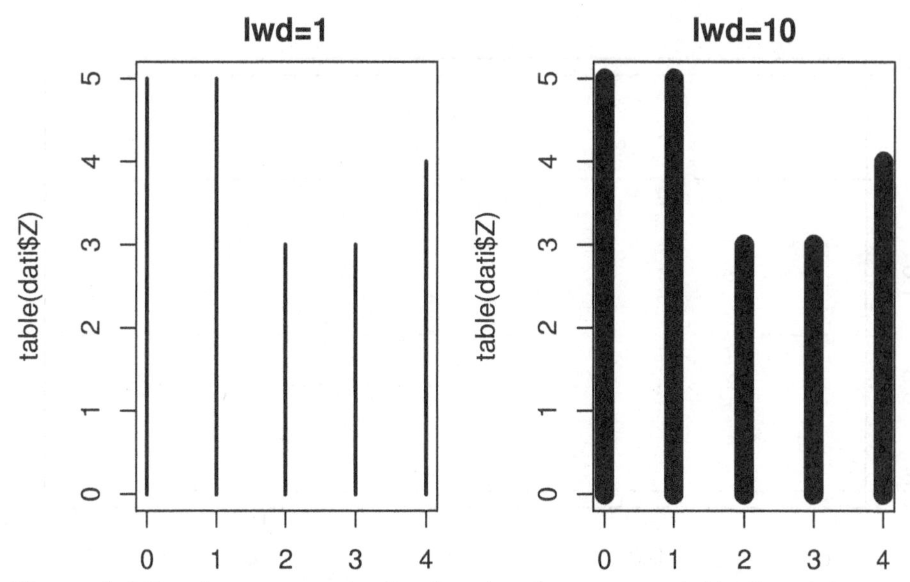

Figura A.1 L'opzione `lwd` permette di variare lo spessore del tratto.

```
> abline(h=0.8, lty=3)
> abline(h=0.9, lty=4)
> abline(h=1.2, lty=5)
> abline(h=1.4, lty=6)
```

Nel codice appena presentato `plot(1)` serve solo ad inizializzare un grafico e l'opzione `type=n` serve ad impedire che R tracci il punto di coordinate (1,1). L'opzione `type` può assumere diverse specificazioni che elenchiamo brevemente

- `"p"`: sta per *punti*, usata normalmente da R ;
- `"l"`: sta per *linee*, in tal caso R congiunge i punti con dei segmenti, il risultato è una spezzata continua;
- `"b"`: sta per *both* (sia linee che punti), in tal caso R congiunge i punti con dei segmenti lasciando degli spazi tra gli stessi;
- `"c"`: è come `"b"` solo che non segna i punti quindi la spezzata risulta discontinua;
- `"o"`: è come `"b"` solo che i punti sono sovrapposti alla spezzata che risulta continua;
- `"h"`: utile per tracciare diagrammi a bastoncini;
- `"s"` e `"S"` : disegnano un grafico a scalini;
- `"n"`: non disegna nulla sul grafico.

La serie di grafici in Figura A.3 è stata ottenuta con il seguente codice R

```
> par(mfrow=c(4,2))
> plot(dati$Z)
> plot(dati$Z,type="l",main="type=\"l\"")
```

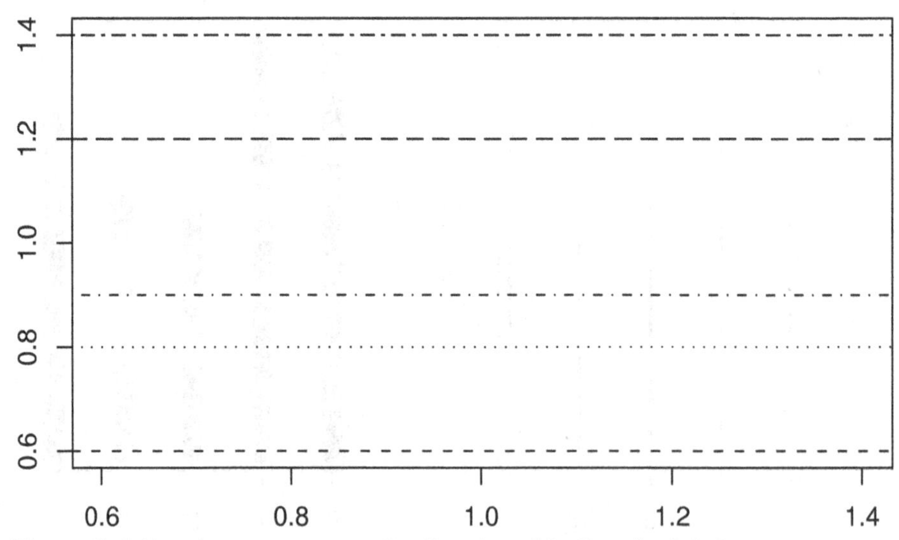

Figura A.2 L'opzione `lty` permette di variare il tratteggio del disegno.

```
> plot(dati$Z,type="b",main="type=\"b\"")
> plot(dati$Z,type="c",main="type=\"c\"")
> plot(dati$Z,type="o",main="type=\"o\"")
> plot(dati$Z,type="h",main="type=\"h\"")
> plot(dati$Z,type="s",main="type=\"s\"")
> plot(dati$Z,type="S",main="type=\"S\"")
> par(mfrow=c(1,1))
```

A.3.2 Titoli, sottotitoli e assi

Per ogni grafico è possibile definire vari elementi standard che sono

- il titolo: opzione `main`, appare in testa al grafico;
- il sottotitolo: opzione `sub`, appare in basso al grafico, generalmente in carattere ridotto;
- nome degli assi: opzione `xlab` per l'asse delle ascisse e `ylab` per quello delle ordinate;
- gli assi: opzione `axis(1)` per l'asse delle ascisse, `axis(2)` per l'asse delle ordinate;
- il riquadro: opzione `box` .

Se in un comando plot viene specificata l'opzione `axes = FALSE`, R non disegna gli assi. Per aggiungerli si devono specificare singolarmente. Il comando `axis(1)` disegna l'asse delle ascisse utilizzando la scala naturale dei dati, se però

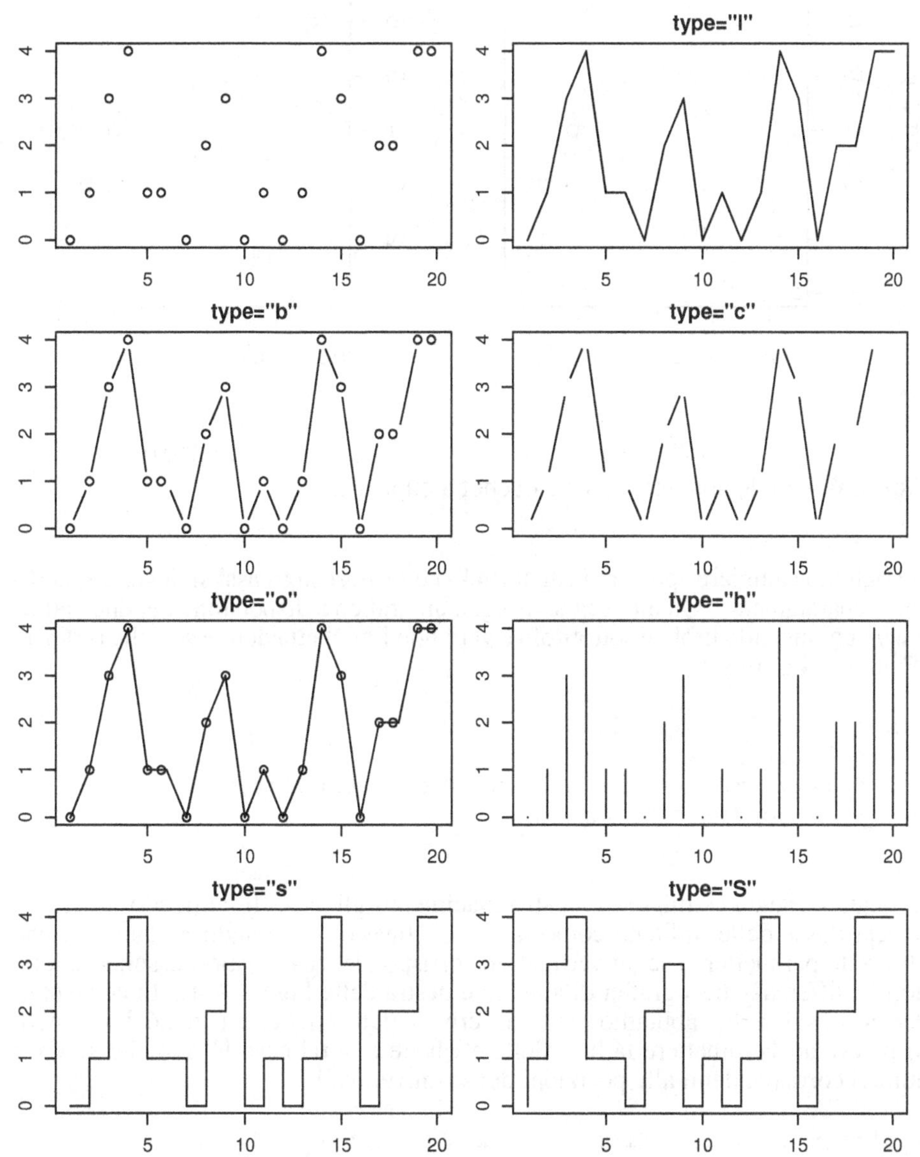

Figura A.3 L'opzione `type` permette di rappresentare in vari i modi lo stesso insieme di dati. Ovviamente l'utente deve essere in grado di valutare se tali grafici siano sensati per i propri dati.

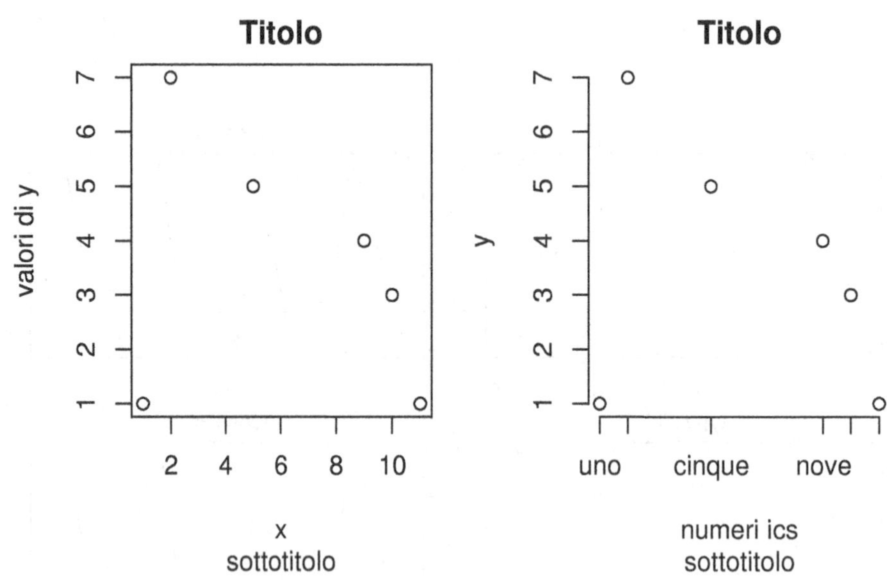

Figura A.4 Titoli, sottotitoli, assi e etichette sugli assi.

si vogliono cambiare spostare i segni (ticks) o i valori sugli assi si devono specificare separatamente. Quanto segue disegna un grafico a dispersione dei due vettori `x` e `y` aggiungendo titolo e sottotitolo e variando l'etichetta dell'asse delle ordinate (Figura A.4 a sinistra)

```
> x <- c(1,2,5,9,10,11)
> y <- c(1,7,5,4,3,1)
> plot(x,y, main="Titolo", sub="sottotitolo",
+      ylab="valori di y")
```

In quanto segue costruiamo a nostro piacimento gli assi. Il comando `axis(2)` traccia l'asse delle ordinate come fa `plot`. Invece il comando `axis(1)` viene utilizzato per mettere i segni verticali in corrispondenza dei valori assunti da `x` (si noti la differenza tra i grafici di sinistra e destra della Figura A.4). In corrispondenza dei valori di `x` abbiamo scelto di scrivere delle etichette anziché dei numeri. Si poteva anche omettere la lista delle etichette e in tal caso R avrebbe scritto i numeri corrispondenti alle posizioni dei segni verticali.

```
> plot(x,y, main="Titolo", sub="sottotitolo",
+      axes=FALSE, xlab="numeri ics")
> axis(2)
> axis(1,x,c("uno","due","cinque","nove",
+      "dieci","undici"))
```

Se si vuole rendere il grafico simile a quello ottenuto con il comando `plot` sarà sufficiente scrivere il comando `box()`. Per concludere la descrizione degli assi segnaliamo che a volte può essere necessario specificare i valori di minimo e massimo di ciascun asse allo scopo, magari, di confrontare grafici di funzioni diverse su grafici omogenei per scala e dimensione. In tal caso si devono utilizzare le due opzioni `xlim=c(a,b)` e `ylim=c(c,d)` dove `a`, `b`, `c` e `d` sono numeri.

A.3.3 Aggiungere testo e formule ai grafici

Uno dei punti di forza di R è la possibilità di aggiungere testi e annotazioni ai grafici. Il comando è ovviamente `text` che necessita di almeno tre argomenti: le due coordinate x ed y e il testo. Il testo può anche essere un'espressione matematica come vedremo e questo rende unico R. Quello che segue è un esempio di utilizzo di `expression` per costruire una formula matematica da aggiungere un grafico (vedere Figura A.5):

```
> x <- c(1,2,5,9,10,11)
> y <- c(1,7,5,4,3,1)
> plot(x,y)
> abline(lm(y~x),lty=3)
> text(4,3,"La retta di regressione")
> text(6,4,expression(y[i]==hat(beta)[0]+hat(beta)[1]*x))
```

Nella Tabella A.1 abbiamo riportato le sequenze di comandi da utilizzare all'interno di `expression` per scrivere le formule di utilizzo più comune. Per l'intero elenco e per visionare la capacità di R nel gestire le formule matematiche nei grafici fare riferimento all'esempio di `plotmath`: `example(plotmath)`.

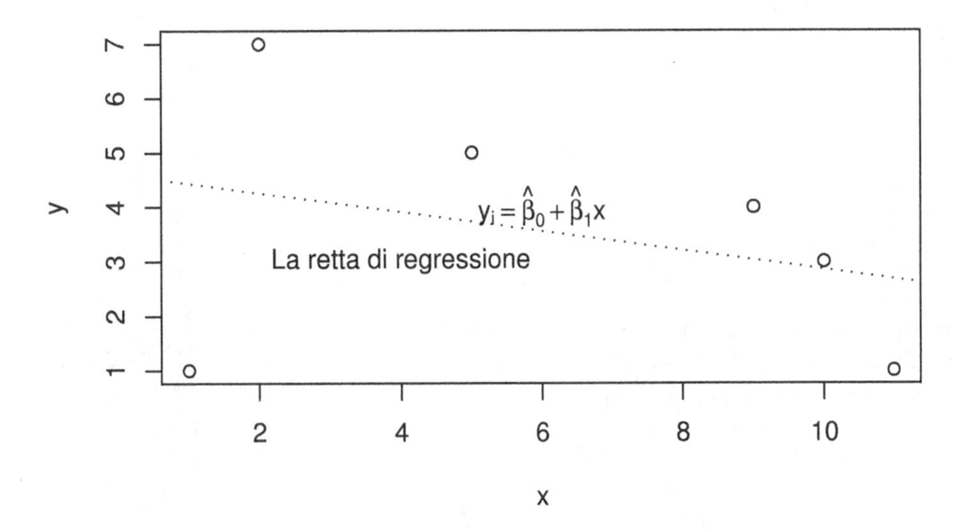

Figura A.5 Testi e formule matematiche aggiunte a un grafico.

Sintassi	**Risultato**
`x + y`	$x + y$
`x - y`	$x - y$
`x*y`	xy
`x/y`	x/y
`x %+-% y`	$x \pm y$
`x %/% y`	$x \div y$
`x %*% y`	$x \times y$
`x[i]`	x_i
`x^2`	x^2
`paste(x, y, z)`	xyz
`sqrt(x)`	$\sqrt{x}$
`sqrt(x, y)`	$\sqrt[y]{x}$
`x == y`	$x = y$
`x != y`	$x \neq y$
`x < y`	$x < y$
`x <= y`	$x \leq y$
`x > y`	$x > y$
`x >= y`	$x \geq y$
`x %~~% y`	$x \approx y$
`x %=~% y`	$x \cong y$
`x %==% y`	$x \equiv y$
`x %prop% y`	$x \propto y$
`list(x, y, z)`	x, y, z
`ldots`	$\ldots$
`cdots`	$\cdots$
`x %subset% y`	$x \subset y$
`x %subseteq% y`	$x \subseteq y$
`x %notsubset% y`	$x \not\subset y$
`x %supset% y`	$x \supset y$
`x %supseteq% y`	$x \supseteq y$
`x %in% y`	$x \in y$
`x %notin% y`	$x \notin y$
`hat(x)`	$\hat{x}$
`tilde(x)`	$\tilde{x}$
`dot(x)`	$\dot{x}$
`bar(xy)`	$\overline{xy}$
`widehat(xy)`	$\widehat{xy}$
`widetilde(xy)`	$\widetilde{xy}$
`frac(x, y)`	$\frac{x}{y}$
`sum(x[i], i==1, n)`	$\sum_{i=1}^{n} x_i$
`prod(plain(P)(X==x), x)`	$\prod_x P(X = x_i)$
`integral(f(x)*dx, a, b)`	$\int_a^b f(x)\mathrm{d}x$
`union(A[i], i==1, n)`	$\bigcup_{i=1}^{n} A_i$
`intersect(A[i], i==1, n)`	$\bigcap_{i=1}^{n} A_i$
`lim(f(x), x %->% 0)`	$\lim_{x \to 0} f(x)$

Tabella A.1 Alcune delle formule di uso comune che possono essere introdotte con l'opzione `expression` tramite il comando `text`.

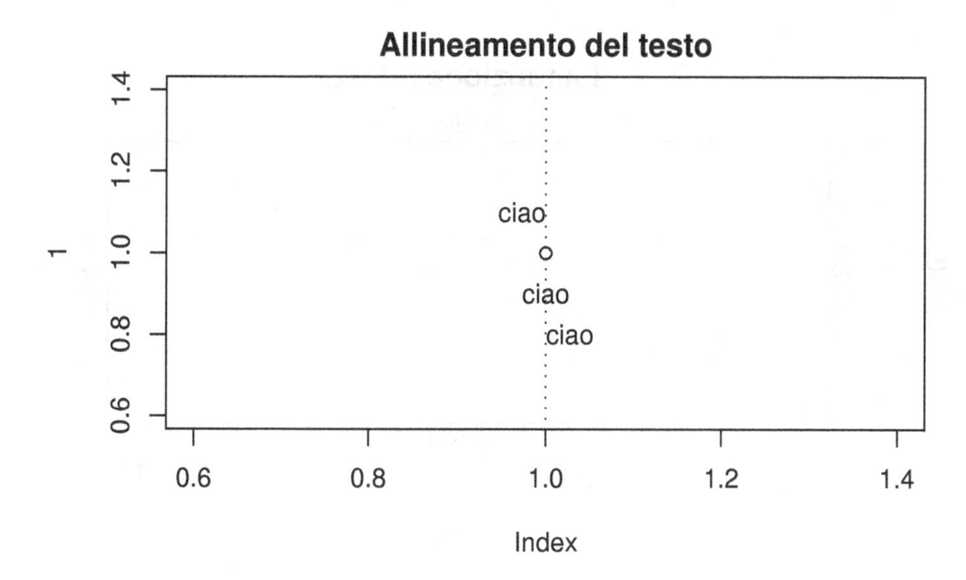

Figura A.6 Allineamento del testo tramite il parametro `adj`.

I testi all'interno dei grafici possono anche essere giustificati a sinistra, al centro e a destra. Per ottenere un testo giustificato a sinistra si deve specificare `adj=0`, per giustificarlo al centro si usa `adj=0.5` e `adj=1` per l'allineamento a destra. Il seguente esempio mostra come ottenere i vari tipi di allineamento (cfr. Figura A.6):

```
> plot(1, main="Allineamento del testo")
> text(1,0.8,"ciao",adj=0)   # sinistra
> text(1,0.9,"ciao",adj=0.5) # centro
> text(1,1.1,"ciao",adj=1)   # destra
> abline(v=1,lty=3)
```

Infine abbiamo la funzione `mtext` che è pensata per scrivere un testo ruotato attorno al box di un grafico. Per utilizzarla basta semplicemente specificare il testo e poi l'opzione `side`. L'esempio che segue costruisce un grafico come quello in Figura A.7.

```
>  plot(1:10, main="La funzione mtext")
>  mtext("in basso", side=1)
>  mtext("a destra", side=2)
>  mtext("in alto", side=3)
>  mtext("a sinistra", side=4)
```

A.3.4 Le legende

Quando si disegnano distribuzioni appaiate o curve su di uno stesso grafico può essere utile apporre una legenda al grafico in modo tale che si riescano a distin-

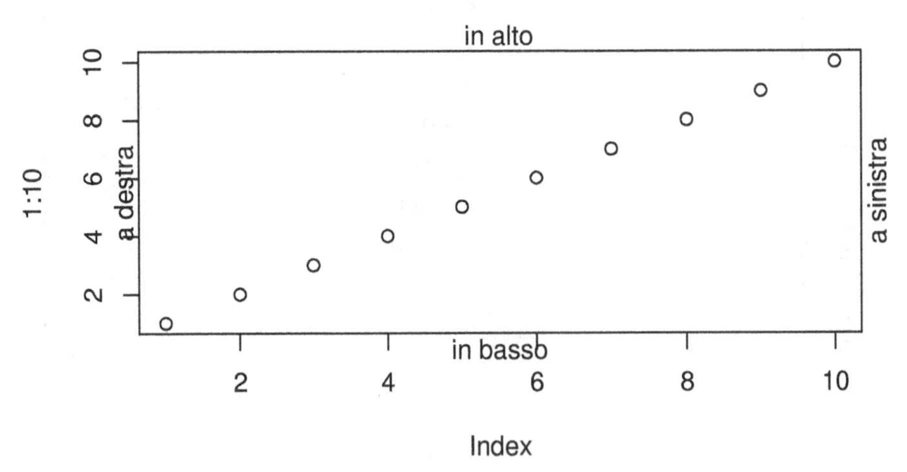

Figura A.7 Scrittura di un testo attorno al box di un grafico. È stato impiegato il comando `mtext` la cui opzione `side` specifica il lato del riquadro in cui andare a scrivere il testo.

guere dal grafico i diversi oggetti. Supponiamo di voler disegnare il grafico la densità della legge normale e quella della t di Student.

```
> curve(dnorm(x),-5,5,lty=3)
> curve(dt(x,df=1),-5,5,add=TRUE)
```

Abbiamo disegnato la densità della t di Student con tratto continuo e la Gaussiana con linea tratteggiata. Se vogliamo aggiungere una legenda il modo più semplice per farlo è il seguente:

```
legend(-4.5,0.3,legend=c("normale","t Student"),lty=c(1,3))
```

Il comando `legend` richiede in input le coordinate in cui posizionare la legenda e poi il parametro `legend` che deve essere un vettore non nullo di stringhe che di fatto contiene il testo della legenda. Nell'esempio di sopra abbiamo poi specificato l'opzione `lty` passando in input il vettore `c(1,3)`. R quindi associa al primo elemento del vettore `legend` il primo tratteggio del vettore `lty` e così via. In generale, si può passare come argomento gran parte dei parametri normalmente utilizzati per tracciare un grafico, come per esempio, `lwd`, `pch` ecc. Vediamo il seguente esempio il cui grafico corrisponde a quello di sinistra della Figura A.8

```
> x <- c(1,2,5,9,10,11)
> y <- c(1,7,5,4,3,1)
> z <- c(2,4,4,3,2,3)
> plot(x,y,type="n",ylab="y,z")
> points(x,y,pch=5,cex=2)
> points(x,z,pch=8,cex=2)
> legend(6,6.5,legend=c("uomini","donne"),pch=c(5,8))
```

come si vede abbiamo utilizzato `pch` per identificare nella legenda quanto appare sul grafico, ma possiamo anche combinare più opzioni. Nelle linee che seguono abbiamo aggiunto delle linee, una continua e una tratteggiata, ai punti e quindi modificato di conseguenza la legenda. Il risultato è quello di Figura A.8 (grafico di destra).

```
> plot(x,y,type="n",ylab="y,z")
> points(x,y,pch=5,cex=2)
> points(x,z,pch=8,cex=2)
> lines(x,y)
> lines(x,z,lty=3)
> legend(6,6.5,legend=c("uomini","donne"),pch=c(5,8),
+         lty=c(1,3))
```

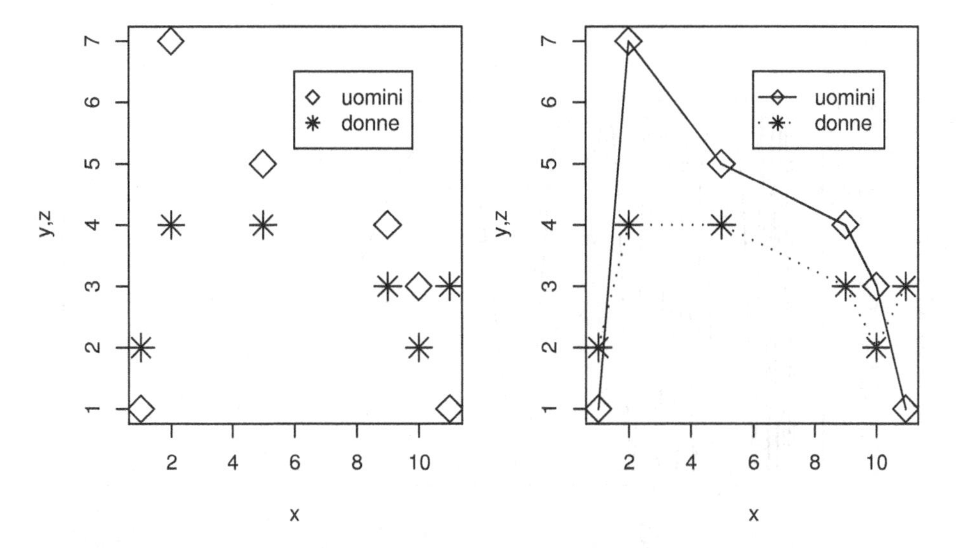

Figura A.8 Aggiunta di legende ad un grafico. Le legende possono raggiungere la massima completezza di informazione compatibilmente con la ragionevolezza del risultato.

A.4 Grafici di funzioni e superfici

Quando si vuole disegnare il grafico di una funzione di una variabile è disponibile il comando `curve` il cui utilizzo è estremamente semplice. In input `curve` richiede un'espressione, ovvero una funzione che dipenda espressamente da una variabile `x`. Poi si devono introdurre gli estremi dell'intervallo su cui intendiamo disegnare la funzione ed eventualmente il numero di punti in cui calcolare la funzione. Si può anche chiedere ad R di rappresentare in scala logaritmica una o tutte e due le variabili attraverso il parametro `log`. Questo parametro viene specificato come stringa quindi, per esempio, `log="xy"` indica ad R di utilizzare una scala logaritmica su entrambi gli assi. Normalmente `log` è impostato a `NULL`. Vediamo alcuni esempi

```
> chippy <- function(x) sin(cos(x)*exp(-x/2))
> curve(chippy, -8, 7, n=2001)
> curve(sin,-8,7, add=TRUE, lty=3)
```

dove nell'ultima riga di comando abbiamo aggiunto l'opzione `add` per sovrapporre il seconda grafico al primo (si veda Figura A.9). L'opzione `add` è molto utile in casi in cui ad un grafico di altro tipo, per esempio un istogramma, si voglia sovrapporre quello di una curva. Quello che segue è un esempio classico (risultati in Figura A.10).

```
> hist(rnorm(1000),freq=FALSE)
> curve(dnorm,-3,3,add=TRUE)
```

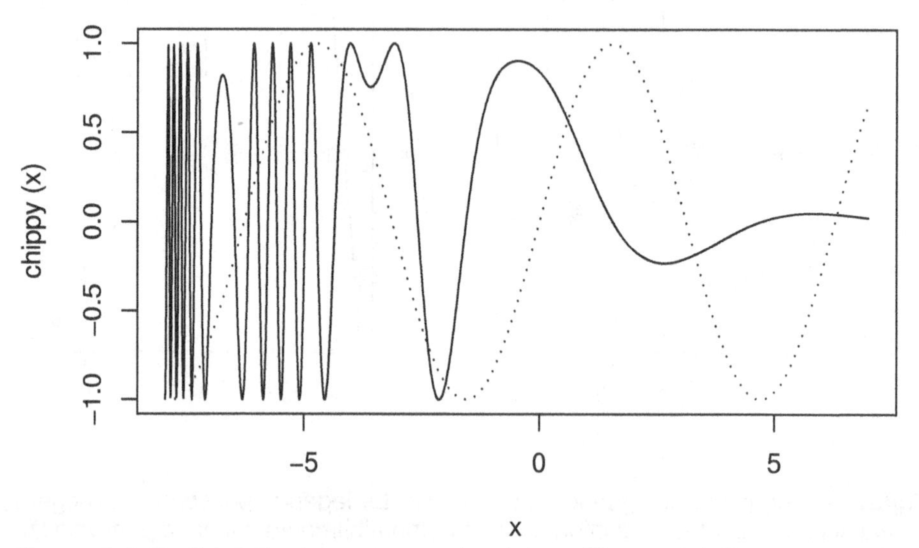

Figura A.9 Grafici delle due curve $\sin\left(\cos(x)\cdot e^{-\frac{x}{2}}\right)$ e $\sin(x)$ (linea tratteggiata) sovrapposti.

Si consideri ora la funzione di due variabili

$$f(x,y) = 10\cdot\sin\left(\sqrt{x^2+y^2}\right)/\sqrt{x^2+y^2}$$

che definisce la classica superfice sinuosa nota dall'inizio dei tempi della Computer Graphics. Vediamo come R rappresenta questo genere di funzioni. Può farlo in tre modi. Cominciamo dal primo, quello prospettico classico. La funzione incaricata è `persp`. Proviamo a rappresentare la funzione f sopra introdotta attraverso R.

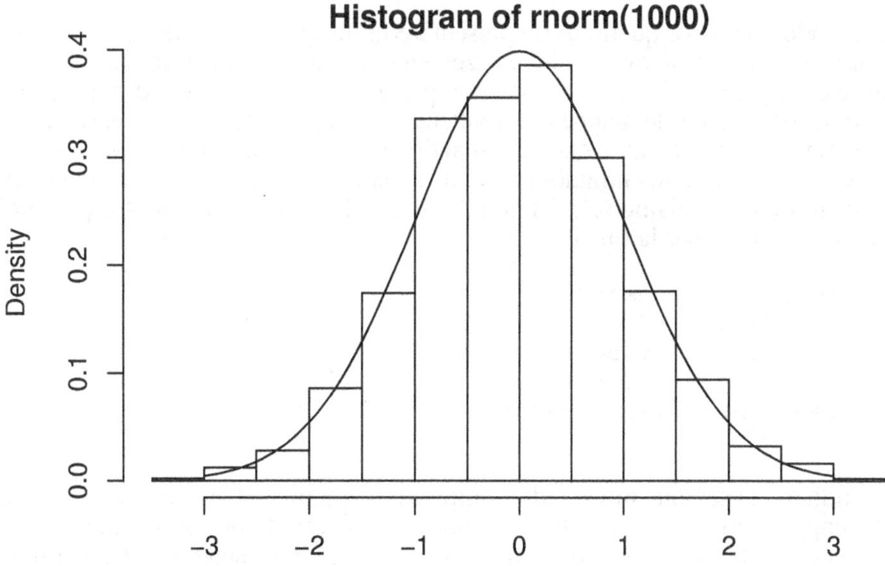

Figura A.10 Densità della Gaussiana sovrapposta all'istogramma di un campione di 1000 numeri pseudo-casuali estratti dalla legge Normale.

```
> x <- seq(-10, 10, length=50)
> y <- x
> f <- function(x,y)
+  {
+    r <- sqrt(x^2+y^2)
+    10 * sin(r)/r
+  }
> z <- outer(x, y, f)
> z[is.na(z)] <- 1
> persp(x, y, z, xlab = "X", ylab = "Y", zlab = "Z")
```

In `x` ed `y` ci sono le coppie di valori che rappresentano la griglia su cui verrà calcolata `f(x,y)`. La funzione `outer` si occupa di applicare la funzione `f` all'insieme costituito dal prodotto esterno tra (cioè la griglia generata da) `x` e `y`. Il risultato di `outer` è quindi in generale una matrice. Tale matrice, nel nostro caso, rappresenta l'altezza della curva tridimensionale. Infine il comando `persp` non fa altro che chiedere in input i vettori delle coordinate `x` e `y` e la matrice delle altezze `z`. Ciò sarebbe sufficiente per generare il grafico (a) della Figura A.11, ma se vogliamo ruotare il grafico e farlo basculare possiamo specificare gli angoli `theta` e `phi` chiamati azimut e colatitudine. È anche possibile aggiungere le ombre specificando gli angoli di incidenza della luce, il grado di dettaglio ecc. (si veda Figura A.11 b) come viene fatto di seguito

```
> persp(x, y, z, theta = 30, phi = 30, expand = 0.5,
+  col = "lightblue", ltheta = 120, shade = 0.75,
+  ticktype = "detailed", xlab="X", ylab="Y", zlab="Z")
```

Un secondo metodo è quello di rappresentare la matrice risultante da `outer` come fosse un'immagine ovvero, le altezze vengono rappresentate su una superfice piana e ogni punto della matrice viene rappresentato con un colore differente, un po' come avviene per le mappe topografiche. La mappa può essere rappresentata come immagine solida attraverso il comando `image`, come contorno `contour` o `filled.contour` o in entrambi i modi arrivando a generare vere e proprie mappe topografiche. Vediamo (cfr. Figura A.12) il differente effetto dei tre comandi sui dati `z` calcolati per la funzione `f`:

```
> image(z,main="image")
> contour(z,main="contour")
> image(z,main="image + contour")
> contour(z,add=TRUE)
> filled.contour(z,main="filled.contour")
```

Concludiamo la sezione mostrando l'output (cfr. Figura A.13) di dati provenienti dalla mappa topografica del volcano Maunga Whau (Mt Eden), Auckland, Nuova Zelanda che sono memorizzati nel dataset `volcano`. Per i dettagli si legga l'help `?volcano`.

```
> data(volcano)
> x <- 10 * 1:nrow(volcano)
> y <- 10 * 1:ncol(volcano)
> image(x, y, volcano, col = gray(100:200/200),
+       axes = FALSE, main="Mappa topografica")
> contour(x,y,volcano,add=TRUE)
> persp(x, y, volcano, theta=135, phi=30, col="green3",
+       scale=FALSE, ltheta= -120, shade=0.75, border=NA,
+ box = FALSE, main="Mappa 3D")
```

A.4.1 Aggiungere retini

Il riempimento di alcune zone di un grafico tramite retini è semplice da implementare ma non è prevista una funzione `fill` in R. Quasi ogni primitiva grafica prevede la possibilità di riempire un curva chiusa con un retino o con un colore ma se vogliamo tracciare un grafico come quello in Figura A.14 si deve utilizzare la funzione `polygon`. Il codice R che segue dovrebbe essere ormai interamente comprensibile a parte l'utilizzo del comando `polygon` il quale necessita in input i due vettori di coordinate `x` ed `y` di un poligono che deve essere necessariamente una figura chiusa.

```
> curve(dnorm(x),-3,3,axes=FALSE,ylab="",
+       xlab="",ylim=c(0,.5), main="I retini")
> axis(1,c(-3,-1,0,1,3),c("","-z",0,"z",""))
> vals <- seq(-3,-1,length=100)
> x <- c(-3, vals, -1, -3)
```

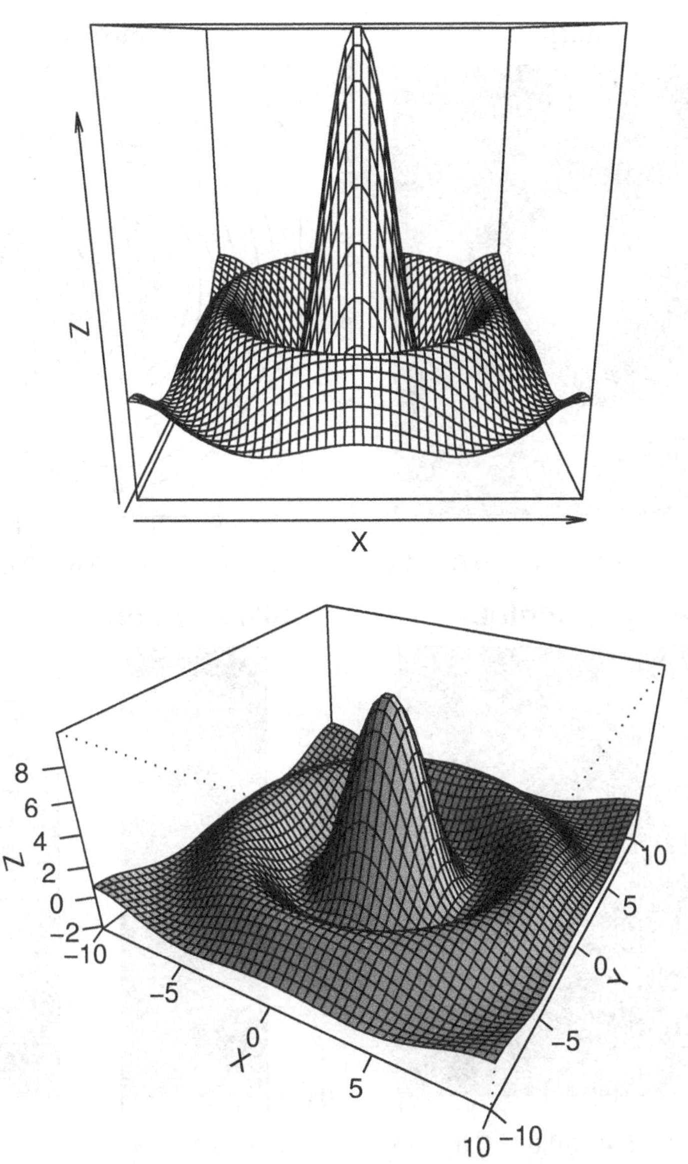

Figura A.11 Grafici tridimensionali anche di qualità elevata.

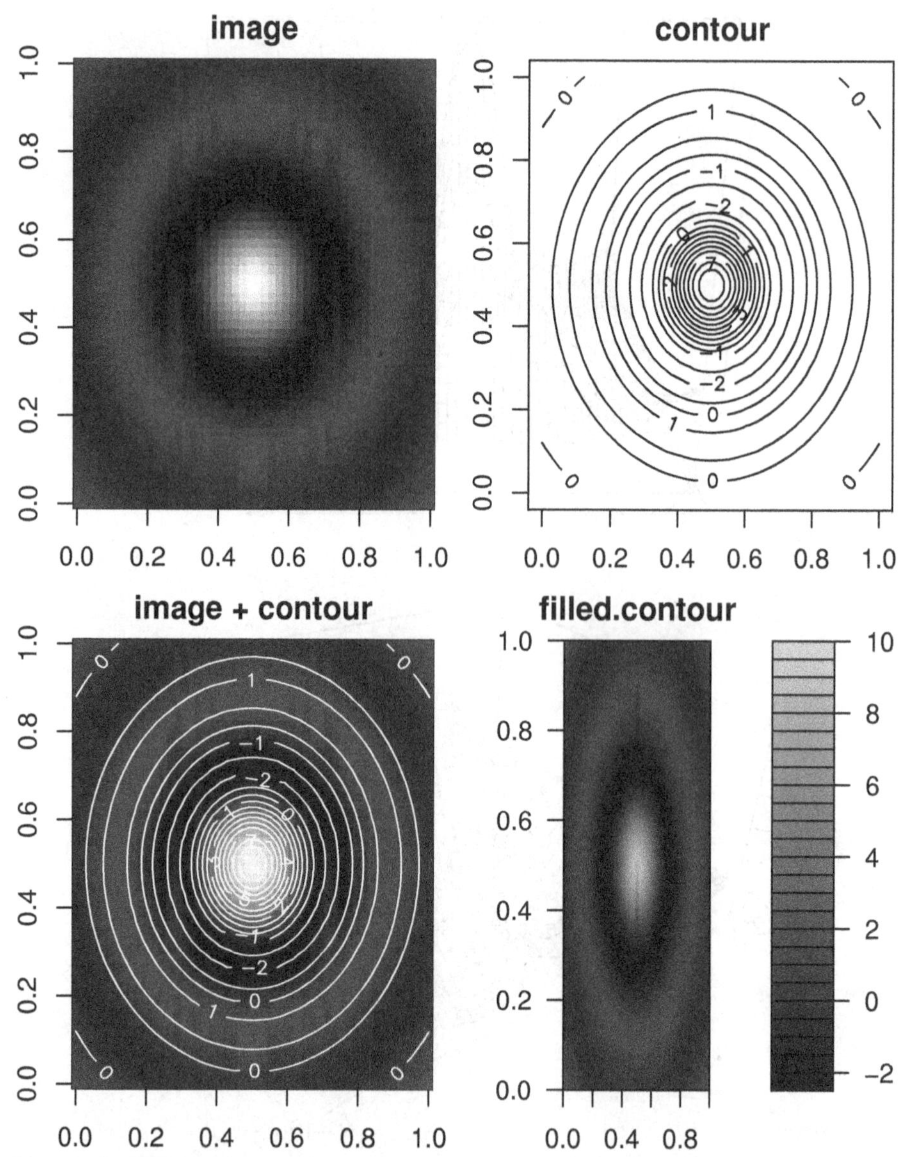

Figura A.12 Proiezioni bidimensionali della stessa funzione di Figura A.11.

Mappa topografica

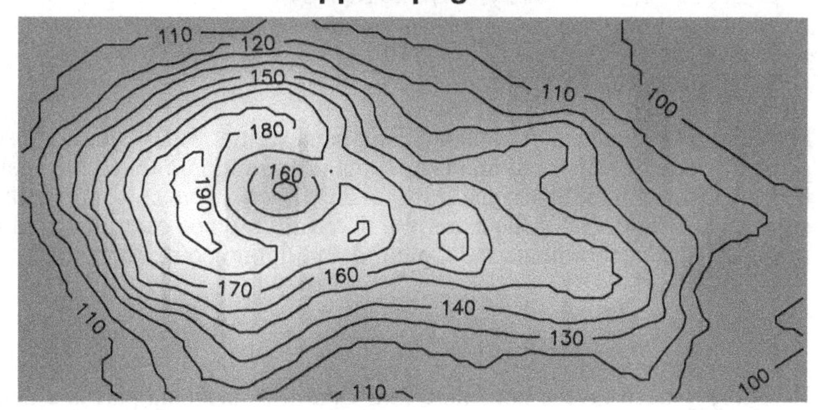

x

Mappa 3D

Figura A.13 Mappa topografica e superficie tridimensionale del vulcano Maunga Whau (Mt Eden), Auckland, Nuova Zelanda.

```
> y <- c(0, dnorm(vals),0, 0)
> polygon(x,y,density=20,angle=45)
> vals <- seq(1,3,length=100)
> x <- c(1, vals, 3, 1)
> y <- c(miny, dnorm(vals),miny, miny)
> polygon(x,y,density=20,angle=45)
> abline(h=miny)
> text(0,0.45,expression(Phi(-z)== 1-Phi(z)))
> lines(c(0,0),c(0,dnorm(0)))
```

Prendiamo la sequenza di comandi R appena scritta. Tale sequenza disegna dapprima la coda di sinistra di una Gaussiana utilizzando un tratteggio (nel grafico è l'area sotto la curva Gaussiana tra -3 e -1). Il vettore `vals` contiene una successione di 100 valori tra i due estremi e il vettore `x` viene costruito in modo che la prima e l'ultima coordinata x dei punti del poligono coincidano.

```
> vals <- seq(-3,-1,length=100)
> x <- c(-3, vals, -1, -3)
```

Il vettore `y` deve invece contenere tutti i punti di ordinata pari alla densità della Gaussiana, esclusi i valori estremi in cui si pone y pari a 0.

```
> y <- c(0, dnorm(vals),0, 0)
```

Infine

```
> polygon(x,y,density=20,angle=45)
```

traccia finalmente il poligono così generato riempiendolo di linee inclinate di 45 gradi (`angle=45`) e equispaziate in modo tale che ve ne siano 20 per pollice (`density=20`). Analoghi passi sono stati fatti per tracciare la coda di destra.

A.5 Esportare i grafici

Il pacchetto base di R mette a disposizione diverse possibilità per esportare i grafici che possono variare da piattaforma a piattaforma. Consigliamo quindi di leggere la sezione FAQ specifica per il proprio sistema operativo. In linea generale in tutti quei sistemi che permettono il *copia e incolla* di elementi grafici, come per esempio il MacOS o le varie versioni di MS Windows, R offre tale possibilità. Supponiamo di aver appena finito di comporre un grafico con R e di volerlo esportare nel nostro word processor preferito. Basterà selezionare la finestra grafica di R ed effettuare un copia e incolla come faremmo con qualsiasi altra applicazione. Può accadere invece che sia necessario ricorrere ai menu di R o ai menu contestuali (quelli che appaiono in corrispondenza del puntatore del mouse) per poter copiare le immagini in formati diverso da quello standard.

Ci sono invece opzioni alternative e che forniscono risultati omogenei e sono implementate in tutte le versioni di R presenti sui differenti sistemi. Per capire meglio come procedere si deve ricordare che R invia l'output dei comandi grafici

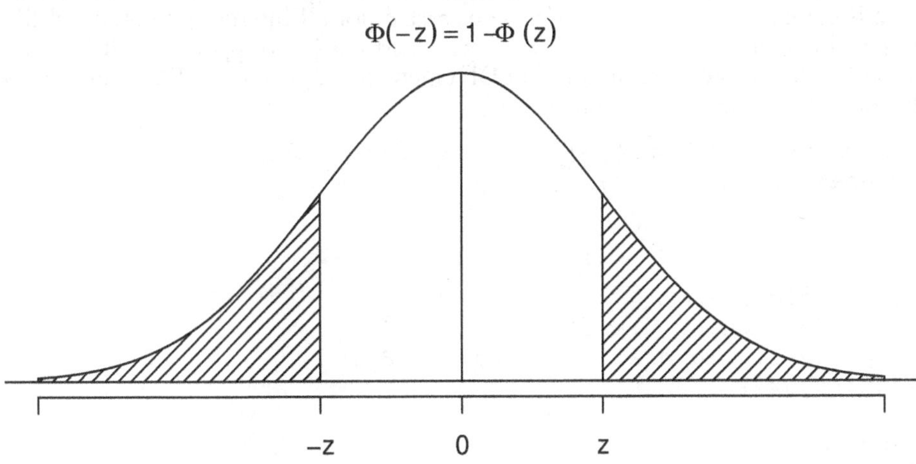

Figura A.14 Voler aggiungere retini di questo tipo al grafico di una curva non è poi così infrequente in statistica.

ad un `device`. Tale device può essere la finestra che siamo soliti vedere sotto MS-Windows, MacOS o Unix con X11 e simili, oppure un file. Per esempio un file Postscript o un file Adobe PDF. Questi due formati sono quelli generalmente richiesti in ambito professionale e, soprattutto, hanno due caratteristiche fondamentali: 1) sono formati cross-platform, cioè vengono generati e riprodotti fedelmente su tutte le piattaforme allo stesso modo, 2) sono formati di grafica vettoriale. Quest'ultimo fatto implica che sono indipendenti dalla risoluzione cui sono stati generati e possono dunque essere rimpiccioliti o ingranditi senza perdita di qualità, cosa che invece non avviene per i formati grafici, detti bitmap, quali GIF, JPEG ecc. Per creare un file PDF è sufficiente scrivere `pdf("nomefile.pdf")`, dove `nomefile.pdf` è il nome del file che vogliamo creare. Da questo momento in poi ogni comando grafico produrrà un aggiornamento del file pdf. Si tenga presente che ogni comando che riazzera il device (per esempio, `plot.new` o semplicemente `plot`) creerà una nuova pagina grafica. Quando abbiamo finito è sufficiente (e necessario) scrivere `dev.off()`. Per esempio, le linee di codice che seguono caricano i dati del dataset `volcano`, aprono il device PDF, disegnano la mappa del vulcano nel file pdf chiamato `xxxx.pdf` e poi chiudono il device.

```
> data(volcano)
> pdf("xxxx.pdf")
> image(volcano)
> dev.off()
```

Ci sono una serie di comandi per attivare e disattivare un device. **Attivare** un device vuol dire comunicare ad R di utilizzarlo come device cui indirizzare tutto l'output grafico corrente. Quando invece **disattiviamo** un device R non invia più alcun output grafico ad esso. In modo analogo si può utilizzare il comando postscript specificando il file Postscript che si intende creare. Quando si ha in possesso un file PDF o Postscript è poi possibile trasformarlo in qualsiasi formato utilizzando utilities come GhostScript, oppure importarlo direttamente nei programmi commerciali più diffusi, non ultimo il TeX. In LaTeX si può utilizzare il comando \usepackage{graphicx} e poi all'interno del corpo del file LaTeX il comando \includegraphics{nomefile}. Supponiamo di lavorare in pdfLaTeX e di aver creato un file PDF chiamato pippo.pdf. Lo scheletro del file dovrebbe essere il seguente

```
\documentclass{article}
\usepackage{graphicx}

\begin{document}

\begin{figure}
\includegraphics{pippo}
\caption{Il mio grafico fatto con R.}
\end{figure}

\end{document}
```

Si può anche generare direttamente un grafico in formato TeX o meglio PicTeX. Lo schema è sempre lo stesso, si utilizza il comando pictex specificando il file TeX che si desidera generare. Si inviano i comandi grafici al device semplicemente scrivendoli e poi si chiude il tutto con dev.off. Il file generato può essere inserito direttamente in un file LaTeX o TeX usando il package pictex. In LaTeX questo si può fare specificando \usepackage{pictex}. Uno scheltro di file TeX potrebbe essere il seguente, supponendo di aver generato il file grafico.tex con pictex in R

```
\documentclass{article}
\usepackage{pictex}

\begin{document}

\begin{figure}
\include{grafico}
\caption{Il mio grafico fatto con R.}
\end{figure}

\end{document}
```

Un ulteriore device grafico è xfig. Questo device crea un file in formato leggibile da XFig, applicativo nato per X11 sotto Unix ma disponibile anche per altri sistemi. XFig è un programma di grafica vettoriale, quindi una volta generato un file di questo tipo con R è possibile rieditarlo tramite XFig e successivamente riesportarlo nel formato a noi più comodo.

Esistono altri due comandi di R molto utili a chi di formati grafici evoluti (PDF o Postscript) non vuol proprio saperne. I due comandi sono bitmap e dev2bitmap. Questi due comandi prevedono l'utilizzo di un programma esterno, Ghostscript, che deve essere stato preventivamente installato dall'utente. La loro funzione è quella di trasformare l'output di un qualsiasi device, anche quello della finestra grafica di R, in un file bitmap dei più svariati tipi tra cui i classici GIF, JPEG, TIFF ecc. Non in tutte le piattaforme viene implementato tale tipo di comando. Per esempio sotto MacOS non è possibile utilizzare i due comandi, però si può semplicemente fare un *copia* dalla finestra grafica di R e un successivo *incolla* nella finestra di un programma di grafica qualsiasi e poi salvarlo nel formato che si preferisce.

A.6 Esportare tabelle

L'output tabellare non è certo il punto di forza di R però David Dahl ha creato un ottimo package chiamato `xtable`, letteralmente Export Tables. Si tratta di una libreria contenente essenzialmente un solo comando, appunto `xtable` che si occupa di creare una tabella in formato LaTeX o in formato HTML (quello delle pagine Web). La serie di comandi che segue genera prima una tabella tratta dall'esempio dei dati del Titanic in formato LaTeX e poi in formato HTML

```
> require(xtable)
> data(Titanic)
> mytab <- apply(Titanic, c(2, 4), sum)
> mytab
        Survived
Sex        No Yes
  Male   1364 367
  Female  126 344
> # prima in formato TeX
> xtable(mytab)
\begin{table}
\begin{center}
\begin{tabular}{|r|r|r|}
\hline
 & No & Yes \\
\hline
Male & 1364.00 & 367.00 \\
Female & 126.00 & 344.00 \\
\hline
\end{tabular}
\end{center}
\end{table}
># ora in formato HTML
> print(xtable(mytab), type="html")
<TABLE border=1>
 <TR>
  <TH>  </TH> <TH> No </TH> <TH> Yes </TH>
 </TR>
 <TR>
  <TD align=right> Male </TD>
  <TD align=right> 1364.00 </TD>
```

```
  <TD align=right> 367.00 </TD>
 </TR>
 <TR>
  <TD align=right> Female </TD>
  <TD align=right> 126.00 </TD>
  <TD align=right> 344.00 </TD>
 </TR>
</TABLE>
```

Una serie di parametri della funzione `xtable` permettono il controllo pressoché totale dell'output della tabella. L'output del comando `xtable` può essere inserito direttamente in un file TEX e o HTML, per comodità, se lo si vuole, è possibile salvare direttamente su file l'output di `xtable` tramite il comando `print` nel modo che segue

```
> data(Titanic)
> mytab <- apply(Titanic, c(2, 4), sum)
> mytab
      Survived
Sex       No Yes
  Male   1364 367
  Female  126 344
> # prima in formato TeX
> print(xtable(mytab), file="mytab.tex")
># ora in formato HTML
> print(xtable(mytab), type="html", file="mytab.html")
```

e ora i file `mytab.tex` e `mytab.html` contengono un file TEX e un file HTML pronti per essere inseriti in un altro progetto. Si osservi che abbiamo usato il comando `require` che serve a caricare un pacchetto. La sua funzionalità è la stessa del comando `library` con la differenza che `require` può essere utilizzato all'interno di altre funzioni.

A.7 Lavorare con più device grafici

Tutti comandi grafici in R vengono diretti ad uno specifico **device**. Nelle versioni R che utilizzano un'interfaccia grafica (MacOS, Windows, X11 ecc.) il device grafico è una finestra, in tutti gli altri casi si tratterà di un file (abbiamo già discusso, per esempio, il device `pdf`). Spesso capita di voler aprire più device grafici in una stessa sessione di R, per esempio due finestre. Questo è possibile sotto ogni singolo sistema invocando più volte il realtivo comando: `macintosh` sotto MacOS, `windows` sotto MS-Windows, e `x11` nei sistemi Unix-like con window manager X11. Per sapere quale device grafico viene utilizzato di default basta scrivere

```
> getOption("device")
```

Supponiamo per un momento di lavorare sotto MS-Windows e di aver già eseguito un comando grafico. Ci troveremo aperta una finestra con il nostro grafico. Se vogliamo aprire una seconda finestra basterà invocare nuovamente il comando `windows`

```
> windows()
```

A questo punto tutto l'output grafico verrà inviato da R verso questa seconda finestra. Se vogliamo riattivare la prima finestra grafica dobbiamo dirlo esplicitamente a R o tramite il comando `dev.set` o utilizzando i menu dell'interfaccia grafica. I device in R hanno un numero progressivo. Il device numero 1 corrisponde a `null device`, mentre tutti i device utili hanno un numero maggiore di 1. Per sapere quali device sono attualmente aperti (che siano finestre o file) basta utilizzare il comando `dev.list` che fornisce una lista di tutti i device aperti tranne il primo. Nel nostro caso dovremmo avere una lista in cui i device 2 e 3 sono entrambi chiamati `windows`. L'ultimo che abbiamo aperto e che è correntemente attivo sarà il device numero 3. Se vogliamo attivare la prima finestra è sufficiente utilizzare il comando

```
> dev.set(2)
```

Se non abbiamo più bisogno di tenere un device aperto possiamo chiuderlo o tramite un click sull'interfaccia grafica oppure tramite il comando `dev.off`. Se non si specifica il numero del device da chiudere R chiuderà il device correntemente attivo mentre attiverà il successivo device in lista. Se non ci sono altri device in lista e insistiamo con l'utilizzo del comando otteniamo quanto segue

```
> dev.off()
null device
          1
> dev.off()
Errore in dev.off() : non posso chiudere il dispositivo 1
(dispositivo null)
```

A.8 Alcuni aspetti numerici

R possiede diverse routine di calcolo numerico che spesso sono molto utili in statistica. Tra queste vi sono la maggior parte delle routine della librerie BLAS, LINPACK e LAPACK dedicate all'algebra lineare che non discutiamo perché si andrebbe oltre gli scopi di questo libro. Ci concentriamo invece sui due classi di problemi, non necessariamente lineari, con cui ci si scontra spesso in statistica. La ricerca degli zeri di equazioni e il calcolo dei minimi o massimi di funzione.

A.8.1 Zeri di equazioni

Le principali equazioni di cui solitamente si necessita di determinarne gli zeri, o le soluzioni, sono i polinomi, i sistemi lineari e più in generale funzioni non lineari. Se abbiamo un polinomio del tipo

$$p(x) = a_0 + a_1 \cdot x + ... + a_n \cdot x^n$$

è noto che l'equazione $p(x) = 0$ ammette sempre n soluzioni almeno nel campo complesso. Per esempio, per il polinomio di secondo grado $p(x) = a \cdot x^2 + b \cdot x + c$ conosciamo le soluzioni che sono del tipo

$$x_i = \frac{-b \pm \sqrt{b^2 - 4ac}}{2a}, \quad i = 1, 2$$

che possono numeri reali o complessi a seconda del segno di $\Delta = b^2 - 4ac$. Per ottenere le soluzioni dell'equazione $p(x) = 0$ con R si deve utilizzare la funzione `polyroot` specificando come unico argomento il vettore dei coefficienti a_0, a_1, ..., a_n del polinomio. Per esempio, l'equazione

$$1 + 2x + x^2 = 0$$

ha come radice il valore -1 con molteplicità 2. In R useremo il seguente comando

```
> polyroot(c(1, 2, 1))
[1] -1+0i -1+0i
```

Per funzioni più generali di una sola variabile si può utilizzare `uniroot`. In tal caso si deve specificare la funzione e l'intervallo (minimo-massimo) entro cui cercare le radici. Inoltre ci sono altri due parametri che sono `tol` (tolerance) ovvero la precisione desiderata e `maxiter` che corrisponde al massimo numero di iterazioni da effettuare nel caso l'algoritmo non converga in modo sufficientemente veloce. Questa funzione può essere utilizzata per cercare i punti di intersezione di una funzione con l'asse delle ascisse. Ciò vuol dire che la funzione deve intersecare tale asse. I valori di minimo e massimo dell'intervallo in cui cercare le radici devono essere tali per cui la funzione ha segno opposto. Infatti, se cerchiamo le radici del precedente esempio otteniamo quanto segue

```
> f <- function(x) 1+2*x+x^2
> uniroot(f,c(-2,2))
Errore in uniroot(f, c(-2, 2)) : i valori di f() negli
estremi hanno segno opposto
```

mentre

```
> f <- function(x) sin(x)-x
> uniroot(f,c(-pi,pi))
$root
[1] 0

$f.root
[1] 0

$iter
[1] 1

$estim.prec
[1] 3.141593
```

quando `uniroot` può essere impiegata, la funzione restituisce una lista di 4 valori. Il primo è il valore di x tale per cui $f(x) = 0$, il secondo è il valore realmente assunto da f nel punto trovato che potrebbe non coincidere con lo zero qualora l'algoritmo non converga e gli ultimi due valori sono le iterazioni impiegate e la tolleranza.

Se invece si vuole risolvere un sistema lineare del tipo

$$Ax = b$$

la funzione da utilizzare è `solve`. Sia, per esempio,

$$A = \begin{pmatrix} 2 & -3 \\ 1 & 8 \end{pmatrix} \qquad b = \begin{pmatrix} 2 \\ 2 \end{pmatrix}$$

allora

```
> A <- matrix(c(2,1,-3,8),2,2)
> b <- c(2,2)
> x <- solve(A,b)
> x
[1] 1.1578947 0.1052632
> A %*% x - b
              [,1]
[1,] -8.881784e-16
[2,] -4.440892e-16
```

Il termine b può essere anche una matrice, nel qual caso la soluzione x sarà essa stessa una matrice. Per esempio, siano

$$A = \begin{pmatrix} 2 & -3 \\ 1 & 8 \end{pmatrix} \qquad b = \begin{pmatrix} 2 & 3 \\ 2 & -1 \end{pmatrix}$$

allora

```
> A <- matrix(c(2,1,-3,8),2,2)
> b <- matrix(c(2,2,3,-1),2,2)
> x <- solve(A,b)
> x
          [,1]       [,2]
[1,] 1.1578947  1.1052632
[2,] 0.1052632 -0.2631579
> A %*% x - b
              [,1]          [,2]
[1,] -8.881784e-16 -8.881784e-16
[2,] -4.440892e-16 -2.220446e-16
```

Si noti che se b è la matrice identità allora x sarà l'inversa di A. In tal caso, cioè quando vogliamo calcolare l'inversa di una matrice, basterà non specificare b nella funzione `solve`

```
> solve(A)
            [,1]      [,2]
[1,]  0.42105263 0.1578947
[2,] -0.05263158 0.1052632
> A %*% solve(A) # A * A^-1 = I
             [,1] [,2]
[1,]  1.000000e+00    0
[2,] -5.551115e-17    1
> solve(A) %*% A  # A^-1 * A = I
     [,1]         [,2]
[1,]    1 2.220446e-16
[2,]    0 1.000000e+00
```

A.8.2 Minimi e massimi di funzioni

Ci sono diverse funzioni di R che si occupano della minimizzazione di funzioni. Una prima, `nlm` applica il metodo di Newton cercando di utilizzare il gradiente della funzione, mentre una seconda `optimize` usa metodi non lineari che non necessitano del concetto di derivata.

```
> f <- function(x) 1+2*x+x^2
> nlm(f,1)
$minimum
[1] 0

$estimate
[1] -1

$gradient
[1] 9.999779e-07

$code
[1] 1

$iterations
[1] 1

> optimize(f,c(-3,2))
$minimum
[1] -1

$objective
[1] 0
```

Mentre `nlm`, essendo basata su un metodo di tipo Newton, ha bisogno di un valore iniziale per la ricerca del minimo, `optimize` necessita solo di un intervallo di valori in cui cercare.

Da non confondere con `optimize` c'è la funzione `optim` che permette di lavorare con funzioni non lineari anche di più variabili. Questa routine permette di utilizzare diversi metodi e strategie per ottenere minimi di funzione anche basati sul gradiente. Ma, il punto di forza è che riesce a risolvere problemi di minimo vincolato dove i vincoli sulle variabili x_i possono essere espressi sotto forma di disequazioni del tipo $lower \leq x_i \leq upper$. Per l'utilizzo si consiglia di leggere l'help della funzione `?optim` e l'ampia bibliografia citata. Dagli esempi riportiamo solo quello della minimizzazione della *wild* function (si veda Figura A.15) oggetto impossibile da trattare con gli altri metodi appena esposti

```
>  fw <- function (x)
+   10*sin(0.3*x)*sin(1.3*x^2) + 0.00001*x^4 + 0.2*x+80
>    res <- optim(50, fw, method="SANN",
+    control=list(maxit=20000, temp=20, parscale=20))
>      res
$par
[1] -15.81543

$value
[1] 67.46838

$counts
function gradient
   20000       NA

$convergence
[1] 0

$message
NULL

>     (r2 <- optim(res$par, fw, method="BFGS"))
$par
[1] -15.81515

$value
[1] 67.46773

$counts
function gradient
      13        3

$convergence
[1] 0

$message
NULL
```

Concludiamo dicendo che per problemi specifici di ottimizzazione quadratica con vincoli di uguaglianza e disuguaglianza, cioè minimizzazione di forme quadrati-

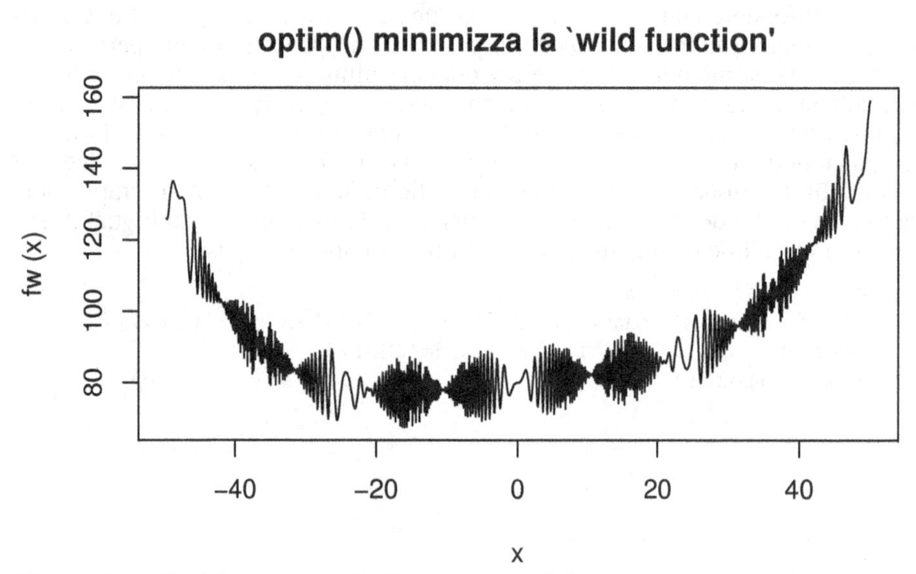

Figura A.15 Il minimo vero della funzione *wild* è intorno al valore -15.81515.

che sotto vincoli molto generali, è disponibile sul `CRAN` il pacchetto `quadprog` scritto da Berwin A. Turlach per `S` e attualmente disponibile per R grazie a Andreas Weingessel.

B

Di tutto, di più intorno ad R

Questa appendice raccoglie alcune informazioni generali su R. In primo luogo viene elencata la manualistica ufficiale del programma. Segue una rassegna di fonti bibliografiche (anche elettroniche) utili per *andare oltre* questo testo e poi alcune informazioni su come installare R ed i pacchetti aggiuntivi.

B.1 Manuali ufficiali, altra bibliografia e statistica on-line

Ne abbiamo già parlato ma è bene ricordarlo. La URL (cioè il sito Web) ufficiale per il progetto R è la seguente:

`http://www.R-project.org`

dove è possibile trovare informazioni sul Progetto R stesso ed alcuni progetti direttamente legati a questo. Inoltre si può accedere alla manualistica ufficiale e non ufficiale relativa a questo ambiente statistico. Facciamo notare che in manuali ufficiali sono consultabili sia in formato HTML che in formato Acrobat PDF.
Il manuale ufficiale del linguaggio R (*An Introduction on R*, 100 pagine circa) si trova all'indirizzo:

`http://www.R-project.org/doc/R-intro.pdf`

Si tratta di un'utile guida con i primi rudimenti su R. Si presuppone una certa familiarità con le nozioni basilari della statistica e, come per tutti gli altri manuali, con la lingua inglese.
Il volume contenente tutte le librerie standard e aggiuntive (*The R Reference Index*, 700 pagine circa):

`http://www.R-project.org/doc/refman.pdf`

È un vero e proprio manuale di riferimento simile a quanto riportato nel Paragrafo B.3.3. Le pagine delle FAQ (Frequently Asked Questions) si trovano all'indirizzo:

http://www.R-project.org/doc/FAQ/R-FAQ.html

Ne esistono anche versioni specifiche per le differenti piattaforme (MS-Windows, MacOS ecc.) Nella sezione

http://www.R-project.org/doc/

è inoltre possibile trovare altri manuali di R di carattere tecnico che riguardano le specifiche del linguaggio stesso, il manuale per l'amministratore di sistema (utile per chi installa R su sistemi Unix-like) e alcune note tecniche per gli sviluppatori di R.

Il linguaggio R è utilizzabile anche tramite il WWW senza che sia necessario installare l'applicativo sulla propria macchina. L'indirizzo del sito `Rweb` è il seguente:

http://www.math.montana.edu/Rweb/

B.1.1 Andare oltre...

Alla fine della lettura di questo volume probabilmente alcuni utenti sentiranno la necessità di andare oltre queste pagine per due ordini di ragioni: o perché necessitano di strumenti più evoluti di analisi dei dati (essendo questo un corso di primo livello) o perché, stimolati dalle potenzialità di questo ambiente di lavoro, desiderano esplorare nuove frontiere e conoscere più a fondo il linguaggio R. Presentiamo quindi una rassegna sintetica di fonti che riteniamo essere di una qualche utilità non potendo, ovviamente, esaurire l'intero panorama delle pubblicazioni disponibili. In Tabella B.1 riportiamo i volumi stampati mentre in Tabella B.2 una selezione di pubblicazioni in formato elettronico. Per una lista aggiornata delle pubblicazioni (non solo) elettroniche inerenti il linguaggio R rimandiamo all'indirizzo Web

http://www.r-project.org/doc/bib/R-publications.html

B.1.2 Dataset aggiuntivi

Non rimane che segnalare una delle fonti principali per ciò che riguarda la statistica *on-line*: StatLib. Raggiungibile all'indirizzo Web

http://lib.stat.cmu.edu

StatLib è uno dei siti di riferimento per quello che riguarda le novità nell'ambito del software statistico, lo scambio e l'archiviazione di dataset e librerie aggiuntive per i diversi tipi di applicativi. È un ottimo punto di riferimento per la ricerca di materiale sia scientifico che didattico.

Titolo	Argomento
Inferenza statistica: Applicazioni con S-PLUS e R	Verosimiglianza, quasi-verosimiglianza, verosimiglianza profilo, modelli lineari anche generalizzati, famiglie esponenziali [4].
Introductory Statistics with R	Corso base di statistica con cenni ai modelli lineari generalizzati, all'anova e all'analisi di sopravvivenza [12].
Modern Applied Statistics di S	Summa di molte tecniche avanzate di analisi dei dati. Tra le altre: glm, alberi, serie storiche, analisi di sopravvivenza, metodi nonlineari, statistica spaziale [43].
Mixed-Effects Models in S and S-Plus	Testo di riferimento della libreria `nlme` per l'analisi dei modelli ad effetti misti anche non lineari [33].
Applied Smoothing Techniques for Data Analysis: The Kernel Approach with S-Plus Illustrations	Rassegna di metodi di stima non lineari: stima di densità e regressione [1].
S Programming	Tecniche di programmazione per il linguaggio S, ovvero le basi per programmare in R e S-PLUS [42].

Tabella B.1 Volumi stampati, molti contenenti dataset originali.

Titolo	Argomento
Practical Regression and Anova using R	Modelli lineari, selezione dei modelli, analisi della varianza [17].
simpleR: Using R for Introductory Statistics	Corso base di statistica con libreria di funzioni annessa [44].
Using R for Data Analysis and Graphics	Analisi dei dati multidimensionale, alberi e glm [30].
Notes on the use of R for psychology experiments and questionnaires	Analisi dei dati qualitativi [2].

Tabella B.2 Risorse elettroniche. Generalmente contengono package e dataset aggiuntivi.

B.2 Dove reperire R?

Il sito internet di riferimento per l'installazione di R è chiamato CRAN, acronimo di "Comprehensive R Archive Network" e , il cui indirizzo web è

`http://CRAN.R-project.org`

Su CRAN si trovano sia i sorgenti di R , che gli eseguibili per le varie piattorme e, non ultimo, l'archivio completo delle librerie aggiuntive per R . Si tratta in realtà di una rete di siti e non di un unico sito anche se questa viene identificata dall'url `cran.R-project.org`.

Dalla home page del sito basta seguire i link per il proprio sistema operativo disponibili nella sezione "Download and Install R". Visto il tasso di crescita di interesse nei confronti di R spesso sono gli utenti stessi a produrre librerie adatte alle esigenze più disparate. Un elenco aggiornato a fine 2002 viene riportato nella Sezione B.3. Segnaliamo che di recente, con l'arrivo dei dati provenienti dall'analisi del genoma umano, si è sviluppato un intero settore di statistica computazionale per eseguire analisi ad-hoc per questo tipo dati. R non è rimasto a guardare ed è nato il progetto Bioconductor (`www.Bioconductor.org`) per lo sviluppo di software di microarray analysis per statistici e biologi basato interamente su R . Per una lista dei pacchetti disponibili si veda la Sezione B.3.2.

B.2.1 Installare i pacchetti aggiuntivi

R è in grado di installare da solo le librerie aggiuntive. In particolare, se si dispone di una connessione ad internet si può utilizzare il comando `CRAN.packages()` per verificare il contenuto del CRAN ed eventualmente aggiornare i packages disponibili.
Il comando `download.packages()`, sempre se connessi alla rete, permette invece di scaricare dal sito del CRAN il pacchetto che può essere installato successivamente tramite la shell (Unix o Windows). Per esempio, sotto Unix è sufficiente scrivere

```
$ R CMD INSTALL nome_pacchetto.tar.gz
```

In tal caso però si deve disporre delle utilities necessarie ad R per poter correttamente compilare le librerie. La stessa operazione può essere svolta interamente da R utilizzando il comando `install.packages()`. Anche in tal caso deve essere disponibile un compilatore C, Fortran ecc.

Questo modo di procedere è piuttosto standard sotto Unix o Linux mentre lo è molto meno sotto Windows o MacOS X. Il modo migliore per le versioni di R dotate di interfaccia utente grafica si può utilizzare le diverse funzioni di installazione pacchetti accessibili dai menu.

Una volta installata la libreria è sufficiente utilizzare `library(`*package*`)` per renderla disponibile in R , dove con *package* abbiamo indicato il nome del pacchetto. Per esempio per il pacchetto *foreign* delle precedenti sezioni, possiamo usare

```
> library(foreign)
```

ed eventualmente

```
> library(help=foreign)
```

per ottenere informazioni sul contenuto della libreria

```
foreign         Read data stored by Minitab, SAS, SPSS, ...

Package: foreign
Priority: recommended
Version: 0.5-5
Date: 2002-05-17
Title: Read data stored by Minitab, S, SAS, SPSS,
        Stata, ...
Depends: R (>= 1.2.0)
Maintainer: R-core <R-core@r-project.org>
Author: Thomas Lumley <thomas@biostat.washington.edu>,
        Saikat DebRoy <saikat@stat.wisc.edu>, Douglas M.
        Bates <bates@stat.wisc.edu> and Duncan Murdoch
        <murdoch@stats.uwo.ca>
Description: Functions for reading and writing data stored
        by statistical packages such as Minitab, S, SAS,
        SPSS, Stata, ...
License: GPL version 2 or later

Index:

lookup.xport            Lookup information on a SAS XPORT
                        format library
S3 read functions       Read an S3 Binary File
read.dta                Read Stata binary files
read.epiinfo            Read Epi Info data files
read.mtp                Read a Minitab Portable Worksheet
read.spss               Read an SPSS data file
read.ssd                obtain a data frame from a SAS
                        permanent dataset, via read.xport
read.xport              Read a SAS XPORT format library
write.dta               Write files in Stata binary format
```

Per sapere quali librerie sono già installate nel vostro sistema potete utilizzare il comando `library()` senza argomento, che per esempio fornisce un output simile a quello che segue tratto dalla versione di R per MacOS 9

```
> library()
Packages in library '/R-1.7.1/library':

KernSmooth           Functions for kernel smoothing for
                     Wand & Jones (1995)
```

```
MASS                  Main Library of Venables and
                      Ripley's MASS
base                  The R base package
boot                  Bootstrap R (S-Plus) Functions
                      (Canty)
class                 Functions for classification
cluster               Functions for clustering (by
                      Rousseeuw et al.)
ctest                 Classical Tests
eda                   Exploratory Data Analysis
foreign               Read data stored by Minitab, S,
                      SAS, SPSS, Stata, ...
grid                  The Grid Graphics Package
lattice               Lattice Graphics
lqs                   Resistant Regression and
                      Covariance Estimation
methods               Formal Methods and Classes
mgcv                  Multiple smoothing parameter
                      estimation and GAMs by GCV
...
```

La funzione `installed.packages()` fornisce invece un output molto più dettagliato sulle librerie installate comprendendo la versione, la directory di installazione e la dipendenza con altri pacchetti o versioni di R.

B.2.2 Quali pacchetti per questo libro?

Una volta lanciato R è necessario installare, da Internet, le librerie `labstatR` e `xtable` dai menu di R oppure tramite console scrivendo

```
> install.packages("labstatR")
> install.packages("xtable")
```

B.2.3 Requisiti di sistema

Non ci sono particolari limitazioni di sistema. In Tabella B.3 sono riportati i requisiti minimali richiesti al funzionamento di R su piattaforme MS-Windows e MacOS anche se probabilmente le limitazioni richieste corrispondono a computer non più presenti sul mercato. Le ultime versioni di R non supportano MacOS 9 e OS X fino a 10.4, ma il sito CRAN mantiene comunque una copia delle vecchie versioni.

B.3 Guida ai pacchetti base di R

Nella distribuzione base di R sono contenuti diversi pacchetti che si ritiene siano in grado di soddisfare le esigenze di un utilizzatore medio di un software statistico. Eccone l'elenco con la relativa descrizione.

Piattaforma	MS-Windows	MacOS
Versione minimale	Windows da 95 fino a 7	OS9/MacOSX
Memoria fisica (RAM)	128M	128MB
Spazio su disco	50MB	50MB

Tabella B.3 Requisiti minimi di sistema per l'utilizzo di R.

Pacchetto	Descrizione
lattice	Grafica Trellis.
methods	Insieme di metodi e classi per R oltre ad un insieme di routines descritte nel Green Book [6].
splines	Regressione tramite splines.
tcltk	Insieme di comandi che permettono l'utilizzo di un'interfaccia grafica tramite Tcl/Tk.
tools	Insieme di comandi utili a chi sviluppa o deve aggiornare pacchetti.
ts	Analisi delle serie storiche.

B.3.1 Guida ragionata ai pacchetti aggiuntivi di R

Nelle pagine che seguiranno elenchiamo i pacchetti aggiuntivi per R disponibili a fine 2002 sul sito del CRAN (`cran.r-project.org`). Si è cercato di raccogliere tali pacchetti per grandi gruppi pur essendo consci del fatto che molti di essi potrebbero essere collocati in più di un gruppo. Dal 2002 ad oggi il numero di pacchetti è più che triplicato e quindi risulterebbe impossibile creare una lista esaustiva ed aggiornata. Inoltre alcuni del pacchetti base come `ts`, `stepfun` e altri sono stati inglobati nel pacchetto base `stats`. Riteniamo però utile riportare questi elenchi perché i pacchetti coinvolti sono comunque tutti molto ben supportati e comunque tutt'ora di riferimento per le varie aree di interesse. Gli utenti delle versioni MS-Windows e MacOS X troveranno utile la consultazione anche delle TaskViews di R disponibili all'indirizzo

`http://cran.R-project.org/src/contrib/Views/`

Le TaskViews sono raccolte ragionate di pacchetti come quelle che trovate nelle prossime pagine ma sempre aggiornate. Gli argomenti attualmente inclusi nelle TaskViews sono: l'analisi Bayesiana, analisi dei gruppi, econometria, statistica ambientale, finanza matematica, genetica, modelli grafici, tecniche di machine learning, analisi di dai multidimensionali, statistica per le scienze sociali e statistica spaziale.

Pacchetto	Descrizione
boot	*Bootstrap Methods and Their Applications [13].*
bootstrap	*An Introduction to the Bootstrap [16].*
CircStats	*Topics in Circular Statistics [35].*
Devore5	*Probability and Statistics for Engineering and the Sciences [14].*
ISwR	*Introductory Statistics with R [12].*
KernSmooth	*Kernel Smoothing [45].*
KMsurv	*Survival Analysis, Techniques for Censored and Truncated Data [24].*
lmtest	*The linear regression model under test [26].*
MASS	*Modern Applied Statistics with S [43] . Contenuto nel bundle VR.*
Rwave	*Practical Time-Frequency Analysis: Gabor and Wavelet... [5].*
SASmixed	*SAS System for Mixed Models [28].*
sm	*Applied Smoothing Techniques for Data Analysis... [1].*

Tabella B.4 Pacchetti di supporto a monografie o corsi. I pacchetti segnati in **neretto** sono tra quelli segnalati *Recommended.*

Pacchetto	Descrizione
AnalyzeFMRI	Analisi per dati fMRI (functional Magnetic Resonance Imaging).
ellipse	Pacchetto per il disegno di ellissi e in particolare ellissi di confidenza.
grid	Pacchetto Grid che sostituisce l'usuale grafica di R .
gtkDevice	device grafico GTK indipendente dall'interfaccia R-GNOME.
lattice	Questo pacchetto implementa il sistema grafico Trellis.
maptree	Rappresentazioni grafiche di analisi cluster e alberi di regressione.
pixmap	Input/output di immagini in formato bitmap.
scatterplot3d	Grafici tridimensionali.
tkrplot	Per gestire la grafica di R tramite Tk.
xgobi	Funzioni che interfacciano R a XGobi e XGvis.
xtable	Crea tabelle in formato LaTeX e HTML.

Tabella B.5 Pacchetti che estendono l'interfaccia grafica, i device e trattano i differenti formati di immagini. I pacchetti segnati in **neretto** sono tra quelli segnalati *Recommended.*

B.3.2 I pacchetti del progetto Bioconductor

Con l'avvento dei metodi di acquisizione di dati di tipo genetico (i microarray) si sta sviluppando una branca chiamata bioinformatica che sempre più richiede l'utilizzo di tecniche statistiche per l'analisi di dati sperimentali. Il progetto Bioconductor `www.Bioconductor.org`, lo ricordiamo, è un ambiente basato su

Pacchetto	Descrizione
Rmpi	Interfaccia MPI (Message-Passing Interface).
rpvm	Interfaccia PVM (Parallel Virtual Machine).
serialize	Funzioni per la gestione delle connessioni seriali.

Tabella B.6 R e gli altri software.

Pacchetto	Descrizione
cclust	Analisi cluster convessa, calcolo del numero ottimale di gruppi.
class	Classicazione. Contenuto nel bundle VR.
cluster	Analisi dei gruppi
GeneSOM	Classificazione di geni tramite Self-Organizing Maps.
knnTree	Alberi di classificazione basati sull'algoritmo k-nearest-neighbor.
multiv	Analisi dei gruppi, analisi delle corrispondenze e componenti principali.
pinktoe	Converte alberi generati con S in file HTML o perl navigabili.
randomForest	Classificatore di Breiman.
rpart	Recursive PARTitioning and regression trees.
tree	Alberi di classificazione e regressione.

Tabella B.7 Tecniche di classificazione. I pacchetti segnati in **neretto** sono tra quelli segnalati *Recommended*.

Pacchetto	Descrizione
akima	Interpolazione spline e cubica per dati non equispaziati.
acepack	Scelta ottimale del modello (ACE, AVAS).
cobs	B-splines vincolate
brlr	Regressione logistica tramite verosimiglianza penalizzata.
car	Metodi (soprattutto grafici) per la diagnostica dei modelli lineari.
dr	Regressione inversa (SIR e SAVE).
GLMMGibbs	Generalised Linear Mixed Models attraverso il Gibbs sampling.
leaps	Scelta del miglior modello di regressione.
meanscore	Regressione logistica con dati mancanti.
mgcv	Modelli additivi generalizzati e stime ridge generalizzate
moc	Modelli misti per dati multidimensionali.
NISTnls	Benchmark per modelli non lineari preparati dal NIST americano.
nlme	Modelli lineari e non lineari a effetti misti.
nlrq	Regressione quantile non lineare.
quantreg	Regressione quantile.
wle	Statistica robusta tramite verosimiglianza pesata.

Tabella B.8 Modelli lineari e non lineari. I pacchetti segnati in **neretto** sono tra quelli segnalati *Recommended*.

Pacchetto	Descrizione
ash	Routine ASH per la stima di densità in una o due dimensioni.
aws	Funzioni per il lisciamento adattivo.
ifs	Stimatori di tipo IFS (Iterated Function Systems).
gafit	Interpolazione tramite algoritmi genetici.
GenKern	Funzioni per generare e maneggiare stime kernel generalizzate.
lasso2	Regressione sotto vincoli L1 sui coefficienti (Osborne et al., 1998).
logspline	Stima della densità tramite logsplines.
lokern	Stima kernel adattiva locale e globale.
lpridge	Stima polinomiale locale ridge.
waveslim	Analisi wavelet per serie storiche.
wavethresh	Stima e trasformata wavelet anche bidimensionale.

Tabella B.9 Stima funzionale (densità e regressione).

Pacchetto	Descrizione
evd	Distribuzione dei valori estremi (anche stima).
gee	Equazioni di stima generalizzate per GLM per dati dipendenti.
geepack	Equazioni di stima generalizzate per parametri di posizione e scala.

Tabella B.10 Metodi di stima.

Pacchetto	Descrizione
DBI	Classi e metodi per la gestione dei database (DBI).
foreign	Per leggere e scrivere formati proprietari di file (cfr. Par. A.2.2).
hdf5	Interfaccia per dati di tipo NCSA HDF5.
netCDF	Lettura dati da file netCDF.
RArcInfo	Import dati in formato Arc/Info V7.x.
RmSQL	Interfaccia tra R e mSQL.
RMySQL	Interfaccia tra R e MySQL.
ROracle	Interfaccia tra R e i database Oracle.
RSQLite	Interfaccia R e SQLite.
StatDataML	Legge e scrive dati in formato StatDataML.
XML	Routines per la lettura di file XML e DTD.

Tabella B.11 Gestione database e input/output di particolari formati di dati.

Pacchetto	Descrizione
adapt	Quadrature adattiva, sino a dimensione 20.
Bhat	Funzioni per esplorare la funzione di verosimiglianza.
combinat	Funzioni di calcolo combinatorio.
deldir	Triangolazione di Delaunay e tasselatura di Dirichlet e Voronoi.
EMV	Stima dei valori mancanti in una matrice con metodi cluster.
exactRankTests	Calcolo del p-value esatto tramite il metodo Streitberg/Roehmel.
gld	Distribuzione generalizzata lambda di Tukey.
maxstat	Statistica di Gauss e relativo calcolo di p-value approssimato.
Matrix	Pacchetto Matrix.
mvnmle	Stima di massima verosimiglianza con dati mancanti.
mvtnorm	Distribuzioni Normale e t multidimensionali.
Oarray	Vettori con offset arbitrario.
odesolve	Equazioni differenziali.
polynom	Classe di polinomi.
princurve	Interpola una curva principale sui punti di matrice.
pcurve	Interpola una curva principale in dimensione arbitraria.
pspline	Splines con vincoli sulle derivate di ordine superiore.
PTAk	Decomposizione di tensori o matrici (SVD).
quadprog	Routine per la soluzione di problemi in forma quadratica vincolati.
RadioSonde	Routines per leggere e disegnare diagrammi SKEW-T ecc.
rsprng	Scalable Parallel Random Number Generators.
sn	Distribuzione skew-normal e stimatori dei parametri.
SuppDists	Dieci distribuzioni non disponibili nella versione base di R.
tensor	Prodotto tensoriale.
tripack	Triangolazione di Delaunay bidimensionale e vincolata.

Tabella B.12 Analisi numerica e aspetti di statistica computazionale.

Pacchetto	Descrizione
diamonds	Generatore di partizioni su un piano e griglie di campionamento.
fields	Tecniche di interpolazione per dati spaziali. Modelli previsivi.
geoR	Analisi dei dati geostatistica con possibilità di specificare modelli.
geoRglm	Modelli (spaziali) lineari generalizzati.
pastecs	Analisi di serie spazio-temporali in ambito ecologico.
sgeostat	Gestione di oggetti per modellistica geostatistica.
spatial	Statistica spaziale. Contenuto nel bundle VR.
spatstat	Modelli di analisi spaziale e covarianza spaziale.
spdep	Costruzione di matrici pesate, autocorrelazione spaziale.
splancs	Analisi spaziale e spazio-temporale.

Tabella B.13 Statistica spaziale. I pacchetti segnati in **neretto** sono tra quelli segnalati *Recommended*.

Pacchetto	Descrizione
dblcens	Stimatore NPMLE della funzione di sopravvivenza.
chron	Funzioni per la gestione di oggetti temporali (ore e date).
date	Funzioni per la gestione delle date in diversi formati.
emplik	Rapporto di verosimiglianza empirico per dati censurati a destra.
muhaz	Stima della funzione di rischio.
survival	Analisi di sopravvivenza inclusa verosimiglianza penalizzata.

Tabella B.14 Analisi di sopravvivenza. I pacchetti segnati in **neretto** sono tra quelli segnalati *Recommended*.

Pacchetto	Descrizione
dse	Sistemi dinamici e serie storiche multidimensionali.
fracdiff	Stima di massima verosimiglianza per i modelli ARIMA(p, d, q).
fdim	Funzioni per il calcolo della dimensione frattale.
ineq	Misure di disuguaglianza, concentrazione e povertà.
pear	Modelli autoregressivi periodici.
RQuantLib	Ambiente per la finanza quantitativa QuantLib.
sem	Stima in modelli strutturali anche con variabili non osservabili.
strucchange	Test per la verifica di cambi strutturali nei modelli di regressione.
systemfit	Stima per sistemi multiequazione con metodi OLS, 2SLS e 3SLS.
tseries	Pacchetto di serie storiche. In particolare modelli non lineari.

Tabella B.15 Econometria e serie storiche.

Pacchetto	Descrizione
ape	Analyses of Phylogenetics and Evolution.
bqtl	Mappature QTL anche in ambito bayesiano.
haplo.score	Test di associazione per aplotipi.
permax	Serie di funzioni per l'analisi di sequenze DNA.
qtl	Analisi di incroci sperimentali per l'identificazione dei QTL.
sma	Analisi statistica esplorativa per dati provenienti da microarray.
vegan	Funzioni per lo studio di dati ecologici.

Tabella B.16 Genetica-Biologia-Ecologia (vedi anche Sezione B.3.2).

Pacchetto	Descrizione
cfa	Analisi di configurazione delle frequenze.
CoCoAn	Analisi delle corrispondenze vincolata.
cramer	Test di Cramer non parametrico multidimensionale.
fastICA	Independent Component Analysis (ICA) veloce.
gllm	Modelli log-lineari per tabelle di contigenza con dati mancanti.
gss	Modelli strutturali multidimensionali attraverso le splines.
mda	Analisi discriminante, regressione penalizzata e MARS.
norm	Multinormale e dati mancanti.

Tabella B.17 Tecniche diverse di analisi multidimensionale.

Pacchetto	Descrizione
VLMC	Stima e simulazione di VLMC (Variable Length Markov Chain).
agce	Analisi delle curve di crescita.
bindata	Generatore di dati binari correlati.
cmprsk	Stima, test e modelli di regressione in ambito competing risks analysis.
coda	Diagnostica di simulazioni di modelli (MCMC).
conf.design	Costruzione e gestione di disegni fattoriali frazionari.
deal	Reti bayesiane per variabili continue e discrete.
dichromat	Simulatore di colori come visti da un "daltonico".
g.data	Crea e gestisce pacchetti del tipo delayed-data (DDP's).
ipred	Improved predictive models tramite bootstrap diretto e indiretto.
lgtdl	Analisi per dati longitudinali.
mlbench	Insieme di benchmark classici della teoria dell'apprendimento.
multcomp	Procedure di test simultanei per modelli a una via.
nnet	Reti neurali e modelli log-lineari multinomiali. Bundle VR.
normix	Modelli mistura gaussiani.
npmc	Test non parametrici simultanei basati rui ranghi.
panel	Analisi dei dai panel.
qvcalc	Calcolo di quasi-varianza e altre misure di associazione.
relimp	Relative importance anche per modelli lineari generalizzati.
rmeta	Meta-analisi per dati binari.
sna	Social network analysis.
subselect	Scelta di sottoinsiemi di variabili ottimali secondo vari criteri.
twostage	Analisi dei modelli a due stadi.

Tabella B.18 Altre analisi e modelli. I pacchetti segnati in **neretto** sono tra quelli segnalati *Recommended.*

Pacchetto	Descrizione
blighty	Funzioni per il disegno di mappe per il Regno Unito.
e1071	Serie di funzioni sviluppate dal Department of Statistics at TU Wien.
gregmisc	Insieme di funzioni statistiche a cura di Gregory R. Warnes.
oz	Funzioni per disegnare le coste dell'Australia.
RandomFields	Generatore di campi aleatori.
sound	Interfaccia sonora per R : gestione di file `.wav`.

Tabella B.19 Miscellanea.

R espressamente dedicato ai problemi di bioinformatica. L'attuale archivio dei pacchetti per Bioconductor ne conta ormai oltre un centinaio, inoltre sono disponibili diversi pacchetti aggiuntivi di annotazione e altri contenenti dati sperimentali. Sullo stesso sito sono inoltre presenti diversi dataset e pubblicazioni interessanti per chi si avvicina per la prima volta a questo ambito scientifico.

B.3.3 Il pacchetto "labstatR"

Contestualmente all'installazione di R si deve installare il package `labstatR`. Il pacchetto contiene tutte le funzioni sviluppate durante lo svolgimento del corso. La Tabella B.20 elenca le funzioni assieme al loro scopo e il relativo Codice R in cui sono state introdotte nell'ambito di questo volume. Segue un micromanuale dei comandi con la descrizione dettagliata degli argomenti delle funzioni ed eventuali esempi d'utilizzo. Una volta lanciato R è possibile caricare il pacchetto con l'instruzione

```
> library(labstatR)
```

e analizzare il contenuto della libreria attraverso

```
> library(help=labstatR)
```

Tutte le linee di codice che appaiono in questo volume sono disponibili in file ASCII in una sottodirectory "scripts" della directory "labstatR" che verrà creata al momento dell'installazione di tale pacchetto. Per capire in quale directory sono installati i pacchetti di R basta utilizzare il comando `.libPaths`. Per esempio,

```
> dir(file.path(.libPaths(),"labstatR","scripts"))
[1] "AppA.R" "Cap1.R" "Cap2.R" "Cap3.R" "Cap4.R" "Cap5.R"
```

ci fornisce l'elenco dei file della directory "scripts". Si noti che abbiamo utilizzato sia la funzione `file.path` che la funzione `dir`. La prima, in particolare, serve a costruire correttamente il percorso di una directory[1]. Per sapere dove si trovano i file in questione basta chiederlo ad R utilizzando la sola funzione `file.path`.

[1]Per arcani motivi, ogni sistema operativo predilige un carattere particolare per separare i nomi delle directory dai files e dalle sottodirectory. Per esempio, la slash sotto Unix, anti-slash sotto MS-Dos e i due punti sotto MacOS.

Nome della funzione	Scopo	Codice R
`bubbleplot`	grafico a bolle	3.3
`birthday`	compleanni coincidenti	4.2
`chi2`	indice di connessione	3.1
`cv`	coefficiente di variazione	2.16
`COV`	covarianza non corretta	3.16
`E`	indice di eterogeneità	2.24
`eta`	indice di dipendenza in media	3.11
`gen.vc`	generatore di variabili casuali	4.20
`gini`	indice di concentrazione	2.22
`gioco1`	gioco di De Méré 1	4.1
`gioco1a`	gioco di De Méré 1 (ottimizzato)	4.1
`gioco2`	gioco di De Méré 2	4.1
`gioco2a`	gioco di De Méré 2 (ottimizzato)	4.1
`hist.pf`	istogramma di frequenza	2.10
`ic.var`	intervallo confidenza varianza	5.7
`kurt`	indice di curtosi	2.20
`lewis`	traiettoria Processo Poisson non omogeneo	4.36
`Markov`	simulatore di catena di Markov (ottimizzato)	4.30
`Markov2`	simulatore di catena di Markov	4.30
`Me`	mediana generalizzata	2.12
`mean.a`	media armonica	2.15
`mean.g`	media geometrica	2.15
`Rp`	allocazione ottimale portafoglio	4.6
`Rpa`	rendimento di un portafoglio	4.3
`sigma2`	varianza non corretta	2.16
`skew`	indice di asimmetria	2.17
`test.var`	test sulla varianza	5.12
`trajectory`	traiettoria processo di diffusione	4.40

Tabella B.20 Insieme delle funzioni definite nel testo, loro utilizzo e collocazione.

```
> file.path(.libPaths(),"labstatR","scripts")
```

B.3.4 Manuale di riferimento di labstatR

Segue ora la lista dei comandi R contenuti nel pacchetto labstatR. Per ogni comando viene riportata la descrizione, l'elenco degli argomenti e un esempio.

`birthday` *Calcola la probabilità di compleanni coincidenti*

Descrizione

Questa funzione risolve il problema del calcolo della probabilità di trovare due persone in un gruppo di `n` nate lo stesso giorno.

Utilizzo

```
birthday(n)
```

Argomenti

`n`	numero di persone nel gruppo

Vedi anche

`pbirthday`.

Esempi

```
n <- c(5,10,15,20,21,22,23,24,25,30,50,60,
       70,80,90,100,200,300,365)
for(i in n)
 cat("\n n=",i,"P(A)=",birthday(i))
```

`bubbleplot` *Disegna un grafico a bolle*

Descrizione

Questa funzione disegna un grafico a bolle (bubbleplot) a partire da una tabella a doppia entrata.

Utilizzo

```
bubbleplot(tab, joint = TRUE, magnify = 3,
           filled = TRUE, main = "bubble plot")
```

Argomenti

`tab`	tabella di contingenza a due vie
`joint`	valore logico. Se `TRUE` disegna la distribuzione di frequenza congiunta altrimenti le distribuzione condizionata per riga
`magnify`	parametro per il controllo dell'ampiezza delle bolle
`filled`	valore logico. Se `TRUE` riempie di colore le bolle
`main`	titolo del grafico

Esempi

```
x <- c("O","O","S","B","S","O","B","B","S",
   "B","O","B","B","O","S")
y <- c("O","B","B","B","S","S","O","O","B",
   "B","O","S","B","S","B")
x <- ordered(x, levels=c("S","B","O"))
y <- ordered(y, levels=c("S","B","O"))
table(x,y)
bubbleplot(table(x,y),main="Musica versus Pittura")
```

`chi2` *Calcola l'indice di connessione*

Descrizione

Questa funzione permette il calcolo dell'indice di connessione.

Utilizzo

```
chi2(x,y)
```

Argomenti

`x`	vettore di dati
`y`	vettore di dati

Esempi

```
x <- rbinom(8,5,0.5)
y <- c("A", "A", "B", "A", "B", "B", "C", "B")
chi2(x,y)
```

`COV` *Calcola la covarianza non corretta*

Descrizione

Questa funzione permette il calcolo della covarianza non corretta.

Utilizzo

```
COV(x,y)
```

Argomenti

`x`	vettore di dati
`y`	vettore di dati

Dettagli

La funzione `cov` di R effettua il calcolo della varianza campionaria, ovvero divide la codevianza per il numero di dati meno uno. Questa funzione invece divide la codevianza per ll numero di dati a disposizione.

Vedi anche

`cov`.

Esempi

```
x <- c(1,3,2,4,6,7)
y <- c(7,3,2,1,-1,-3)
cov(x,y)
COV(x,y)
```

`cv` *Calcola il coefficiente di variazione*

Descrizione

Questa funzione permette il calcolo del coefficiente di variazione.

Utilizzo

```
cv(x)
```

Argomenti

`x` vettore di dati

Esempi

```
x <- c(1,3,2,4,6,7)
cv(x)
```

`E` *Calcola l'indice di eterogeneità*

Descrizione

Questa funzione permette il calcolo dell'indice di eterogeneià di Gini.

Utilizzo

```
E(x)
```

Argomenti

`x` vettore di dati

Vedi anche

`var`.

Esempi

```
x <- c("A", "A", "B", "A", "C", "A")
E(x)
```

`eta` *Calcola l'indice di dipendenza in media*

Descrizione

Questa funzione permette il calcolo dell'indice di dipendenza in media e traccia il grafico della funzione di regressione.

Utilizzo

```
eta(x,y)
```

Argomenti

`x`	vettore di dati eventualmente qualitativo
`y`	vettore di dati numerico

Dettagli

Questa funzione considera la dipendenza in media di `y` da `x`.

Esempi

```
x <- c(rep(1,10),rep(0,23), rep(2,15))
y <- c(rnorm(10,mean=7),rnorm(23,mean=19),
       rnorm(15,mean=17))
eta(x,y)
y <- c(rnorm(10,mean=8),rnorm(23,mean=7),
rnorm(15,mean=6.5))
eta(x,y)
```

`gen.vc` *Simula una variabile casuale discreta*

Descrizione

Questa funzione permette di simulare un valore da una variabile casuale discreta con distribuzione di probabilità assegnata.

Utilizzo

```
gen.vc(x,p)
```

Argomenti

`x`	valori assumibili dalla variabile casuale
`p`	distribuzione di probabilità

Dettagli

La funzione restituisce un numero casuale.

Esempi

```
x <- c(-2,3,7,10,12)
p <- c(0.2, 0.1, 0.4, 0.2, 0.1)
y <- NULL
for(i in 1:1000) y <- c(y,gen.vc(x,p))
table(y)/length(y)
```

`gini` *Calcola l'indice di concetrazione*

Descrizione

Questa funzione permette il calcolo l'indice di concentrazione e il rapporto di concentrazione di Gini. Inoltre disegna la curva di Lorenz.

Utilizzo

```
gini(x, plot=TRUE, add=FALSE, col="black")
```

Argomenti

`x`	vettore di dati
`plot`	valore logico. Se `TRUE` disegna la curva di Lorenz
`add`	valore logico. Se `TRUE` disegna una nuova curva di Lorenz sul precedente grafico della curva di concentrazione
`col`	colore con cui disegnare l'area di concentrazione

Esempi

```
x <- c(1,3,4,30,100)
gini(x)
y <- c(10,10,10,10)
gini(y, add=TRUE,col="red")
```

`giocol` *Simula la scommessa di De Méré*

Descrizione

Questa funzione simula la scommessa di de Méré calcolando la probabilità di fare almeno un 6 in 4 lanci di un dado regolare.

Utilizzo

```
giocol(prove=10000)
giocola(prove=10000)
```

Argomenti

`prove`	numero di prove da utilizzare nella simulazione

Dettagli

La versione `giocol` della funzione non è efficiente in termini di velocità in quanto vengono impiegati cicli `for`. Si noti la differenza in termini di velocità con la version `giocola`.

Vedi anche

`gioco2`.

Esempi

```
ptm <- proc.time()
giocola()
proc.time() - ptm
ptm <- proc.time()
giocol()
proc.time() - ptm
```

gioco2 *Simula la scommessa di De Méré*

Descrizione

Questa funzione simula la scommessa di de Méré calcolando la probabilità di fare almeno un doppio 6 in 24 lanci di un dado regolare.

Utilizzo

```
gioco2(prove=10000)
gioco2a(prove=10000)
```

Argomenti

prove numero di prove da utilizzare nella simulazione

Dettagli

La versione `gioco2` della funzione non è efficiente in termini di velocità in quanto vengono impiegati cicli `for`. Si noti la differenza in termini di velocità con la version `gioco2a`.

Vedi anche

`gioco1`.

Esempi

```
ptm <- proc.time()
gioco2a()
proc.time() - ptm
ptm <- proc.time()
gioco2()
proc.time() - ptm
```

`hist.pf` *Disegna il poligono di frequenza*

Descrizione

Questa funzione disegna l'istogramma e vi sovrappone il corrispondente poligono di frequenza.

Utilizzo

```
hist.pf(x, br, ...)
```

Argomenti

`x`	vettore di dati
`br`	numero di intervalli, metodo di scelta degli intervalli o vettore di estremi degli intervalli
`...`	argomenti da passare alla funzione `hist`

Dettagli

Il parametro `br` si comporta esattamente come il parametro `breaks` della funzione `hist`.

Vedi anche

`hist`.

Esempi

```
x <- rnorm(50)
hist.pf(x,br=5)
```

`ic.var` *Calcola intervallo di confidenza per la varianza*

Descrizione

Questa funzione effettua il calcolo dell'intervallo di confidenza per la varianza di campione gaussiano.

Utilizzo

```
ic.var(x, twosides = TRUE, conf.level = 0.95)
```

Argomenti

`x`	vettore di dati
`twosides`	logico. Se `FALSE` l'estremo inferiore è posto pari a 0
`conf.level`	livello confidenza

Esempi

```
x <- c(0.39, 0.68, 0.82, 1.35, 1.38, 1.62, 1.70,
       1.71, 1.85, 2.14, 2.89, 3.69)
ic.var(x)
ic.var(x,FALSE)
```

`interinale` *Dati sul lavoro interinale*

Descrizione

Si tratta di un campione di dati relativi agli iscritti ed avviati alle missioni di una società di fornitura di lavoro interinale.

Utilizzo

```
data(interinale)
```

Formato

Dataset tratti dall'archivio di una società interinale italiana.

Sorgente

Iacus, S.M., Porro, G. (2001)

Bibliografia

Iacus, S.M., Porro, G. (2001) Occupazione interinale e terzo settore. Analisi dei microdati di una società "no profit" di fornitura di lavoro interinale, IRES Quaderno n.2, *IRES-Lombardia*, www.ireslombardia.it.

Esempi

```
data(interinale)
glm(avviato~., binomial, data=interinale) -> model
model
pr <- predict(model, type="response")
plot(density(pr),xlim=c(0,0.2),main="")
```

`kurt` *Calcola l'indice di curtosi*

Descrizione

Questa funzione permette il calcolo dell'indice di curtosi.

Utilizzo

```
kurt(x)
```

Argomenti

x	vettore di dati

Vedi anche

skew.

Esempi

```
x <- rnorm(50)
kurt(x)
y <- rt(50,df=1)
kurt(y)
```

`lewis` *Simulatore di processi di Poisson*

Descrizione

Questa funzione simula un processo di Poisson non omogeneo.

Utilizzo

```
lewis(T, lambda, plot.int = TRUE)
```

Argomenti

`T`	orizzonte temporale
`lambda`	funzione di intensità
`plot.int`	se `TRUE` traccia il grafico della funzione di intensità oltre alla traiettoria del processo

Dettagli

Disegna una traiettoria di un processo di Poisson non omogeneo con funzione di intensità `lambda` (che deve essere una funzione di una variabile) nell'intervallo (0,`T`).

Vedi anche

`gen.vc`, `gen.vc`, `gen.vc`.

Esempi

```
lewis(20,sin)
```

`Markov` *Simulatore di catene di Markov*

Descrizione

Questa funzione simula una catena di Markov a stati finiti.

Utilizzo

```
Markov(x0, n, x, P)
```

Argomenti

`x0`	stato iniziale
`n`	lunghezza della traiettoria
`x`	insieme degli stati
`P`	matrice di probabilità di transizione

Dettagli

La funzione `Markov2` è basata sulla funzione `sample`.

Valore

Una lista contente la traiettoria della catena di Markov:

`X`	valori assunti dalla catena di Markov
`t`	tempi

Vedi anche

`gen.vc`, `gen.vc`, `gen.vc`.

Esempi

```
x <- c("P","S","N")
P <- matrix(c(0.5,0.5,0.25,0.25,0,0.25,0.25,0.5,0.5),
            3,3)
Markov("S",15,x,P)  -> traj
traj
plot(traj$t,codes(factor(traj$X)),type="s",axes=FALSE,
     xlab="t",ylab="Che tempo fa'")
axis(1)
axis(2,c(1,2,3),levels(factor(traj$X)))
box()
```

`Me` *Calcola la mediana anche per fenomeni qualitativi*

Descrizione

Questa funzione permette il calcolo della mediana anche nel caso di fenomeni qualitativi ordinabili.

Utilizzo

```
Me(x)
```

Argomenti

`x`	vettore di dati

Dettagli

La funzione `median` di R contenuta nel pacchetto `base` funziona solo per dati quantitativi. La funzione `Me` restituisce un messaggio d'errore se la mediana risulta indeterminata.

Vedi anche

`median`.

Esempi

```
x <- factor(c("A", "B", "A", "C", "A"))
Me(x)
```

`mean.a` *Calcola la media armonica*

Descrizione

Questa funzione permette il calcolo della media armonica.

Utilizzo

```
mean.a(x)
```

Argomenti

`x`	vettore di dati

Vedi anche

`mean.g`.

Esempi

```
x <- c(1,3,2,4,6,7)
mean.a(x)
```

`mean.g` *Calcola la media geometrica*

Descrizione

Questa funzione permette il calcolo della media geometrica.

Utilizzo

```
mean.g(x)
```

Argomenti

`x`	vettore di dati

Vedi anche

`mean.a.`

Esempi

```
x <- c(1,3,2,4,6,7)
mean.g(x)
```

`Rp` *Calcola l'allocazione ottimale di un portafoglio*

Descrizione

Questa funzione permette il calcolo dell'allocazione ottimale di due titoli di un portafoglio.

Utilizzo

```
Rp(x,y,pxy)
```

Argomenti

`x`	rendimenti del primo titolo
`y`	rendimenti del secondo titolo
`pxy`	distribuzione doppia dei due titoli

Dettagli

La funzione restituisce rendimento medio e varianza attesa del portafoglio allocato in modo ottimo. Restituisce inoltre il valore ottimo di capitale da allocare nel primo titolo.

Valore

Una lista contente media e varianza del rendimento del portafoglio:

`a`	quota ottimale da allocare nel primo titolo
`Rm`	rendimento medio.
`VR`	varianza del portafolio.

Vedi anche

`Rpa.`

Esempi

```
x <- c(11,9,25,7,-2)/100
y <- c(-3,15,2,20,6)/100
pxy <- matrix(rep(0,25),5,5)
pxy[1,1] <- 0.2
pxy[2,2] <- 0.2
pxy[3,3] <- 0.2
pxy[4,4] <- 0.2
pxy[5,5] <- 0.2
Rp(x,y,pxy)
```

`Rpa` *Calcola il rendimento di un portafoglio*

Descrizione

Questa funzione permette il calcolo del rendimento atteso di un portafoglio di due titoli al variare della quantità allocata nei due titoli.

Utilizzo

```
Rpa(a,x,y,pxy)
```

Argomenti

`a`	percentuale allocata al primo titolo
`x`	rendimenti del primo titolo
`y`	rendimenti del secondo titolo
`pxy`	distribuzione doppia dei due titoli

Dettagli

La funzione restituisce rendimento medio e varianza attesa del portafoglio.

Valore

Una lista contente media e varianza del rendimento del portafoglio:

`Rm`	rendimento medio.
`VR`	varianza del portafolio.

Vedi anche

`Rp`.

Esempi

```
x <- c(11,9,25,7,-2)/100
y <- c(-3,15,2,20,6)/100
pxy <- matrix(rep(0,25),5,5)
pxy[1,1] <- 0.2
pxy[2,2] <- 0.2
pxy[3,3] <- 0.2
pxy[4,4] <- 0.2
pxy[5,5] <- 0.2
Rpa(0.1,x,y,pxy)
Rpa(0.5,x,y,pxy)
```

`sigma2` *Calcola la varianza non corretta*

Descrizione

Questa funzione calcola la varianza non corretta.

Utilizzo

```
sigma2(x)
```

Argomenti

`x`	vettore di dati

Dettagli

La funzione `var` di R calcola la varianza campionaria corretta, ovvero dividendo la devianza per il numero di elementi del campione meno uno. Questa funzione calcola la varianza dividendo la stessa quantità per il numero totale di osservazioni.

Esempi

```
x <- rnorm(10)
var(x)
sigma2(x)
```

`skew` *Calcola l'indice di asimmetria*

Descrizione

Questa funzione permette il calcolo dell'indice di asimmetria.

Utilizzo

```
skew(x)
```

Argomenti

`x`	vettore di dati

Vedi anche

`kurt`.

Esempi

```
x <- rnorm(50)
skew(x)
y <- rchisq(50,df=1)
skew(y)
```

`test.var` *Calcola intervallo di confidenza per la varianza*

Descrizione

Questa funzione effettua il calcolo dell'intervallo di confidenza per la varianza di campione gaussiano.

Utilizzo

```
test.var(x, var0, alternative =
         c("greater", "less"), alpha = 0.05)
```

Argomenti

`x`	vettore di dati
`var0`	valore della varianza sotto l'ipotesi nulla
`alternative`	direzione del test `greater` o `less` mentre `equal` non è ammessa.
`alpha`	ampiezza del test

Esempi

```
x <- rnorm(100, sd=5)
var(x)
test.var(x,20)
```

`trajectory` *Simulatore di processi di diffusione*

Descrizione

Questa funzione simula un processo di diffusione.

Utilizzo

```
trajectory(x0=1,t0=0,T=1,a,b,n=100)
```

Argomenti

`x0`	stato iniziale
`t0`	istante iniziale
`T`	istante finale
`a`	coefficiente di deriva
`b`	coefficiente di diffusione
`n`	numero di valori in cui suddividere l'intervallo (`t0`,`T`)

Dettagli

I due coefficienti di deriva e diffusione devono essere funzioni di due variabili `x` e `t`. La funzione utilizza lo schema di Eulero quindi il processo da simulare deve rispettare le opportune ipotesi sui coefficienti dell'equazione differenziale stocastica.

Valore

Una lista contente la traiettoria del processo di diffusione:

`t`	vettore dei tempi
`y`	valori assunti dall traiettoria

Vedi anche

`gen.vc, gen.vc, gen.vc.`

Esempi

```
require(ts)
n <- 100
T <- 1
x0 <- 1
mu <- function(x,t) {-x*t}
sigma <- function(x,t) {x*t}
diff <- trajectory(1,0,1,mu,sigma,100)
plot(diff$t,diff$y,type="l")
acf(diff$y, main="Processo di diffusione")
```

Bibliografia

[1] Azzalini, A., Bowman, A.W. (1997), *Applied Smoothing Techniques for Data Analysis: The Kernel Approach with S-Plus Illustrations*, Oxford University Press, Oxford.

[2] Baron, J., Li, Y. (2002), *Notes on the use of R for psychology experiments and questionnaires*, `www.sas.upenn.edu/~baron/`.

[3] Becker, R.A., Chambers, J.M., Wilks, A.R. (1988) *The New S Language*, "The Blue Book", Chapman & Hall, London, 1988.

[4] Bortot, P., Salvan, A., Ventura, L. (2000), *Inferenza statistica: applicazioni con S-Plus e R*, Cedam, Padova.

[5] Carmona, R, Hwang, W.L., Torresani, B. (1998), *Practical Time-Frequency Analysis: Gabor and Wavelet Transforms with an Implementation in S*, Academic Press.

[6] Chambers, J.M. (1998) *Programming with Data*, "The Green Book", Springer, New York.

[7] Chambers, J.M., Hastie, T.J. (1992) *Statistical Models in S*, "The White Book", Chapman & Hall, London.

[8] Cleveland, W. S. (1979) Robust locally weighted regression and smoothing scatterplots, *J. Amer. Statist. Assoc.*, **74**, 829-836.

[9] Copeland, Weston (1994), *Teoria della finanza e politiche d'impresa*, Egea-Addison Wesley, Milano.

[10] Cox, D.R., Miller, H.D. (1965), *The theory of stochastic processes*, Chapman & Hall, Bristol.

[11] D'Agostino, R.B., Stephens, M.A., Eds (1986), *Goodness-of-fit techniques*, Marcel Dekker, New-York.

[12] Dalgaard, P. (2002), *Introductory Statistics with R*, Springer, New York.

[13] Davison, A.C., Hinkley, D.V. (1997), *Bootstrap Methods and Their Applications*, Cambridge University Press, Cambridge.

[14] Devore, J.L. (2000), *Probability and Statistics for Engineering and the Sciences* (5th ed), Duxbury.

[15] Draper, N.R., Smith,H. (1981), *Applied Regression Analysis*, John Wiley and Sons, New York.

[16] Efron, B., Tibshirani, R. (1993), *An Introduction to the Bootstrap*, Chapman & Hall, Bristol.

[17] Faraway, J.J. (2002), *Pratical Regression and Anova using R*, `www.stat.lsa.umich.edu/~faraway/book`.

[18] Freedman, D., Diaconis, P. (1981), On the histogram as a density estimator: L_2 theory, *Zeitschrift für Wahrscheinlichkeitstheorie und verwandte Gebeite*, **57**, 453-476.
[19] Hampel, F.R., Ronchetti, E., Rousseeuw, P.J., Stahel, W.A. (1986): *Robust Statistics : The Approach Based on Influence Functions*, Wiley, New York.
[20] Iacus, S.M., Porro, G. (2001), Occupazione interinale e terzo settore. Analisi dei microdati di una società "no profit" di fornitura di lavoro interinale, IRES Quaderno n.2, *IRES-Lombardia*, `www.ireslombardia.it`.
[21] Ihaka, R., Gentleman, R. (1996), R: A Language for Data Analysis and Graphics, *Journal of Computational and Graphical Statistics*, **5**, 3, 299-314.
[22] Kemeny, J.G, Snell, J.L., Thompson, G.L. (1974): *Introduction to finite mathematics*, 3rd ed., Prentice-Hall, Englewood Cliffs.
[23] Kernighan, B.W., Ritchie, D.M. (1975): *Linguaggio C*, Gruppo Editoriale Jackson, Milano.
[24] Klein, Moeschberger (1997), *Survival Analysis, Techniques for Censored and Truncated Data*, Springer, New York.
[25] Kloeden P.E., Platen E., Schurz H. (1994), *Numerical solution of sde through computer experiments*, Springer-Verlag, New York.
[26] Kraemer, W., Sonnberger, H. (1986), *The linear regression model under test*, Physica.
[27] Lewis, A.W., Shedler, G.S. (1979), Simulation of nonhomogeneous Poisson processes by thinning, *Naval Res. Logistics Quart.*, **26**, 3, 403-413.
[28] Littell, R.C., Milliken, G.A., Stroup, W.W., Wolfinger, R.D. (1996), *SAS System for Mixed Models*, SAS Institute.
[29] Lowe, B. (1935), *Data*, Iowa Agric. Exp. Stn.
[30] Maindonald, J.H. (2002), *Using R for Data Analysis and Graphics: An Introduction*, `wwwmaths.anu.edu.au/~johnm/`.
[31] McCullagh, P., Nelder, J.A. (1989), *Generalized Linear Models*, Chapman and Hall, London.
[32] Ogata, Y. (1981), On Lewis' simulation method for point processes, *IEEE Trans. Inf. Theory*, **27**, 1, 23-31.
[33] Pinheiro, J.C., Bates, D.M. (2000), *Mixed-Effects Models in S and S-Plus*. Springer, New York.
[34] R Development Core Team (2002), *R Data Import/Export*, ISBN 3-901167-53-6.
[35] Rao Jammalamadaka, S., SenGupta, A. (2001), *Topics in Circular Statistics*, World Scientific.
[36] Ross, S.M. (1990), *A course in simulation*, Prentice Hall, New York.
[37] Ross, S.M. (1997), *Simulation*, Second Edition, Academic Press, Boston.
[38] Scott, D.W. (1992), *Multivariate density estimation. Theory, practice and visualization*, John Wiley and Sons, New York.
[39] Silverman, B.W. (1986), *Density estimation for statistics and data anlysis*, Chapman & Hall, London.
[40] Snedecor, G.W., Cochran, W.G. (1989), *Statistical Methods*, Iowa State University Press, Ames.
[41] Snell, J.L. (1989), *Introduction to probability*, MacGraw-Hill, Singapore.

[42] Venables, W. N., Ripley, B. D. (2000), *S Programming*, Springer, New-York.
[43] Venables, W. N., Ripley, B. D. (2002), *Modern applied Statistics with S*, (4th edition), Springer, New-York.
[44] Verzani, J. (2002), *simpleR: Using R for Introductory Statistics*, `www.math.csi.cuny.edu/Statistics/R/simpleR`.
[45] Wand, M.P., Jones, M.C. (1995) *Kernel Smoothing*.

Indice analitico

Simboli Speciali

A

B

C

Finito di stampare
nel mese di marzo 2022
presso Rotomail Italia S.p.A. – Vignate (MI)